华为ICT技术丛书 智能基座系列

华为MindSpore
深度学习框架应用开发实战

李晓黎 ◎ 编著

人民邮电出版社
北京

图书在版编目（CIP）数据

华为MindSpore深度学习框架应用开发实战 / 李晓黎编著. -- 北京 : 人民邮电出版社, 2024.6
（华为ICT技术丛书. 智能基座系列）
ISBN 978-7-115-62985-2

Ⅰ. ①华… Ⅱ. ①李… Ⅲ. ①机器学习 Ⅳ. ①TP181

中国国家版本馆CIP数据核字(2023)第197668号

内容提要

本书较为全面地介绍华为 MindSpore 深度学习框架的系统架构及其典型应用。

全书从逻辑上分为 3 个部分。第一部分由第 1 章和第 2 章组成，介绍深度学习基础、MindSpore 概述。第二部分由第 3～8 章组成，介绍 MindSpore 框架各子系统的使用方法，包括数据处理、MindSpore 算子、神经网络模型的开发、数据可视化组件 MindInsight、推理和移动端 AI 框架 MindSpore Lite。第三部分由第 9 章组成，介绍基于 DCGAN 的动漫头像生成实例。

本书既可以作为深度学习相关方向学生的专业用书，又可以作为相关科研人员和开发人员的参考用书。

◆ 编　　著　李晓黎
责任编辑　王梓灵
责任印制　马振武
◆ 人民邮电出版社出版发行　北京市丰台区成寿寺路 11 号
邮编　100164　电子邮件　315@ptpress.com.cn
网址　https://www.ptpress.com.cn
北京市艺辉印刷有限公司印刷
◆ 开本：775×1092　1/16
印张：19　2024 年 6 月第 1 版
字数：415 千字　2024 年 6 月北京第 1 次印刷

定价：99.80 元

读者服务热线：(010)53913866　印装质量热线：(010)81055316
反盗版热线：(010)81055315
广告经营许可证：京东市监广登字 20170147 号

前　言

深度学习是当前热度最高的人工智能技术之一，随着越来越多的深度学习应用进入人们的视野，深度学习技术也赢得了国内外社会公众、专家、学者、科研人员和开发人员的广泛关注。

MindSpore 是华为公司推出的开源深度学习框架，是华为全栈全场景 AI 解决方案的重要组成部分，其中包含很多经典深度学习网络相关的预训练模型，具有多领域扩展、开发态友好、运行态高效、全场景部署和多样化硬件等特性。借助 MindSpore，科研人员和开发者可以很方便地开发、训练深度学习模型，并将训练好的模型落地应用。

本书是一本入门级的深度学习框架科普图书，适合对深度学习模型开发和应用有兴趣的开发人员阅读。为了便于初学者学习，本书不仅简要介绍了深度学习的基础理论，而且在介绍算子和深度学习模型等专业知识时，很少引用复杂的数学公式，而是通过直观的图表和浅显的语言进行讲解。本书还结合多个经典实例介绍 MindSpore 框架在深度学习模型的开发、训练和推理过程中的应用，包括手写数字识别、在线花朵图像识别、生成动漫图像、文本情感分类（本实例仅提供电子版文件）和实现图像分类的 Android App 等。通过这些实例，读者可以直观地体验 MindSpore 框架在深度学习模型研究和应用中的作用。

全书从逻辑上分为 3 个部分。第一部分由第 1 章和第 2 章组成，介绍深度学习基础、MindSpore 概述。第二部分由第 3～8 章组成，介绍 MindSpore 框架各子系统的使用方法，包括数据处理、MindSpore 算子、神经网络模型的开发、数据可视化组件 MindInsight、推理和移动端 AI 框架 MindSpore Lite。第三部分由第 9 章组成，介绍基于 DCGAN 的动漫头像生成实例。

由于编者水平有限，书中难免存在不足之处，敬请广大读者批评指正。

特别提醒：本书提供配套电子资源。读者扫描并关注下方的“信通社区”二维码，回复数字 62985，即可获得配套资源。

“信通社区”二维码

编　者

2024 年 3 月

目 录

第 1 章 深度学习基础

MindSpore 是华为技术有限公司（以下简称华为）推出的开源深度学习框架。为了便于读者学习，本章介绍深度学习的基础理论和常用的深度学习框架。

1.1 深度学习的基础理论

深度学习（DL）是机器学习（ML）家族的一部分，是基于对人工神经网络的研究。深度学习中的“深度”是指神经网络中包含很多层。随着网络越来越深，学习效果也不断改善。每一层网络都以特定的方式处理输入数据，然后将输出数据传送至下一层。这样，上一层的输出就变成下一层的输入。

训练深度学习网络很耗时，而且需要大量的数据。神经网络起源于 20 世纪 50 年代，但直至近些年随着算力和存储能力的提升，深度学习算法才逐渐应用于一些很实用的新技术，包括语音识别、机器视觉和医学图像分析等。本节介绍深度学习的基础理论。

1.1.1 人工智能的发展历程

美国科研人员沃尔特·皮茨和沃伦·麦卡洛克于 1943 年基于人类大脑创建了一个计算机模型。从那时起，人工智能（AI）技术一直稳步发展。

1．20 世纪 50 年代

1950 年，著名的英国数学家艾伦·马西森·图灵在一篇名为 *Computing Machinery and Intelligence*（《计算机器与智能》）的论文中设计了一个机器模仿人类的游戏，并据此判断机器是否会“思考”，这就是著名的图灵测试。图灵测试让计算机通过文本方式与人类聊天 5 分钟，若人类无法确定对方为机器还是人类则测试通过。图灵对计算机科学的巨大贡献无须赘言，至今图灵奖仍是计算机科学界的最高荣誉。

1957 年，美国学者弗兰克·罗森布拉特发表了名为 *The Perceptron——A Perceiving and Recognizing Automaton*（《感知器：感知和识别的自动机》）的论文。论文中提出了感知器的概念。这是首个用算法精确定义神经网络的数学模型，是后来很多神经网络模型的始祖。

2. 20 世纪 60 年代

1960 年，亨利·凯利提出了一个基础的反向传播的模型。反向传播算法是一种适用于多层神经网络的学习算法，建立在梯度下降法的基础上。

所谓“反向传播”是指出于训练的目的反向传播错误。虽然“反向传播”的概念在 1960 年就已经提出，但是当时的反向传播算法过于复杂，效率也不高，直至 1986 年才具有实用意义。

3. 20 世纪 70 年代

20 世纪 70 年代是人工智能的第一个冬天。随着公众对人工智能兴趣的衰减，对人工智能技术的投资也在逐渐减少。资金的缺乏影响了人工智能和深度学习领域的研究。

日本人福岛邦彦是在没有资金支持的情况下独自从事相关研究工作的。他提出了卷积神经网络（CNN）的概念，并使用多个池化层和卷积层设计了神经网络。

著名的反向传播（BP）算法诞生于 20 世纪 70 年代，并得到稳步发展。反向传播算法将输出以某种形式通过隐藏层向输入层逐层反传，并将误差分摊给各层的所有单元，从而获得各层单元的误差信号。此误差信号被作为修正各单元权重值的依据。

反向传播是深度学习的根基，也是推动第三次人工智能浪潮的重要因素。反向传播算法和其在 MindSpore 框架中的应用将在第 5 章进行介绍。

4. 20 世纪 80 年代和 90 年代

1989 年，贝尔实验室的杨立昆第一次提供了反向传播的实际演示。他在发表的论文 *Backpropagation Applied to Handwritten Zip Code Recognition*（《反向传播应用于手写邮政编码识别》）中将卷积神经网络与反向传播合并在一起，并通过一个实例系统最终实现手写数字的识别。第 5 章将介绍此实例在 MindSpore 框架中的实现方法。

当第二个人工智能的冬天（1987—1993 年）来临时，对神经网络和深度学习的研究也受到了负面影响。IBM 和苹果公司推出了个人计算机，并快速占领整个计算机市场，个人计算机的 CPU（中央处理器）频率稳步提高，速度越来越快，甚至比广泛应用于人工智能领域的 LISP 机还要强大。这导致专家系统和很多硬件公司日渐衰落，人工智能领域的投资者越来越少。

个人研究者再一次延续了人工智能和深度学习的相关研究工作，并取得显著的进步。1995 年，德纳·考特斯和弗拉基米尔·万普尼克开发了支持向量机（SVM），它是一种映射和识别相近数据的系统。

计算机处理数据的速度越来越快，1999 年，图形处理器（GPU）诞生。使用 GPU 处理图像数据的速度更快。十年间计算速度提高了 1000 倍，这对于深度学习技术的发展是至关重要的。在此期间，神经网络开始与支持向量机竞争。虽然神经网络处理数据的速度比支持向量机慢，但是在使用相同数据的情况下，神经网络可以得到更好的结果。神经网络的优势在于当追加更多的训练数据时，其可以不断地改善训练结果。

5．2000—2010 年

2001 年，美国调研机构 META Group 发布的研究报告描述了数据源和数据类型范围的增加带来的数据增速，并提醒人们对大数据带来的冲击做好准备。大数据时代的到来给深度学习带来新的发展机遇和挑战。

2007 年，斯坦福大学的李飞飞教授带领团队创建了世界上最大的免费图像识别数据库 ImageNet，其中包含 20000 多个类别，每个类别包含数百个图像，共计提供超过 1400 万个被标记的图像，至少 100 万个图像中包含边界框。这对机器学习很重要，因为互联网中有很多未标记的图像，而神经网络的训练需要被标记的图像。李飞飞教授认为大数据会改变机器学习的工作方式，数据驱动学习。

6．2011—2020 年

2011 年，GPU 的处理速度变得更快。这使得深度学习在效率和速度方面得到显著提升。

2014 年，伊恩·古德费洛提出了生成对抗网络（GAN）算法。GAN 算法的设计思路是：在一个游戏中，两个神经网络互相对抗，游戏的目的是一个网络模拟一个图像，让它的对手相信图像是真的；而其对手网络的目的是找到图像中的瑕疵。游戏最终会得到一幅接近完美的图片，并成功欺骗对手网络。该算法提供了一种完善产品的方法。第 9 章将介绍基于 GAN 算法的一个变种 DCGAN（深度卷积生成对抗网络）在 MindSpore 框架中实现动漫头像生成的实例。

2016 年被称为人工智能元年。这一年，不仅有 AlphaGo 与世界围棋冠军李世石的围棋对决，还涌现出很多基于机器学习和深度学习的实用产品和解决方案。

本小节介绍了人工智能技术发展的历程，其中涉及一些人工智能、机器学习和深度学习的基本概念和主要算法。这些基础理论将在本书后面章节结合具体应用进行详细介绍。

1.1.2　深度学习受到的关注

深度学习拥有众多落地的应用。它是目前最具发展前景的 AI 技术，因此受到了广泛的关注。这些关注主要来自社会公众、科研人员和开发人员。

1．来自社会公众的关注

搜索引擎的统计数据可以很直观地反映出社会公众对深度学习的关注程度。下面我们通过 Google Trends（谷歌搜索趋势）的统计数据来分析社会公众对深度学习关注程度的发展趋势。Google Trends 是谷歌公司（以下简称谷歌）开发的一款服务，用于分析用户在谷歌中搜索条目的趋势。

通过 Google Trends 网站，我们查阅了 2012 年 5 月 25 日—2022 年 5 月 25 日“deep learning”（深度学习）搜索热度变化趋势，具体如图 1-1 所示（说明：在 Google Trends 中输入“2012/5/25—2022/5/25”，显示的效果就是图 1-1）。从图中我们可以看到，2012—2019 年深度学习的关注度持续走高。2020—2022 年深度学习的关注度基本持平，且略有下降。

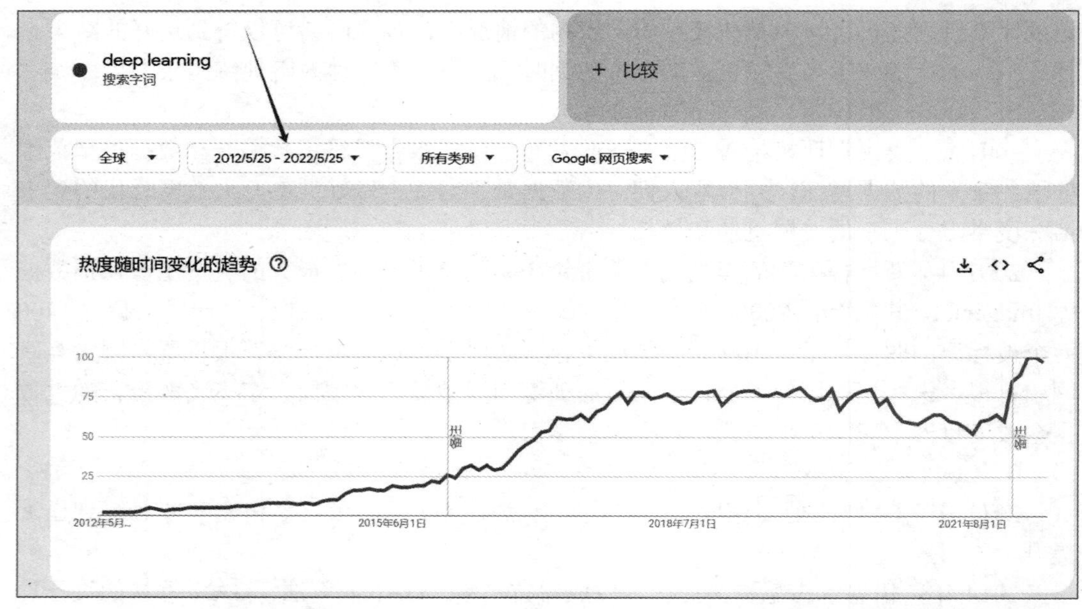

图 1-1　2012 年 5 月 25 日—2022 年 5 月 25 日“deep learning”搜索热度变化趋势

2012 年 5 月 25 日—2022 年 5 月 25 日，按区域显示“深度学习”的搜索热度数据（前 5 名）如图 1-2 所示。

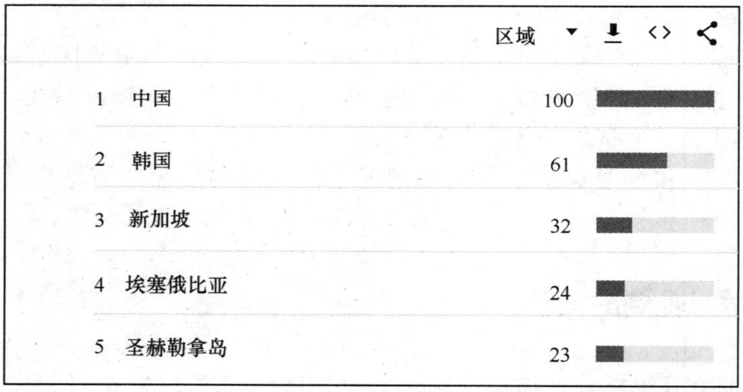

排名	区域	热度
1	中国	100
2	韩国	61
3	新加坡	32
4	埃塞俄比亚	24
5	圣赫勒拿岛	23

图 1-2　2012 年 5 月 25 日—2022 年 5 月 25 日，按区域显示“深度学习”的搜索热度数据（前 5 名）

从图 1-2 中我们可以看出，深度学习技术在我国引起了社会公众的高度关注。这也是 MindSpore 开源框架诞生的历史背景。

2．来自科研人员的关注

深度学习领域的专业论文数量可以反映科研人员对深度学习的关注程度。arXiv 是一个收集物理学、数学、计算机科学与生物学的论文预印本的开放平台。该平台创建于 1991 年 8 月 14 日。30 多年来，arXiv 共收集了 200 多万篇专业论文，为分享研究成果提供了快速、免费的数字服务。根据 arXiv 提供的 *Artificial Intelligence Index Report 2021*（《2021 年人工智能索引报告》）中的统计数据，过去 5 年，arXiv 收集的深度学习领域的论文数量增长了接近 6 倍。

2010—2020 年 arXiv 收集的深度学习领域的论文数量统计情况如图 1-3 所示，其中纵坐标的单位为 1000 篇。

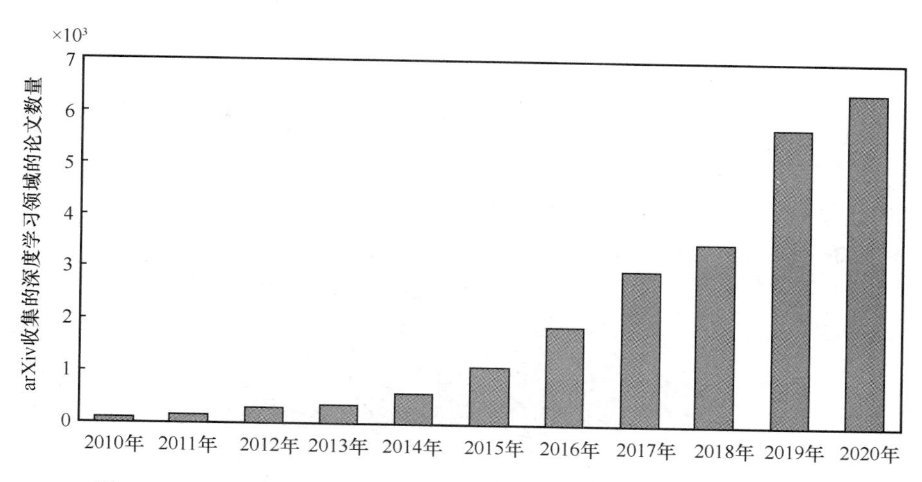

图 1-3 2010—2020 年 arXiv 收集的深度学习领域的论文数量统计情况

3. 来自开发人员的关注

比较流行的开源深度学习框架都在 GitHub 网站上提供源代码，每个开源框架在 GitHub 网站上的关注度——GitHub star 可以反映开发人员对深度学习的关注程度。根据 arXiv 提供的 *Artificial Intelligence Index Report 2021*《2021 年人工智能索引报告》中的统计数据，2014—2020 年比较流行的开源深度学习框架的 GitHub star 数量均持续增长，具体统计情况如图 1-4 所示（纵坐标的单位为 1000 个 GitHub star）。TensorFlow 等知名框架的数据更是大幅增长。

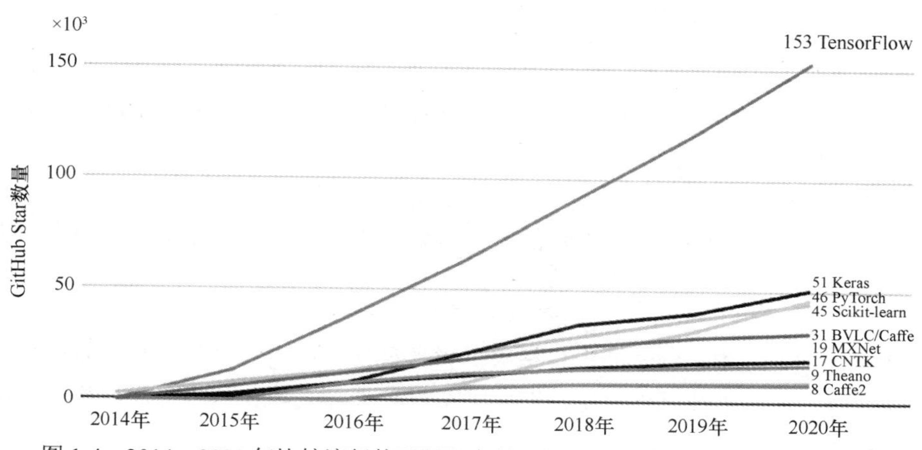

图 1-4 2014—2020 年比较流行的开源深度学习框架的 GitHub star 数量统计情况

图 1-4 中包含了 TensorFlow、Keras、PyTorch、Scikit-learn、BVLC/Caffe、MXNet 和微软的认知工具集——CNTK 等。MindSpore 上线比较晚，所以没有出现在这个统计数据中。

深度学习的热度持续增长，说明对深度学习技术有兴趣、参与深度学习研究和应用工作的人越来越多。

1.1.3 深度学习的概念

MindSpore 是开源的深度学习框架，为了方便非人工智能专业读者阅读、学习，本小节首先介绍深度学习的一些常用概念。

1. 人工智能、机器学习和深度学习的关系

人工智能、机器学习和深度学习的关系如图 1-5 所示。

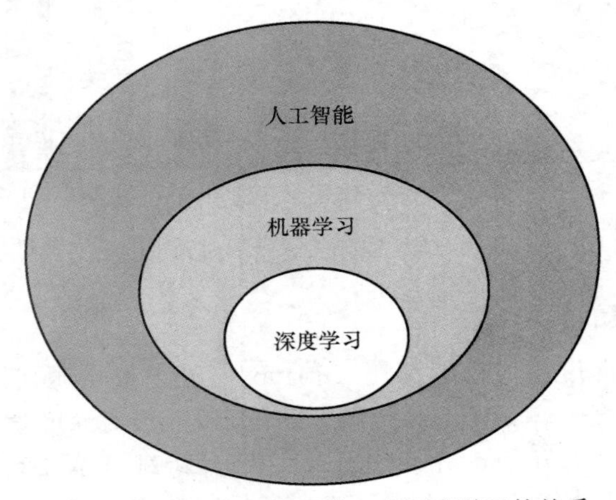

图 1-5 人工智能、机器学习和深度学习的关系

人工智能是指机器所展示出来的智能，与其相对的是包括人类在内的动物所表现的智能。早期，人工智能最成功的应用是专家系统——一种模拟人类专家知识和分析能力的程序。

机器学习是人工智能中的一门多领域交叉学科，涵盖概率论、统计学、近似理论和复杂的算法知识，主要研究软件应用怎样在没有明确编程的情况下更精准地基于输入数据给出预测输出。

深度学习是机器学习算法中的一类，通过使用多层网络从原始输入中逐步抽象出高级别的特征。例如，在图像处理中较低层可以识别边缘信息，较高层可以识别与人类相关的概念。

2. 神经网络

神经网络是人工智能领域的一种技术，它教会计算机用受人类大脑启发的方式处理数据。深度学习基于神经网络算法，即在一个看起来像人类大脑的分层结构中使用互相连接的节点或神经元来处理数据。

神经网络有以下 3 个组件。

① 输入层：用于收集输入数据的模式，模拟生物神经网络中来自其他神经元的输入。

② 处理层：又称隐藏层，用于对输入层传来的数据进行处理，并负责提取数据的

特征。隐藏层不直接接收外界的信号，也不直接向外界输出信号，因此是不可见的。隐藏层由一组节点和它们之间的连接部分组成。

③ 输出层：输出最终的结果，负责建立从隐藏特征到预测目标的映射。

图 1-6 是一个简单的神经网络。

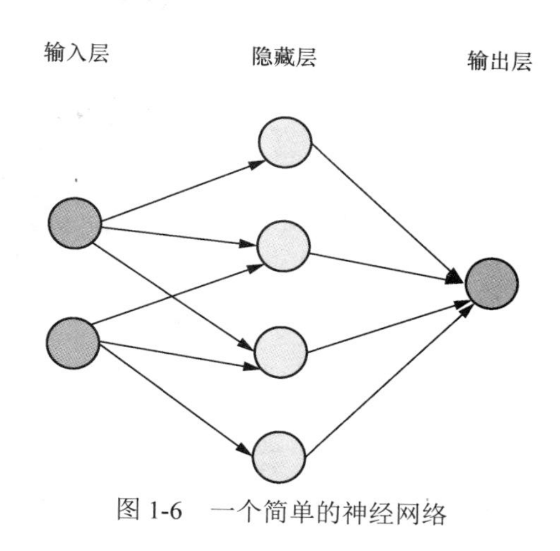

图 1-6　一个简单的神经网络

神经网络由一系列节点或神经元组成。神经元即神经元细胞，是神经系统最基本的结构和功能单位，可联络和整合输入信息并传出信息。每个节点包含一组输入数据、权重值和偏差（也称为偏置）值。

当输入数据 x 进入节点时会乘以一个权重值 w，再加上一个偏差值 b，最后得到输出数据 y。输出数据可以作为最终结果显示，也可以传到神经网络中的下一层。神经网络中一个节点的输出数据的计算方法如图 1-7 所示。

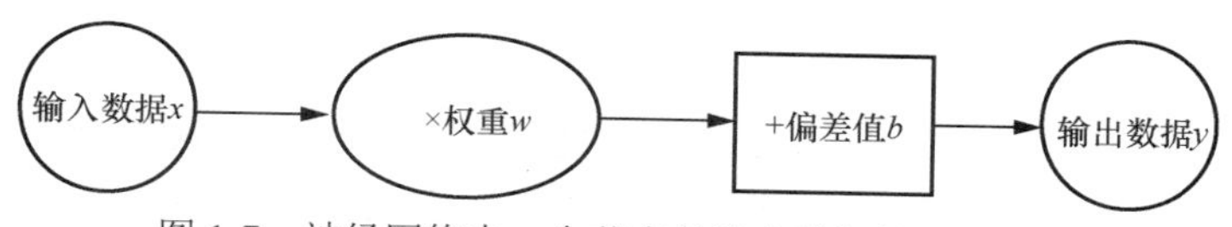

图 1-7　神经网络中一个节点的输出数据的计算方法

权重和偏差都是神经网络的参数，具体说明如下。

权重：人类大脑在处理输入信号时对不同信号的关注程度是不一样的。在神经网络中，权重是定义不同特征（输入字段）重要程度的参数，它决定了特征在预测最终值中的重要性。

偏差：节点的输出数据与预期值可能会有差距。偏差的作用就是修正这个差距，使输出数据更加接近预期值。

神经网络通常会在开始学习前进行初始化，随机设置权重和偏差的值。随着训练的推进，这两个参数会逐步向预期值和正确的输出数据进行调整。

权重和偏差对输入数据的影响各不相同。简单地说，偏差用于补齐函数输出值与计划输出值之间的差异；权重则可以指定节点间连接的重要性，可以表示输入数据的变化对输出数据的影响。如果权重比较小，则相关输入数据的变化对输出数据的影响就比较小；如果权重比较大，则相关输入数据的变化对输出数据的影响就比较大。

3. 人工神经网络

在实际应用中，神经网络通常不会如图 1-6 所示那么简单。为了模拟人脑的结构，复杂的神经网络通常包含更多的隐藏层，形成深度神经网络，具体如图 1-8 所示。这就是“深度学习”概念的由来。

深度神经网络能够逐层解构特征，逐层分解问题，将复杂问题分解成多个基本问题，进而提高学习能力和理解能力。

图 1-8 所示的深度神经网络又称 ANN（人工神经网络）。ANN 是指由大量的处理单元（神经元）互相连接而形成的复杂网络结构，是对人脑组织结构和运行机制的某种抽象、简化和模拟。大多数现代深度学习模型都是基于人工神经网络的。

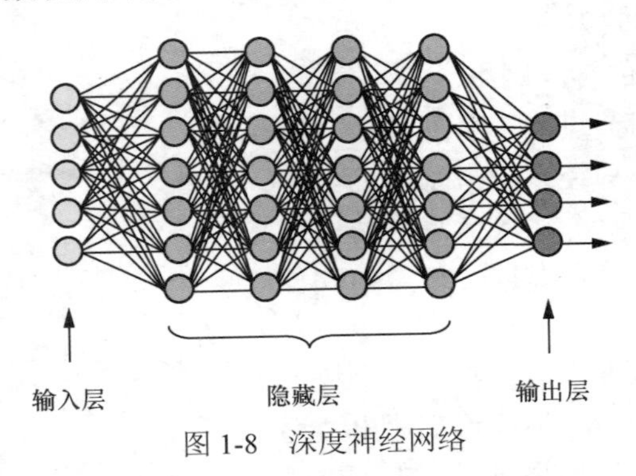

图 1-8　深度神经网络

深度学习模型中的每一层都学习将它的输入数据转换为比上一层稍微抽象和更加复合的表现形式。比如，在图像识别应用中，原始输入数据是图像的像素矩阵；第 1 个隐藏层可以对图像进行边缘检测；第 2 层可以对边缘的排列进行合成和编码；第 3 层可以对鼻子和眼睛进行编码；第 4 层可以对包含人脸的图像进行识别。当然这只是类比的例子，真正实用的深度学习模型要远比这复杂得多。通过设置层数和层的大小可以决定模型抽象的程度。深度学习中的“深度”是指数据转换经过的层数。在深度学习技术中，有一个 CAP（信用分配路径）深度的概念。CAP 是指从输入到输出所经过的一系列转换的链，用于描述输入数据和输出数据之间可能的因果关系连接。对于前馈神经网络，CAP 深度等于隐藏层的层数加 1，这里将输出层也考虑在内；对于循环神经网络，一个信号可能会不止一次地从一个层传播，因此 CAP 深度是无限大的。

在人工神经网络中，一个节点的输出数据的计算方法如图 1-9 所示。

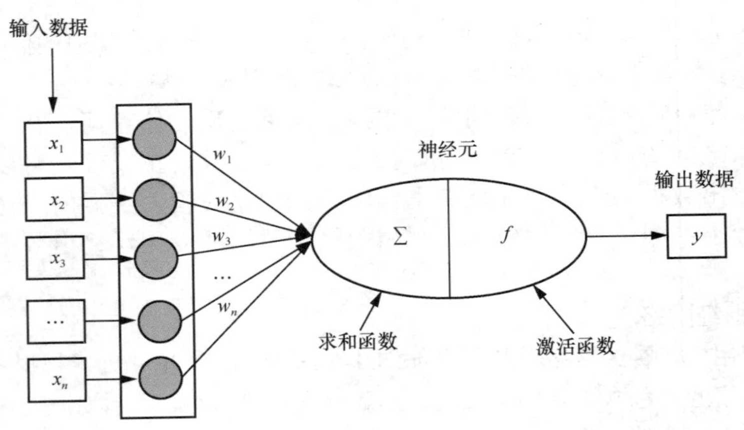

图 1-9　在人工神经网络中，一个节点的输出数据的计算方法

在人工神经网络中，每个神经元都由一个求和函数和激活函数组成。求和函数用于

计算每个输入数据乘以对应的权重值的累加之和，得到一个标量值后会将其传递给激活函数。如果一个神经元有 n 个输入数据 x_1、$x_2 \cdots x_n$，则计算输出数据的公式如下。

$$y = f(w_1x_1 + w_2x_2 + \cdots + w_nx_n + b)$$

w_1、$w_2 \cdots w_n$ 分别是输入值 x_1、$x_2 \cdots x_n$ 对应的权重值，b 是偏差值，f 是激活函数。如果 f 是线性函数，则该神经元用于执行线性回归或者线性分类。激活函数的作用就是给神经元引入非线性因素，使神经网络可以逼近任何非线性函数，从而使神经网络可以应用到众多的非线性模型中。具备非线性因素的神经网络模型可以更深度地抽象出数据的特征。

1.1.4　深度学习的基本工作流程

深度学习的基本工作流程如图 1-10 所示。

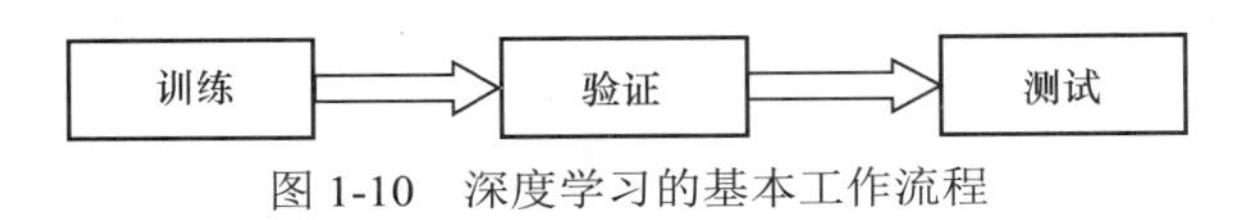

图 1-10　深度学习的基本工作流程

训练：神经网络模型的学习过程也是调整权重和偏差以便拟合训练数据的过程。“拟合”是指根据训练样本学习适用于所有潜在样本的“普遍规律”，以便在遇到新样本时进行正确的判别。如果用学生学习的过程来比喻深度学习，那么训练阶段就是在课堂上学习的过程。

验证：模型验证也称模型评估，用于查看训练的效果。该流程一般会调整模型的超参，对不同的算法进行验证，检验哪种算法更有效。“超参”是指在开始学习过程前设置值的参数。因此需要通过验证阶段找到最优的超参数值。如果用学生学习的过程来比喻深度学习，那么验证阶段就是做作业的过程。做作业不但可以验证课堂学习的效果，而且可以巩固课堂学习的成果。

测试：用于评估最终模型的泛化能力。“泛化能力”是指算法对训练样本中没有的新鲜样本的适应能力。如果根据训练样本学习出的“普遍规律”适用于新鲜样本，则说明算法的泛化能力强。如果用学生学习的过程来比喻深度学习，那么测试阶段就是考试的过程。考试的题目不一定都出现在课堂上和作业中，它能检验学生的举一反三的能力。

根据深度学习的 3 个阶段，数据集可被分成 3 份，即训练集、验证集和测试集。根据斯坦福大学人工智能和机器学习专家吴恩达教授的建议，如果数据集规模较小（比如只有 100 条或 10000 条），则可以按 60%训练集、20%验证集和 20%测试集来分配数据；如果数据集规模较大（比如达到百万条），则验证集和测试集要分别小于数据总量的 20%和 10%。

在训练、验证和测试这 3 个阶段中，训练阶段是最重要的，这一阶段要完成深度学习模型的构建，并应用算法对输入数据进行处理，最终得到预测值。深度学习模型的训练过程如图 1-11 所示。

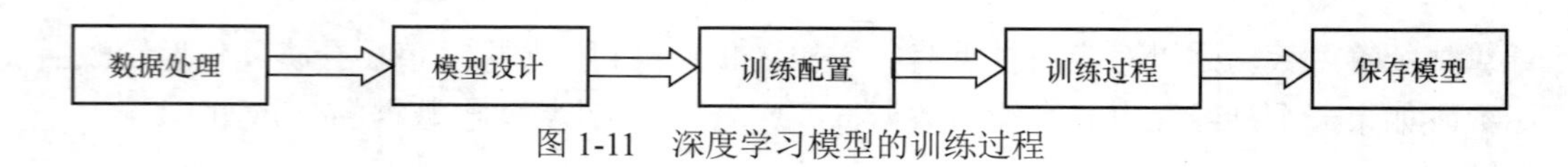

图 1-11　深度学习模型的训练过程

1．数据处理

数据处理首先要加载数据集，可以从本地读取数据，也可以选择从线上的资源库读取数据；然后对数据进行预处理，例如在图像处理的模型中将所有输入图像都转换为统一尺寸的图像。第 3 章将介绍在 MindSpore 框架中进行数据处理的方法。

2．模型设计

模型设计需要完成以下工作。

① 确定神经网络的模型结构：比较常见的神经网络包括 CNN、RNN（循环神经网络）和 GAN 等。其中 CNN 常用于处理图像任务；RNN 通常用于处理顺序任务，包括逐字生成文本或预测时间序列数据等；GAN 用于根据训练集的特征生成同类的新实例。每种神经网络都包含一些经典的模型结构，用于实现图像分类、目标检测、语义分割、自然语言理解、文本分类等任务。第 5 章将介绍 CNN 的工作原理和应用情况。第 9 章将介绍 GAN 和 RNN 的应用实例。

② 确定神经网络的深度和宽度：神经网络的深度是指网络的层数，宽度是指每层的通道数。在卷积神经网络中，通道数通常指图片的类型，如果图片的颜色采用 RGB 类型，则通道数为 3。宽度和深度决定了隐藏层的神经元数量，隐藏层的神经元越多，模型的拟合效果越好，但是会影响训练的效率。

③ 选择激活函数：常用的激活函数包括 Sigmoid、Tanh 和 ReLU（修正线性单元）等，具体情况将在第 5 章中结合相关应用进行介绍。

④ 选择损失函数：深度学习模型可以根据输入数据得到预测值。在开始模型训练前会先确定一个训练的目标。一个好的模型，其预测值与目标值之间的误差会尽可能小。损失函数的作用是衡量预测值与目标值之间的误差。

虽然比较经典的神经网络模型都有默认的网络结构、超参数值、激活函数和损失函数，但是在实际应用时，也可以根据具体的应用场景通过训练进行微调。

模型设计涉及的技术问题将在第 5 章进行介绍。

3．训练配置

训练配置的主要工作包括设定模型的优化器和配置参与计算的硬件资源。

深度学习模型训练的目标是寻找合适的参数，使损失函数的值尽可能小。解决这个问题的过程被称为最优化，所使用的算法叫作优化器。常用的优化器包括 SGD（随机梯度下降）算法和 AdaGrad（自适应梯度）算法等。

4．训练过程

训练过程包括以下 3 个步骤。

① 前向计算：将输入数据传入模型并计算得到输出数据。

② 计算损失函数：如果损失函数的值小于期望值，则停止训练。

③ 反向传播：如果损失函数的值大于期望值，则根据前向计算得到的输出数据，通过优化器从后向前地优化网络中的参数。

5. 保存模型

训练好的模型被保存起来，以备日后模型评估和预测时调用。

1.2　深度学习框架

深度学习技术日渐火热，越来越多的开发人员对参与深度学习相关项目产生了浓厚的兴趣。但是，在参与深度学习开发的初始阶段，开发人员需要编写大量的重复代码，并且需要对日常不熟悉的数学算法进行编码。很多大公司看到这种情况后开发了一些深度学习框架。这些框架通常是开源的，可以提供深度学习开发常用的接口、库和工具，帮助开发者上传数据，训练深度学习模型，得到精确、直观的预测分析。开发人员只需具有基本的人工智能、机器学习和深度学习知识即可使用这些开源框架进行开发。

1.2.1　常用的深度学习框架

对于希望参与深度学习开发的技术人员而言，选择一个合适的框架是非常重要的。正所谓“工欲善其事，必先利其器”，一个合适的深度学习框架可以起到事半功倍的效果。本小节介绍目前流行的深度学习框架及其特性，供读者在开始学习前参考。

1. TensorFlow

TensorFlow 是谷歌大脑团队开发的深度学习框架，支持 Python 语言和 R 语言，适用于稳定的机器学习产品，以及在功能复杂的研究中使用。

TensorFlow 提供了数据可视化工具 TensorBoard。它能够简化显示数据的过程，也可以使用 Python 语言和 R 语言的可视化包来自己开发数据可视化功能。

TensorFlow 的初始版本于 2015 年 11 月 9 日面世，稳定版本 2.4.1 于 2021 年 1 月 21 日推出，采用 Python、C++和 CUDA 语言开发，支持 Linux、macOS、Windows 和 Android 平台。

2. Keras

谷歌的软件工程师弗朗索瓦·肖莱开发了 Keras。Keras 拥有超过 35 万用户和 700 多个开源贡献者，是成长最快的深度学习框架之一。

Keras 支持 Python 开发的高阶神经网络 API（应用程序接口），这也是它深受欢迎的原因之一。很多研究机构、实验室和公司选择使用 Keras。2017 年 7 月，Keras 得到了 CNTK 2.0 的后台支持，2018 年 TensorFlow 2.0 发布后，Keras 被正式确定为 TensorFlow 的高阶 API 开发包，即 tf.keras 包。

Keras 的初始版本于 2015 年 3 月 27 日面世，稳定版本 2.4.0 于 2020 年 6 月 17 日推出。

3. PyTorch

PyTorch 由 Facebook 的人工智能研究院（FAIR）开发，支持动态图并提供了 Python

接口，是 Python 优先的深度学习框架。PyTorch 被大公司广泛应用。

PyTorch 的初始版本于 2016 年 9 月面世，稳定版本 1.7.1 于 2020 年 12 月 10 日推出。

4．Theano

Theano 由蒙特利尔大学使用 Python 开发，是一个擅长处理多维数组的 Python 库。Theano 是 Python 深度学习中的一个关键基础库，可以直接用来创建深度学习模型或包装库，简化了开发者的编码复杂度。

Theano 的初始版本于 2007 年面世，被称为最早的深度学习开源框架，稳定版本 1.0.5 于 2020 年 7 月 27 日推出。Theano 支持 Linux、macOS 和 Windows 平台。

5．Caffe

Caffe（嵌入快速特征的卷积体系结构）由加利福尼亚大学伯克利分校开发，开发语言是 C++，并提供 Python 接口。Caffe 用于图像的检测和分类。

Caffe 支持基于 GPU 和 CPU 的加速计算核心库，例如 NVIDIA、cuDNN 和 IntelMLK 等。使用一个 NVIDIA K40 GPU，Caffe 可以在一天内处理超过 6000 万张图像。

6．MXNet

Apache MXNet 是用于训练和部署深度神经网络的开源框架，由亚马逊（Amazon）公司官方维护。MXNet 支持快速的模型训练和灵活的编程模型（支持 C++、Python、Java、Julia、MATLAB/JavaScript、Go、R-Scala、Perl 和 Wolfram 等开发语言）。MXNet 库可以很方便地部署于多种 GPU 平台和各种设备（包括手机）。

7．CNTK

CNTK 是微软公司开发的深度学习开源框架，可以通过有向图的一系列计算步骤构建神经网络。CNTK 支持 Python 和 C++接口，通常用于手写文字的识别、语音识别和人脸识别。

8．PaddlePaddle

PaddlePaddle（飞桨）是百度公司推出的深度学习框架，集深度学习核心训练和推理框架、基础模型库、端到端开发套件和丰富的工具组件于一体。PaddlePaddle 采用 C++和 Python 语言开发，支持 Linux、macOS 和 Windows 平台。

PaddlePaddle 的初始版本于 2018 年 7 月面世，稳定版本 2.1 于 2021 年 5 月发布。

9．MindSpore

MindSpore 是华为推出的开源深度学习框架，是华为全栈全场景 AI 解决方案的重要组成部分。MindSpore 具有以下特性。

① 开发态友好：支持自动微分、网络+算子统一编程、函数式/算法原生表达、反向网络算子自动生成等特性，AI 科学家和工程师更易使用。

② 运行态高效：可以充分发挥昇腾芯片的大算力特性；提升并行线性度；支持深度图优化，自适应 AI Core 算力和精度。

③ 部署态灵活：支持端–边–云统一架构，实现一次开发，按需部署；按需协同计算，更好地保护隐私。

MindSpore 的总体架构介绍详见本书第 2 章。MindSpore 的初始版本于 2019 年 8 月面世。2020 年 3 月 28 日，华为宣布 MindSpore 正式开源。

1.2.2　深度学习框架的对比与选择

本小节将从开发商、口碑、入门难度、性能和易用性以及落地应用的适用性几个方面评估和选择深度学习框架。

1．开发商

一个平台和框架的成功离不开它的开发商。知名开发商无论从技术力量还是从拥有的社会资源来评估都具备很大的优势。比如华为在开发 MindSpore 的过程中，获得了许多合作伙伴的支持，包括爱丁堡大学、北京大学、伦敦帝国理工学院和机器人初创公司 Milvus 等。从长远发展的角度看，没有巨头背书的框架很可能面临边缘化或被淘汰的结局。鉴于此，本小节的分析都基于拥有知名开发商的深度学习框架。

拥有知名开发商的深度学习框架见表 1-1。

表 1-1　拥有知名开发商的深度学习框架

深度学习框架	开发商/维护商
TensorFlow	谷歌
PyTorch	脸书
Keras	谷歌
MXNet	亚马逊
CNTK	微软
PaddlePaddle	百度
MindSpore	华为

2．口碑

从 GitHub star/Gitee star 数和 Google Trends 提供的统计数据可以反映深度学习框架的口碑。

GitHub star 数可以反映国际开发者对深度学习框架的关注情况。国内框架主要使用 Gitee 开放源代码，因此 Gitee star 数可以反映国内开发者对深度学习框架的关注情况。拥有知名开发商的深度学习框架的 GitHub star/Gitee star 数对比见表 1-2（统计数据截至 2022 年 6 月 10 日 22:00）。

表 1-2　拥有知名开发商的深度学习框架的 GitHub star/Gitee star 数对比

深度学习框架	GitHub star 数	Gitee star 数
TensorFlow	166×10^3	433
PyTorch	56.6×10^3	61
Keras	55.4×10^3	6
MXNet	20×10^3	9
CNTK	17.2×10^3	2
PaddlePaddle	18.3×10^3	3.7×10^3
MindSpore	2.9×10^3	6.4×10^3

从表 1-2 中我们可以看出，在国外，开发者更关注 TensorFlow、PyTorch 和 Keras；在国内，开发者对 MindSpore 的关注要明显高于其他深度学习框架。

Google Trends 的统计数据可以反映来自国际社会公众的关注。2015 年 5 月 1 日—2022 年 6 月 11 日深度学习框架 Google Trends 统计情况如图 1-12 所示（说明：在 Google Trends 中输入“2015/5/1—2022/6/11”，显示的效果就是图 1-12）。

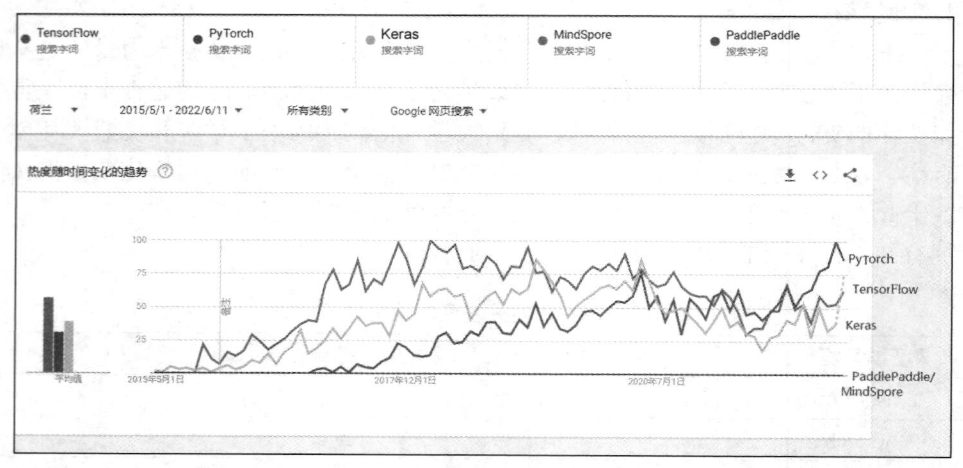

图 1-12　2015 年 5 月 1 日—2022 年 6 月 11 日深度学习框架 Google Trends 统计情况

2018 年 5 月 11 日—2022 年 6 月 9 日深度学习框架百度趋势统计情况如图 1-13 所示。

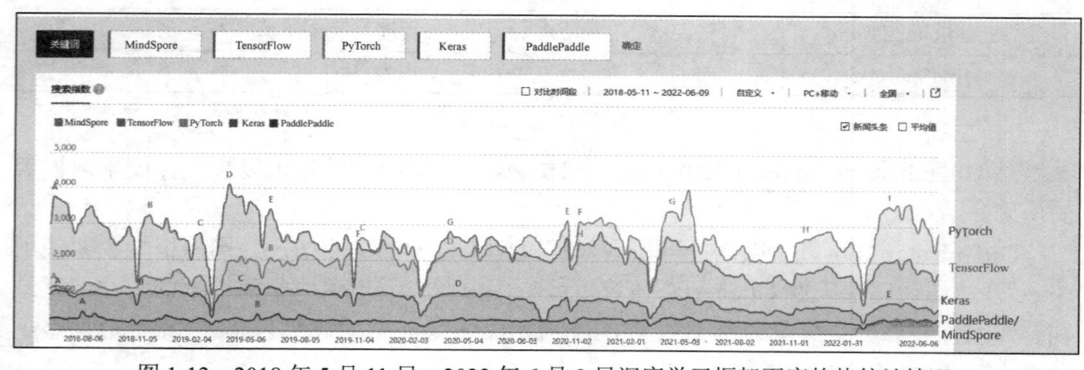

图 1-13　2018 年 5 月 11 日—2022 年 6 月 9 日深度学习框架百度趋势统计情况

由于统计数量的限制，图 1-13 只选择了 TensorFlow、PyTorch、Keras、PaddlePaddle 和 MindSpore 进行统计。从统计数据中我们可以看出，国内与国外的社会大众关注点是一致的，排名次序依次为 PyTorch、TensorFlow、Keras、PaddlePaddle 和 MindSpore。PaddlePaddle 和 MindSpore 作为国内知名的深度学习框架，目前影响力与国际知名框架尚有一定的差距。MindSpore 由于面世和开源都比较晚，因此在前面的时间段中搜索引擎没有统计数据，自 2022 年后逐渐迎头赶上，一度超过 PaddlePaddle。随着华为的培训、科普和推广力度逐渐增大，MindSpore 在国内、国外的影响力会越来越大。

3．入门难度

对初学者而言，在众多深度学习框架中选择一款适合自己的平台不是一件容易的事。在各项评估标准中，框架的入门难度无疑是大多数初学者优先考虑的因素。

对于国内的初学者而言，国产框架要比国外框架更容易上手。以华为为代表的国产框架打造全中文的开源社区，提供完备的中文教程和开发文档。国外深度学习框架虽然也有一些中文资料，但是及时性和完备性都是不够的，并且人工智能和深度学习领域有很多专业名词，阅读英文资料对于初学者而言仍有不便。

近些年，华为与很多高校和培训机构合作开设了 MindSpore 训练营，初学者还可在网上找到相关培训视频资料，这样降低了国内开发人员的入门难度。

4．性能和易用性

性能和易用性是评估深度学习框架的重要因素，但是，对于深度学习框架而言，性能和易用性很难同时兼顾。在 1.3 节中会介绍深度学习框架的执行模式。大多数深度学习框架选择 Graph（图）模式作为执行模式，Graph 模式可以分为静态图和动态图两种。其中静态图更容易被优化，因此具有良好的性能；动态图更容易调试，对于编程实现更加友好。这也是性能与易用性不容易兼顾的原因。

MindSpore 提供了动态图和静态图统一的编码方式。开发者可以很方便地用一条语句切换动态图和静态图的执行模式，做到了兼顾性能和易用性，这也是 MindSpore 框架的特色之一。

5．落地应用的适用性

使用深度学习框架的主要目的之一就是能够方便地将训练好的模型应用到现实生活中，使模型具有更广泛的适用性。MindSpore 作为华为全栈全场景 AI 解决方案的重要组成部分，在部署环境、IP/芯片、计算框架和应用框架等各个层面都有与其高度兼容的同品牌产品。

从部署环境层面看，MindSpore 提供了统一模型文件 MindIR，同时存储网络结构和权重参数值：支持部署到端（终端设备）、边（边缘设备）、云（云端平台）等各种应用场景；实现一次开发、按需部署。

从 IP/芯片层面看，MindSpore 与算力最强的 AI 处理器 Ascend 910 同时发布，并全面支持昇腾 Ascend 910 和 Ascend 310 硬件平台。

因此，在国内使用 MindSpore 框架训练好的模型具有更好的落地应用的适用性。

1.3 深度学习框架的执行模式

在主流深度学习框架中，执行模式（也称为指令调度模式）包括 Eager 模式和 Graph（图）模式两种。

1.3.1 Eager 模式和 Graph 模式的对比

本小节对 Eager 模式和 Graph 模式进行简单的对比，以便读者理解如何选择执行模式。

1．Eager 模式

Eager 模式比较简单，在 Eager 模式下编写代码与编写普通的 Python 代码类似。Eager 模式可以立即对操作进行评估，无须先构建计算图，再执行计算。

Eager 模式是 TensorFlow 2.0 的默认执行模式。在 Eager 模式中，TensorFlow 会直接计算代码中张量的值。

Eager 模式简化了 TensorFlow 中模型构建的过程。用户可以立刻看到操作的结果。因为 Eager 模式简单易用，不但可以调试代码，而且可以减少重复编写代码的概率，所以建议初学者选择 Eager 模式。

Eager 模式的主要特点如下。

① 简单易用的开发接口：只使用原生 Python 代码和数据结构进行开发即可。

② 更易于调试：只需直接调用操作、查看和测试模型。

③ 控制流更自然：Eager 模式直接使用 Python 程序的控制流，无须使用复杂的计算图控制流。

④ 支持 GPU 和 TPU（张量处理器）加速。

2．Graph 模式

Eager 模式便捷，适合初学者使用，但是它的运行速度比 Graph 模式慢。

因为 Eager 模式要一条一条地依次运行 Python 程序的所有操作，这样很难对程序进行优化。而 Graph 模式则会从 Python 程序中抽象出张量计算，在计算之前构建一个高效的图。在 TensorFlow 中使用 tf.Graph 对象表示图，这是一种特殊的由 tf.Operation 和 tf.Tensor 对象组成的数据结构。tf.Operation 代表计算单元，tf.Tensor 代表数据单元。图可以不依赖原始的 Python 代码单独保存，也可以单独运行。也就是说图是不依赖代码的，因此也不依赖某个具体的平台，这为开发跨平台应用提供了更多的灵活性。例如，一个训练好的模型可以通过图很方便地部署于移动设备、嵌入式设备和不支持 Python 的后端应用环境中。

关于图（计算图）的概念将在 1.3.2 小节中介绍，这里只需了解图的特点和优点。图易于优化，可以很方便地实现编译器级别的转换，例如使用常量折叠算法对张量值进行统计推断。常量折叠算法就是将图中常量的计算合并起来，提前计算。例如，$C = A+B$，如果 A 和 B 都是常量（假定 A=100、B=500），则在使用 C 时，可直接使用 $C = 600$。也可以将不同操作的子部分分配到不同的线程和设备。Graph 模式具有以下特性。

① 运行速度快。

② 灵活、易于扩展。

③ 支持平行运行，即将子操作分配到不同的线程和设备中运行。

④ 当在多个设备上平行运行时非常高效。

⑤ 可以利用 GPU 和 TPU 的加速能力。

因此，Graph 模式是大模型训练的理想执行模式。

3．如何选择执行模式

通过前面的介绍，我们知道 Eager 模式更容易学习和测试，Graph 模式更高效、运行速度更快。因此最好的选择应该是以 Eager 模式构建模型，以 Graph 模式运行模型。那么比较流行的开源深度学习框架又是如何选择的呢？下面我们对 TensorFlow 和

PyTorch 的执行模式进行分析。

TensorFlow 2.0 之前的版本，默认采用 Graph 模式，因为它运行速度快、高效且灵活度高。TensorFlow 2.0 已经将 Graph 模式切换到 Eager 模式。为什么 TensorFlow 2.0 选择 Eager 模式呢？一方面，Eager 模式更容易上手；另一方面，PyTorch 选择了另一种细分执行模式——动态计算图（动态图）。它是与 Eager 模式相似的执行模式。动态图虽然没有 TensorFlow 的 Graph 模式高效，但是它可以为研究者和人工智能开发人员提供更简单、更便捷的开发接口，这使得 PyTorch 对新手更具吸引力。在 Google Trends 的统计数据中，2015 年 10 月 1 日—2022 年 5 月 27 日 TensorFlow 和 PyTorch 的搜索数量对比如图 1-14 所示。

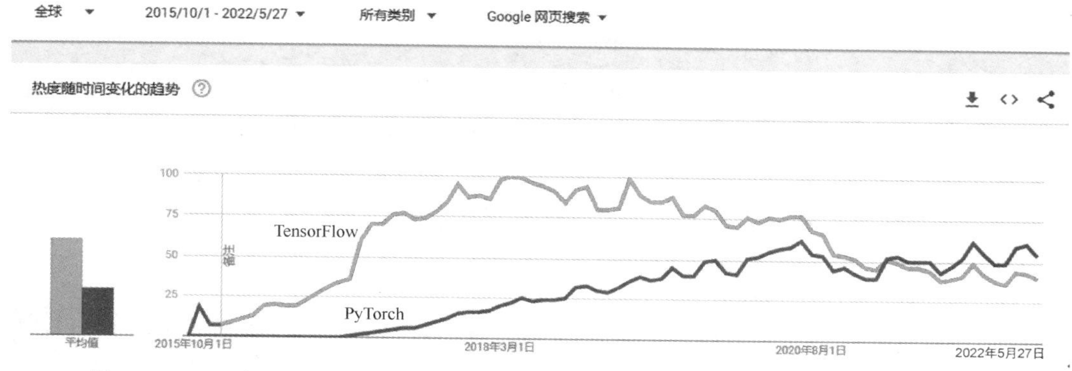

图 1-14　2015 年 10 月 1 日—2022 年 5 月 27 日 TensorFlow 和 PyTorch 的搜索数量对比

我们可以看到，虽然 PyTorch 2017 年才面世，但是它的受关注程度已经反超了 TensorFlow。这种情况也促使 TensorFlow 团队最终选择以 Eager 模式作为默认的执行模式，Graph 模式为备选项。

PyTorch 则使用动态图作为默认的执行模式，静态计算图（静态图）作为备选项。

1.3.2　计算图的概念

在 TensorFlow、PyTorch 和 Theano 等深度学习框架中，反向传播算法是通过使用计算图来实现的。

1．什么是计算图

计算图是一个有向无环图，用于表现和评估数学表达式。下面介绍一个计算图的简单实例。假设有一个函数 F，公式如下。

$$F(a, b, c) = 3\times(a+b\times c)$$

在上面的公式中，最先计算的是 $b\times c$，这里假设 $u=b\times c$。因此，函数 F 的描述如下。

$$F(a, b, c) = 3\times(a+u)$$

再假设 $v = a + u$，函数 F 可以描述如下。

$$F(a, b, c) = 3\times v$$

综合以上过程，函数 F 可以使用图 1-15 所示的计算图来描述。

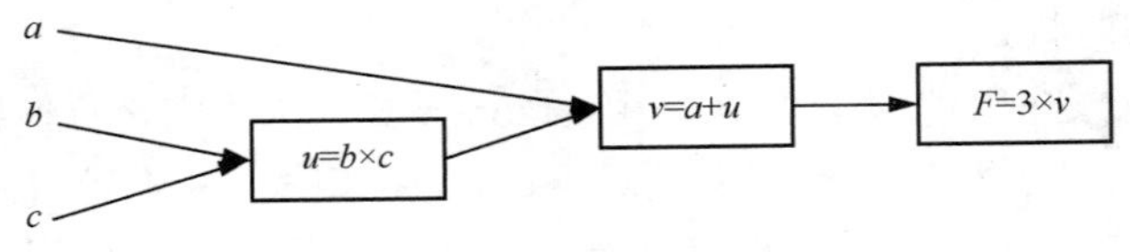

图 1-15　函数 F 的计算图

如果给输入参数赋初值，则每个节点都会得到一个值，最终得到函数 F 的值，具体如图 1-16 所示。

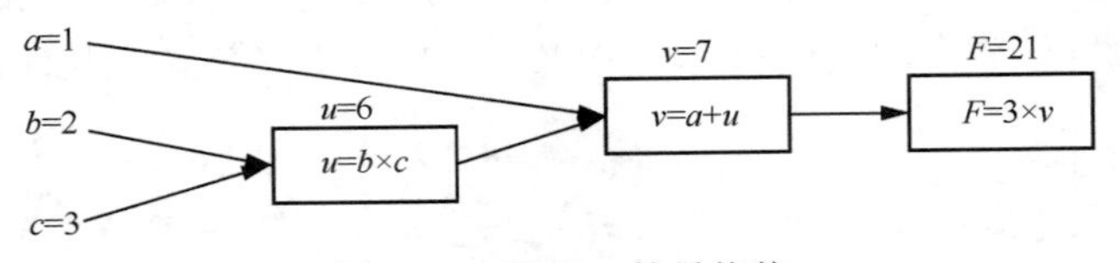

图 1-16　函数 F 的最终值

图 1-15 和图 1-16 只是计算图的演示，不同框架实现计算图的方式不同。计算图通常有两个主要元素：节点（Node）和边（Edge）。节点用于表示数据，例如标量、向量、矩阵、张量；边用于表示运算，例如加、减、乘、除和卷积等。

计算图可以用于以下两种类型的计算。

① 前向计算：图 1-15 和图 1-16 演示的计算过程就是前向计算。

② 反向计算：利用计算图求出函数 F 对应每个变量的导数。例如，计算 F 对 v 的导数（求 $\mathrm{d}F/\mathrm{d}v$）的过程如下。

- 已知 $F=3\times v$，当 v=7 时，F=21；当 v=7.001 时，F=21.003。
- F 的增量除以 v 的增量等于 3，即 $\mathrm{d}F/\mathrm{d}v=3$。

2．深度学习中的计算图

神经网络的计算可以按照前向传播（前向传递）和反向传播（反向传递）两个步骤进行组织。首先执行前向传播步骤，用于计算神经网络的输出。然后执行反向传播步骤，用于计算梯度和导数。计算图可以解释为什么按这种方式进行组织。

如果想理解计算图中求导数的方法，则要理解一个变量变化后如何造成依赖它的变量发生变化。如果 A 直接影响 C，那么就需要了解 A 是如何影响 C 的。如果对 A 的值做微小的改变，C 会如何改变？这就是 C 对 A 求偏导数。

图 1-17 演示了反向传播的计算图求导数的过程。

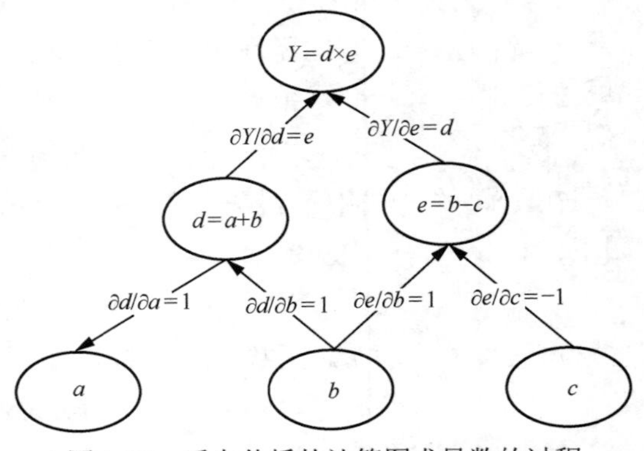

图 1-17　反向传播的计算图求导数的过程

在图 1-17 所示的计算图中，有 a、b、c 这 3 个输入参数，其输出结果为 Y。在计算图的相关位置标记了相邻节点数据计算偏导数的结果，具体说明如下。

① $d=a+b$，当 a 增加一个很小的数值（例如 0.001）时，d 也会增加同样的数值（0.001），因此 d 对 a 的偏导数 $\partial d / \partial a=1$。

② 同理，d 对 b 的偏导数 $\partial d / \partial b=1$。

③ $e=b-c$，当 b 增加一个很小的数值

（例如 0.001）时，e 也会增加同样的数值（0.001），因此 e 对 a 的偏导数 $\partial e/\partial b=1$。

④ $e=b-c$，当 c 增加一个很小的数值（例如 0.001）时，e 会减少同样的数值（增加 −0.001），因此 e 对 c 的偏导数 $\partial e/\partial c=-1$。

⑤ $Y=d\times e$，当 d 增加一个很小的数值（例如 0.001）时，Y 会增加该数值的 e 倍（$e\times 0.001$），因此 Y 对 d 的偏导数 $\partial Y/\partial d=e$。

⑥ 同理，Y 对 e 的偏导数 $\partial Y/\partial e=d$。

我们可以按照以下方法计算最终的输出结果 Y 对输入参数 a、b、c 的偏导数。

① Y 对 a 的偏导数 $\partial Y/\partial a=\partial Y/\partial d\times\partial d/\partial a=e\times 1=e$。

② Y 对 b 的偏导数 $\partial Y/\partial b=\partial Y/\partial d\times\partial d/\partial b=e\times 1=e$。

③ Y 对 c 的偏导数 $\partial Y/\partial c=\partial Y/\partial e\times\partial e/\partial c=d\times(-1)=-d$。

因此计算图能使通过反向传播来求偏导数很容易得到结果。

3．静态图

在 1.3.1 小节中介绍了静态图和动态图在开源深度学习框架中的应用。静态图和动态图是计算图的两种类型。

静态图包含以下 2 个阶段。

① 阶段 1：为模型的体系结构制定方案。

② 阶段 2：训练模型并生成预测，为模型提供大量数据。

静态图的优点是可以提供强大的离线图优化和调度。因此，静态图比动态图运行得快。静态图的缺点是处理结构化数据及可变大小的数据时效果不好，而且需要先构建模型的结构才能执行计算，操作比较烦琐。

4．动态图

当执行前向计算时会默认定义动态图。动态图的构建和计算同时发生，这种机制可以实时得到中间结果，使调试更容易。动态图对于编程实现更加友好。但是由于每次执行时都会构建计算图，因此执行的效率较低。

5．MindSpore 的执行模式

MindSpore 提供了动态图和静态图统一的编码方式，增加了静态图和动态图的可兼容性，用户无须开发多套代码，只要变更一行代码便可切换动态图/静态图模式，用户可在开发时选择静态图模式，这样便于开发调试；在运行时再切换至动态图模式，这样可以获得更好的性能体验。

1.4　华为云 AI 平台 ModelArts

华为云是华为的云服务品牌，致力于为全球客户提供领先的公有云服务。ModelArts 是华为云推出的、面向 AI 开发者的一站式开发平台，通过 AI 开发全流程管理可以智能、高效地创建 AI 模型并一键部署模型到云、边、端。在 ModelArts 平台上可以很方便地搭建 MindSpore 框架，为 MindSpore 提供基于昇腾硬件平台的运行环境，并提供 AI 应用的全周期工作流支持，包括标注数据、训练模型、测试模型和部署模型等。MindSpore 框架支持的硬件平台包括 CPU、GPU 和昇腾（Ascend），为了便于读者学习，本书内容主要基于 CPU 和 GPU 环境。在一些案例中，也介绍了在华为云 ModelArts 上使用昇腾计算卡训练 MindSpore 框架的方法。本节主要介绍 ModelArts 平台的基本功能和使用方法。

1.4.1 功能概述

ModelArts 平台提供了自动学习、数据管理、模型开发、模型管理、部署上线和资源池 6 个功能。

1. 自动学习

自动学习是将机器学习应用于现实问题的自动化任务的过程，包含从原始数据集到构建可以用于部署的机器学习模型的每一个阶段。面对不断增长的应用机器学习的挑战，自动学习是基于人工智能的解决方案。其目的在于即使不是专家也可以使用机器学习模型和技术。

ModelArts 自动学习是实现 AI 应用的低门槛、高灵活、零代码的定制化模型开发工具。自动学习功能根据标注数据自动设计模型、自动调参、自动训练、自动压缩和部署模型。开发者只需上传数据，通过自动学习界面引导和简单操作即可完成模型训练和部署。

目前，自动学习支持快速创建图像分类、物体检测、预测分析、声音分类和文本分类模型的定制化开发。可广泛应用在工业、零售安防等领域。自动学习的具体应用如下。

① 图像分类：识别图片中物体的类别。

② 物体检测：识别图片中每个物体的位置和类别。

③ 预测分析：对结构化数据做出分类或数值预测。

④ 声音分类：对环境中不同声音进行分类识别。

⑤ 文本分类：识别一段文本的类别。

ModelArts 自动学习开发 AI 模型在使用时无须编写代码，只需上传数据、创建项目、数据标注、模型训练，然后将训练的模型部署上线即可。ModelArts 自动学习开发 AI 模型的流程如图 1-18 所示。

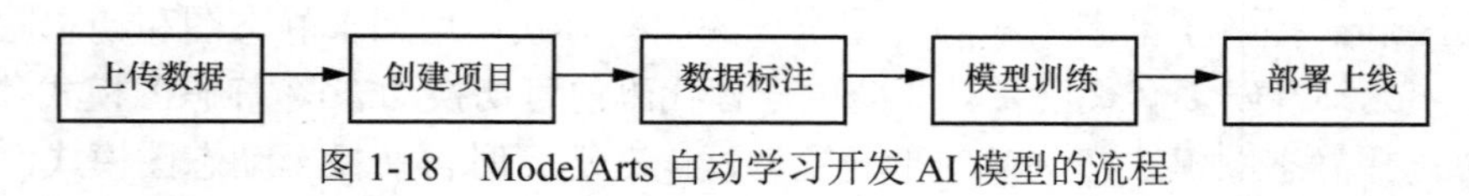

图 1-18　ModelArts 自动学习开发 AI 模型的流程

2. 数据管理

ModelArts 数据框架包含数据采集、数据筛选、数据标注、数据集版本管理功能，支持自动化和半自动化的数据筛选功能，支持自动化的数据预标注及辅助自动化标注工具。ModelArts 数据管理的主流程如图 1-19 所示。

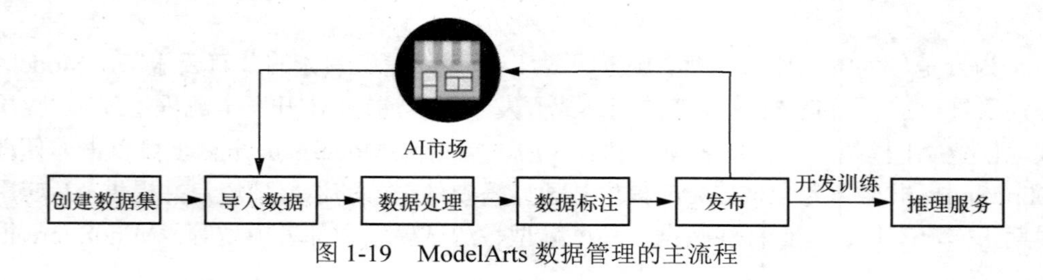

图 1-19　ModelArts 数据管理的主流程

ModelArts 数据管理的具体方法将在 3.8 节中详细介绍。

3．模型开发

ModelArts 提供模型训练的功能，可以方便地查看训练情况并不断调整模型参数；还可以基于不同的数据，选择不同规格的资源池用于模型训练。用户不仅可以自己开发模型，还可以从 AI Gallery 订阅算法，通过调整算法的参数得到满意的模型。

ModelArts 模型开发的流程如图 1-20 所示。

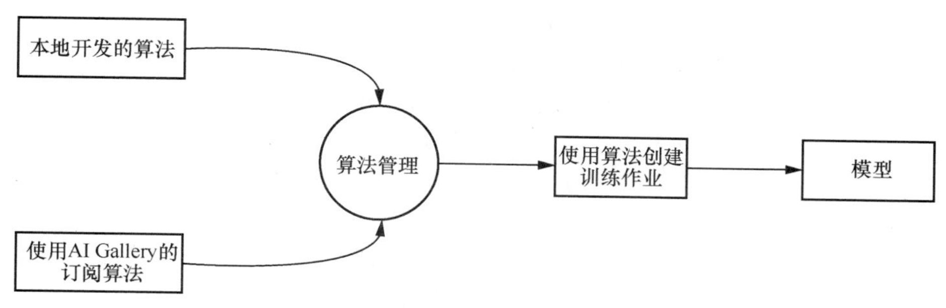

图 1-20　ModelArts 模型开发的流程

4．模型管理

ModelArts 可以对 AI 应用进行统一管理，将从训练作业中得到的模型、本地开发的模型部署为 AI 应用。为了方便将模型部署在不同的设备上，ModelArts 还提供了模型转换能力。ModelArts 模型管理的具体方法将在第 5 章介绍。

5．部署上线

ModelArts 为个人开发者、企业和设备生产厂商提供了一整套安全可靠的一站式部署方式，使用 ModelArts 可以将训练好的模型一键部署到端、边、云的各种设备和各种场景上。

6．资源池

使用 ModelArts 进行 AI 开发时，需要使用一些 CPU、GPU 或昇腾资源进行训练或推理。为满足不同开发业务，ModelArts 提供了按需付费的公共资源池和无须排队的专属资源池。通常，默认使用公共资源池即可。

1.4.2　ModelArts 平台对昇腾生态的支持

作为华为云 AI 平台，ModelArts 对昇腾芯片及其开发生态提供了全面支持，包括提供多款支持昇腾系列的预置神经网络算法。

1．对 Ascend 310 的支持

Ascend 310 是一款华为自研的云端 AI 芯片，具有低功耗和高算力的特性，ModelArts 支持使用 Ascend 310 芯片提供高性能推理的能力。

在 ModelArts 提供的典型样例中，包含使用 Ascend 310 推理的样例。该样例以“ResNet_v1_50”算法为例，指导用户如何从 AI Gallery 订阅算法，然后使用订阅算法创建训练模型，并将所得的模型部署为在线服务（使用 Ascend 310 推理）。针对支持 Ascend 310 推理的算法，如 ResNet_v1_101、MobileNet_v1 等，均可参考此样例操作进行训练和推理操作。

2．对 Ascend 910 的支持

Ascend 910 是一款华为自研的云端 AI 芯片。Ascend 910 具有算力强、体积小等特性。

第 7 章将介绍使用 Ascend 910 训练+Ascend 310 推理的实例。该实例以“图像分类 ResNet50”算法为例，指导用户如何从 AI Gallery 订阅算法，然后使用订阅算法创建训练模型，并将所得的模型部署为在线服务。针对支持 Ascend 910 训练和 Ascend 310 推理的算法，可参考此样例操作进行训练和推理操作。

3．对 MindSpore 的支持

ModelArts 平台为多款深度学习框架提供了昇腾运行环境。除了 TensorFlow、PyTorch，在 ModelArts 的训练、开发环境功能中，支持选用 MindSpore 框架构建模型，还提供了基于 MindSpore 框架的预置图像分类算法 ResNet50。第 5 章将介绍在 ModelArts 平台中基于 ResNet50 算法的训练和推理过程。

1.4.3 ModelArts 开发工具

作为云平台，ModelArts 的开发工具需要做到云上、云下协同开发和调试。ModelArts 集成了开源的 Jupyter Notebook 和 JupyterLab，可提供在线的交互式开发调试工具，具体说明如下。

① Jupyter Notebook：是基于网页的用于交互计算的应用程序，可应用于开发、文档编写、代码运行和结果展示。Jupyter Notebook 的基本架构如图 1-21 所示。

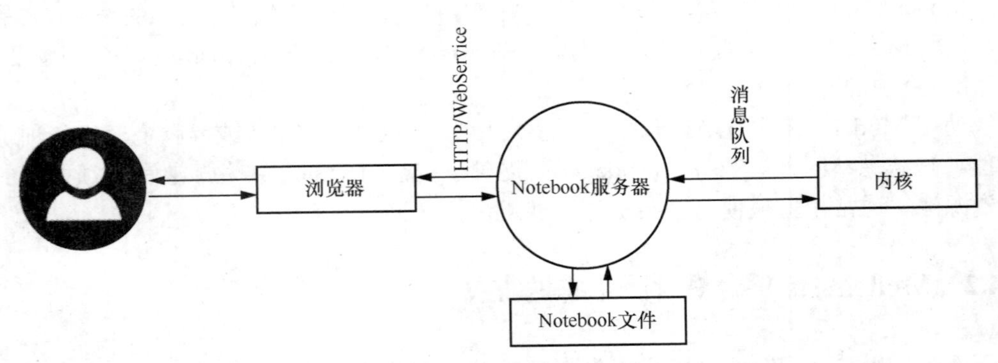

图 1-21　Jupyter Notebook 的基本架构

② JupyterLab：是 Jupyter Notebook 的下一代产品，可以使用它实现编写 Notebook、操作终端、打开交互模式、查看 csv 文件及图片等功能。

9.2 节将会结合具体案例介绍 Jupyter Notebook 的使用方法。

1.4.4 使用 ModelArts 平台的基本方法

华为云的登录页面，如图 1-22 所示。使用 ModelArts 平台前，需要先注册一个华为云账号。

图 1-22　华为云的登录页面

单击“注册”超链接，打开“注册华为云账号”的页面，根据提示完成注册。拥有华为账号后，登录华为云平台，打开华为云个人主页，如图 1-23 所示。在页面顶部的搜索框中，输入 mo，然后在提示下拉菜单中选择“AI 开发平台 ModelArts”，打开 ModelArts 主页，如图 1-24 所示。

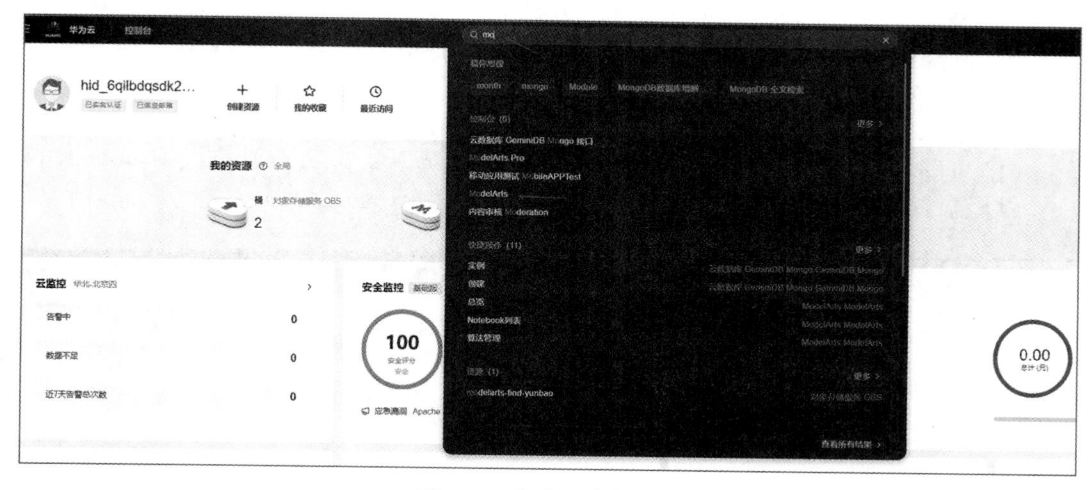

图 1-23　华为云个人主页

图 1-24　ModelArts 主页

ModelArts 主页中有一个适合新手入门的样例“找云宝”。云宝是华为云的吉祥物，这个样例的目标是：向训练好的智能体传入一张图片，智能体可以判断图中是否有云宝，若有会将识别出的云宝框起来。

完成“找云宝”样例需要经过以下 6 个步骤。

① 准备数据。

② 创建物体检测项目。

③ 数据标注。

④ 自动训练，生成模型。

⑤ 将模型部署上线为在线服务。

⑥ 测试服务。

1. 准备数据

在“准备数据”步骤中，需要完成以下工作。

① 创建 OBS（对象存储服务）桶和文件夹，用于存储训练数据集。

② 下载数据集，并解压缩。

③ 将下载的数据集中的训练图片上传至 OBS 桶。

（1）创建 OBS 桶和文件夹

在控制台搜索 OBS，打开 OBS 管理页面，具体如图 1-25 所示。

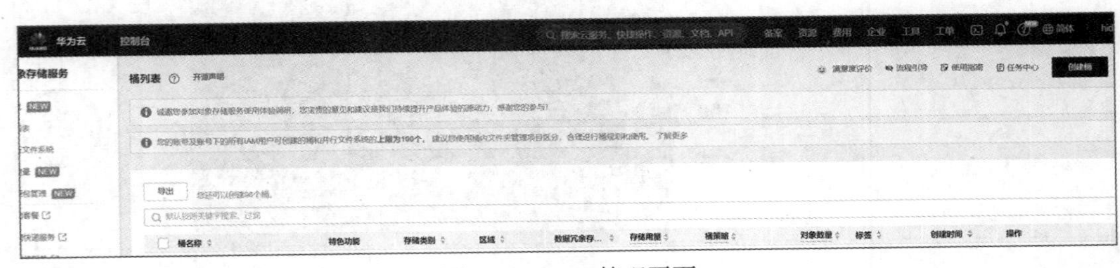

图 1-25　OBS 管理页面

单击“创建桶”按钮，打开创建桶页面，如图 1-26 所示。假定创建一个名为 modelarts-find-yunbao 的桶，注意选择 ModelArts 所在的区域，例如“华北–北京四”。这样 ModelArts 就可以访问桶 find_yunbao 存储数据了。单击页面右下方的“立即创建”按钮，完成创建桶。

选择源桶
该项可选。选择后可复制源桶的以下配置信息：区域 / 数据冗余策略 / 存储类别 / 桶策略 / 服务端加密 / 归档数据直读 / 企业项目 / 标签。
华北-北京四
不同区域的资源之间内网互不相通，请选择靠近您业务的区域，可以降低网络时延，提高访问速度。桶创建成功后不支持变更区域，请谨慎选择。如何选择区域
modelarts-find-yunbao　查看命名规则
不能和本用户已有桶重名　不能和其他用户已有的桶重名　创建成功后不支持修改
多AZ存储　单AZ存储　启用后不支持修改。多AZ存储采用相对较高计费标准。价格详情
数据在同区域的多个AZ中存储，可用性更高。
标准存储　适合高性能，高可靠，高可用，频繁访问场景
低频访问存储　适合高可靠，低成本，较少访问场景
归档存储　适合长期存储，平均一年访问一次
创建桶时选择的存储类别会作为上传对象的默认存储类别。了解存储类别差异
私有　公共读　公共读写　复制桶策略
桶的拥有者拥有完全控制权限，其他用户在未经授权的情况下均无访问权限。
开启　关闭
关闭归档直读，归档存储类别的数据要先恢复才能访问。归档存储数据恢复和访问会收取相应的费用。价格详情
开启服务端加密后，上传到当前桶的对象会被加密。您也可以在桶创建完成之后在桶概览页面调整服务端加密配置。
使用阶段
按需/资源包计费　OBS计费说明
立即创建

图 1-26　创建桶页面

在桶列表页单击新建的 modelarts-find-yunbao，打开基本信息页。然后在基本信息页左侧导航菜单中单击“对象”菜单项，打开桶对象管理页面。在桶中新建一个文件夹 find_yunbao。打开该文件夹，然后在其中新建一个 train 文件夹。创建 OBS 桶和文件夹的操作方法如果发生变化，请查阅华为云的在线文档。

操作完成后返回 ModelArts 主页，在“准备工作”框内单击“我已准备完成”按钮，如图 1-27 所示。然后“我已准备完成”按钮变成绿色的“已完成”按钮，同时点亮“获取数据”框内的“我已准备完成”按钮。

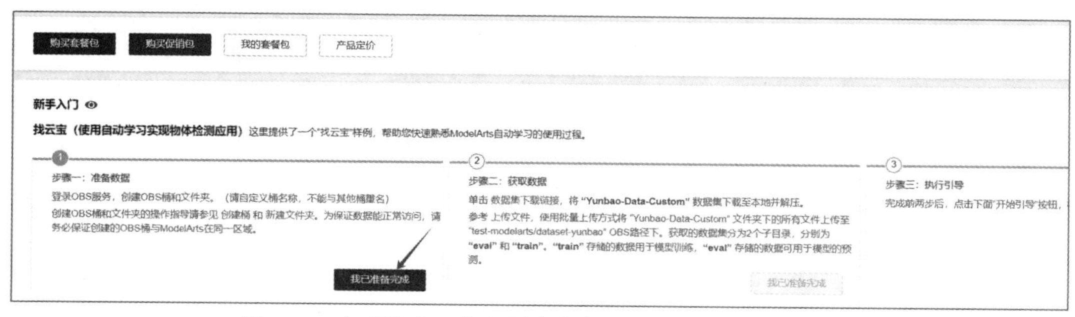

图 1-27　在“准备工作”框内单击“我已准备完成”按钮

（2）下载数据集，并解压缩

在“获取数据”框内单击“数据集下载链接”超链接，下载得到 Yunbao-Data-Custom.zip，在本地将其解压，得到以下 2 个文件夹。

① train 文件夹：存储用于模型训练的数据。

② eval 文件夹：存储用于模型预测的数据。

（3）将下载的数据集中的训练图片上传至 OBS 桶

再次打开 OBS 管理页面，进入前面创建的 OBS 桶 modelarts-find-yunbao 的 train 文件夹，然后单击“上传对象”按钮，选择并上传解压缩得到的 train 文件夹中的所有图片。

2. 创建物体检测项目

打开 ModelArts 主页，在左侧导航中选择“自动学习”，打开“自动学习”页面，如图 1-28 所示。

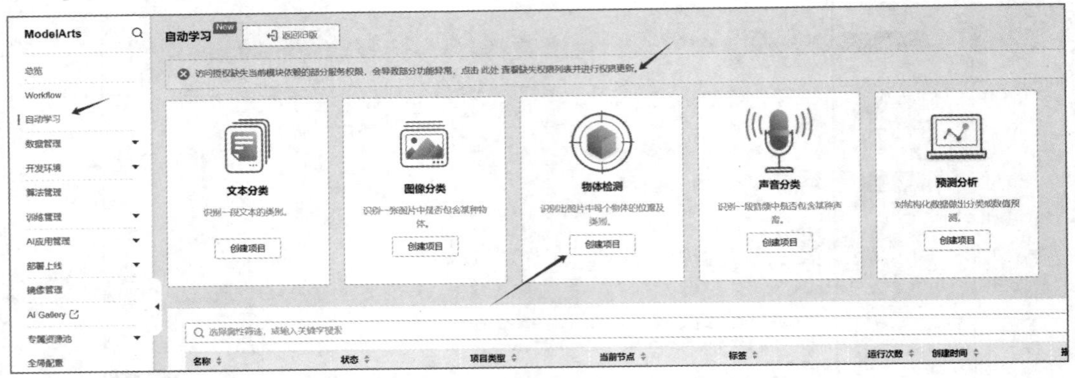

图 1-28　“自动学习”页面

如果之前没有做过授权操作，则页面中会提示“由于 ModelArts 的数据存储、模型导入以及部署上线等功能依赖 OBS、SWR、IEF 等服务，需要获取依赖服务的授权后，才能正常使用 ModelArts 的相关功能。请单击此处获取依赖服务的授权”。单击其中的“此处”超链接，根据提示完成授权（新建授权委托）操作。

然后返回“自动学习”页面。此时 5 项任务下面的“创建项目”按钮都已经被激活。单击“物体检测”下面的“创建项目”按钮，打开“创建物体检测项目”页面，参照图 1-29 所示填写项目信息。数据集输入位置选择前面创建的 train 文件夹，数据集输出位置可以在此处创建一个 output 文件夹。配置完成后，单击页面下方的“创建项目”按钮。

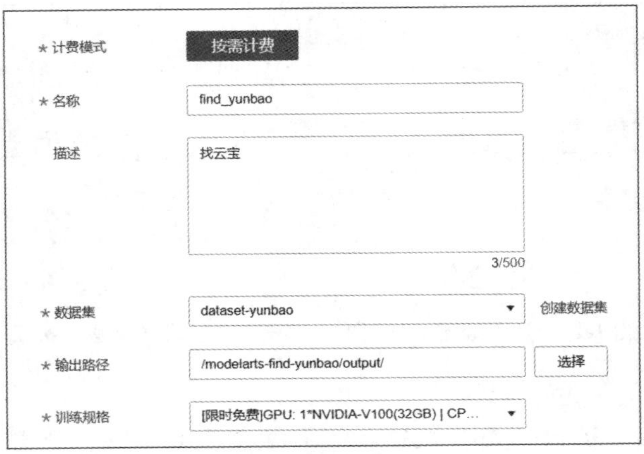

* 计费模式　按需计费

* 名称　find_yunbao

描述　找云宝　3/500

* 数据集　dataset-yunbao　创建数据集

* 输出路径　/modelarts-find-yunbao/output/　选择

* 训练规格　[限时免费]GPU: 1*NVIDIA-V100(32GB) | CP...

图 1-29　创建物体检测项目页面

3．数据标注

创建物体检测项目后，在“自动学习”页面中会看到创建的项目。单击项目名打开项目运行记录页面，如图 1-30 所示；选中“数据标注”节点，单击“实例详情”按钮打开“实例详情”页面，如图 1-31 所示；在“添加数据”下拉框中选择“添加数据”，打开“导入”弹出层。

图 1-30　项目运行记录页面

图 1-31　“实例详情”页面

在“导入”弹出层中，选择 OBS 中的 find_yunbao 目录，然后单击“确定”按钮，如图 1-32 所示。

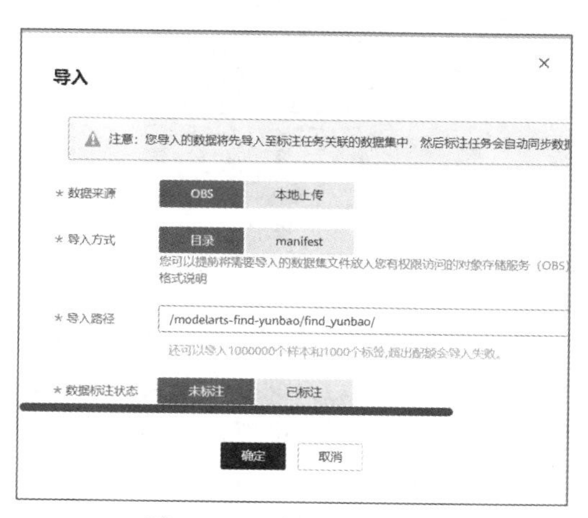

图 1-32　“导入”弹出层

导入数据后，在实例详情页面中单击“同步新数据”按钮，可以将前面上传到 train 文件夹的图片同步到项目中。图片按“已标注”和“未标注”分类展示。单击“未标注”选项卡，可以看到 60 张包含云宝的图片，如图 1-33 所示。

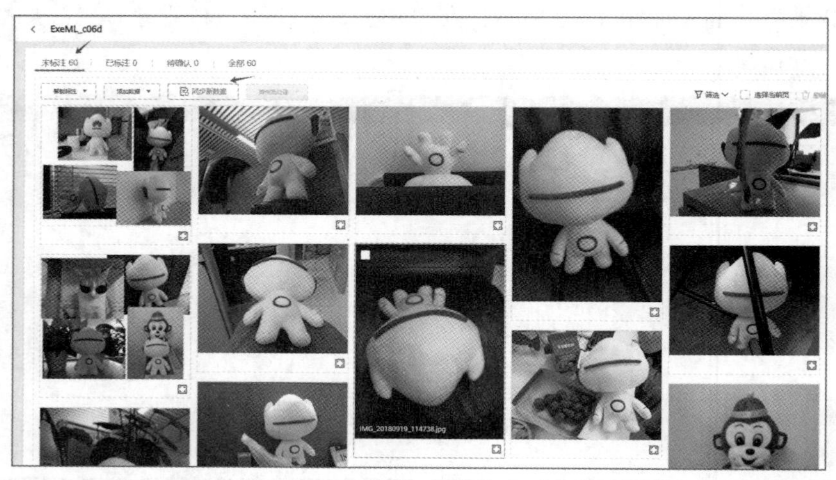

图 1-33　查看项目中的未标注图片

单击一张图片，可以对图片进行标注。选中图片上方的□图标，然后将鼠标移至图中，鼠标指针位置会出现横线和竖线。单击鼠标左键开始画框，再单击鼠标左键结束画框，单击鼠标右键取消画框。将图中的云宝用方框标注，并输入标注名，单击“确定”按钮后，做好的标注会出现在右侧的栏目中，再单击“保存”按钮，保存标注，如图 1-34 所示。依次对 60 张图片做标注。

图 1-34　标注图片中的云宝

4. 自动训练，生成模型

所有图片都标注完成后，返回图 1-30 所示的项目运行记录页面。选中“数据标注”节点，单击“继续运行”按钮，开始自动训练。训练会持续一段时间，请耐心等待。在这个过程中可以选中后面的节点，了解训练进度。完成的节点会变成绿色。

5. 将模型部署上线为在线服务

训练完成后，选中“服务部署”节点，然后单击“继续运行”按钮，如图 1-35 所示。

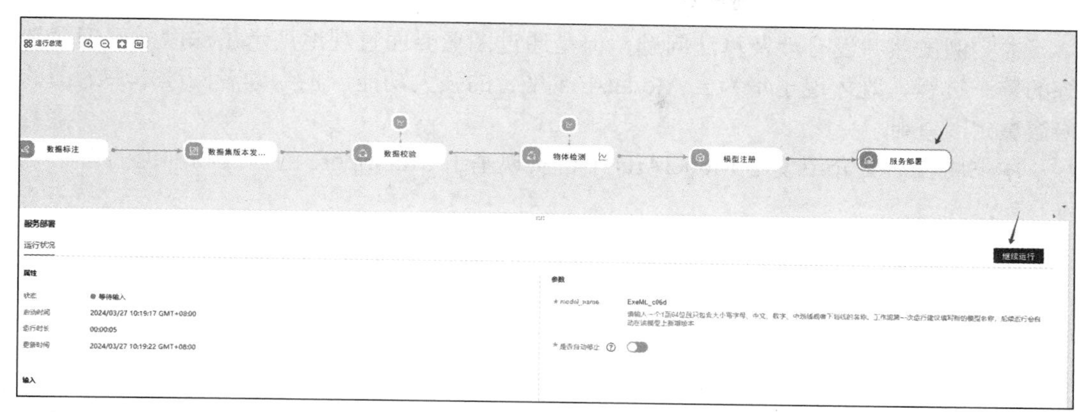

图 1-35　选中“服务部署”节点，然后单击“继续运行”按钮

确认后开始将模型部署上线为在线服务。

6．测试服务

服务部署成功后，在 ModelArts 页面的左侧导航栏中依次选择“部署上线”—“在线服务”菜单项，打开“在线服务”页面，可以看到部署好的服务，如图 1-36 所示。

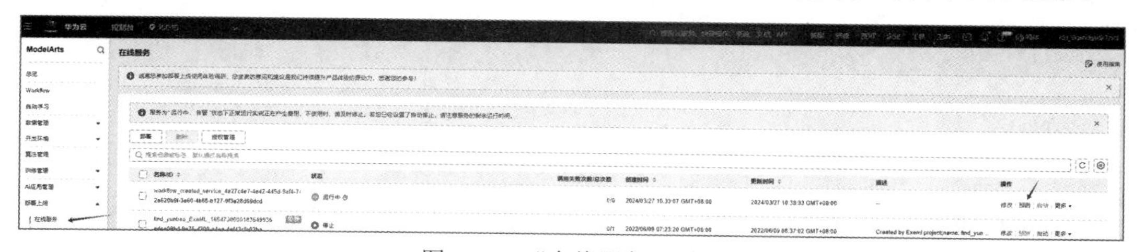

图 1-36　“在线服务”页面

单击在线服务记录后面的“预测”按钮，打开测试服务页面。在测试服务页面中，单击“上传”按钮，选择一张包含云宝的图片上传。然后单击“预测”按钮，智能体会对图片中的云宝进行识别并标识，结果如图 1-37 所示。

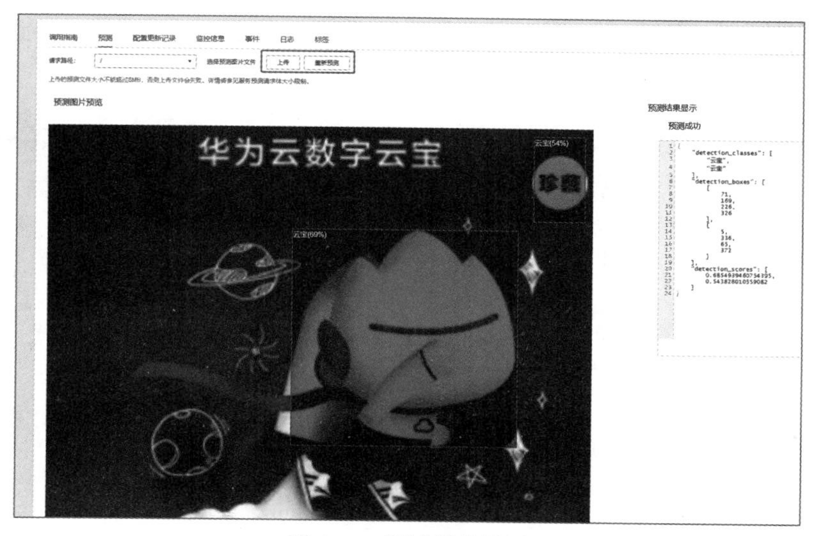

图 1-37　测试服务页面

本实例虽然并没有涉及算法问题，但是通过图形界面直观地演示了深度学习模型训练的整个过程，既体现了华为云 ModelArts 平台的强大功能，也为读者阅读本书后面的内容奠定了基础。

本书将在后文介绍使用 ModelArts 平台实现基于 MindSpore 的训练和推理的方法。

第 2 章 MindSpore 概述

本章介绍 MindSpore 框架的总体架构和基本概念，并搭建 MindSpore 环境。

2.1 总体架构

2018 年 10 月，第三届华为全联接大会在上海开幕。会上华为发布了 AI 发展战略和全栈全场景 AI 解决方案。MindSpore 是华为全栈全场景解决方案的重要组成部分。

2.1.1 华为全栈全场景 AI 解决方案

华为全栈全场景 AI 解决方案如图 2-1 所示。

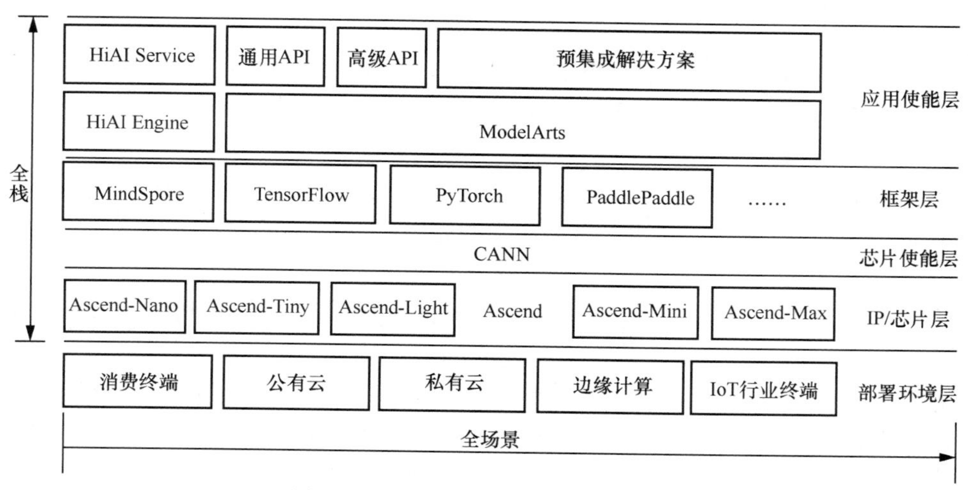

图 2-1　华为全栈全场景 AI 解决方案

“全场景”是指从部署环境上看，华为 AI 解决方案全面支持公有云、私有云、消费终端、边缘计算和 IoT 行业终端 5 个应用场景。“全栈”是指从技术功能角度支持 IP/芯片、芯片使能、框架和应用使能等全堆栈解决方案。

1．IP/芯片层

这里的 IP 不是指 IP 地址，而是 IP 核。IP 核是指芯片中具有独立功能的电路模块的成熟设计。该电路模块的成熟设计凝聚着设计者的智慧，体现了设计者的知识产权，因此，芯片行业就用 IP 核来表示这种电路模块的成熟设计。

在华为 AI 解决方案中，“IP/芯片”层包括华为 Ascend（昇腾）处理器的系列产品，具体如下。

① Ascend-Nano：适用于耳机电话等 IoT 设备使用场景的 AI 芯片。

② Ascend-Tiny 和 Ascend-Light：适用于智能手机的 AI 芯片。

③ Ascend-Mini：适用于笔记本电脑等算力需求更高的便携设备的 AI 芯片。

④ Ascend-Max：适用于云端数据运算处理的 AI 芯片。

2．芯片使能层

在芯片使能层，华为针对 AI 场景推出了异构计算架构——CANN（神经网络计算架构）。该架构可以充分地发挥昇腾芯片的性能，提供芯片算子库和高度自动化的算子开发工具。使用 CANN TBE（张量加速引擎）可以实现算子的开发。

3．框架层

在框架层，华为全栈全场景 AI 解决方案支持各种主流 AI 框架，包括 TensorFlow、PyTorch、PaddlePaddle 和 MindSpore 等。

4．应用使能层

应用使能层是一个机器学习 PaaS（平台即服务），提供全流程服务、分层分级 API、预集成解决方案和华为云 AI 平台 ModelArts。目的是满足不同开发者的个性化需求，使 AI 的应用更加容易。

2.1.2 MindSpore 框架的总体架构

MindSpore 框架的总体架构如图 2-2 所示。MindSpore 框架具有多领域扩展、开发态友好、运行态高效、全场景部署和硬件多样化五大特性，具体介绍如下。

1．多领域扩展

MindSpore 提供了模型库 ModelZoo、扩展库 Extend 和 MindScience 子系统，这些组件为 MindSpore 框架提供了在更多领域应用的能力。

2．开发态友好

MindExpression 子系统是 MindSpore 的前端表示层，其中包含 Python API、MindSpore IR（中间表示）和 GHLO（计算图高阶优化）3 个部分。Python API 向开发者提供统一的模型训练、推理、导出接口，以及统一的数据处理、数据增强和格式转换接口；GHLO 包含硬件无关的优化（如死代码消除等）、自动并行和自动微分等功能。MindSpore 提供 C/C++、Java 等不同语言的 API。另外，MindSpore 还提供了可视化的调试和调优工具 MindInsight。

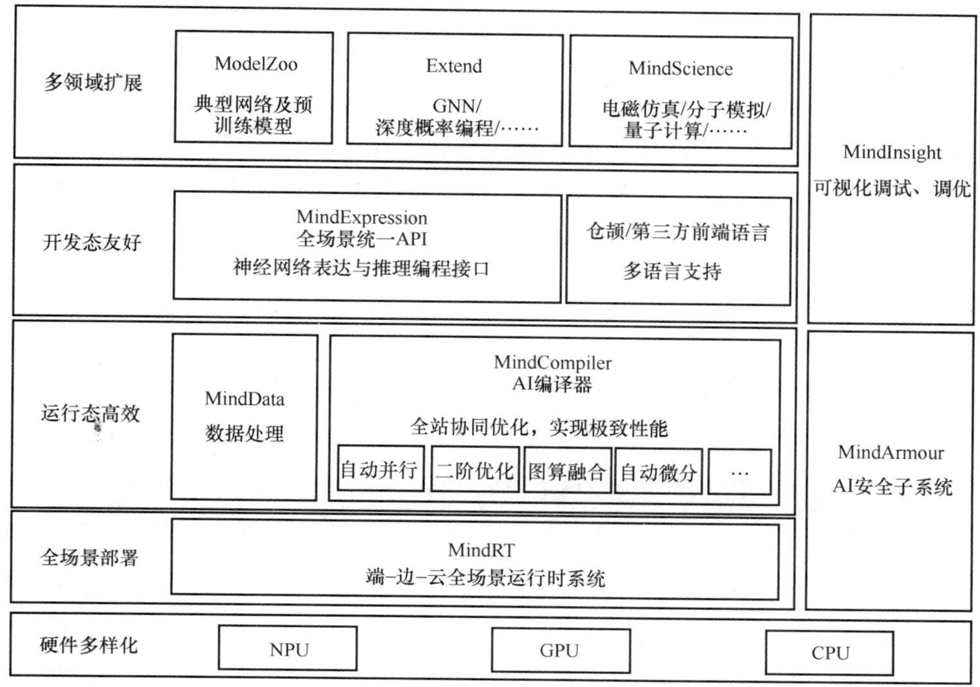

图 2-2　MindSpore 框架的总体架构

3．运行态高效

MindSpore 的运行层包括 MindData、MindCompiler 这 2 个子系统，可以实现高效的数据处理和全栈协同优化。MindArmour 是 AI 安全子系统，可以保障 MindSpore 应用的安全运行。

4．全场景部署

MindRT 子系统是 MindSpore 的全场景运行时系统，包括云侧、主机侧运行时系统，以及端侧和更小 IoT 的轻量化运行时系统。同样，MindArmour 子系统可以保障 MindSpore 在云、边、端全场景的安全运行。

5．硬件多样化

MindSpore 框架支持 CPU、GPU 和 NPU 三大硬件平台。

2.2　MindSpore 库和子系统

为了方便开发、运行、部署和扩展，MindSpore 包含很多库和子系统，可以为开发者提供丰富、便捷、高效的使用体验。在使用 MindSpore 开发神经网络模型的过程中，开发者不一定直接用到本节介绍的所有库和子系统，但是在开始学习之前，还是要从总体上了解这些库和子系统的基本情况，同时也可以了解更多的 MindSpore 的特色和优势。

2.2.1 ModelZoo 模型库

ModelZoo 中包含 MindSpore 官方提供的经典深度学习网络的相关预训练模型，包括音频、计算机视觉、自然语言处理、推荐系统、图神经网络和高性能计算等众多领域的数百个网络模型，用户可以直接下载使用。模型库中的模型数量还将持续增加。

本书后面章中需要用到从 ModelZoo 下载的模型，因此本小节首先下载 ModelZoo 模型库，以备后面使用。

在 Gitee 的 MindSpore/models 页面中单击“克隆/下载”按钮，然后在弹出层中单击“下载 ZIP”即可，如图 2-3 所示。

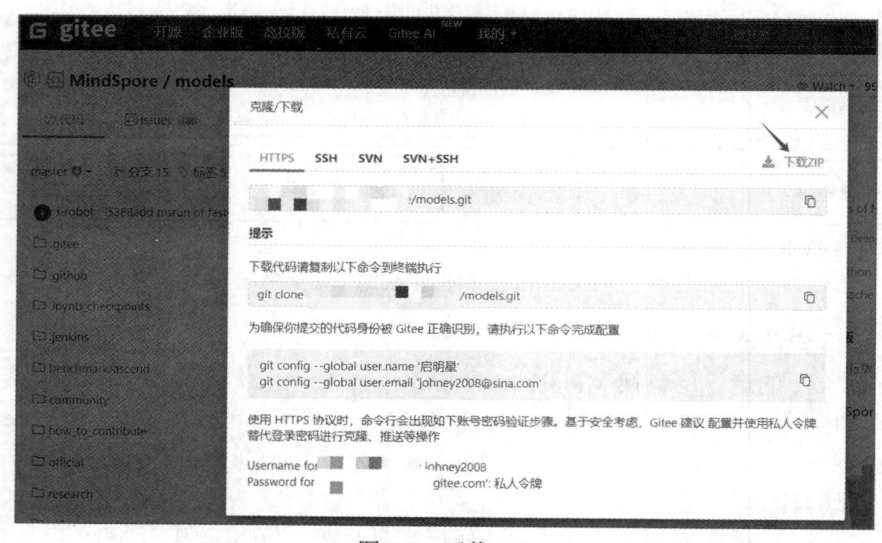

图 2-3　下载 ZIP

本书后面提及的 LeNet-5 模型包含在 ModelZoo 模型库的 r1.9 之前的分支中。因此这里建议下载 ModelZoo 模型库的 r1.9 分支，以备第 5 章介绍 LeNet-5 模型时使用。

2.2.2 Extend 扩展库

Extend 是 MindSpore 的扩展库，支持拓展新的领域场景，例如科学计算、GNN（图神经网络）、深度概率编程和强化学习等。目前 Extend 中包含扩展包的数量还比较少，相信随着 MindSpore 的推广和普及，未来会有更多的开发者来一起贡献和构建 Extend 扩展库。本书不展开介绍 Extend 扩展库的使用方法。

2.2.3 MindScience 子系统

MindScience 中包含 MindSpore 官方提供的科学计算行业套件。

目前 MindScience 子系统中已包含面向电子信息行业的 MindElec 套件和面向生命科学行业的 MindSPONGE 套件，可以对电子信息、生物制药等领域的应用提供支持。本书不展开介绍 MindScience 子系统的使用方法。

2.2.4　MindExpression 子系统

从层次结构上，MindSpore 可以分为前端表达层、计算图引擎和后端运行时 3 个层次。MindExpression 子系统属于前端表达层，由 Python API、MindSpore IR 和 GHLO（计算图高级别优化）3 个部分组成。

1．Python API

MindExpression 子系统可以提供用户级的 API，用于执行科学计算，构建和训练神经网络。目前 MindExpression 只支持 Python 语言的 API，而且可以将用户的 Python 源代码转换成计算图。

本书重点介绍 MindExpression 子系统提供的 Python 语言 API。通过阅读本书，读者可以编写 Python 程序，调用 MindExpression 提供的 API，基于 MindSpore 框架构建和训练神经网络。

2．MindSpore IR

MindSpore IR 简称 MindIR，是程序编译过程中介于源语言和目标语言之间的程序表示，可以方便编译器进行程序分析和优化。MindIR 是一种基于图表示的函数式 IR，其最核心的目的是服务于自动微分变换。

MindIR 的主要功能是将用户的模型表达翻译成可执行的代码，再去进行训练和推理。MindIR 的应用场景如图 2-4 所示。

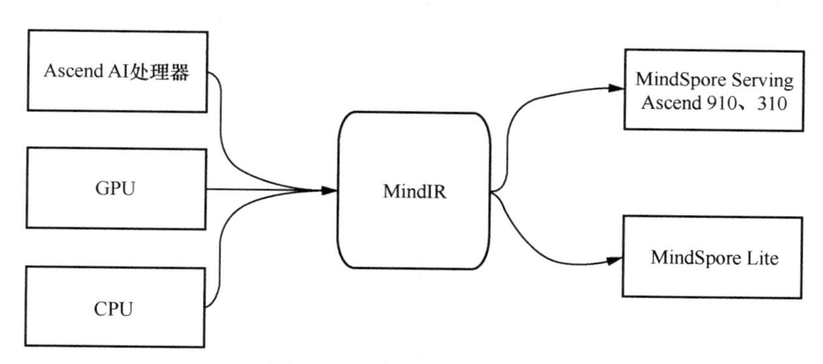

图 2-4　MindIR 的应用场景

可以在 Ascend AI 处理器、GPU、CPU 等硬件平台上将用户模型导出为 MindIR 文件，然后使用 MindSpore Serving 或 MindSpore Lite 基于 MindIR 文件进行推理。

MindSpore Serving 是一个轻量级、高性能的服务模块，可以帮助 MindSpore 开发者在生产环境中高效部署在线推理服务。MindSpore Lite 是 MindSpore 的端侧引擎。

3．GHLO

GHLO 包含硬件无关的优化（如死代码消除等）、自动并行和自动微分等功能。其中自动并行和自动微分是 MindCompiler 子系统的功能在前端表达层的体现。

2.2.5 MindCompiler 子系统

MindCompiler 是 MindSpore 的编译优化层，可以实现硬件无关优化、硬件相关优化和部署推理相关的优化。

1．硬件无关优化

MindCompiler 子系统实现的硬件无关优化包括类型推导、自动微分和表达式化简，具体说明如下。

① 类型推导：在传统的高级编程语言中，声明变量和参数必须指定明确的数据类型。因为如果使用了不恰当的数据类型，会带来精度不足等问题。“类型推导”是指声明变量时不能明确地指定其数据类型，而要由编译器根据初始化变量时所赋的初值来自动确定变量的数据类型。

② 自动微分：它是一种可以借助计算机程序计算一个函数导数的方法。MindSpore 通过 SCT（原码转换）技术实现自动微分功能，可以将函数转换为 IR。IR 可以构造一个计算图，这样可以在不同设备上被解析和执行，改善云、边、端全场景设备的性能和效率。

③ 表达式化简：将给定表达式转换为更为简单（通常也是更短）表达式的一种形式。这一功能包括合并同类项、通分和约分。通过幂方程和三角函数，数学表达式化简还可以化简对数和指数表达式。对表达式进行简化可以使数学表达式易于理解或提高计算的效率。

2．硬件相关优化

MindCompiler 子系统实现的硬件相关优化包括自动并行、内存优化、图算融合和流水线执行，具体说明如下。

① 自动并行： MindSpore 提供了自动并行的能力，根据训练时间从策略空间中为用户选择最优的训练模式，支持数据并行+模型并行的混合并行训练。

② 内存优化：MindSpore 内置对各种设备的自动优化机制，包括内存管理和硬件加速等。

③ 图算融合：这里的“图”指计算图，“算”指算子。算子的本质是一个计算函数，大部分算子可以被拆分为由若干更基本的算子组成的子图。因此，可以说算子是打包后的计算图，计算图是拆包后的算子。通过人工定制的方式优化和融合算子可以使网络的性能优化数倍，但人工定制效率低且不能满足网络越来越多样化的需求。MindSpore 的“图算融合”特性提供一种极简的算子表达方式和泛化自动算子融合的能力，可以更好地提升 AI 算力。

④ 流水线执行：随着神经网络的规模不断扩大，受单卡内存的限制，训练大模型时使用的设备数量也在不断增加。受服务器间通信带宽小的影响，传统的混合并行（数据并行+模型并行）模式的性能表现欠佳。MindCompiler 支持流水线并行，可以将神经网络中的算子切分成多个阶段，每个阶段只需执行神经网络的一部分，节省了内存开销，同时缩小了通信域，缩短了通信时间。MindSpore 能够根据用户的配置，将单机模型自动转换成流水线并行模式去执行。

3．部署推理相关的优化

MindCompiler 子系统可以实现部署推理相关的优化，包括模型量化和模型剪枝。

① 模型量化：深度神经网络的模型越来越大，巨大的计算量带来了巨大挑战，也影响深度神经网络在端侧上智能应用的普及。模型量化是非常实用的模型压缩技术，并且已经在工业界发展得非常成熟。

② 模型剪枝：深度学习网络模型从卷积层到全连接层都存在大量的冗余参数，大量神经元的激活值趋近于 0。将这些神经元去除后，网络的输出并没有太大的变化，这种情况被称为过参数化，而对应去除冗余参数的技术则被称为模型剪枝。

2.2.6　MindRT 子系统

MindRT 子系统负责 AI 网络的执行。其中集成了不同底层硬件的操作接口，支持各种设备的运行时系统，包括云端、主机端以及更小的物联网设备等。

MindRT 支持统一调度管理和内存池化管理，这是复杂神经网络能在异构硬件上运行的关键技术。它可与昇腾芯片进行深度优化，整图下沉到卡上（on-device 执行），减小主机设备的交互开销，提高深度学习训练的效率。MindRT 与昇腾芯片进行深度优化的工作原理如图 2-5 所示。

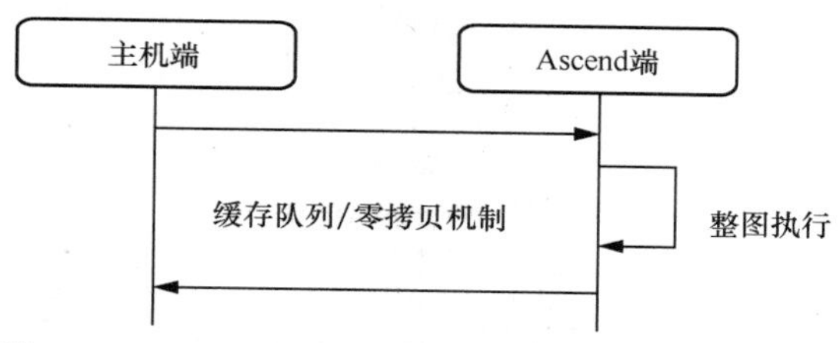

图 2-5　MindRT 与昇腾芯片进行深度优化的工作原理

2.2.7　MindData 子系统

MindData 子系统负责数据处理，并为开发者提供调试、优化模型的工具。在数据处理过程中，MindData 实现了高性能的管线，包括数据加载、数据增强、导入训练等功能。

MindData 子系统的框架如图 2-6 所示。

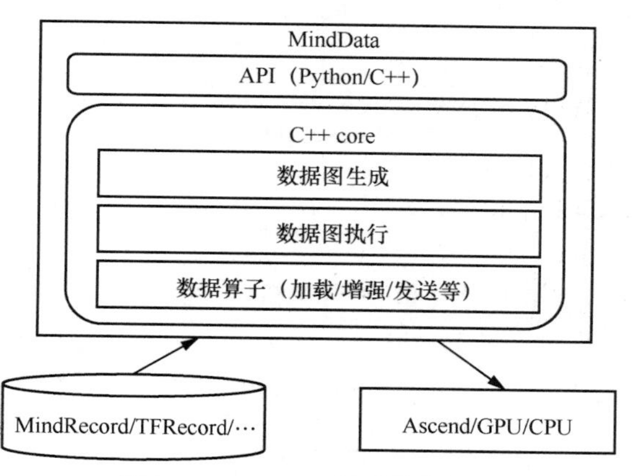

图 2-6　MindData 子系统的框架

MindData 的运行流程如下。

① 数据图生成：MindData 提供 Python API 和 C++ API，用户可以调用 API 生成数据图。

② 数据图执行：管线可以并行执行数据图中的数据算子，完成数据集加载、混洗（指打乱数据原有顺序的方法）、分批和数据增强等处理。

③ 数据导入设备：经过处理后，将数据导入设备进行训练。

在图 2-6 中，MindRecord 是 MindSpore 格式的数据集，TFRecord 是 TensorFlow 官方推荐的数据格式。MindData 子系统可以兼容多种标准数据格式。

关于 MindData 数据处理的具体方法将在第 3 章中介绍。

2.2.8 MindInsight 子系统

MindInsight 是 MindSpore 的调试、调优子系统，包括训练看板、模型溯源、优化器和调试器 4 个模块。MindInsight 子系统可以在模型训练的过程中帮助开发者标识偏差，确定超参和数据增强等因素对训练效果的影响。MindInsight 还可对系统进行调试和优化。MindInsight 的基本框架如图 2-7 所示。

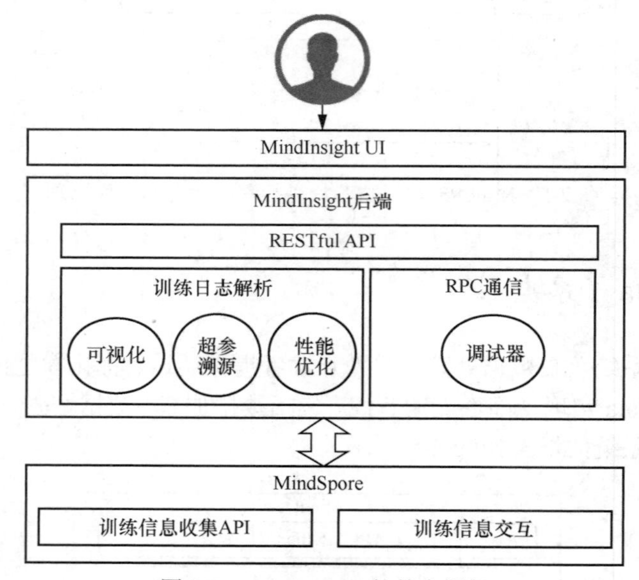

图 2-7 MindInsight 的基本框架

MindInsight 的关键功能如下。

① 提供易用的 API。

② 在训练过程中，用户可以方便地收集训练过程的各项指标，包括计算图、标量数据（损失函数值、精度……）、直方图数据（梯度、权重……）、性能数据等。

③ 通过收集训练的超参、数据集、数据增强信息实现模型溯源，并可在多次训练间进行对比。

MindInsight 的运行流程如下。

① 收集训练信息：用户可通过 Callback 接口收集常用的训练指标，也可以按需要收集自定义信息，例如通过 Summary 算子收集计算图中的信息，通过 Python 接口收集 Python 层信息。

② 生成训练日志：用户在训练过程中收集到的信息，最终会记录在训练日志中。

③ 展示训练信息：MindInsight 通过打开并解析训练日志，以图形化方式为用户展示训练过程的各种信息。

关于 MindInsight 的具体使用方法将在第 6 章进行详细介绍。

2.2.9 MindArmour 子系统

MindArmour 负责为开发者提供防御攻击的工具，以实现机器学习的隐私保护。MindArmour 可以生成对抗样本，在特定的对抗设置下评估模型的性能，有助于开发更稳健的模型。

1. 防御对抗攻击

对抗攻击已经成为对机器学习模型不断增长的普遍威胁。攻击者可以向原始样本中添加小的、不易被人发现的异常数据，从而使机器学习模型陷入危险。

为了防御对抗攻击，MindArmour 包含攻击（生成对抗样本）、防御（检测对抗样本和对抗训练）和评估（模型稳健性评估和可视化）3 个主要模块。

① 攻击模块：将模型和数据作为输入，提供易用的、用于生成对抗样本的 API。

② 防御模块：调用攻击模块 API 生成的样本会传送至防御模块，用于提升训练过程中模型的泛化能力。防御模块实现了多种检测算法，可以基于恶意内容或攻击行为区分对抗样本和良性数据。

③ 评估模块：提供多种评估度量指标，开发者可以轻松评估和可视化展示模型的稳健性。

2. AI 隐私保护

隐私保护是 AI 应用的重要主题。MindArmour 实现了一系列差分隐私优化器，可以根据训练过程自适应地给反向传播过程中生成的梯度数据添加噪声。以防止训练数据集中的敏感信息被泄露。差分隐私是密码学中的一种手段，指在查询数据库的统计数据时，最大限度地保证数据查询的准确性，同时最大限度地避免泄露隐私数据。

2.3 搭建 MindSpore 环境

2.3.1 准备基础运行环境

MindSpore 是跨平台的框架，支持 Windows、Linux 和 macOS 等操作系统。本书选择在 Ubuntu 服务器上安装 MindSpore。Ubuntu 是一个基于 Debian 的以桌面应用为主的 Linux 操作系统。

1．选择基础运行环境

在安装 MindSpore 前，先准备好基础运行环境。可以根据具体情况参照如下选项选择。

① 在条件允许的情况下，准备一台独立的物理服务器安装 MindSpore。

② 选择租用华为云的弹性云服务器。华为云会定期提供试用云服务器的机会。即使没有免费试用的机会，如果选择按需付费，费用按使用时长计算，性价比也是比较高的，而且选择 Ubuntu 云服务器后可以省去搭建基础运行环境步骤。

③ 搭建虚拟机环境，比如选择 VirtualBox 虚拟机软件在 Windows 环境搭建虚拟机，然后在虚拟机环境中安装 MindSpore。搭建虚拟机环境是低成本的方式，但是作者在尝试后发现在虚拟机环境中安装 MindSpore 可能会遇到一些问题，比如安装不成功、在图模式下运行程序时卡死、MindInsight 无法展示训练看板等，但这些问题在华为云 ECS 服务器中没有遇到。读者可以先尝试在虚拟机环境中安装 MindSpore，如果遇到不容易解决的问题，再选择前面两种方式。

因为在 VirtualBox 虚拟机环境下试用 MindSpore 时遇到了各种不易解决的问题，所以本书选择华为云 ECS 服务器作为基础的运行环境。考虑到读者的学习成本，作者试用了通用技术增强型 ECS 服务器，规格为 c7.large.2，配置为 2vCPUs、4 GB 内存。该规格的 ECS 服务器可以满足阅读和学习本书内容的需要。如果选择按需计费，该规格 ECS 服务器的参考价为 0.43 元/小时。

因为第 8 章介绍 MindSpore Lite 时需要连接 Android 设备进行端侧训练、评估和推理，这是云主机无法实现的，所以第 8 章选择 VirtualBox 虚拟机的基础运行环境。作者在 VirtualBox 虚拟机环境下使用 MindSpore Lite 并未遇到无法解决的问题。

根据 MindSpore 官方的建议，本书基于 Ubuntu 18.04 作为安装 MindSpore 的操作系统。本书不具体介绍安装 Ubuntu 18.04 系统的方法。

2．使用 PuTTY 工具远程连接 Ubuntu 服务器

为了方便使用，可以在 Windows 操作系统中使用 PuTTY 工具远程连接 Ubuntu 服务器。PuTTY 是一款免费的基于 SSH 和 Telnet 的远程连接工具。

安装 PuTTY 的过程很简单，只需根据提示单击“Next”按钮即可。安装成功后不会创建桌面快捷方式，读者可到安装目录下找到 putty.exe 来创建桌面快捷方式。

在远程连接 Ubuntu 服务器前，需要在 Ubuntu 服务器上执行以下命令安装 OpenSSH 组件。

```
sudo apt-get update
sudo apt-get install openssh-server
```

然后执行以下命令关闭防火墙。

```
sudo ufw disable
```

双击 putty.exe，可以打开 PuTTY 配置窗口，如图 2-8 所示。在地址框中输入要连接的服务器 IP 地址，然后单击“Open”按钮，可以打开终端窗口，登录后就可以输入命令，操作 Ubuntu 服务器了，可以很方便地复制和粘贴文本。如果觉得字体小，可以在 PuTTY 配置窗口中选择 Window/Appearance，单击字体后面的“Change”按钮，设置字体。

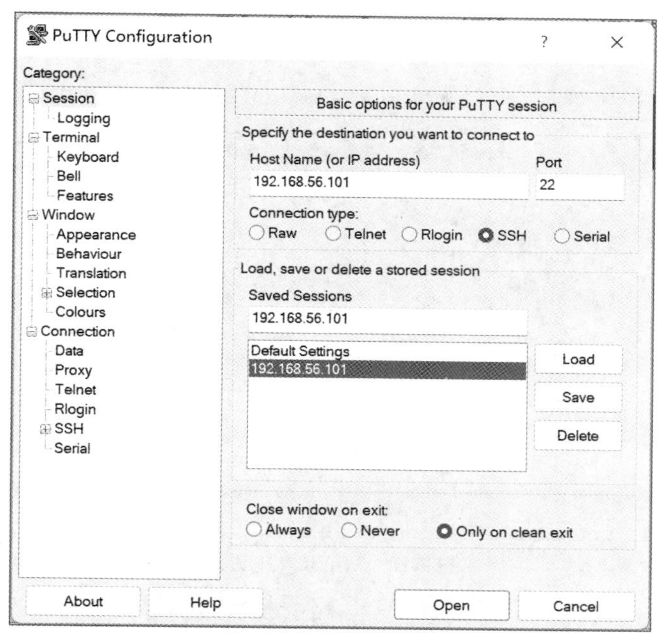

图 2-8　PuTTY 配置窗口

3．使用 WinSCP 工具向 Ubuntu 服务器上传文件

在阅读本书过程中有时需要向 Ubuntu 服务器上传一些文件，推荐使用 WinSCP 工具实现上传功能。

安装 WinSCP 的过程很简单，只需根据提示单击“Next”按钮即可。启动 Ubuntu 服务器后，运行 WinSCP，登录窗口会自动弹出，如图 2-9 所示。

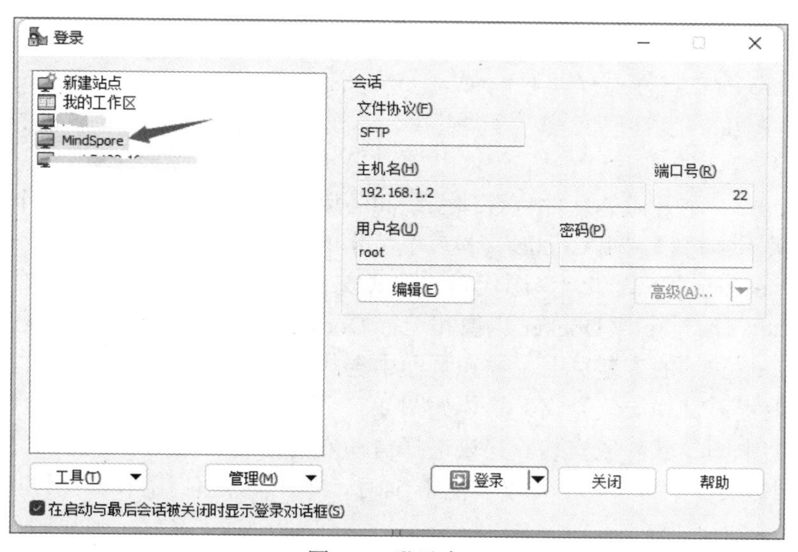

图 2-9　登录窗口

输入 Ubuntu 服务器的主机名、用户名和密码，单击“登录”按钮，即可打开 WinSCP 主窗口，如图 2-10 所示。

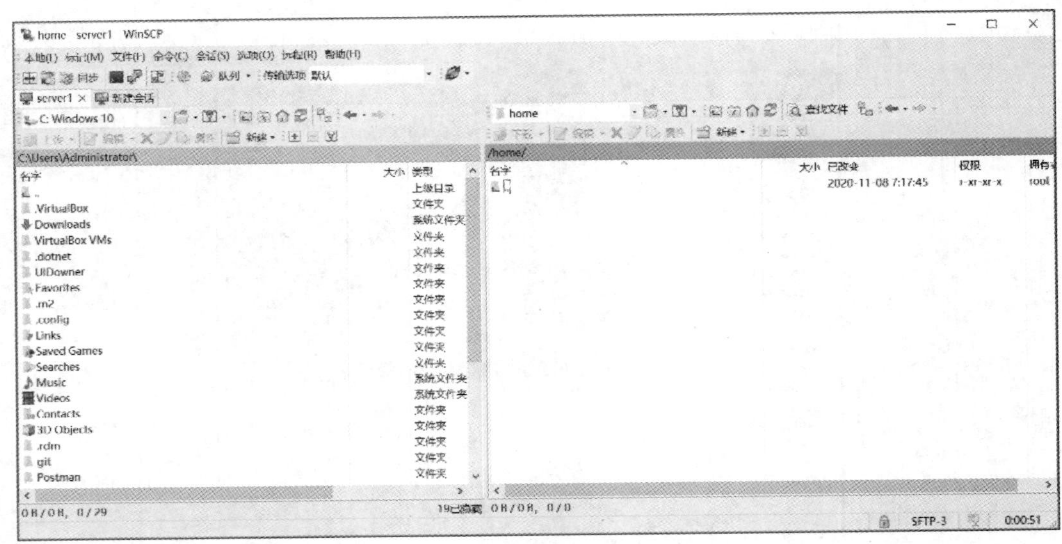

图 2-10　WinSCP 主窗口

WinSCP 主窗口分为左右 2 个部分，可以分别选择双方的文件和目录，在左右 2 个窗格间拖拽文件，实现 Windows 与 Ubuntu 服务器之间的文件传递。

在默认情况下，OpenSSL 不接受 root 用户登录。可以编辑/etc/ssh/sshd_config，找到 PermitRootLogin 配置项，将其修改为如下代码。

```
PermitRootLogin yes
```

保存退出后，即可使用 root 用户登录。

2.3.2　安装 MindSpore 框架

MindSpore 的安装方式有以下 4 种。

① pip：Python 包管理工具，提供查找、下载、安装和卸载 Python 包的功能。需要安装 Python 环境才能使用。

② Conda：一个开源的软件包管理系统和环境管理系统，用于安装多个版本的软件包及其依赖关系。可以利用 Conda 安装多个版本的 Python 环境。

③ Source：通过下载和编译源代码的方式安装 MindSpore。此方法用时很长。

④ Docker：通过下载 Docker 镜像和运行 Docker 容器的方式安装 MindSpore。

访问 MindSpore 的安装页面，并在页面中选择安装 MindSpore 的版本、硬件平台、操作系统、编程语言和安装方式，具体如图 2-11 所示。

参照页面中的步骤完成安装。建议选择自动安装方式。因为华为云 ECS 的 Ubuntu 系统默认支持 root 用户登录，为了便于学习，本书约定使用 root 用户安装和操作 MindSpore。

安装完成后，执行以下命令可以验证是否成功安装 MindSpore。

```
python -c "import mindspore;mindspore.run_check()"
```

如果 MindSpore 1.9.0 安装成功，则会输出图 2-12 所示信息。

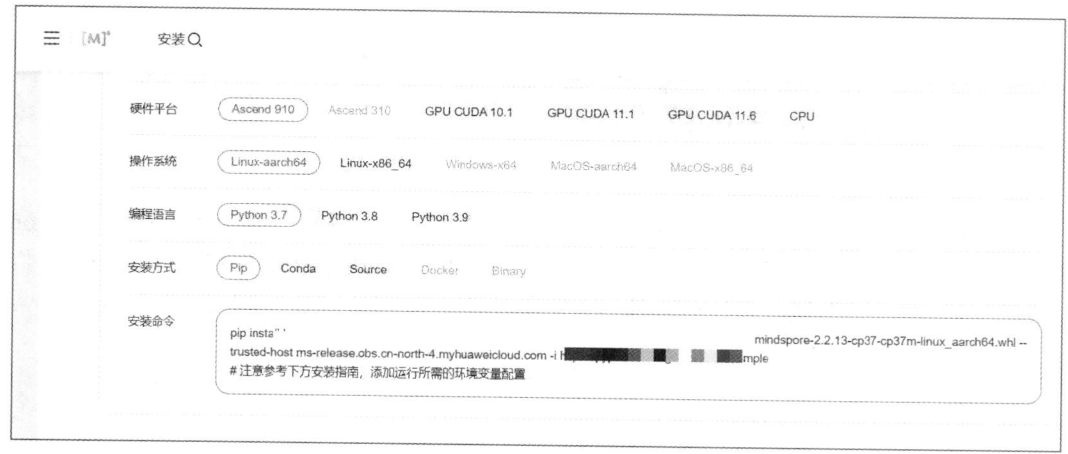

图 2-11　MindSpore 的安装页面

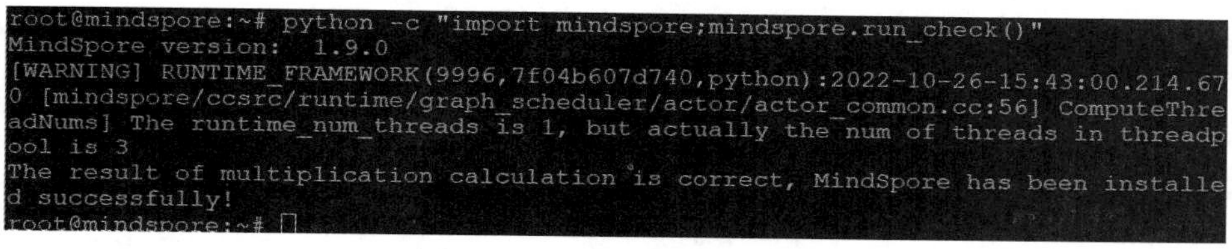

```
root@mindspore:~# python -c "import mindspore;mindspore.run_check()"
MindSpore version:  1.9.0
[WARNING] RUNTIME_FRAMEWORK(9996,7f04b607d740,python):2022-10-26-15:43:00.214.67
0 [mindspore/ccsrc/runtime/graph_scheduler/actor/actor_common.cc:56] ComputeThre
adNums] The runtime_num_threads is 1, but actually the num of threads in threadp
ool is 3
The result of multiplication calculation is correct, MindSpore has been installe
d successfully!
root@mindspore:~#
```

图 2-12　MindSpore 安装成功

2.3.3　MindSpore 社区

读者在学习和使用 MindSpore 的过程中难免会有疑问或遇到问题，可以在 MindSpore 社区进行交流或请教华为的技术人员。

MindSpore 开发者论坛如图 2-13 所示。

图 2-13　MindSpore 开发者论坛

2.4 Python 模块编程

MindSpore 提供用户级的 Python API，用户可以编写 Python 程序，并调用这些 Python API，使用 MindSpore 框架的功能。在 Python 程序中，模块是在函数和类的基础上，将一系列相关代码组织到一起的集合体。本节介绍 Python 模块编程基础和 MindSpore 的常用 Python API 模块。

2.4.1 Python 模块编程基础

在学习 MindSpore 编程之前，应该掌握 Python 模块编程的基本方法。

1．定义模块

在 Python 程序中，一个模块对应一个扩展名为.py 的源程序文件，在其中可以定义函数和类。下面通过一个简单的实例演示定义 Python 模块的方法。

【例 2-1】 定义一个名为 mymodule.py 的模块，其中只包含一个名为 print_hello( )的函数，代码如下。

```
def print_hello( name ):
    print("Hello : ", name)
    return
```

2．调用模块中的函数

在调用模块中的函数之前，先使用 import 语句导入模块，方法如下。

```
import module1[, module2[,... moduleN]]
```

module1、module2…moduleN 分别为要导入的模块名。

导入模块后，可以通过如下方法调用模块中的函数。

```
模块名.函数名()
```

【例 2-2】 创建一个名为 hello.py 的 Python 程序，并在其中调用模块 mymodule 中的 print_hello( )函数，代码如下。

```
# 导入模块
import mymodule
# 调用模块里包含的函数
mymodule.print_hello("小明")
```

在 Ubuntu 服务器的$HOME 目录下创建一个 code 目录，用于保存本书的代码。然后在 code 目录下创建 02 子目录保存本章代码。使用 WinSCP 将 mymodule.py 和 hello.py 上传至 Ubuntu 服务器的$HOME/code/02 目录下。然后在 Ubuntu 服务器上执行如下命令，运行例 2-2 的程序。

```
cd $HOME/code/02
python hello.py
```

执行结果如下。

```
Hello :  小明
```

import 语句引入了整个模块，而且需要通过模块名来访问其中的函数。如果只需要使用模块中指定的某个函数，也可以使用 from…import…语句导入模块，方法如下。

```
from 模块 import 函数
```

此时可以直接通过函数名来调用函数。

【例 2-3】　创建一个名为 hello02.py 的 Python 程序，并在其中使用 from…import…语句导入模块 mymodule，并调用 print_hello( )的函数，代码如下。

```
# 导入模块中的函数
from mymodule import print_hello
# 调用函数
print_hello("小明")
```

将 hello02.py 上传至 Ubuntu 服务器的$HOME/code/02 目录下。然后在 Ubuntu 服务器上执行如下命令，运行例 2-3 的程序。

```
cd $HOME/code/02
python hello02.py
```

确认执行结果与例 2-2 一致。

3．在模块中定义类

除了定义函数，还可以在模块中定义类。定义类的基本语法如下。

```
class 类名:
    成员变量
    成员函数
```

Python 使用缩进标识类的定义代码。

【例 2-4】　在例 2-1 中定义的 mymodule.py 中定义类 Person，代码如下。

```
class Person:
    def SayHello(self):
        print("Hello!");
```

在成员函数 SayHello( )中有一个参数 self。这也是类的成员函数（方法）与普通函数的区别。类的成员函数必须有一个参数 self，而且位于参数列表的开头。self 代表类的实例（对象）自身，可以使用 self 引用类的属性和成员函数。

4．使用模块中的类

使用模块中类的方法如下。

```
from 模块名 import 类名
```

创建对象的方法如下。

```
对象名 = 类名()
```

【例 2-5】　创建一个名为 callperson.py 的 Python 程序，并在其中导入模块 mymodule，然后调用类 Person 的成员函数 SayHello( )，代码如下。

```
from mymodule import Person
p = Person()
p.SayHello()
```

程序定义了类 Person 的一个对象 p，然后使用它来调用类 Person 的成员函数 SayHello( )。将 mymodule.py 和 callperson.py 上传至 Ubuntu 服务器的$HOME/code/02 目录下。然后在 Ubuntu 服务器上执行如下命令，运行例 2-5 的程序。

```
cd $HOME/code/02
python callperson.py
```

执行结果如下。

```
Hello!
```

2.4.2　常用的 Python 数据科学开发包

Python 提供了一些常用的数据科学工具包，可以帮助开发者实现模型中的算法，提高开发的效率，具体介绍如下。

① NumPy：Python 的一种开源的数值计算扩展工具包，支持存储和处理大型矩阵。

② SciPy：开源的 Python 算法库和数学工具包，基于 NumPy 的科学计算库。SciPy 工具包中的模块支持最优化、线性代数、积分、插值、特殊函数、快速傅里叶变换、信号处理和图像处理、常微分方程求解和其他科学与工程中常用的计算。

③ pandas：基于 NumPy 的、用于解决数据分析任务的工具包。

④ Scikit-learn：Python 的免费软件机器学习工具包。

⑤ NLTK：Python 的自然语言处理工具包。

⑥ jieba：Python 的中文分词工具包。

本小节只对 NumPy 编程做简单介绍。使用 pip 工具安装 NumPy 的方法如下。本书所有网址参见配套的电子资源。

```
pip install --user numpy scipy matplotlib -i 镜像源地址
```

安装完成后，执行命令，启动 Python 环境，并在>>>提示符后输入如下程序。

```
from numpy import *
eye(4)
```

numpy.eye( )函数返回一个二维数组，其对角线元素为 1，其余位置元素为 0。参数 4 指定二维数组包含 4 行数据。因为是对角数组，所以也包含 4 列。返回结果如图 2-14 所示。

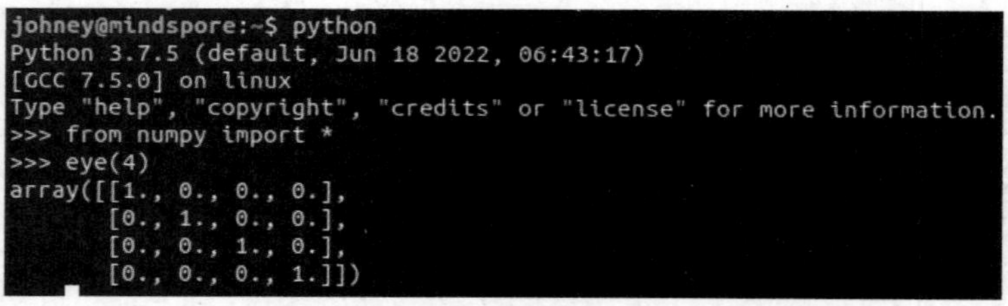

```
johney@mindspore:~$ python
Python 3.7.5 (default, Jun 18 2022, 06:43:17)
[GCC 7.5.0] on linux
Type "help", "copyright", "credits" or "license" for more information.
>>> from numpy import *
>>> eye(4)
array([[1., 0., 0., 0.],
       [0., 1., 0., 0.],
       [0., 0., 1., 0.],
       [0., 0., 0., 1.]])
```

图 2-14　使用 numpy.eye( )函数返回一个包含 4 行 4 列的二维数组

【例 2-6】　创建一个名为 sample2_6.py 的 Python 程序，并在其中演示 NumPy 的数组编程，代码如下。

```
import numpy as np
arr = np.array([[1,2,3],[4,5,6]])
print(arr)
print(arr.shape)
print(arr.shape[0])
```

在导入 NumPy 时使用 as 关键词指定其别名为 np。np.array 用于声明一个数组 arr。

NumPy 创建的数组都有一个 shape 属性。它是一个元组，返回各个维度的维数。例 2-6 的运行结果如下。

```
[[1 2 3]
 [4 5 6]]
(2, 3)
2
```

程序声明了一个二维数组，其中包含 2 个元素：[1 2 3]和[4 5 6]。因此，数组 arr 的维度是（2, 3），即第一层包含 2 个元素，第 2 层包含 3 个元素。

2.4.3 MindSpore Python API 的常用模块

MindSpore 提供 Python API，用户可以在 Python 程序中调用 Python API 操作 MindSpore 框架提供的功能，实现 MindSpore 编程。MindSpore Python API 的常用模块如下。

① mindspore.context：用于设置当前的执行环境。如果不设置，默认使用 Ascend 设备。也可以使用 mindspore.context 模块中的 API 设置框架的执行模式。2.5.2 小节将介绍 mindspore.context 模块的编程方法。

② mindspore.dataset：提供加载和处理各种数据集的 API。第 3 章中将介绍 mindspore.dataset 模块的编程方法。

③ mindspore.ops：提供各种 MindSpore 算子。第 4 章中将介绍 mindspore. ops 模块提供的常用算子。

④ mindspore.nn：MindSpore Python API 中最主要的模块，提供预定义神经网络的构建块和计算单元。第 4 章和第 5 章中将介绍 mindspore.nn 模块的编程方法。

⑤ mindspore.train：包含模型训练或测试的高级 API。第 5 章中将介绍 mindspore.train 模块的编程方法。

2.5 MindSpore 编程基础

本节介绍 MindSpore 的开发流程以及一些基本的编程概念。

2.5.1 MindSpore 的开发流程

MindSpore 的开发流程如图 2-15 所示，具体说明如下。

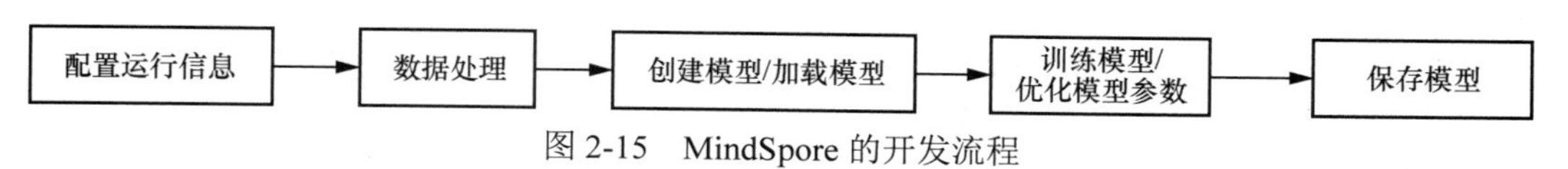

图 2-15　MindSpore 的开发流程

① 配置运行信息：配置运行 MindSpore 所需要的信息，例如运行模式、后端信息

和硬件平台等。2.5.2 小节将介绍配置 MindSpore 的运行信息的方法。

② 数据处理：在开始训练模型前，要准备好训练用的数据集。好的数据集可以提高训练的效率，得到更好的训练效果。为了使数据集更适合模型的训练，需要对数据进行处理。关于 MindSpore 数据处理的方法将在第 3 章中介绍。

③ 创建模型/加载模型：如果是一个全新的项目，则要构建神经网络的模型，定义神经网络的前向传播构造。也可以从之前保存的模型文件中加载模型。

④ 训练模型/优化模型参数：创建或加载模型后，还需要定义损失函数和优化器，根据神经网络模型的定义，按照前向传播、计算损失函数、通过后向传播对模型参数进行优化的步骤训练模型。

⑤ 保存模型：MindSpore 可以将定义好的模型及其参数保存为.ckpt 文件，以便日后加载使用。

关于 MindSpore 模型定义和模型训练的具体方法将在第 5 章中介绍。

2.5.2 配置 MindSpore 的运行信息

通过调用 MindSpore Python API 可以设置和获取 MindSpore 的运行属性。

1．设置 MindSpore 的运行属性

调用 mindspore.context.set_context( )方法可以配置 MindSpore 框架的运行属性，方法如下。

```
from mindspore import context
context.set_context(属性键=属性值)
```

也可以一次性设置多个属性值，方法如下。

```
context.(属性键 1=属性值 1,…,属性键 n=属性值 n)
```

可以配置的 MindSpore 运行属性比较多，其中常用的属性及其可选值见表 2-1。

表 2-1 常用的 MindSpore 运行配置属性及其可选值

属性键	说明	可选值
mode	执行模式	context.GRAPH_MODE(0)：静态图模式；context.PYNATIVE_MODE(1)：动态图模式
device_target	运行 MindSpore 的目标设备类型	支持 Ascend、GPU 和 CPU。默认值为 Ascend
device_id	运行 MindSpore 的目标设备 id	默认值为 0，应小于 4096
save_graphs	是否保存计算图	默认值为 False
save_graphs_path	保存计算图的路径	默认值为“.”
runtime_num_threads	运行时	线程池线程数，默认值为 30

2．获取 MindSpore 的运行属性

调用 mindspore.context.get_context( )方法可以获取 MindSpore 框架的运行属性，方法如下。

```
from mindspore import context
属性值 = context.get_context(属性键)
```

【例 2-7】 创建一个名为 sample2_7.py 的 Python 程序，并在其中演示获取和设置 MindSpore 框架运行属性的方法，代码如下。

```
from mindspore import context

mode = context.get_context("mode")
print("默认的运行模式：", mode)
print("设置 mode 属性为 PYNATIVE_MODE")
context.set_context(mode=context.PYNATIVE_MODE)
mode = context.get_context("mode")
print("当前的运行模式：", mode)
```

将 sample2_7.py 上传至 Ubuntu 服务器的$HOME/code/02 目录下。然后在 Ubuntu 服务器上执行如下命令，运行例 2-7 的程序。

```
cd $HOME/code/02
python sample2_7.py
```

执行结果如下。

```
默认的运行模式： 0
设置 mode 属性为 PYNATIVE_MODE
当前的运行模式： 1
```

2.5.3　数据类型

在 MindSpore 程序中，除了使用原生的 Python 数据类型外，还可以使用 MindSpore 数据类型。目前，MindSpore 支持整型、无符号整型和浮点型等数值数据类型，具体见表 2-2。

表 2-2　MindSpore 支持的数值数据类型

数据类型	说明
mindspore.int8、mindspore.byte	8 位整数
mindspore.int16、mindspore.short	16 位整数
mindspore.int32、mindspore.intc	32 位整数
mindspore.int64、mindspore.intp	64 位整数
mindspore.uint8、mindspore.ubyte	无符号 8 位整数
mindspore.uint16、mindspore.ushort	无符号 16 位整数
mindspore.uint32、mindspore.uintc	无符号 32 位整数
mindspore.uint64、mindspore.uintp	无符号 64 位整数
mindspore.float16、mindspore.half	16 位浮点数
mindspore.float32、mindspore.single	32 位浮点数
mindspore.float64、mindspore.double	64 位浮点数

除了数值数据类型，MindSpore 还提供了一些其他数据类型。常用的 MindSpore 的其他数据类型见表 2-3。

表 2-3　常用的 MindSpore 的其他数据类型

数据类型	说明
Tensor	张量数据类型，关于张量的概念将在 2.5.4 小节介绍
MetaTensor	只有数据类型和维度数据的张量数据类型
bool_	布尔数据类型。取值可以是 True 或 False
int_	整型标量（Scalar）。标量也称为无向量，指只有大小，没有方向的量。部分标量有正负之分
uint_	无符号整型标量
float_	无符号浮点型标量
number	包括 int_、uint、float_和 bool_的类型
list_	张量列表
tuple_	张量元组

2.5.4　张量

1．张量的概念

张量（Tensor）是深度学习开发中非常重要的概念，是模型训练的输入数据，可以将张量理解为多维矩阵。张量中的元素拥有统一的数据类型。张量与 NumPy 中的数组（np.array）相似，可以很方便地将张量和 np.array 对象相互转换。

2．张量的阶

阶指一个张量拥有的基底向量的数量，即它的方向的数量。0 阶张量是一个标量，1 阶张量是一个向量。2 阶张量是一个 2 维矩阵。3 阶张量是一个 3 维矩阵。0～3 阶张量的图形化表现如图 2-16 所示。其中图标(E)表示张量中的一个标量元素。可以看到，0 阶张量没有方向；1 阶张量有一个方向，即元素可以按水平方向增长；2 阶张量有 2 个方向，即元素可以按水平方向和垂直方向增长；3 阶张量有 3 个方向，即元素可以按水平方向、垂直方向和纵深方向增长。

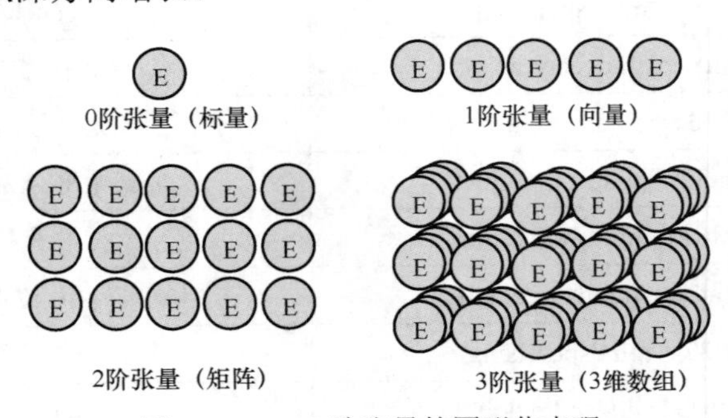

图 2-16　0～3 阶张量的图形化表现

更高阶的张量可以理解为以 3 阶张量为元素的张量。例如 4 阶张量可以理解为以 3 阶张量为元素的向量；5 阶张量可以理解为以 3 阶张量为元素的 2 维矩阵；6 阶张量可以理解为以 3 阶张量为元素的 3 维矩阵。4～6 阶张量的图形化表现如图 2-17 所示。其中图标■表示一个 3 阶张量。

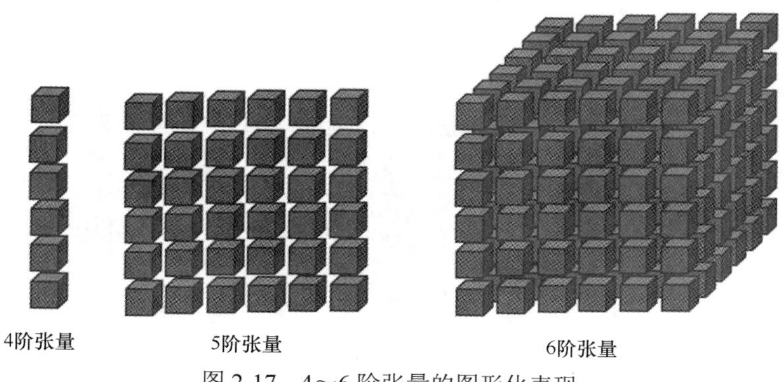

图 2-17　4～6 阶张量的图形化表现

阶和维有时会被混用。通常“阶”用于张量，“维”用于数组。例如，称 2 阶张量、二维数组。但这不是原则问题，张量的“阶数”和“维数”都可以用于描述它是几阶张量，有时也称为“维度”。“维度”还可以用来指定张量中轴的索引，例如第 0 个维度指第一个轴。这里的“轴”指用坐标系表现张量的方向时坐标系的轴。

3．张量的形状

张量的阶定义了张量元素增长方向的数量。而张量的形状则定义了张量在每一个方向上有多少个元素。例如图 2-15 中，0 阶张量的形状是（），即没有形状；1 阶张量的形状是（5）；2 阶张量的形状是（3,5），3 阶张量的形状是（3,3,5）。张量的形状可以描述张量的“高矮胖瘦”。

4．MindSpore 中张量数据的表现

在 MindSpore 中，张量数据的表现形式：将张量的一个方向上的所有元素以逗号分隔列出，并使用方括号（[]）括起来。例如，[0,1,2]是一个 1 阶张量；2 阶张量的元素是 1 阶张量，例如[[0,1],[2,3]]是一个 2 阶张量；3 阶张量的元素是 2 阶张量，例如[[[0,1],[2,3]],[[4,5],[6,7]]]是一个 3 阶张量。我们发现，看一个张量前部的 “[”字符数量，就可以看出张量的阶数，例如，标量 1 前部没有“[”符号，因此可以将其看作 0 阶张量；1 阶张量[0,1,2]的前部只有一个“[”符号；2 阶张量[[0,1],[2,3]]的前部有 2 个“[”符号；3 阶张量[[[0,1],[2,3]], [[4,5],[6,7]]]的前部有 3 个“[”符号，以此类推。

5．MindSpore 对张量的实现

在 MindSpore 中，使用 mindspore.Tensor 类定义一个张量。初始化一个 Tensor 对象的方法如下。

```
from mindspore import Tensor
<Tensor 对象>= Tensor(input_data, dtype)
```

参数说明如下。

① input_data：指定 Tensor 对象的初始值，可以是 Tensor 对象、浮点数、整型数、

布尔数值、元组、列表或 np.array。

② dtype：指定 Tensor 对象的元素数据类型，可以是布尔数据类型或数值数据类型。如果没有指定 dtype，则张量元素的数据类型与 input_data 的数据类型一致。

（1）Tensor 对象的属性

使用 Tensor 对象的 shape 属性可以获取张量的形状，使用 Tensor 对象的 dtype 属性可以获取张量的数据类型。

（2）获取 Tensor 对象的阶

可以使用 mindspore.ops.rank 算子获取 Tensor 对象的阶，方法如下。

```
import mindspore.ops as ops
<阶> = ops.rank(<Tensor 对象>)
```

【例 2-8】 创建一个名为 sample2_8.py 的 Python 程序，并在其中演示张量的使用方法，代码如下。

```
import mindspore
from mindspore import Tensor
import mindspore.ops as ops
import numpy as np
t1 = Tensor(np.zeros([2, 3]), mindspore.float32)
print("t1 的阶: ", ops.rank(t1))
print("t1 的形状: ", t1.shape)
print("t1 中元素的数据类型",t1.dtype)
t2 = Tensor(np.zeros([2, 3]))
print("t2 中元素的数据类型",t2.dtype)
print(t2.asnumpy())
t3 = Tensor(0.1)
print("t3 的阶: ", ops.rank(t3))
print("t3 的形状: ", t3.shape)
print("t3 中元素的数据类型", t3.dtype)
```

将 sample2_8.py 上传至 Ubuntu 服务器的$HOME/code/02 目录下，然后在 Ubuntu 服务器上执行如下命令，运行例 2-8 的程序。

```
cd $HOME/code/02
python sample2_8.py
```

执行结果如下。

```
t1 的阶:  2
t1 的形状:  (2, 3)
t1 中元素的数据类型 Float32
t2 中元素的数据类型 Float64
[[0. 0. 0.]
 [0. 0. 0.]]
t3 的阶:  0
t3 的形状:  ()
t3 中元素的数据类型 Float32
```

具体说明如下。

① np.zeros( )是 NumPy 函数，用于返回一个指定维数、指定数据类型的、以 0 填充的数组。例如，例 2-8 中调用 np.zeros([2, 3])函数返回 2 行 3 列元素都是 0 的 2 维数组。

② Tensor 对象的 asnumpy( )方法用于将 Tensor 对象转换为 NumPy 数组。

③ Tensor(0.1)创建了一个只有一个元素 0.1 的 0 阶 Tensor 对象（标量）。

关于 Tensor 对象的更多用法将在后面章中结合具体应用进行介绍。

2.5.5　数据集

数据集是神经网络训练的数据来源。数据处理过程是一个独立的训练过程的异步流水线。数据处理程序从数据集中加载数据，经过必要的处理后，可以为神经网络的其余部分送入准备好的张量，以实现无延迟的训练。

2.5.6　算子

算子是神经网络的基本计算单元。除了支持大多数常用的神经网络算子（例如卷积、归一化和激活函数等）和数学算子（例如加法和乘法），MindSpore 还支持自定义算子，用户可以基于指定的硬件平台添加新的算子，也可以将多个现有算子合并成一个新算子。

2.5.7　神经网络基本单元

神经网络是张量和算子的集合。张量是神经网络的输入数据，算子负责对数据进行处理。神经网络基本单元（Cell）是所有神经网络类的基类。可以在类 Cell 的构造函数中定义神经网络的计算逻辑。

2.5.8　模型

模型是 MindSpore 提供的高阶 API，由一些低阶 API 封装而成。模型的全路径类名为 mindspore.train.model.Model。

第3章 数据处理

在 MindSpore 框架的开发流程中，数据处理是重要环节。在这一环节中可以实现加载数据、检索数据和数据增强等功能。数据处理环节可以为深度学习网络的模型训练提供适合的输入数据。本章介绍 MindSpore 框架的数据处理方法。

3.1 背景知识

3.1.1 深度学习中的数据处理

前文介绍了深度学习的基本工作流程。训练一个深度学习模型的主要工作是从数据处理开始的。数据处理可以为神经网络准备可以接受的、特定格式的原始数据。例如，可以调整图像的尺寸，以适配输入层要求的图像尺寸。也可以增强图像数据的某个特性值或者降低某个特性值，即图像增强或图像降噪。除了图像处理，深度学习中的常见数据处理场景还包括语义分割、信号处理、音频处理、视频处理和文本分析等。

1. 什么是数据处理

数据处理又称数据预处理。在深度学习中，数据处理环节包括一系列对数据进行转换或编码的步骤，数据处理的目的是使数据更容易被机器解析。一个模型可以做到精准预测的重要因素是算法能够很容易地理解数据的特性。

对于深度学习模型而言，数据处理非常重要。因为现实世界的数据集存在数据丢失、数据不一致和噪声数据等缺陷。在这种数据集上应用算法很难得到高质量的结果。而数据处理可以提高整体数据的质量，进而影响整个模型的处理结果。

数据处理的常用技术如图 3-1 所示。

2．数据清洗

数据清洗的主要任务如下。

① 填充缺失的数据。

② 平滑噪声数据。

③ 解决数据的不一致性、移除离群值（指与其他数据相比差异比较大的数据）。

3．数据集成

数据集成的主要目的是将多个数据源中的数据合并到一个单一的、大的数据存储区（例如数据仓库）中。

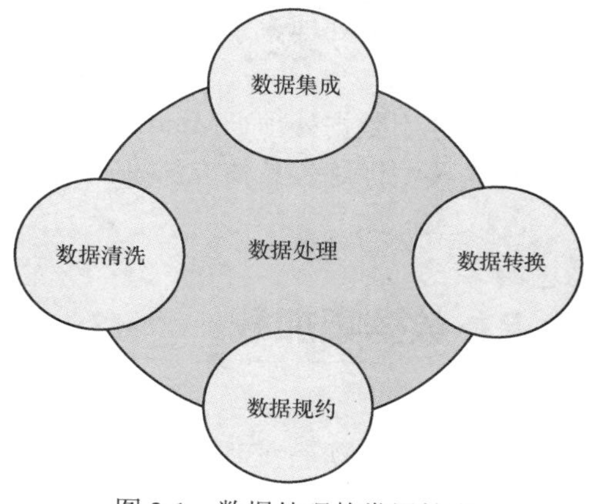

图 3-1　数据处理的常用技术

数据集成就是整合不同数据源的数据，因为不同数据源中字段的语义和结构都存在差异，所以在数据集成阶段要建立不同数据源的字段关联。数据集成还应该解决字段冗余、数据重复和数据冲突等问题。

4．数据转换

数据清洗阶段完成后，就需要通过修改数值、结构或数据格式将得到的高质量数据合并成一种替代格式。例如图像数据集的存储格式通常与训练格式是不同的，需要经过数据的格式转换。第 5 章将结合实例介绍图像数据格式转换的方法。

5．数据规约

如果数据集非常大，算法处理起来可能会花费很长的时间。数据规约阶段的主要目的是将数据集变得更小，而缩小后的数据集不会影响数据分析和训练的结果。

3.1.2　MindSpore 的数据处理流程

MindSpore 不仅提供通用的数据处理方法，还支持对图像数据和文本数据的特殊处理。

MindSpore 的数据处理流程如图 3-2 所示。

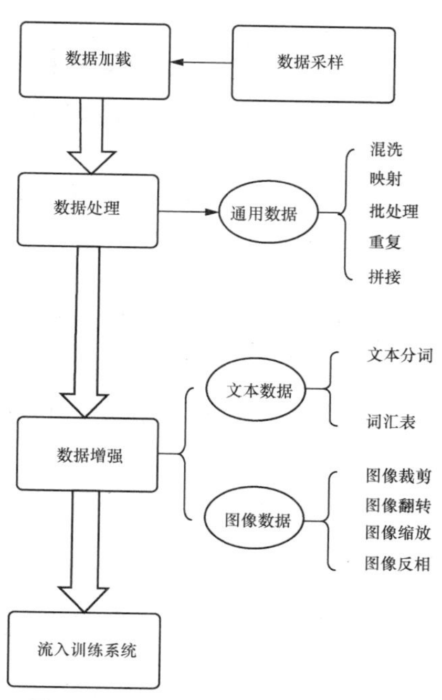

图 3-2　MindSpore 的数据处理流程

处理数据的前提是将数据加载到内存中。MindSpore 支持从图像、文本、音频等领域的多种常用的数据集中加载数据；也可以从 MindSpore 特定格式的 MindRecord 数据集中加载数据。有些数据集非常大，而计算机的内存是有限的，因此在加载数据时，有时需要在数据集中进行采样。MindSpore 提供多种采样器，可以实现数据采样的功能。

MindSpore 加载数据的具体方法将在 3.2 节中介绍。

加载数据后，MindSpore 可以对通用数据（不限定数据类型的数据）进行处理。MindSpore 支持混洗、映射、批处理、重复和拼接等多种形式的通用数据处理方法，具体情况将在 3.3 节中介绍。

除了通用数据处理，MindSpore 还支持对图像数据和文本数据进行数据增强，使数据更适合模型训练。具体方法将在 3.4 节和 3.5 节中介绍。

3.2 数据集加载

要对数据集进行处理，需先将其加载到内存中。对于不同类别的数据集，加载的方法也各不相同，本节介绍加载常用图像和文本数据集的方法。MindSpore 还提供一些音频相关的数据集类，用于加载音频数据集，此处不进行介绍。

3.2.1 加载常用图像数据集

1. 图像数据的格式

数据集中的图像数据包含高度（H）、宽度（W）和通道（C）3 个要素。多数情况下，图像使用 RGB 色彩空间，即图像中一个像素的颜色使用红（R）、绿（G）、蓝（B）3 个值表示。因此，通常使用 R、G、B 三原色表示图像的通道。可以将一个图像理解为 3 层 2 维数组的叠加，每一层 2 维数组都是一层通道。

很多图像数据集采用 HWC 格式，即高度、宽度、通道三维数组，有的也采用 CHW 格式。

2. MindSpore 支持的常用图像数据集

MindSpore 支持多种图像数据集，包括 MNIST、CIFAR-10、CIFAR-100、CelebA 和 COCO 等。MindSpore 为这些数据集提供了对应的数据集类，用于加载对应的数据集。本小节只以 CIFAR-10 为例介绍加载图像数据集的方法。MNIST 数据集也是很常用的图像数据集，其中包含大量手写数字的图像。关于 MNIST 数据集的下载和加载方法将在第 5 章中结合手写数字识别的实例进行介绍。

CIFAR-10 是一个微小图像数据集，其中包含 10 种类别下的 60000 张 32 像素×32 像素大小的彩色图像，每种类别中有 6000 张图片，其中 50000 张为训练集，10000 张为测试集。比较适合学习和练习。

下载该数据集得到 cifar-10-binary.tar.gz，将其解压缩后，得到表 3-1 中的文件。

表 3-1 解压缩 cifar-10-binary.tar.gz 后得到的文件

文件名	具体说明
batches.meta.txt	存储每个类别的英文名称
data_batch_1.bin	CIFAR-10 数据集中的第 1 个训练数据文件，以二进制格式存储了 10000 张 32 像素×32 像素的彩色图像和这些图像对应的类别标签
data_batch_2.bin	CIFAR-10 数据集中的第 2 个训练数据文件，以二进制格式存储了 10000 张 32 像素×32 像素的彩色图像和这些图像对应的类别标签

续表

文件名	具体说明
data_batch_3.bin	CIFAR-10 数据集中的第 3 个训练数据文件，以二进制格式存储了 10000 张 32 像素×32 像素的彩色图像和这些图像对应的类别标签
data_batch_4.bin	CIFAR-10 数据集中的第 4 个训练数据文件，以二进制格式存储了 10000 张 32 像素×32 像素的彩色图像和这些图像对应的类别标签
data_batch_5.bin	CIFAR-10 数据集中的第 5 个训练数据文件，以二进制格式存储了 10000 张 32 像素×32 像素的彩色图像和这些图像对应的类别标签
test batch.bin	存储测试图像和测试图像的标签。一共 10000 张图像
readme.html	CIFAR-10 数据集的说明文件

在 Ubuntu 服务器的$HOME/code/03 目录下创建 dataset 文件夹，并在$HOME/code/03/dataset 目录下创建 cifar-10-batches-bin 文件夹。再在 cifar-10-batches-bin 下创建 train 和 test 这 2 个子文件夹。将 CIFAR-10 图像数据集中 data_batch_1.bin、data_batch_2.bin、data_batch_3.bin、data_batch_4.bin、data_batch_5.bin 上传至 train 文件夹，将 test batch.bin 上传至 test 文件夹。本章所有与图像数据处理相关的实例均基于该数据集。

使用 mindspore.dataset.Cifar10Dataset( )方法可以加载 CIFAR-10 图像数据集，具体方法如下。

```
from mindspore import dataset as ds
<数据集对象> = ds.Cifar10Dataset(<CIFAR-10 数据集所在路径>)
```

加载数据集后，调用以下方法可以获取数据集的基本信息。

① get_col_names( )：获取数据集中的列信息。

② get_dataset_size( )：获取数据集的大小。

③ get_batch_size( )：获取每个训练批次中包含的图像数量。

【例 3-1】 创建一个 Python 程序 sample3_1.py，在其中加载 CIFAR-10 图像数据集并显示其基本信息，代码如下。

```
from mindspore import dataset as ds
data_path = "./dataset/cifar-10-batches-bin/train"
data_source = ds.Cifar10Dataset(data_path)
print(type(data_source))
print("数据集的列信息",data_source.get_col_names())
print("数据集的大小",data_source.get_dataset_size())
print("数据集中每个训练批次包含的图像数量",data_source.get_batch_size())
```

将 sample3_1.py 上传至 Ubuntu 服务器的$HOME/code/03 目录下，然后在 Ubuntu 服务器上运行，结果如下。

```
<class 'mindspore.dataset.engine.datasets_vision.Cifar10Dataset'>
数据集的列信息 ['image', 'label']
数据集的大小 50000
数据集中每个训练批次包含的图像数量 10000
```

可以看到，加载的 CIFAR-10 图像数据集的全路径类名为 mindspore. dataset. engine. datasets_vision.Cifar10Dataset。数据集中包含 image 和 label 两列。CIFAR-10 图像数据集的结构见表 3-2，其中的数据仅用于演示，并不是数据集中的真实数据。

表 3-2　CIFAR-10 图像数据集的结构

样本	image	label
样本 1	飞机（airplane)	0
样本 2	鸟（bird）	1
样本 3	猫（cat）	2
样本 4	狗（dog）	3

3.2.2　加载常用文本数据集

MindSpore 支持的文本领域数据集包括 CLUE（中文语言理解测评基准）、Manifest、IMDB、Wiki Text 和 Yahoo Answers 等，还支持以文本文件作为数据集。MindSpore 为这些数据集提供了对应的数据集类，用于加载对应的数据集。

1．加载 CLUE 数据集

CLUE 是第一个大规模的中文语言评估基准，可以提供如下数据。

① 大规模的训练数据集，其中包含 14 GB 的原始语料库，约 50 亿汉语词汇。

② 一个包含 9 种语言和逻辑现象的诊断数据集。

③ 友好的工具和自动评估在线排行榜。

本小节以 CLUE 为例介绍加载文本数据集的方法。

这里以 AFQMC（蚂蚁金融语义相似度）数据集为例演示加载 CLUE 数据集的方法。下载得到的数据集压缩包为 afqmc_public.zip，本书提供的源代码包中包含 afqmc_public.zip。将 afqmc_public.zip 解压缩至 afqmc_public 文件夹，其中包含如下 3 个文件。

① train.json：训练集。

② test.json：测试集。

③ dev.json：验证集。

train.json 中第一条数据的格式如下。

```
{"sentence1": "蚂蚁借呗等额还款可以换成先息后本吗", "sentence2": "借呗有先息到期还本吗",
 " label": "0"}
```

数据集中包含 3 个列：sentence1、sentence2 和 label。

使用 mindspore.dataset.CLUEDataset( )函数可以加载和解析 CLUE 数据集，方法如下。

```
from mindspore import dataset asds
<数据集对象> = ds.CLUEDataset(dataset_files=<数据集文件路径>, task='<CLUE 分类任务>',
                              usage='<用途>')
```

参数 task 用于指定 MindSpore 支持的 CLUE 分类任务。除了前面提及的 AFQMC，MindSpore 还支持如下 CLUE 分类任务。

① TNEWS：今日头条中文新闻（短文本）分类。

② IFLYTEK：长文本分类。

③ CMNLI：语言推理任务。

④ WSC：一类代词消歧的任务，即判断句子中的代词指代的是哪个名词。题目以真假判别的方式出现。

⑤ CSL：中文科技文献数据集。

参数 usage 用于指定数据集的用途，可选值如下。

① train：训练。

② test：测试。

③ eval：验证。

【例 3-2】 创建一个 Python 程序 sample3_2.py，并在其中演示加载和解析 CLUE 数据集的方法，代码如下。

```
import mindspore.dataset.text as text
import mindspore.dataset as ds
from mindspore.dataset.text import SentencePieceModel
from mindspore.dataset.text import SentencePieceModel, SPieceTokenizerOutType

clue_dataset_dir = ["./afqmc_public/train.json"]
dataset = ds.CLUEDataset(dataset_files=clue_dataset_dir, task='AFQMC', usage='train')
for data in dataset.create_dict_iterator(output_numpy=True):
    print("sentence1:", data['sentence1'])
    print("sentence2", data['sentence2'])
    print("===================================================================="))
```

程序使用 mindspore.dataset.CLUEDataset( )函数从训练集文件./afqmc_public/train.json 中加载数据集用于训练，得到数据集 dataset。在遍历数据集 dataset 时使用 output_numpy=True 参数将其中的元素转换为 NumPy 数组 data。然后分别以索引'sentence1'和'sentence2'获取并打印数据集 dataset 中的第 1 个句子和第 2 个句子。

将 sample3_2.py 和解压后的数据集文件夹 afqmc_public 一起上传至 Ubuntu 服务器的$HOME/code/03 目录下，然后在 Ubuntu 服务器上运行 sample3_2.py。例 3-2 的运行结果如图 3-3 所示。

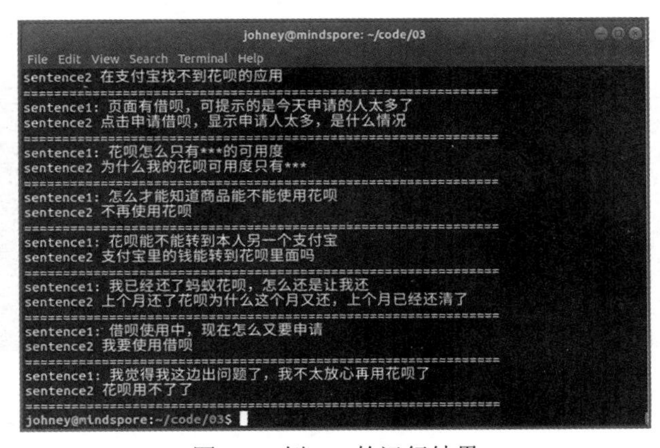

图 3-3　例 3-2 的运行结果

数据集中包含的数据很多，图 3-3 中只截取了其中的部分输出。

2. 加载文本文件作为数据集

最简单的文本数据集就是文本文件。例如，将下面的内容存储在 train.txt 中，就是一个文本数据集。

```
ModelZoo
Extend
MindScience
MindExpress
MindCompiler
MindRT
MindData
MindInsight
MindArmour
```

使用 mindspore.dataset.TextFileDataset( )函数可以加载和解析存储在磁盘上的文本文件数据集。方法如下。

```
from mindspore import dataset as ds
<数据集对象> = ds.TextFileDataset(dataset_files=<数据集文件路径>)
```

【例 3-3】 创建一个 Python 程序 sample3_3.py，并在其中演示加载和解析文本文件数据集的方法。

```
import mindspore.dataset.text as text
import mindspore.dataset as ds
from mindspore.dataset.text import SentencePieceModel
from mindspore.dataset.text import SentencePieceModel, SPieceTokenizerOutType

text_file_dataset_dir = ["./train.txt"]
dataset = ds.TextFileDataset(text_file_dataset_dir)
for data in dataset.create_dict_iterator(output_numpy=True):
    print(data['text'])
```

程序从 train.txt 中加载数据到数据集 dataset。在遍历数据集 dataset 时使用 output_numpy=True 参数将其中的元素转换为 NumPy 数组 data。文本文件数据集的默认列名为 text。

将 sample3_3.py 和 train.txt 一起上传至 Ubuntu 服务器的$HOME/code/03 目录下，然后在 Ubuntu 服务器上运行 sample3_3.py。例 3-3 的运行结果如图 3-4 所示。

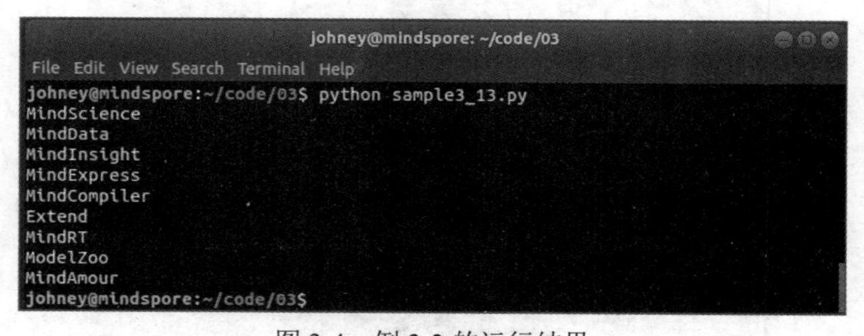

图 3-4 例 3-3 的运行结果

3.2.3 数据采样

数据采样指按照特定规则从数据集中选择部分数据。在如下情况下需要对数据进行采样。

① 要加载的数据集太大，而内存空间有限，无法容纳整个数据集。

② 只需要加载数据集中特定的样本。

③ 数据集中样本的分布不均衡，需要通过采样的方法获取相对均衡的样本。

MindSpore 提供了多种用途的采样器（Sampler），可以帮助用户对数据集进行不同形式的采样，以满足训练需求。MindSpore 提供的采样器见表 3-3。

表 3-3　MindSpore 提供的采样器

采样器名称	具体说明
SequentialSampler	顺序采样器，在数据集中顺序采样前 N 个数据
RandomSampler	随机采样器，在数据集中随机地采样指定数目的数据
WeightedRandomSampler	带权随机采样器，在前 N 个样本中随机采样指定数目的数据
SubsetRandomSampler	子集随机采样器，在指定的索引范围内随机采样指定数目的数据
PKSampler	PK 采样器，在指定的数据集类别 P 中，每种类别各采样 K 条数据
DistributedSampler	分布式采样器，在分布式训练中对数据集分片进行采样

在 3.5 节的示例程序中会应用到 SequentialSampler 和 RandomSampler，请参照理解。

3.2.4　生成和使用自定义数据集

MindSpore 提供了 GeneratorDataset 和 NumpySlicesDataset 这 2 个自定义数据集类，可以生成用户自定义数据集。

1．GeneratorDataset 类

GeneratorDataset 类的使用方法如下。

```
import mindspore.dataset as ds
<数据集对象> = ds.GeneratorDataset(<生成自定义数据集的自定义函数>, <自定义数据集的列名数组>)
```

【例 3-4】　创建一个 Python 程序 sample3_4.py，并在其中通过 GeneratorDataset 类生成用户自定义数据集，代码如下。

```
import numpy as np
import mindspore.dataset as ds

def generator_func():
    for i in range(5):
        yield(np.array([i, i+1, i+2]),)
dataset1 = ds.GeneratorDataset(generator_func, ["data"])
for data in dataset1.create_dict_iterator():
    print(data)
```

程序调用 ds.GeneratorDataset( )方法生成一个数据集 dataset1，其中包含 5 个 Tensor 对象。每个 Tensor 对象是由 3 个 Int64 类型数据组成的数组。生成数据集后，依次遍历并打印 dataset1 的元素。

yield( )函数是一个迭代器，它的作用相当于 return 语句，可以返回一个函数值。但是与 return 语句不同的是，yield( )函数不会退出函数，它在返回一个函数值后会停留在当前位置，继续执行。因此，在例 3-4 中 generator_func( )函数会返回 5 个 NumPy 数组，

每个数组有 3 个元素。

将 sample3_4.py 上传至 Ubuntu 服务器的$HOME/code/03 目录下，然后在 Ubuntu 服务器上运行，结果如下。

```
生成的数据集:
{'data': Tensor(shape=[3], dtype=Int64, value= [0, 1, 2])}
{'data': Tensor(shape=[3], dtype=Int64, value= [1, 2, 3])}
{'data': Tensor(shape=[3], dtype=Int64, value= [2, 3, 4])}
{'data': Tensor(shape=[3], dtype=Int64, value= [3, 4, 5])}
{'data': Tensor(shape=[3], dtype=Int64, value= [4, 5, 6])}
```

2. NumpySlicesDataset 类

NumpySlicesDataset 类的功能是根据给定的数据切片生成数据集，基本方法如下。

```
import mindspore.dataset as ds
<数据集对象> = ds.NumpySlicesDataset(<数据切片>, column_names=<数据集中的列名列表>)
```

数据切片可以是 Python 的数组（array）、列表（list）、元组（tuple）和字典（dict）等数据类型。

【例 3-5】 创建一个 Python 程序 sample3_5.py，并在其中通过 NumpySlicesDataset 类生成用户自定义数据集，代码如下。

```
import mindspore.dataset as ds

dataset1 = ds.NumpySlicesDataset([[0, 1], [2, 3]], ["data"])
for data in dataset1.create_dict_iterator():
    print(data)
```

程序调用 ds.NumpySlicesDataset( )方法生成一个数据集 dataset1，其中包含 2 个 Tensor 对象。将 sample3_5.py 上传至 Ubuntu 服务器的$HOME/code/03 目录下，然后在 Ubuntu 服务器上运行，结果如下。

```
{'data': Tensor(shape=[2], dtype=Int64, value= [2, 3])}
{'data': Tensor(shape=[2], dtype=Int64, value= [0, 1])}
```

3.3 通用数据处理

本节介绍 MindSpore 支持的通用数据处理方法，这些方法适用于各种类型的数据集。

3.3.1 数据混洗

在机器学习中，经常需要将数据集拆分为训练集、测试集和验证集。对数据集进行混洗很重要，因为这样可以避免在模型训练的过程中，使用类似的训练集、测试集或验证集。

mindspore.dataset 对象的 shuffle( )方法可以对数据集进行混洗，方法如下。

```
shuffle(buffer_size)
```

参数 buffer_size 指定混洗的程度。buffer_size 越大，混洗的程度也越大，耗费的时间和计算资源也越多。

【例 3-6】 创建一个 Python 程序 sample3_6.py，并在其中实现数据集混洗的功能，代码如下。

```
import numpy as np
import mindspore.dataset as ds

ds.config.set_seed(0)

def generator_func():
    for i in range(5):
        yield (np.array([i, i+1, i+2]),)

dataset1 = ds.GeneratorDataset(generator_func, ["data"])
for data in dataset1.create_dict_iterator():
    print(data)

dataset1 = dataset1.shuffle(buffer_size=2)
for data in dataset1.create_dict_iterator():
    print(data)
```

程序调用 ds.GeneratorDataset( )方法生成一个数据集 dataset1，其中包含 5 个 Tensor 对象。每个 Tensor 对象是由 3 个 Int64 类型数据组成的数组。生成数据集后，依次遍历并打印 dataset1 的元素，然后对 dataset1 进行混洗，混洗结束后，再次打印 dataset1，与原始数据集进行对比。

将 sample3_6.py 上传至 Ubuntu 服务器的$HOME/code/03 目录下，然后在 Ubuntu 服务器上运行，结果如下。

```
生成的数据集：
{'data': Tensor(shape=[3], dtype=Int64, value= [0, 1, 2])}
{'data': Tensor(shape=[3], dtype=Int64, value= [1, 2, 3])}
{'data': Tensor(shape=[3], dtype=Int64, value= [2, 3, 4])}
{'data': Tensor(shape=[3], dtype=Int64, value= [3, 4, 5])}
{'data': Tensor(shape=[3], dtype=Int64, value= [4, 5, 6])}
开始数据混洗···
结束数据混洗···
混洗后的数据集：
{'data': Tensor(shape=[3], dtype=Int64, value= [0, 1, 2])}
{'data': Tensor(shape=[3], dtype=Int64, value= [2, 3, 4])}
{'data': Tensor(shape=[3], dtype=Int64, value= [3, 4, 5])}
{'data': Tensor(shape=[3], dtype=Int64, value= [1, 2, 3])}
{'data': Tensor(shape=[3], dtype=Int64, value= [4, 5, 6])}
```

可以看到数据集中元素的顺序发生了变化。

3.3.2　实现数据映射操作

调用 mindspore.dataset 对象的 map( )方法可以将指定的函数或算子作用于数据集的指定列数据，实现数据映射操作，方法如下。

```
<dataset 对象> = <dataset 对象>.map(operations=<函数或算子>, input_columns=[<列名>])
```

【例 3-7】 创建一个 Python 程序 sample3_7.py，并在其中演示 map( )方法的使用，代码如下。

```
import numpy as np
import mindspore.dataset as ds
def generator_func():
    for i in range(5):
        yield (np.array([i, i+1, i+2]),)
def pyfunc(x):
    return x*2
dataset = ds.GeneratorDataset(generator_func, ["data"])
for data in dataset.create_dict_iterator():
    print(data)
print("------ 处理后 ------")
dataset = dataset.map(operations=pyfunc, input_columns=["data"])
for data in dataset.create_dict_iterator():
    print(data)
```

程序调用 ds.GeneratorDataset( )方法生成一个数据集 dataset，其中包含 5 个 Tensor 对象。每个 Tensor 对象是由 3 个 Int64 类型数据组成的数组。生成数据集后，依次遍历并打印 dataset 的元素，然后将 dataset 的列 data 映射到自定义函数 pyfunc( )。pyfunc( )函数将每个元素值乘以 2 后返回。

调用 pyfunc( )函数后，再次打印 dataset，与原始数据集进行对比。

将 sample3_7.py 上传至 Ubuntu 服务器的$HOME/code/03 目录下，然后在 Ubuntu 服务器上运行，结果如下。

```
{'data': Tensor(shape=[3], dtype=Int64, value= [0, 1, 2])}
{'data': Tensor(shape=[3], dtype=Int64, value= [1, 2, 3])}
{'data': Tensor(shape=[3], dtype=Int64, value= [2, 3, 4])}
{'data': Tensor(shape=[3], dtype=Int64, value= [3, 4, 5])}
{'data': Tensor(shape=[3], dtype=Int64, value= [4, 5, 6])}
------ 处理后 ------
{'data': Tensor(shape=[3], dtype=Int64, value= [0, 2, 4])}
{'data': Tensor(shape=[3], dtype=Int64, value= [2, 4, 6])}
{'data': Tensor(shape=[3], dtype=Int64, value= [4, 6, 8])}
{'data': Tensor(shape=[3], dtype=Int64, value= [ 6,  8, 10])}
{'data': Tensor(shape=[3], dtype=Int64, value= [ 8, 10, 12])}
```

可以看到，经过 pyfunc( )函数处理后，数据集中元素的数值都变成了原来的 2 倍。

3.3.3 对数据集进行分批

在执行模型训练时，通常需要将训练集拆分为小的批次，然后使用每个批次的数据来执行，更新模型的参数。

调用 mindspore.dataset 对象的 batch( )方法可以对数据集进行分批，方法如下。

```
<dataset 对象> = <dataset 对象>.batch(batch_size=<数量>, drop_remainder=<True 或
False>)
```

参数 batch_size 指定每个批次中包含数据的数量，参数 drop_remainder 指定是否将

没有处理的数据丢掉。

【例 3-8】 创建一个 Python 程序 sample3_8.py，并在其中演示 batch( )方法的使用，代码如下。

```
import numpy as np
import mindspore.dataset as ds

def generator_func():
    for i in range(5):
        yield (np.array([i, i+1, i+2]),)

dataset1 = ds.GeneratorDataset(generator_func, ["data"])

print("------ 第 1 次分批处理，保留没有处理的数据 ------")
dataset1 = dataset1.batch(batch_size=2, drop_remainder=False)
for data in dataset1.create_dict_iterator():
    print(data)

print("------ 第 2 次分批处理，将没有处理的数据丢掉 ------")

dataset2 = ds.GeneratorDataset(generator_func, ["data"])

dataset2 = dataset2.batch(batch_size=2, drop_remainder=True)
for data in dataset2.create_dict_iterator():
    print(data)
```

程序调用 ds.GeneratorDataset( )方法生成一个数据集，其中包含 5 个 Tensor 对象。每个 Tensor 对象是由 3 个 Int64 类型数据组成的数组。生成数据集后，依次遍历数据集并打印其中的元素，然后对数据集进行分批处理。完成后打印分批后的数据集。

例 3-8 共执行了 2 次分批处理，第 1 次分批将参数 drop_remainder 设置为 False，即保留没有处理的数据；第 2 次分批将参数 drop_remainder 设置为 True，即丢掉没有处理的数据。

将 sample3_8.py 上传至 Ubuntu 服务器的$HOME/code/03 目录下，然后在 Ubuntu 服务器上运行，结果如下。

```
------ 第 1 次分批处理，保留没有处理的数据 ------
{'data': Tensor(shape=[2, 3], dtype=Int64, value=
[[0, 1, 2],
 [1, 2, 3]])}
{'data': Tensor(shape=[2, 3], dtype=Int64, value=
[[2, 3, 4],
 [3, 4, 5]])}
{'data': Tensor(shape=[1, 3], dtype=Int64, value=
[[4, 5, 6]])}
------ 第 2 次分批处理，将没有处理的数据丢掉 ------
{'data': Tensor(shape=[2, 3], dtype=Int64, value=
[[0, 1, 2],
 [1, 2, 3]])}
{'data': Tensor(shape=[2, 3], dtype=Int64, value=
[[2, 3, 4],
 [3, 4, 5]])}
```

可以看到，第 1 次分批处理了 3 个批次，每个批次包含 2 个 Tensor 对象，没有处理的数据（不足 2 个数据）单独构成一个批次。第 2 次分批处理只包含 2 个批次，因为没有处理的数据被丢掉了。

3.3.4 对数据集进行重复处理

当数据集很小时，可以使用 mindspore.dataset 对象的 repeat( )方法对数据集进行重复，达到扩充数据量的目的。方法如下。

```
<dataset 对象> = <dataset 对象>.repeat(count=<重复元素的数量>)
```

【例 3-9】 创建一个 Python 程序 sample3_9.py，并在其中演示 repeat( )方法的使用，代码如下。

```
import numpy as np
import mindspore.dataset as ds
def generator_func():
    for i in range(5):
        yield (np.array([i, i+1, i+2]),)
dataset1 = ds.GeneratorDataset(generator_func, ["data"])

dataset1 = dataset1.repeat(count=2)
for data in dataset1.create_dict_iterator():
    print(data)
```

程序调用 ds.GeneratorDataset( )方法生成一个数据集，其中包含 5 个 Tensor 对象。每个 Tensor 对象是由 3 个 Int64 类型数据组成的数组。生成数据集后，调用 repeat( )方法对数据集进行重复处理。完成后打印得到的数据集。

将 sample3_9.py 上传至 Ubuntu 服务器的$HOME/code/03 目录下，然后在 Ubuntu 服务器上运行，结果如下。

```
{'data': Tensor(shape=[3], dtype=Int64, value= [0, 1, 2])}
{'data': Tensor(shape=[3], dtype=Int64, value= [1, 2, 3])}
{'data': Tensor(shape=[3], dtype=Int64, value= [2, 3, 4])}
{'data': Tensor(shape=[3], dtype=Int64, value= [3, 4, 5])}
{'data': Tensor(shape=[3], dtype=Int64, value= [4, 5, 6])}
{'data': Tensor(shape=[3], dtype=Int64, value= [0, 1, 2])}
{'data': Tensor(shape=[3], dtype=Int64, value= [1, 2, 3])}
{'data': Tensor(shape=[3], dtype=Int64, value= [2, 3, 4])}
{'data': Tensor(shape=[3], dtype=Int64, value= [3, 4, 5])}
{'data': Tensor(shape=[3], dtype=Int64, value= [4, 5, 6])}
```

可以看到，打印的数据集中每个 Tensor 对象都重复出现。重复数据本身对训练没有好处，但是在数据集很小的情况下可以增加模型训练的次数，从而获得更好的训练结果。

3.3.5 对数据集进行拼接处理

可以通过 mindspore.dataset 对象的 zip( )方法和 concat( )方法对数据集进行拼接处理，合并为一个数据集。它们的区别在于合并数据的策略不同。

1．使用 zip()方法拼接数据集

使用 zip( )方法拼接数据集时，合并数据的策略如下。

① 如果 2 个数据集的列名相同，则不会合并。

② 如果 2 个数据集的行数不同，合并后的行数将和较小行数保持一致。

使用 zip( )拼接数据集的方法如下。

```
import mindspore.dataset as ds
<dataset 对象> = ds.zip(<数据集 1>,<数据集 2>)
```

【例 3-10】 创建一个 Python 程序 sample3_10.py，并在其中演示 zip( )方法的使用，代码如下。

```
import numpy as np
import mindspore.dataset as ds

def generator_func():
    for i in range(7):
        yield (np.array([i, i+1, i+2]),)
def generator_func2():
    for _ in range(4):
        yield (np.array([1, 2]),)
dataset1 = ds.GeneratorDataset(generator_func, ["data1"])
dataset2 = ds.GeneratorDataset(generator_func2, ["data2"])

dataset3 = ds.zip((dataset1, dataset2))

for data in dataset3.create_dict_iterator():
    print(data)
```

程序调用 ds.GeneratorDataset( )方法生成 2 个数据集 dataset1 和 dataset2。dataset1 中包含 7 个 Tensor 对象，而 dataset2 中只有 4 个 Tensor 对象。然后调用 zip( )方法对 dataset1 和 dataset2 进行拼接处理。完成后打印得到的数据集。

将 sample3_10.py 上传至 Ubuntu 服务器的$HOME/code/03 目录下，然后在 Ubuntu 服务器上运行，结果如下。

```
{'data1': Tensor(shape=[3], dtype=Int64, value= [0, 1, 2]), 'data2': Tensor(shape=[2], dtype=Int64, value=[1, 2])}
{'data1': Tensor(shape=[3], dtype=Int64, value= [1, 2, 3]), 'data2': Tensor(shape=[2], dtype=Int64, value=[1, 2])}
{'data1': Tensor(shape=[3], dtype=Int64, value= [2, 3, 4]), 'data2': Tensor(shape=[2], dtype=Int64, value=[1, 2])}
{'data1': Tensor(shape=[3], dtype=Int64, value= [3, 4, 5]), 'data2': Tensor(shape=[2], dtype=Int64, value=[1, 2])}
```

可以看到，列 data1 和列 data2 并没有合并，拼接后的数据集包含 data1 和 data2 两列。合并后的行数将和较小行数保持一致，即 4 行。

2．使用 concat( )方法拼接数据集

可以使用 concat( )方法将 2 个数据集进行拼接，合并为一个数据集。注意，输入数据集中的列名、列数据类型和列数据的排列应相同。使用方法如下。

```
<数据集 3> = <数据集 1>.concat(<数据集 2>)
```

【例 3-11】 创建一个 Python 程序 sample3_11.py，并在其中演示 concat( )方法的使用，代码如下。

```
import numpy as np
import mindspore.dataset as ds

def generator_func():
    for _ in range(2):
        yield (np.array([0, 0, 0]),)
def generator_func2():
    for _ in range(2):
        yield (np.array([1, 2, 3]),)
dataset1 = ds.GeneratorDataset(generator_func, ["data1"])
dataset2 = ds.GeneratorDataset(generator_func2, ["data1"])
dataset3 = dataset1.concat(dataset2)
for data in dataset3.create_dict_iterator():
    print(data)
```

程序调用 ds.GeneratorDataset( )方法生成 2 个数据集 dataset1 和 dataset2，每个数据集中只有各包含 2 个 Tensor 对象。然后调用 concat( )方法对数据集进行拼接处理。完成后打印得到的数据集。

将 sample3_11.py 上传至 Ubuntu 服务器的$HOME/code/03 目录下，然后在 Ubuntu 服务器上运行，结果如下。

```
{'data1': Tensor(shape=[3], dtype=Int64, value= [0, 0, 0])}
{'data1': Tensor(shape=[3], dtype=Int64, value= [0, 0, 0])}
{'data1': Tensor(shape=[3], dtype=Int64, value= [1, 2, 3])}
{'data1': Tensor(shape=[3], dtype=Int64, value= [1, 2, 3])}
```

可以看到，拼接后的数据集包含 4 行数据，它们分别来自数据集 dataset1 和 dataset2。

3.3.6 Tensor 对象的转置处理

在神经网络模型的训练中，数据是以 Tensor 对象的形式送入模型的。有时候需要根据各隐藏层数据处理的需要交换 Tensor 对象不同维度上的数据，也就是对 Tensor 对象进行转置处理。比如，原始图像的格式为 HWC，其中 H 代表图像的高度，W 代表图像的宽度，C 代表图像的通道数。在模型训练时，通常需要将图像格式转换为 CHW，当使用 Matplotlib 库显示图像时，又需要将图像格式转换为 HWC。本书后面的实例中有很多代码涉及 Tensor 对象的转置处理。

在 MindSpore 框架中，可以使用 mindspore.ops.Transpose 算子和 mindspore.Tensor.transpose 算子对 Tensor 对象进行转置处理。

1. mindspore.ops.Transpose 算子

mindspore.ops.Transpose 算子根据给定的规则对一个 Tensor 对象进行转置操作，使用方法如下。

```
from mindspore import ops
transpose = ops.Transpose()
<输出数据> = transpose(<输入数据>, input_perm)
```

<输入数据>是一个 Tensor 对象，<输出数据>是<输入数据>经过转置操作的结果。

input_perm 是一个一维张量，用于指定转置的规则，其长度与<输入数据>的形状必须相同。input_perm 中的每个位置上的元素都用于指定<输入数据>对应维度转置后的维度索引。

文字描述比较抽象，接下来通过实例，以示意的形式进行解析。

【例 3-12】　演示 mindspore.ops.Transpose 算子的使用，代码如下。

```
import mindspore
import numpy as np
from mindspore import ops, Tensor

input_x = Tensor(np.array([[[1, 2, 3], [4, 5, 6]], [[7, 8, 9], [10, 11, 12]]]),
                mindspore.float32)
input_perm = (1, 0, 2)
transpose = ops.Transpose()
output = transpose(input_x, input_perm)
print(output)
```

运行结果如下。

```
[[[ 1.  2.  3.]
  [ 7.  8.  9.]]

 [[ 4.  5.  6.]
  [10. 11. 12.]]]
```

例 3-12 对一个形状为(2, 2, 3)的 3 维 Tensor 对象进行转置。参数 input_perm = (1, 0, 2)，其定义的转置规则如下。

① input_perm 中 index=0 的元素为 1，表示 input_x 中第 0 个维度的元素转置到第 1 个维度。

② input_perm 中 index=1 的元素为 0，表示 input_x 中第 1 个维度的元素转置到第 0 个维度。

③ input_perm 中 index=2 的元素为 2，表示 input_x 中第 2 个维度的元素不做转置处理。

综上所述，3 维 Tensor 对象 input_x 经过例 3-12 中的转置处理后，其中的元素 x_{ijk} 的新位置为 x_{jik}，即第 0 维和第 1 维的元素互换位置，第 2 维的元素的位置保持不变。转置前后 Tensor 对象 input_x 中元素的位置变化见表 3-4。

表 3-4　例 3-12 转置前后 Tensor 对象 input_x 中元素的位置变化

元素值	转置前的位置	转置后的位置
1	0, 0, 0	0, 0, 0
2	0, 0, 1	0, 0, 1
3	0, 0, 2	0, 0, 2
4	0, 1, 0	1, 0, 0
5	0, 1, 1	1, 0, 1
6	0, 1, 2	1, 0, 2
7	1, 0, 0	0, 1, 0
8	1, 0, 1	0, 1, 1
9	1, 0, 2	0, 1, 2

续表

元素值	转置前的位置	转置后的位置
10	1, 1, 0	1, 1, 0
11	1, 1, 1	1, 1, 1
12	1, 1, 2	1, 1, 2

参照表 3-4 调整 input_x 的元素位置，转置前 Tensor 对象 input_x 和转置后 Tensor 对象 output 的示意如图 3-5 所示。可以看到，示意中 output 与例 3-12 的运行结果是一致的。

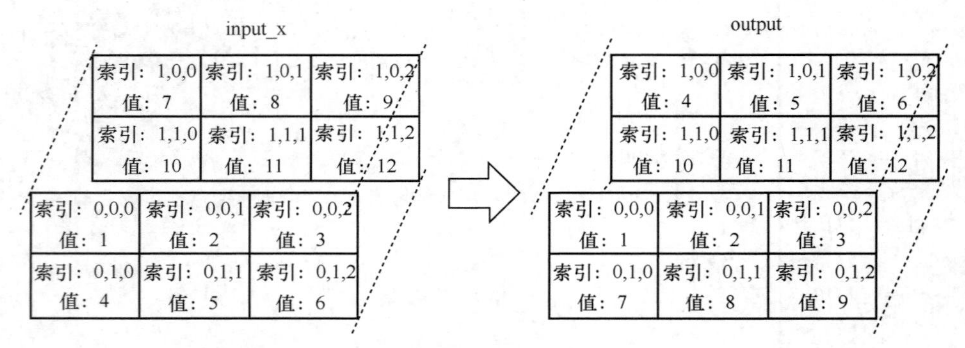

图 3-5　例 3-12 中转置前 input_x 和转置后 output 的示意

2．mindspore.Tensor.transpose 算子

mindspore.Tensor.transpose 算子的使用方法如下。

```
<转置之后的 Tensor 对象> = <转置之前的 Tensor 对象>. transpose(<第 0 维上的数据变换后所在的维度>,<第 1 维上的数据变换后所在的维度>, <第 2 维上的数据变换后所在的维度>,…)
```

mindspore.Tensor.transpose 算子的参数数量与<转置之前的 Tensor 对象>的维度必须相同，用于指定<转置之前的 Tensor 对象>对应维度上的数据转置后的位置索引。

【例 3-13】　创建一个 Python 程序 sample3_13.py，并在其中演示 mindspore. Tensor. transpose 算子的使用，代码如下。

```
import numpy as np
from mindspore import Tensor

input_x = Tensor(np.array([[[1, 2, 3], [4, 5, 6]], [[7, 8, 9], [10, 11, 12]]]), mindspore.float32)
output = input_x.transpose(1, 0, 2)
print(output)
```

例 3-13 的运行结果与例 3-12 的运行结果是一致的。

3.4　文本数据处理

NLP（自然语言处理）是机器学习的重要研究和应用领域。处理自然语言的关键是要让计算机“理解”自然语言。文本数据处理主要指文本数据增强技术，是训练 NLP 模型的前提。

3.4.1　文本数据增强技术概述

文本数据增强技术的目的在于可以提供丰富的训练集数据，解决数据不足或数据不均衡的问题，以及提高模型的泛化能力。

以下为常用的文本数据增强技术。

① 同义词替换：在句子中随机抽取 n 个词，然后从同义词词典中随机抽取同义词进行替换。关于同义词可以使用开源同义词汇表和领域自定义词汇表来建立。

② 随机删除：句子中的每个词，以概率 p 随机删除。如果句子中只有一个单词，则直接返回。

③ 随机交换：在句子中随机选择 2 个词交换位置。该过程可以重复 n 次。

④ 随机插入：从句子中随机选择一个词，用它的同义词随机插入句子中，可重复 n 次。

要实现上述文本数据增强技术，就需要具备文本分词，以及构造和使用词汇表 2 项基本的文本数据处理能力。MindSpore 对文本数据处理的基本操作提供支持。

3.4.2　构造和使用词汇表

词汇表由 id 和单词组成。id 和单词是有对应关系的，根据 id 可以获取对应的单词，根据单词也可以获取对应的 id。

MindSpore 提供了多种构造词汇表的方法，具体如下。

① from_dict：从字典构造词汇表。

② from_file：从文件构造词汇表。

③ from_list：从列表构造词汇表。

构造的词汇表可以在文本分词过程中使用，具体方法将在 3.4.3 小节中介绍。

使用词汇表对象的 tokens_to_ids( )方法可以根据指定的一组单词返回对应的 id 列表，具体方法如下。

```
<id 数组>=<词汇表对象>.tokens_to_ids(<单词数组>)
```

也可以使用一个单词作为参数调用 tokens_to_ids ( )，具体方法如下。

```
< id >=<词汇表对象>.tokens_to_ids(<单词>)
```

使用词汇表对象的 ids_to_tokens ( )方法可以根据指定的一组单词 id 返回对应的单词列表，具体方法如下。

```
<单词数组>=<词汇表对象>.ids_to_tokens(<id 数组>)
```

也可以使用一个 id 参数调用 ids_to_tokens( )，具体方法如下。

```
<单词>=<词汇表对象>.ids_to_tokens(<id>)
```

【例 3-14】　创建一个 Python 程序 sample3_14.py，并在其中演示 tokens_to_ids ( ) 方法和 ids_to_tokens( )方法的使用，代码如下。

```
import mindspore.dataset.text as text
```

```
vocab = text.Vocab.from_list(["word_1", "word_2", "word_3", "word_4"])
token = vocab.ids_to_tokens(0)
print("词汇表中序号=0 的单词是", token)
id = vocab.tokens_to_ids("word_3")
print("词汇表中单词 word_3 的序号是", id)
```

将 sample3_14.py 上传至 Ubuntu 服务器的$HOME/code/03 目录下，然后在 Ubuntu 服务器上运行，结果如下。

```
词汇表中序号=0 的单词是 word_1
词汇表中单词 word_3 的序号是 2
```

3.4.3 文本分词技术

在 NLP 中，文本分词是一项重要的技术。词是最小的、能够独立应用的语言成分。只有将文本中的词确定下来，中文才能像英文那样过渡到短语划分、主题分析，以至自然语言处理。

汉语的结构与欧体系语种差异较大，因此很难像欧体系语种那样以空格来分词。中文分词主要有规则分词、统计分词和混合分词 3 种方法，具体介绍如下。

1．规则分词

基于规则的分词是一种机械的分词方法。规则分词通过维护词汇表，将语句中每一个字符串与词汇表中的词逐一匹配。如果匹配，则切分；否则不予切分。

2．统计分词

词是由字组成的。统计分词的主要思想是统计相连的字在文本中出现的次数。如果相连的字在文本中出现的次数越多，则它是一个词的概率越大。

3．混合分词

常用的中文文本分词技术在实际应用中的效果各有好坏，为了取得更好的效果，通常可以将多种方法混用，这就是混合分词。

4．MindSpore 分词器

MindSpore 支持多种分词器，可以帮助用户高性能地处理文本。这里以 JiebaTokenizer 和 BertTokenizer 为例演示 MindSpore 分词器的作用。

JiebaTokenizer 是基于 jieba 的中文分词器。jieba 是很常用的 Python 中文分词组件。

创建 JiebaTokenizer 对象的方法如下。

```
<JiebaTokenizer 对象> = text.JiebaTokenizer(<HMM 模型文件路径>, <jieba 词典文件路径>)
```

HMM 模型是 jieba 所使用的中文分词模型。模型文件名为 hmm_model.utf8。

jieba 词典文件的文件名为 jieba.dict.utf8。

使用 JiebaTokenizer 对象对文本进行分词的方法如下。

```
<分词后得到的数据集> = <数据集对象>.map(operations=<JiebaTokenizer 对象>, input_columns=
[<分词的列名>], num_parallel_workers=<并发线程数>)
```

【例 3-15】 创建一个 Python 程序 sample3_15.py，并在其中演示 JiebaTokenizer 的使用，代码如下。

```
import mindspore.dataset as ds
```

```
import mindspore.dataset.text as text

input_list = ["MindSpore 是华为推出的开源深度学习框架","在 MindSpore 框架的开发流程中,数据处理
            是重要的环节。","在这一环节中可以实现加载数据、检索数据和数据增强等功能。"]
dataset = ds.NumpySlicesDataset(input_list, column_names=["text"], shuffle=False)

print("------------------------分词之前----------------------------")

for data in dataset.create_dict_iterator(output_numpy=True):
    print(data['text'])

# 模型文件和词典文件
HMM_FILE = "./dataset/tokenizer/hmm_model.utf8"
MP_FILE = "./dataset/tokenizer/jieba.dict.utf8"
jieba_op = text.JiebaTokenizer(HMM_FILE, MP_FILE)
dataset = dataset.map(operations=jieba_op, input_columns=["text"],
                      num_parallel_workers=1)

print("------------------------分词之后------------------------------")

for i in dataset.create_dict_iterator(num_epochs=1, output_numpy=True):
    print(i['text'])
```

将 sample3_15.py 上传至 Ubuntu 服务器的$HOME/code/03 目录下，在/home/johney/code/03/dataset 目录下创建 tokenizer 文件夹，并将 hmm_model.utf8 和 jieba.dict.utf8 上传至 tokenizer 文件夹。在 Ubuntu 服务器上运行 sample3_15.py，结果如下。

```
['MindSpore' '是' '华为' '推出' '的' '开源' '深度' '学习' '框架']
['在' 'MindSpore' '框架' '的' '开发' '流程' '中' ',' '数据处理' '是' '重要' '的' '环节
' '。']
['在' '这' '一' '环节' '中' '可以' '实现' '加载' '数据' '、' '检索' '数据' '和' '数据' '增
强' '等' '功能' '。']
```

我们可以看到，中文文本被拆分成一组单词。

在 BertTokenizer 中可以使用词汇表实现文本分词的功能，具体如下。

```
< BertTokenizer 对象> = text.BertTokenizer(vocab=<词汇表对象>)
<分词后的数据集>=<分词前的数据集>.map(operations=t< BertTokenizer 对象>)
```

【例 3-16】 创建一个 Python 程序 sample3_16.py，并在其中演示 BertTokenizer 的使用，代码如下。

```
import mindspore.dataset as ds
import mindspore.dataset.text as text

input_list = ["I love China", "I love  MindSpore"]
dataset = ds.NumpySlicesDataset(input_list, column_names=["text"], shuffle=False)

print("------------------------before tokenization----------------------------")

for data in dataset.create_dict_iterator(output_numpy=True):
    print(text.to_str(data['text']))

vocab_list = [
```

```
"MindSpore", "I", "love", "China"]

vocab = text.Vocab.from_list(vocab_list)
tokenizer_op = text.BertTokenizer(vocab=vocab)
dataset = dataset.map(operations=tokenizer_op)

print("------------------------after tokenization-----------------------------")

for i in dataset.create_dict_iterator(num_epochs=1, output_numpy=True):
    print(text.to_str(i['text']))
```

程序使用词汇表对英文文本进行分词，并打印分词后的结果。将 sample3_16.py 上传至 Ubuntu 服务器的$HOME/code/03 目录下，在 Ubuntu 服务器上运行 sample3_16.py，结果如下。

```
------------------------before tokenization----------------------------
I love China
I love  MindSpore
------------------------after tokenization-----------------------------
['I' 'love' 'China']
['I' 'love' 'MindSpore']
```

3.5 图像处理与增强

在图像领域的深度学习中，为了丰富训练集的数据，更好地提取图像特征，提高模型的泛化能力，通常需要对图像做数据增强处理。MindSpore 的 mindspore.dataset.vision 模块提供了图像裁剪、翻转、缩放、反相等多种图像数据增强的方法。

为了查看图像处理与增强的效果，需要用到 Ubuntu 的图形界面，因此要事先安装 Ubuntu 桌面软件。如果使用物理服务器或虚拟机安装 Ubuntu 系统，则可以直接登录 Ubuntu 桌面软件；如果使用华为云 ECS，则需要通过远程桌面软件连接 Ubuntu 系统。这里不展开介绍搭建 Ubuntu 桌面环境的具体方法，读者可以查阅相关资料了解。

3.5.1 使用 Matplotlib 显示图像

为了查看图像增强的效果，本书借助 Matplotlib 显示图像。Matplotlib 是 Python 的绘图库，借助 Matplotlib 可以方便地将数据图形化，并且提供多样化的输出格式。

首先执行如下命令，安装 Tkinter 模块。Tkinter 模块("Tk 接口")是 Python 的标准 Tk GUI 工具包的接口。

```
sudo apt-get update
sudo apt-get upgrade
sudo apt-get install python3-tk
```

然后安装 Matplotlib 3.2.1，命令如下。

```
pip3 install  matplotlib==3.2.1
```

可以使用 matplotlib.pyplot.imshow( )函数显示图像，方法如下。

```
import matplotlib.pyplot as plt
plt.imshow(<图像数据>)          #在窗口中显示图像
plt.title(<窗口的标题>)         #指定窗口标题
plt.show()                      #打开窗口
```

pyplot 是 Matplotlib 中的画图模块。imshow( )函数还有很多参数，这里使用的是最简单的用法。

【例 3-17】　创建一个 Python 程序 sample3_17.py，在其中加载 CIFAR-10 图像数据集并显示前 3 个图像，代码如下。

```
import matplotlib
import matplotlib.pyplot as plt
from mindspore import dataset as ds

matplotlib.use('TkAgg')
data_path = "./cifar-10-batches-bin/"
DATA_DIR = "./dataset/cifar-10-batches-bin/train/"
sampler = ds.SequentialSampler(num_samples=3)
dataset1 = ds.Cifar10Dataset(DATA_DIR, sampler=sampler)
#从数据集中获取图像数据到 image_list1 中，获取标签到 label_list1 中
image_list1, label_list1 = [], []
for data1 in dataset1.create_dict_iterator():
    image_list1.append(data1['image'])
    label_list1.append(data1['label'])
num_samples = len(image_list1)
#显示图像
for i in range(num_samples):
    plt.subplot(1, len(image_list1), i + 1)
    plt.imshow(image_list1[i].asnumpy())
    plt.title(label_list1[i].asnumpy())
plt.show()
```

程序使用 SequentialSampler 采样器从数据集中选择前 3 个图像，并使用 plt.imshow( )方法显示图像。当在一个窗口中显示多个图像时，需要使用 plt.subplot( )方法指定图像在窗口中的布局。plt.subplot( )方法有 3 个参数，具体说明如下。

① 第 1 个参数：指定显示图像的行数，本例中显示 1 行图像。

② 第 2 个参数：指定显示图像的列数，本例中显示 3 列图像。

③ 第 3 个参数：指定当前图像显示的位置（列索引）。

将 sample3_17.py 上传至 Ubuntu 服务器的$HOME/code/03 目录下，然后在 Ubuntu 服务器上运行。例 3-17 的运行结果如图 3-6 所示。

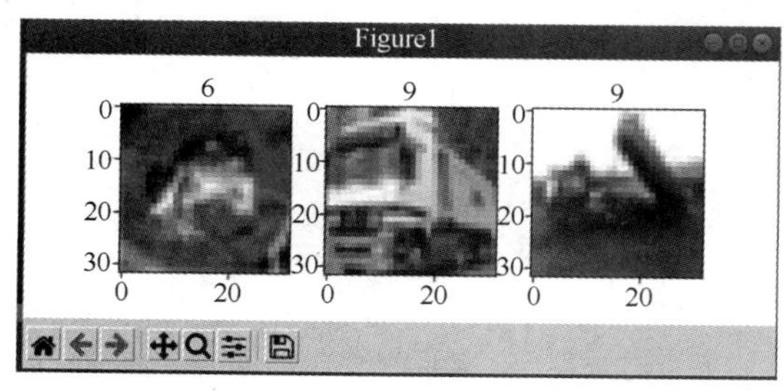

图 3-6　例 3-17 的运行结果

3.5.2 图像裁剪

使用 mindspore.dataset.vision.RandomCrop 算子可以在图像的随机位置裁剪指定大小的图像，方法如下。

```
import mindspore.dataset.vision as vision
ds.config.set_seed(5) #设置随机数种子
random_crop = vision.RandomCrop([width, height])
<裁剪后得到的图像数据集对象> = <被裁剪的图像数据集对象>.map(operations=random_crop,
input_columns=["image"])
```

具体说明如下。

① 因为是在随机位置上裁剪图像，所以需要先调用 ds.config.set_seed( )函数设置随机数种子。

② 参数 width 指定裁剪图像的宽度，参数 height 指定裁剪图像的高度。

③ 为了追求更高的性能，在资源允许的情况下，使用数据管道模式执行数据增强算子。具体方法是定义 map 算子，将数据增强算子交由 map 算子调度，由 map 算子负责启动和执行给定的数据增强算子，对数据管道中的数据进行映射变换。

【例 3-18】 创建一个 Python 程序 sample3_18.py，在其中加载 CIFAR-10 图像数据集，并对前 3 个图像执行随机裁剪操作，裁剪的尺寸为 10×10，代码如下。

```
import matplotlib.pyplot as plt
import mindspore.dataset as ds
import mindspore.dataset.vision as vision

ds.config.set_seed(5)  #设置随机数种子
ds.config.set_num_parallel_workers(1)#指定并行执行的线程数

DATA_DIR = "./dataset/cifar-10-batches-bin/train/"  #CIFAR-10 图像数据集训练集的路径

sampler = ds.SequentialSampler(num_samples=3)#定义采样器，或取数据集中前 3 个图像
dataset1 = ds.Cifar10Dataset(DATA_DIR, sampler=sampler)

random_crop = vision.RandomCrop([10, 10])#图像裁剪
dataset2 = dataset1.map(operations=random_crop, input_columns=["image"])

image_list1, label_list1 = [], []
image_list2, label_list2 = [], []
#将裁剪前后的数据集拼接
for data1, data2 in zip(dataset1.create_dict_iterator(), dataset2. create_dict_
                        iterator()):
    image_list1.append(data1['image'])
    label_list1.append(data1['label'])
    print("源图像的形状 :", data1['image'].shape, ", 源图像的 label :", data1['label'])
    image_list2.append(data2['image'])
    label_list2.append(data2['label'])
    print("裁剪后图像的形状:", data2['image'].shape, ", 裁剪后图像的 label:", data2
          ['label']) #打印数据集的形状
```

```
    print("------")
#遍历并显示图像
num_samples = len(image_list1) + len(image_list2)
for i in range(num_samples):
    if i < len(image_list1):
        plt.subplot(2, len(image_list1), i + 1)
        plt.imshow(image_list1[i].asnumpy())
        plt.title(label_list1[i].asnumpy())
    else:
        plt.subplot(2, len(image_list2), i + 1)
        plt.imshow(image_list2[i % len(image_list2)].asnumpy())
        plt.title(label_list2[i % len(image_list2)].asnumpy())
plt.show()
```

请参照注释理解。

将 sample3_18.py 上传至 Ubuntu 服务器的$HOME/code/03 目录下，然后在 Ubuntu 服务器上运行，结果如下。

```
源图像的形状 : (32, 32, 3) , Source label : 6
裁剪后图像的形状: (10, 10, 3) , Cropped label: 6
------
源图像的形状 : (32, 32, 3) , Source label : 9
裁剪后图像的形状: (10, 10, 3) , Cropped label: 9
------
源图像的形状 : (32, 32, 3) , Source label : 9
裁剪后图像的形状: (10, 10, 3) , Cropped label: 9
```

可以看到源图像的尺寸为 32×32，裁剪后图像的尺寸为 10×10。

例 3-18 的运行结果如图 3-7 所示。

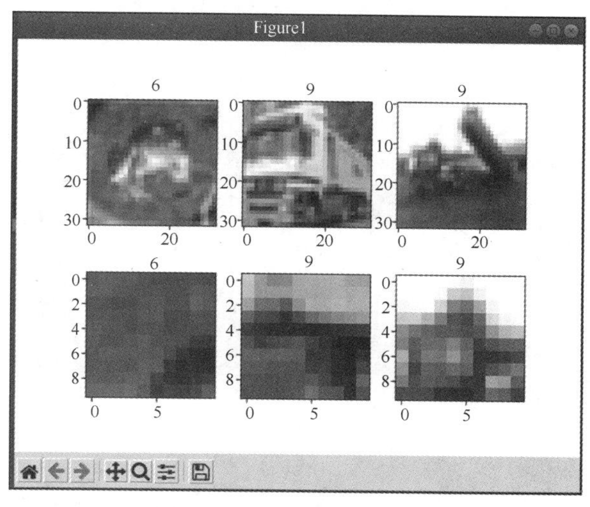

图 3-7　例 3-18 的运行结果

3.5.3 图像翻转

使用 mindspore.dataset.vision.RandomHorizontalFlip 算子可以对输入图像进行随机水

平翻转，方法如下。

```
import mindspore.dataset.vision as vision
random_horizontal_flip = vision.RandomHorizontalFlip (prob=<单张图片发生翻转的概率>)
<裁剪后得到的图像数据集> = <被裁剪的图像数据集>. map(operations = random_horizontal_
flip, input_columns=["image"])
```

【例 3-19】 创建一个 Python 程序 sample3_19.py，在其中加载 CIFAR-10 图像数据集，并对随机的 4 个图像执行水平翻转，发生翻转的概率为 80%（0.8），代码如下。

```
import matplotlib.pyplot as plt
import mindspore.dataset as ds
import mindspore.dataset.vision as vision

ds.config.set_seed(5)   #设置随机数种子
ds.config.set_num_parallel_workers(1)#指定并行执行的线程数

DATA_DIR = "./dataset/cifar-10-batches-bin/train/"  #CIFAR-10 图像数据集训练集的路径

sampler = ds.RandomSampler(num_samples=4)#定义采样器，随机取数据集中的 4 个图像
dataset1 = ds.Cifar10Dataset(DATA_DIR, sampler=sampler)

random_horizontal_flip = vision.RandomHorizontalFlip(prob=0.8) #随机水平翻转
dataset2 = dataset1.map(operations=random_horizontal_flip, input_columns=["image"])

image_list1, label_list1 = [], []
image_list2, label_list2 = [], []
#将裁剪前后的数据集拼接
for data1, data2 in zip(dataset1.create_dict_iterator(), dataset2. create_dict_
                        iterator()):
    image_list1.append(data1['image'])
    label_list1.append(data1['label'])
    image_list2.append(data2['image'])
    label_list2.append(data2['label'])
#遍历并显示图像
num_samples = len(image_list1) + len(image_list2)
for i in range(num_samples):
    if i < len(image_list1):
        plt.subplot(2, len(image_list1), i + 1)
        plt.imshow(image_list1[i].asnumpy())
        plt.title(label_list1[i].asnumpy())
    else:
        plt.subplot(2, len(image_list2), i + 1)
        plt.imshow(image_list2[i % len(image_list2)].asnumpy())
        plt.title(label_list2[i % len(image_list2)].asnumpy())
plt.show()
```

请参照注释理解。

将 sample3_19.py 上传至 Ubuntu 服务器的$HOME/code/03 目录下，然后在 Ubuntu 服务器上运行。例 3-19 的运行结果如图 3-8 所示。可以看到，其中 2 个图像发生了水平翻转。

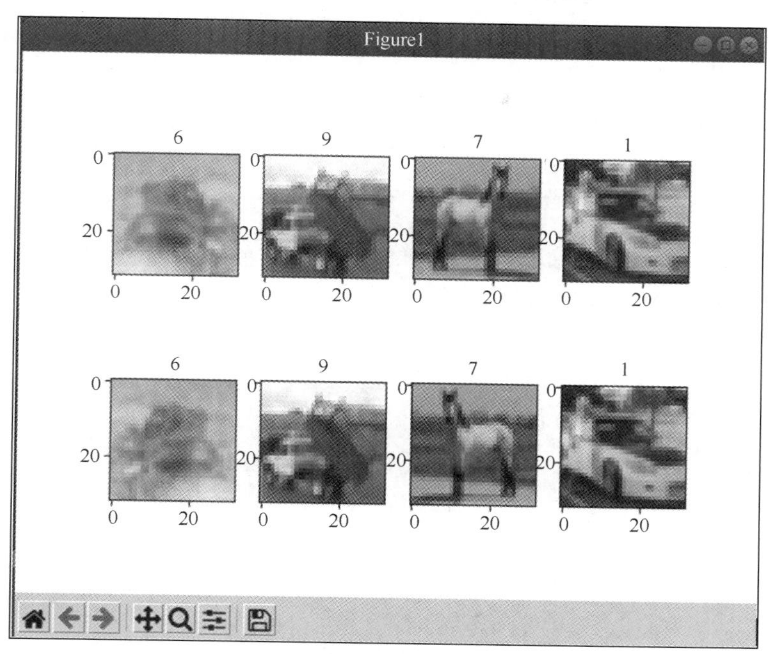

图 3-8　例 3-19 的运行结果

3.5.4　图像缩放

使用 mindspore.dataset.vision.Resize 算子可以对输入图像进行图像缩放，方法如下。

```
import mindspore.dataset.vision as vision
resize = vision.Resize(size=[<图像缩放后的宽度>,<图像缩放后的高度>])
```

3.7.2 节的例 3-23 中在介绍 Compose 优化方案时会使用 Resize( )方法进行图像缩放，请参照理解。

3.5.5　图像反相

反相就是对图像的每个像素的每个通道的数据做减法，公式如下。

```
<新的图像值> = 255 - <旧的图像值>
```

使用 mindspore.dataset.vision.Invert 算子可以对输入图像进行反相操作，方法如下。

```
import mindspore.dataset.vision as vision
invert = vision.Invert()
<反相后得到的图像数据集> = <被反相的图像数据集>. map(operations= invert, input_columns=
["image"])
```

【例 3-20】　创建一个 Python 程序 sample3_20.py，在其中加载 CIFAR-10 图像数据集，并对随机的 4 个图像执行反相，代码如下。

```
import matplotlib.pyplot as plt
import mindspore.dataset as ds
import mindspore.dataset.vision as vision
```

```
ds.config.set_seed(8)#

DATA_DIR = "./dataset/cifar-10-batches-bin/train/" #加载 CIFAR-10 图像数据集
dataset1 = ds.Cifar10Dataset(DATA_DIR, num_samples=4, shuffle=True)
invert = vision.Invert()     #执行反相
dataset2 = dataset1.map(operations= invert, input_columns=["image"])

image_list1, label_list1 = [], []  #源图像数据
image_list2, label_list2 = [], []  #反相图像数据
for data1, data2 in zip(dataset1.create_dict_iterator(), dataset2. create_dict_
                        iterator()):
    image_list1.append(data1['image'])
    label_list1.append(data1['label'])
    image_list2.append(data2['image'])
    label_list2.append(data2['label'])
num_samples = len(image_list1) + len(image_list2)
for i in range(num_samples):
    if i < len(image_list1):
        plt.subplot(2, len(image_list1), i + 1)
        plt.imshow(image_list1[i].asnumpy().squeeze(), cmap=plt.cm.gray)
        plt.title(label_list1[i].asnumpy())
    else:
        plt.subplot(2, len(image_list2), i + 1)
        plt.imshow(image_list2[i % len(image_list2)].asnumpy().squeeze(), cmap=plt.
                   cm.gray)
        plt.title(label_list2[i % len(image_list2)].asnumpy())
plt.show()
```

请参照注释理解。

将 sample3_20.py 上传至 Ubuntu 服务器的$HOME/code/03 目录下，然后在 Ubuntu 服务器上运行。例 3-20 的运行结果如图 3-9 所示。第 1 行显示源图像，第 2 行显示反相后的图像。

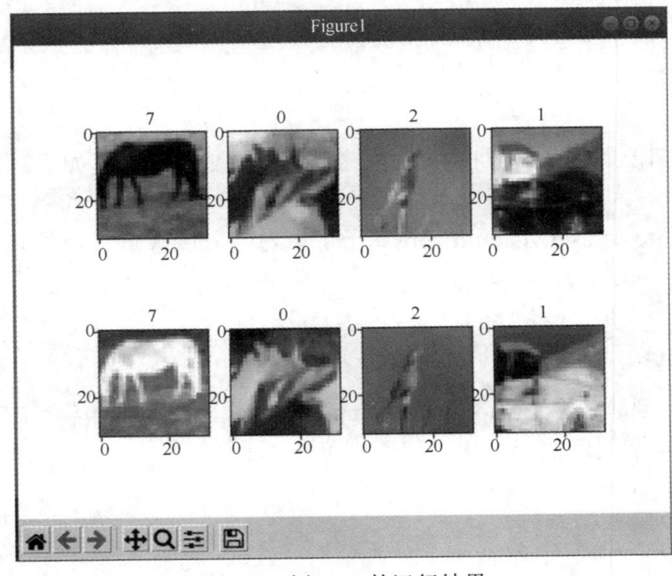

图 3-9　例 3-20 的运行结果

3.5.6　图像格式的转换

在神经网络中，图像通常以 NCHW、NHWC 和 CHWN 3 种数据格式存储，其中 N 代表训练批次、C 代表通道数、H 代表图像的高度、W 代表图像的宽度。通常在数据处理阶段，图像格式数据中没有 N，只有 CHW 和 HWC 2 种格式。不同存储格式的应用场景不同，因此经常会需要进行图像格式的转换。在 MindSpore 框架中，可以通过如下两种方法进行图像格式的转换。

① 使用前文中介绍的数据转置的方法对图像 Tensor 数据进行转换。

② 使用 mindspore.dataset.vision.HWC2CHW 算子将图像数据从 HWC 格式转换为 CHW 格式。

第一种方法很灵活，但是用法比较复杂；第二种方法简单，没有任何参数，但是其功能单一。实际上，使用数据转置的方法也可以实现 mindspore.dataset.vision.HWC2CHW 算子的功能，本书后面章中有多处使用 Tensor 对象转置和 mindspore. dataset. vision. HWC2CHW 算子对数据格式进行转换的应用实例。具体用法将在后面结合实例介绍。

3.5.7　图像数据类型的转换

在对图像数据进行处理时，经常需要进行数据类型的转换。图像数据的原始数据类型通常为 Int32，为了便于进行归一化处理和提高精度，通常需要将其转换为 float32 类型。此外，还需要将标签数据转成 Int32 类型。

使用 mindspore.dataset.transforms.TypeCast 算子可以实现数据类型转换的功能，具体方法如下。

```
import mindspore.dataset.transforms as transforms
type_cast_op = transforms.TypeCast(<转换的数据类型>)
<转换后的数据集对象> = <转换前的数据集对象>.map(operations=type_cast_op)
```

本书后面有多处使用 mindspore.dataset.transforms.TypeCast 算子对图像数据类型进行转换的应用实例。具体用法将在后面结合实例介绍。

3.6　自定义数据集 MindRecord

MindRecord 是 MindSpore 的自定义格式数据集。一个 MindRecord 文件由数据文件和索引文件组成。MindSpore 提供一套 API，可以方便用户将数据转换成 MindRecord 格式，然后使用 MindDataset 数据加载接口加载 MindRecord 格式数据集。

3.6.1　将数据存储为 MindRecord 数据集

使用 mindspore.mindrecord.FileWriter 可以通过手动编程的方式将数据以 MindRecord

格式写入文件，过程如图 3-10 所示。

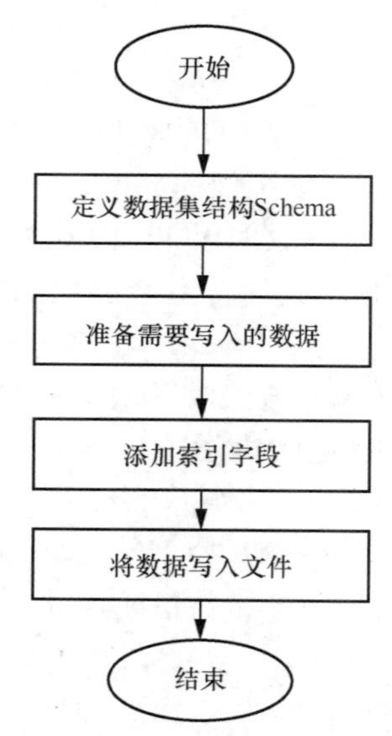

图 3-10　将数据存储为 MindRecord 数据集的过程

导入 FileWriter 模块的代码如下。

```
from mindspore.mindrecord import FileWriter
```

写入文件之前需要定义一个 FileWriter 对象，代码如下。

```
writer = FileWriter(file_name=<文件路径>, shard_num=N)
```

参数 shard_num 指定自动将用户的数据集分成多个文件。例如，如果 N=4，则会分成 4 个 MindRecord 文件。

1．定义数据集结构 Schema

Schema 是一个 JSON 字符串，用于定义数据集的结构。Schema 的示例如下。

```
<schema JSON 字符串> = {"file_name": {"type": "string"}, "label": {"type": "int32"},
 "data": {"type": "bytes"}}
```

其中定义了数据集中包含 3 个字段：string 类型的 file_name 字段、int32 类型的 label 字段和 bytes 类型的 data 字段。

将 Schema 写入 FileWriter 对象的方法如下。

```
writer.add_schema(<schema JSON 字符串>, <schema 名字>)
```

2．准备需要写入的数据

如果需要将图像等二进制数据写入 MindRecord 格式数据集中，则需要提前读取数据。读取图像数据的方法如下。

```
with open(<图像文件路径>,"rb") as f:
<二进制图像数据>=f.read()
```

3．添加索引字段

索引可以提高检索数据的效率，可以通过字段名数组指定索引字段，具体方法如下。

```
indexs = ["file_name", "label"]
<FileWriter 对象>.add_index(indexs)
```

4．将数据写入文件

数据已经准备好，可以按照 Schema 定义的结构，以 JSON 字符串的形式将数据写入文件，具体方法如下。

```
data = [{"file_name": <文件名>, "label": <标签值>, "data": <图像等二进制数据>}]
<FileWriter 对象>.write_raw_data(data)
```

现在 FileWriter 对象中已经包含了数据集结构 Schema、索引字段、标签值和二进制数据，可以使用如下方法将数据写入文件。

```
writer.commit()
```

5．将数据存储为 MindRecord 数据集的例子

【例 3-21】 创建一个 Python 程序 sample3_21.py，用于演示将数据存储为 MindRecord 数据集的方法，代码如下。

```
from mindspore.mindrecord import FileWriter , FileReader

#MindRecord 数据集的文件路径
mindrecord_data_path="dataset/mindrecord_data/test.mindrecord"
#创建 FileWriter，指定文件，以及分片数量
writer=FileWriter(file_name=mindrecord_data_path,shard_num=3)
#定义 schema
data_schema = {"file_name": {"type": "string"}, "label": {"type": "int32"}, "data":
{"type": "bytes"}}
writer.add_schema(data_schema,"data_schema")
#准备图像二进制数据
file_image = "dataset/data/street.jpg"
with open(file_image,"rb") as f:
    data_bytes=f.read()
    print(data_bytes)
data = [{"file_name": " street.jpg", "label": 1, "data": data_bytes}]
#写入索引数据，指定以"file_name"和"label"为索引列
indexs = ["file_name", "label"]
writer.add_index(indexs)
#数据写入
writer.write_raw_data(data)
#生成本地数据
writer.commit()
```

请参照注释理解。将 sample3_21.py 上传至 Ubuntu 服务器的$HOME/code/03 目录下。在$HOME/code/03/dataset 目录下创建 data 文件夹，将源代码包中 03 文件夹下的 street.jpg 上传至 data 文件夹中。然后，在$HOME/code/03/dataset 目录下创建 mindrecord_data 文件夹，用于存储 MindRecord 数据集文件。

然后在 Ubuntu 服务器上运行 sample3_21.py 文件。因为在创建 FileWriter 对象时指定 shard_num=3，所以将数据存储为 MindRecord 数据集后，在 mindrecord_data 文件夹下生成了 3 组文件，具体如图 3-11 所示。

test.mindrecord0 和 test.mindrecord0.db 被称为 1 组 MindRecord 文件，其中 test.mindrecord0 为数据文件，test.mindrecord0.db 为索引文件。以此类推，因为参数 shard_num 被设置为 3，所以生成了 3 组 MindRecord 文件。

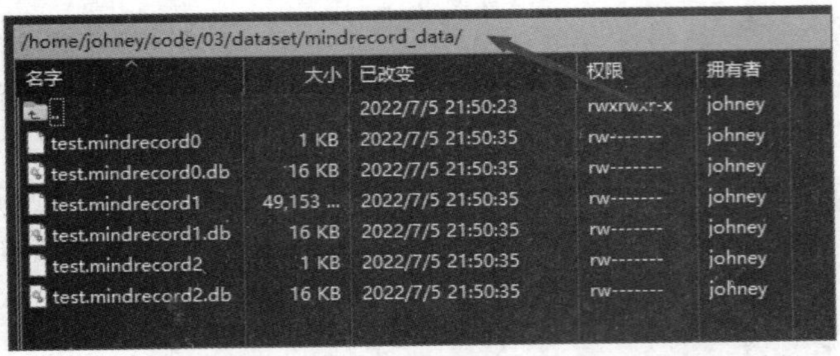

/home/johney/code/03/dataset/mindrecord_data/

名字	大小	已改变	权限	拥有者
..		2022/7/5 21:50:23	rwxrwxr-x	johney
test.mindrecord0	1 KB	2022/7/5 21:50:35	rw-------	johney
test.mindrecord0.db	16 KB	2022/7/5 21:50:35	rw-------	johney
test.mindrecord1	49,153 ...	2022/7/5 21:50:35	rw-------	johney
test.mindrecord1.db	16 KB	2022/7/5 21:50:35	rw-------	johney
test.mindrecord2	1 KB	2022/7/5 21:50:35	rw-------	johney
test.mindrecord2.db	16 KB	2022/7/5 21:50:35	rw-------	johney

图 3-11　将数据存储为 MindRecord 数据集后生成的文件

3.6.2　加载 MindRecord 数据集

可以使用 mindspore.dataset.MindDataset 加载 MindRecord 数据集，方法如下。

```
import mindspore.dataset as ds
<数据集对象> = ds.MindDataset(dataset_file=<MindRecord 数据集文件路径>)
```

【例 3-22】　创建一个 Python 程序 sample3_22.py，用于演示加载 MindRecord 数据集的方法，代码如下。

```
import mindspore.dataset as ds

file_name = './dataset/mindrecord_data/test.mindrecord0'
#创建 MindDataset
define_data_set = ds.MindDataset(dataset_files=file_name)
#创建字典迭代器并通过迭代器读取数据记录
count = 0
for item in define_data_set.create_dict_iterator(output_numpy=True):
    print("样本: {}".format(item))
    count += 1
print("加载了{} 个样本。".format(count))
```

将 sample3_22.py 上传至 Ubuntu 服务器的$HOME/code/03 目录下并运行脚本，运行结果如下。

```
样本: {'data': array([82, 73, 70, ..., 83, 64,  0], dtype=uint8), 'file_name': array
(b' street.jpg', dtype='|S11'), 'label': array(1, dtype=int32)}
加载了 1 个样本。
```

可以看到，加载的数据集中包含 1 个样本，file_name 字段值为 street.jpg，label 字段值为 1。字段 data 存储着二进制数据。

3.7　优化数据处理

数据处理是模型训练的前提，随着很多深度学习模型的规模越来越大，需要处理的数据量也越来越多，有的数据集高达数百 TB，参数数量也达到几十亿个。因此数据处理对于算力的要求也越来越高。为了提高效率，有必要对数据处理的过程进行优化。

3.7.1　数据加载性能优化

MindSpore 支持的数据集包括如下 3 种类型。

① 图像、文本、音频等领域的常用数据集。

② MindSpore 的标准格式数据集 MindRecord。

③ 用户自定义数据集。

它们的底层实现和性能各不相同，具体见表 3-5。

表 3-5　MindSpore 支持的 3 种数据集的底层实现和性能表现

数据集类型	底层实现	性能表现
常用数据集	C++	高
MindRecord	C++	高
用户自定义数据集	Python	中

虽然出于演示的目的，本章的一些实例中使用了用户自定义数据集，但是出于性能方面的考虑，不建议在实际应用中使用。

在加载常用数据集和 MindRecord 数据集时也可以使用 num_parallel_workers 参数指定并行加载的工作线程数。例如启动 4 个工作线程加载 CIFAR-10 数据集的代码如下。

```
cifar10_dataset = ds.Cifar10Dataset(cifar10_path, num_parallel_workers=4)
```

使用 4 个工作线程加载 MindRecord 数据集的代码如下。

```
mind_dataset = ds.MindDataset(dataset_files= mindrecord_path, num_parallel_workers=4)
```

如果必须使用用户自定义数据集，当数据量很大时，也可以使用 num_ parallel_ workers 参数指定并行加载的工作线程数，具体如下。

```
dataset=ds.GeneratorDataset(source=generator_func(5),column_names=["data"],
                            num_parallel_workers=4)
```

3.7.2　数据增强性能优化

当数据集很大时，数据增强的计算量也很大，因此需要对程序进行性能优化。

1．通过算子参数进行优化

对于有些算子，可以通过调整参数的方法进行优化。例如，调用 shuffle( )方法对数据集进行混洗时，参数 buffer_size 指定混洗的程度。buffer_size 越大，混洗的程度也越大，但是耗费的时间和计算资源也越多。出于对性能优化的考虑，可以使用比较小的 buffer_size 参数值。不过，混洗的程度也会相应降低。

2．多线程优化方案

在数据增强的过程中，map( )函数可以通过 num_ parallel_ workers 参数设置线程数，实现多线程优化。对数据集进行分批时，batch( )函数可以通过 num_ parallel_workers 参数设置线程数。

需要注意的是，各种数据加载和数据处理操作所设置的 num_ parallel_workers 参数之和应不大于 CPU 所支持的最大线程数，以免造成各种操作之间的资源竞争。

3．Compose 优化方案

在前文介绍的图像增强技术示例中，都是使用图像数据集对象的 map( )方法执行图像增强算子的。如果需要执行多个算子，则会按照顺序应用所有的这些算子，具体如图 3-12 所示。

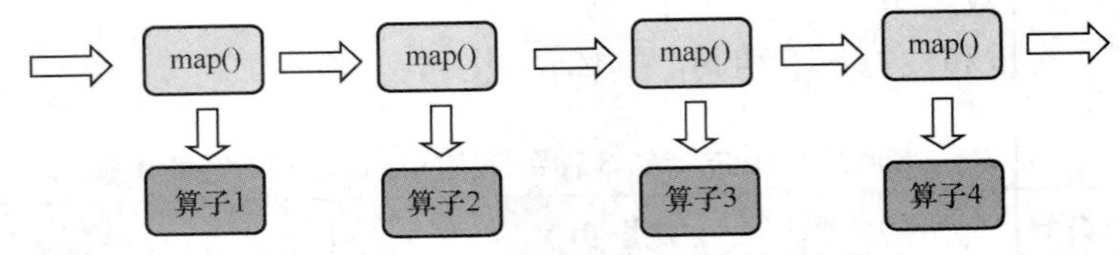

图 3-12　使用 map( )方法顺序执行多个算子

为了提高执行算子的效率，可以使用 Compose( )函数将多个算子组合在一起，并将算子列表传递给 map( )函数，具体如图 3-13 所示。

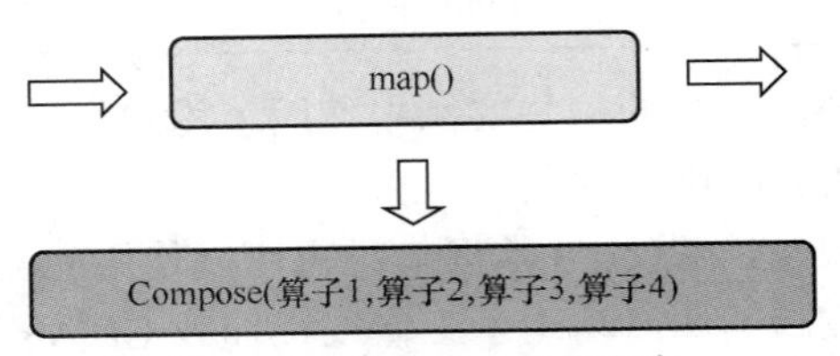

图 3-13　Compose 优化方案

Compose( )函数的使用方法如下。

```
from mindspore.dataset.transforms import Compose
<Compose 算子> = Compose(<算子列表>)
<数据集对象> = dataset1.map(operations=<Compose 算子>, input_columns=[<列名列表>])
```

【例 3-23】 创建一个 Python 程序 sample3_23.py，用于演示 Compose( )函数的使用方法，代码如下。

```
import matplotlib.pyplot as plt
import mindspore.dataset as ds

import mindspore.dataset.vision as vision
from mindspore.dataset.transforms import Compose
from PIL import Image

ds.config.set_seed(8)

DATA_DIR = "./dataset/cifar-10-batches-bin/train/"

dataset1 = ds.Cifar10Dataset(DATA_DIR, num_samples=5, shuffle=True)

def decode(image):
    return Image.fromarray(image)

transforms_list = [
```

```
    decode,
    vision.Resize(size=(200, 200)),
    vision.ToTensor()
]
compose_trans = Compose(transforms_list)
dataset2 = dataset1.map(operations=compose_trans, input_columns=["image"])

image_list, label_list = [], []
for data in dataset2.create_dict_iterator():
    image_list.append(data['image'])
    label_list.append(data['label'])
    print("Transformed image Shape:", data['image'].shape, ", Transformed label:",
          data['label'])

num_samples = len(image_list)
for i in range(num_samples):
    plt.subplot(1, len(image_list), i + 1)
    plt.imshow(image_list[i].asnumpy().transpose(1, 2, 0))
    plt.title(label_list[i].asnumpy())
plt.show()
```

程序中使用 Compose( )函数组合了以下 3 个算子。

① 自定义函数 decode( )：将数据集中的图像数据转换为数组。

② Resize( )：将图像的尺寸设置为 200×200。

③ ToTensor( )：将图像数据转换为 Tensor 对象，得到数据集对象。

将 sample3_23.py 上传至 Ubuntu 服务器的$HOME/code/03 目录下并运行脚本。运行结果如下。

```
Transformed image Shape: (3, 200, 200) , Transformed label: 7
Transformed image Shape: (3, 200, 200) , Transformed label: 0
Transformed image Shape: (3, 200, 200) , Transformed label: 2
Transformed image Shape: (3, 200, 200) , Transformed label: 1
Transformed image Shape: (3, 200, 200) , Transformed label: 6
```

可以看到，加载的数据集中图像数据的形状已经被转换为（3, 200, 200），即通道数为 3（RGB）、宽度为 200、高度为 200。

例3-23 显示图像的窗口如图3-14 所示。

4．算子融合优化方案

MindSpore 提供了某些融合算子，其中集成了 2 个或多个算子的功能。与依次顺序执行这些算子的流水线相比，融合算子具有更高的性能。比如 RandomCrop-DecodeResize( )就是一个融合算子，它融合了 RandomCrop( )、Decode( )和 Random-Resize( )这 3 个算子。

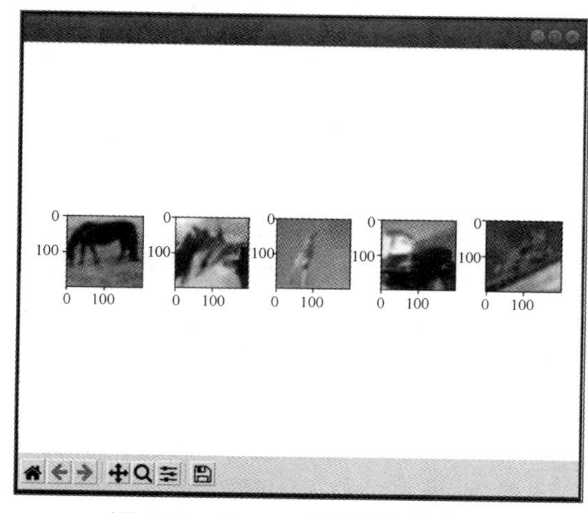

图 3-14 例 3-23 显示图像的窗口

3.8 ModelArts 数据处理

ModelArts 提供了在线数据处理的完整流程，包括创建数据集、导入数据、数据标注和数据增强 4 个功能。其中导入数据和数据标注的具体方法在 1.4.4 小节中做了介绍，参照即可。

3.8.1 创建数据集

创建数据集的前提是创建存储数据的 OBS 桶和文件夹，具体方法参见 1.4.4 小节。

登录华为云，然后打开 ModelArts 首页。在左侧导航栏中展开“数据管理”，然后单击“数据集”，打开“数据集”页面。在“数据集”页面中单击“创建数据集”按钮，打开“创建数据集”页面，如图 3-15 所示。页面中可以选择的数据类型包括图片、音频、文本、表格、视频和其他。

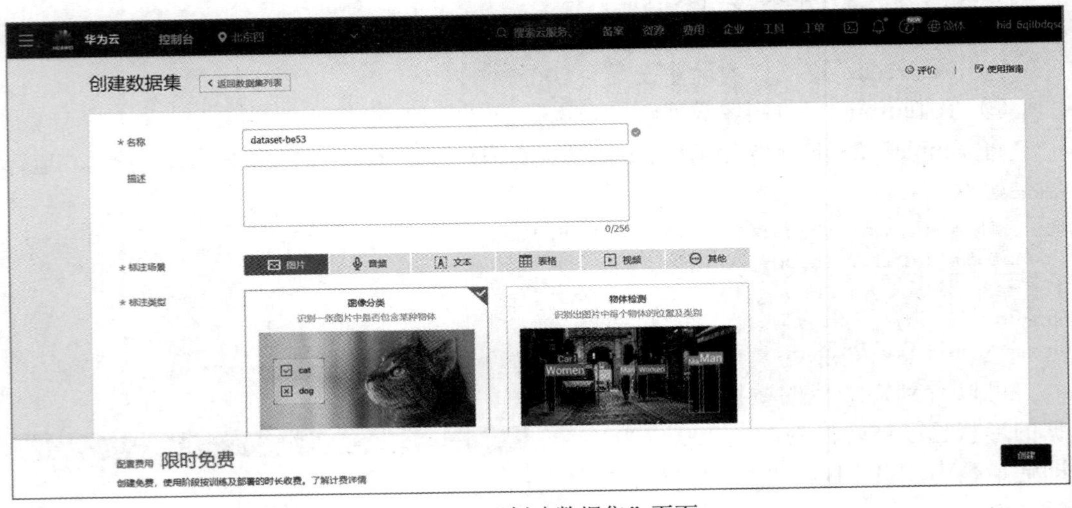

图 3-15 “创建数据集”页面

输入数据集名称（假定为 mydataset），选择数据集输出位置，然后单击“下一步”按钮，打开选择导入数据的配置选项，假定选择从 1.4.4 小节中介绍的 find_ yunbao 文件夹中导入数据，然后单击“提交”按钮，完成创建数据集。

3.8.2 数据增强

登录华为云，然后打开 ModelArts 首页。在左侧导航栏中展开“数据管理”，然后单击“数据处理”，打开“数据处理”页面。在“数据处理”页面中单击“创建”按钮，打开“创建数据处理”页面，如图 3-16 所示。

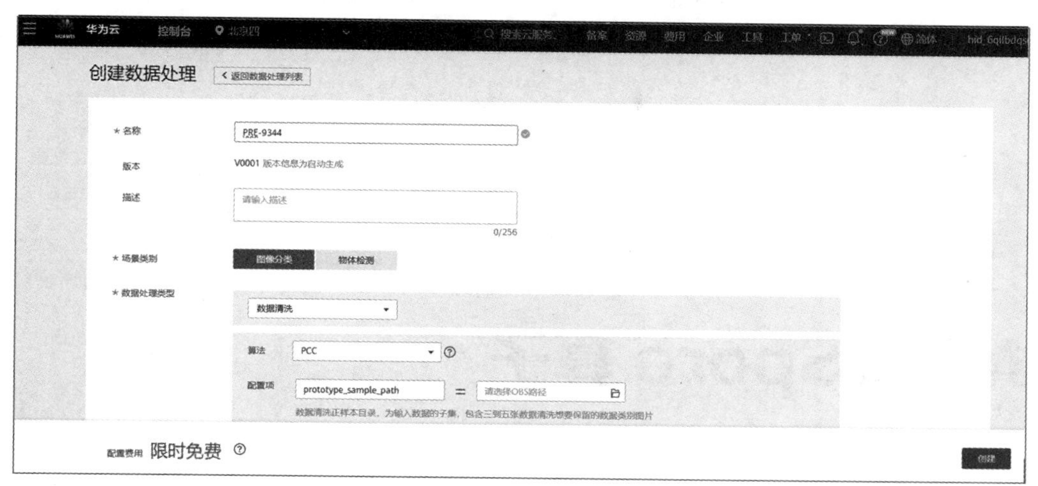

图 3-16　“创建数据处理”页面

在“创建数据处理”页面中，首先输入“数据处理”的名称，然后选择场景类别，以便从对应的场景中选择数据集。在“数据处理类型”下拉框中选择“数据增强”，然后在“算法”下拉框中选择数据增强的算法。ModelArts 支持的数据增强算法见表 3-6。

表 3-6　ModelArts 支持的数据增强算法

算法	描述
AddNoise	增加噪声
Blur	模糊处理
Crop	随机裁剪
CutOut	随机遮挡
CycleGan	风格迁移
Flip	翻转
Grayscale	灰度化
HistogramEqual	直方图均衡化
LightArithmetic	亮度线性变换
MotionBlur	运动模糊
Padding	填充
Resize	尺寸变换
Rotate	旋转
Saturation	色度饱和度增强
Scale	缩放
Sharpen	锐化
StyleGan	图像生成
Translate	平移

最后，在“创建数据处理”页面底部选择输入数据集和输出数据集，然后单击“创建”按钮，完成创建“数据处理”。

第 4 章 MindSpore 算子

可以将算子理解为一个函数，输入张量经过算子的处理，可以得到输出张量。在设计神经网络时，可以选择不同的算子来定义模型训练的过程。MindSpore 支持多种类型的内置算子，如果已有的算子不能满足需求，则可以开发自定义算子。本章主要介绍 MindSpore 内置算子。通过这些算子可以了解 MindSpore 对常用算法的支持情况。

4.1 深度学习的常用算法

算子是实现算法的基本单元。在深度学习框架中，算法由一组指令实现，指令中包含算子和操作数 2 个部分。

为了更好地理解 MindSpore 算子的功能和作用，本节首先介绍深度学习的常用算法。作为开发者，通常不需要掌握算法的推导过程，只要了解算法的工作原理、特色和应用场景即可。因此，本节不介绍算法的推导过程，也不介绍所有算法对应的数学公式，即使介绍算法的公式，也只是为了便于读者了解算法的工作原理和特点。

4.1.1 激活函数

前文中介绍了激活函数的概念，它的作用是给神经元引入非线性因素，使神经网络可以逼近任何非线性函数，从而使神经网络可以应用到众多的非线性模型中。

常用的激活函数包括 ReLU、Sigmoid、Tanh、Leaky ReLU、ELU、Softmax（指数化线性单元）。

1．ReLU

ReLU 是最常用的激活函数之一，其逻辑简单，可以使用以下的伪代码来表现。

```
if input > 0:
  return input
```

```
else:
  return 0
```

由以上伪代码可知，当输入参数大于 0 时，函数的返回值等于输入参数；否则函数的返回值等于 0。ReLU 的函数图像如图 4-1 所示。

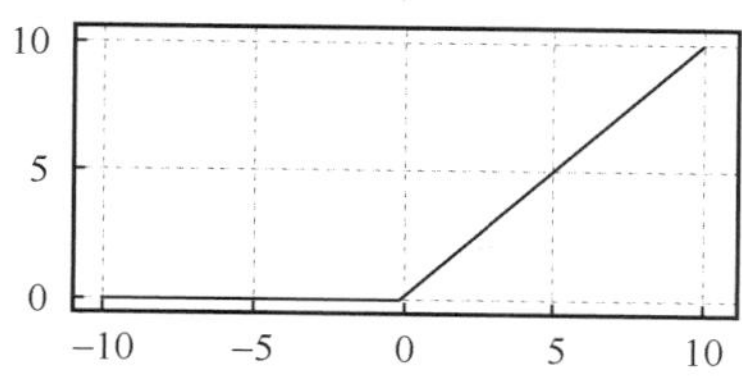

图 4-1　ReLU 的函数图像

ReLU 的数学公式如下。

$$f(x)=\max(0,x)$$

作为激活函数，Relu 最大的优点是可以解决梯度消失问题。Tanh 和 Sigmod 等其他激活函数则会遇到特别严重的梯度消失问题。

梯度消失问题会造成训练不收敛，从而导致训练的速度慢。ReLU 不存在梯度消失问题，也没有指数运算，只是简单地比较大小，因此可以加快训练速度。本书将在 4.1.3 小节介绍“收敛”的概念。可以将“收敛”理解为神经网络模型经过训练不断调整参数使其预测值逐渐接近期望值的过程。如果预测值始终无法接近期望值则称为“不收敛”。适当的激活函数可以加速模型收敛的过程。

ReLU 的缺点是当 $x\leqslant 0$ 时，返回值等于 0。梯度无法下降，从而导致神经元“坏死”。

在第 5 章介绍的基于 LeNet-5 模型的手写数字识别实例和第 9 章介绍的基于 DCGAN 的动漫头像生成实例中 ReLU 作为激活函数。第 8 章介绍的基于 MobileNetV2 模型的图像分类安卓 App 实例使用 ReLU 的变种 ReLU6 作为激活函数。ReLU6 适用于移动端的 float16 低精度场景。

2．Sigmoid

Sigmoid 的数学公式如下。

$$f(x)=\frac{1}{1+\mathrm{e}^{-x}}$$

Sigmoid 的函数图像如图 4-2 所示。可以看到 Sigmoid 函数处处连续。连续的函数就是当输入值的变化足够小时，输出值的变化也会随之足够小，这样便于求导。这也是 Sigmoid 函数的优点之一。

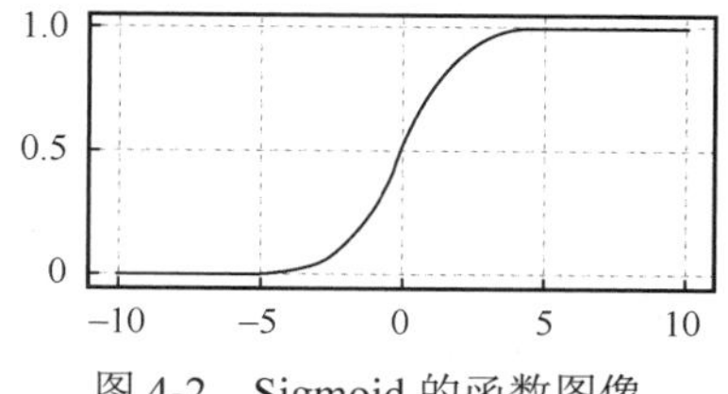

图 4-2　Sigmoid 的函数图像

Sigmoid 函数的另一个优点是可以将上一层传送过来的数据压缩到 0～1，且保持幅度不变。

Sigmoid 函数的缺点如下。

① 当输入值趋近于正、负无穷大时，函数值的变化很小。这样容易缺失梯度，不利于深度网络的反向传播。

② 幂函数的计算难度比较大，因此使用 Sigmoid 函数会占用较多的计算资源。

③ Sigmoid 函数的输出值恒大于 0，这会导致模型训练的收敛速度变慢。

3. Tanh

Tanh 是双曲正切函数，其数学公式如下。

$$\tanh(x)=\frac{\sin\mathrm{h}\sin\mathrm{h}(x)}{\cos\mathrm{h}\cos\mathrm{h}(x)}=\frac{\mathrm{e}^{x}-\mathrm{e}^{-x}}{\mathrm{e}^{x}+\mathrm{e}^{-x}}$$

Tanh 的函数图像如图 4-3 所示。

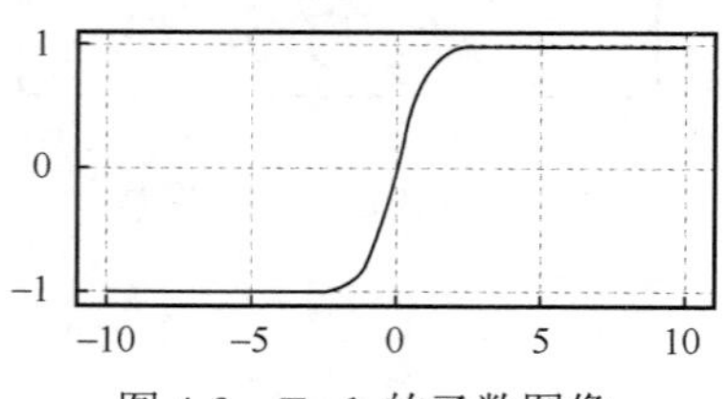

图 4-3　Tanh 的函数图像

可以看到，Tanh 的函数图像与 Sigmoid 的函数图像非常相近，只是在垂直方向上拉伸了（从 0～1 拉伸为−1～1），然后沿 y 轴向下平移了 1 个单位，使得函数的中心回到了 0。Tanh 函数与 Sigmoid 函数的关系如下。

$$\tanh(x) = 2\mathrm{sigmod}(2x) - 1$$

因此，Tanh 函数与 Sigmoid 函数有着相同的缺点，即梯度消失和占用较多的计算资源。但是解决了 Sigmoid 函数的输出值恒大于 0 的问题，收敛速度比 Sigmoid 函数要快。

第 9 章介绍的基于 DCGAN 的动漫头像生成实例中使用了 Tanh 激活函数。

4. Leaky ReLU

Leaky ReLU 函数与 ReLU 函数相似，只是当输入值小于 0 时有区别。ReLU 函数当输入值小于 0 时值都为 0，而 Leaky ReLU 函数当输入值小于 0 时值为负，且有微小的梯度。

Leaky ReLU 函数的数学公式如下。

$$y=\max(0, x)+\mathrm{leak}\times\min(0,x)$$

当 $x>0$ 时，y 等于 x；当 $x<0$ 时，y 等于 leak × x。leak 是一个很小的常数，这样不仅保留了负轴的值，而且解决了神经元"坏死"的问题。

Leaky ReLU 的函数图像如图 4-4 所示。

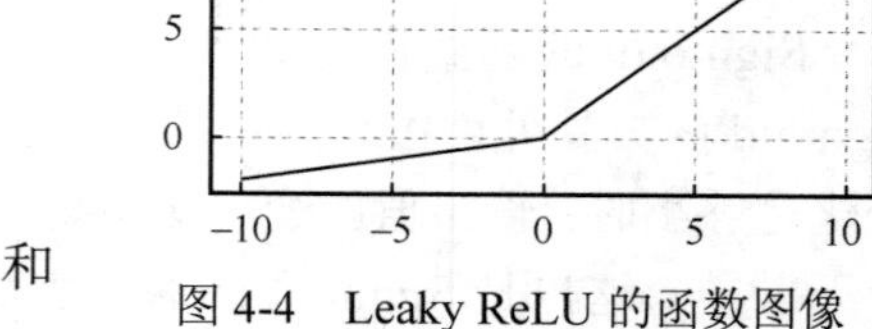

图 4-4　Leaky ReLU 的函数图像

5. ELU

ELU 与其他非饱和函数相似，没有梯度消失和梯度爆炸的问题。而且不存在神经元坏死的情况。

ELU 函数的数学公式如下。

$$x<0：y=\mathrm{ELU}(x)=\alpha(\mathrm{e}^{x}-1)$$

$$x\geqslant 0：y=\mathrm{ELU}(x)=x$$

ELU 的函数图像如图 4-5 所示。

ELU 已被证明优于 ReLU 及其变种，并且 ELU 的训练时间更短，精度更高。

ELU 激活函数是连续的，并且在所有点都是可微的。当输入值 $x>0$ 时，函数值$=x$；当输入值 $x\leqslant 0$ 时，函数值$=\alpha(e^x-1)$。α 的默认值通常为 1。

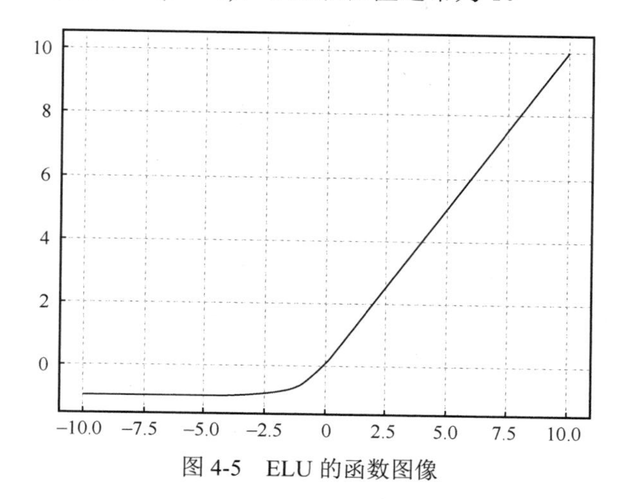

图 4-5 ELU 的函数图像

6. Softmax

Softmax 又称归一化指数函数。它是二分类函数 Sigmoid 在多分类上的推广。它可以把一个多维向量压缩在(0,1)，并且所有元素的和为 1。

在多分类任务中，通常会使用 Softmax 层作为输出层的激活函数。Softmax 函数可以对输出值进行归一化操作，把所有输出值都转化为概率，所有概率值加起来等于 1。图 4-6 所示为 Softmax 函数的计算过程。其中演示了 3 个输入值的计算过程，分别为 3、1 和−3。Softmax 函数的计算步骤如下。

① 计算 e^z ：e^3 =20.08553，这里按 20 计算；e^1 =2.71828，这里按 2.7 计算；e^{-3} =0.04978，这里按 0.05 计算。

② 计算 $e^3+e^1+e^{-3}$ ：20+2.7+0.05=22.75。

③ 按照公式 $y_i=e^{z_i}/\sum_{j=1}^{3}e^{z_j}$ 计算每个输入值的预测值：输入 3 的预测值=20/22.75≈0.88；输入 1 的预测值=2.7/22.75≈0.12；输入−3 的预测值=0.05/22.75≈0。所有预测值的和为 1。

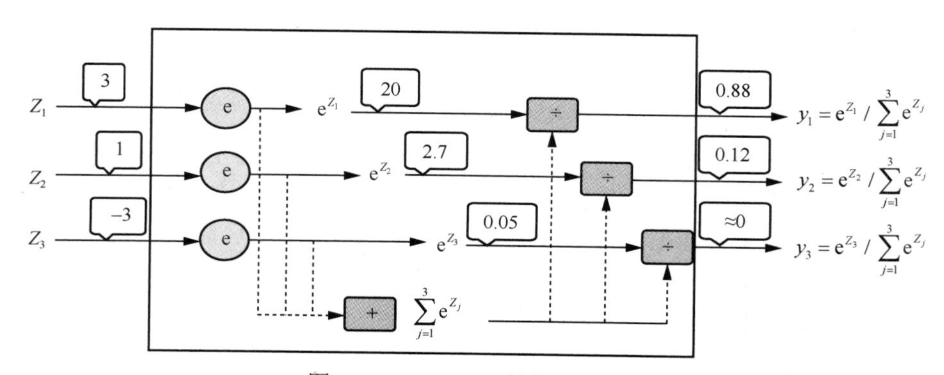

图 4-6 Softmax 函数的计算过程

4.1.2 损失函数

损失函数也称代价函数，用于评估深度学习模型对数据集处理的效果。如果预测值完全偏离目标，损失函数会输出一个比较大的数值；如果效果非常好，损失函数会输出一个比较小的数值。当修改算法的一部分来改进模型时，损失函数可以反映改进的效果和改进的方向。

1．损失函数的公式和示例

在神经网络中，模型会输出一系列预测值，也称为 logits。在深度学习中，logits 通常指全连接层的输出，是未经归一化处理的数据。

最简单的损失函数就是计算每个预测值与实际值（也称为正确标注）的绝对差值。其数学公式如下。

abs(<预测值> − <实际值>)

例如，北京市一些区域的房租价格的预测情况的模拟数据见表 4-1。表中数据用于演示，无实际意义。

表 4-1　北京市一些区域的房租价格的预测情况的模拟数据

<table>
<tr><th>序号</th><th>预测值</th><th>正确标注</th><th>损失函数值</th></tr>
<tr><td>1</td><td>五环外：1000 元
三环至四环：2000 元
二环内及商务区：3000 元</td><td rowspan="3">五环外：1000 元
三环至四环：2000 元
二环内及商务区：3000 元</td><td>0 元（完全正确）</td></tr>
<tr><td>2</td><td>五环外：500 元
三环至四环：2000 元
二环内及商务区：3000 元</td><td>500 元（五环外相差 500 元）</td></tr>
<tr><td>3</td><td>五环外：500 元
三环至四环：1500 元
二环内及商务区：4000 元</td><td>2000 元（五环外相差 500 元；三环至四环相差 500 元；二环内及商务区相差 1000 元）</td></tr>
</table>

注意：在损失函数的定义中，不关注预测值是否太高或太低，而是关注预测值与实际值相差多大。但并不是所有的损失函数都这样。在实际应用中，根据机器学习应用的领域和问题的具体情况，通常会选择不同的损失函数。很多资料里将损失函数的函数值称为损失值或简称为 loss。

2．损失函数的分类

根据深度学习网络任务的不同，损失函数可以分为回归损失函数和分类损失函数。回归任务的输出是连续型变量，例如预测明天的温度；分类任务的输出是离散型变量，例如预测明天是晴天、阴天，还是下雨天。

常用的回归损失函数包括 MSE（均方误差）损失函数、L1 损失函数和 SmoothL1 损失函数；常用的分类损失函数包括交叉熵损失函数、KLDiv 损失函数、NLL（负对数似然）损失函数和 SoftMargin 损失函数。

（1）MSE 损失函数

MSE 是常用的损失函数，易于理解、便于实现、效果较好。为了计算 MSE，需要获取预测值与正确标注之间的差值，对其求平方，并在整个数据集上计算平均值。MSE 的计算公式如下。

$$\text{MSE}=\frac{1}{m}\sum_{i=1}^{m}(y_i-f(x_i))^2$$

其中，y_i 表示第 i 个样本的正确标注，$f(x_i)$ 表示第 i 个样本的预测值。如果忽略求和计算，以 $y_i-f(x_i)$ 为横坐标，MSE 为纵坐标，绘制 MSE 的简化函数图像，如图 4-7 所示。

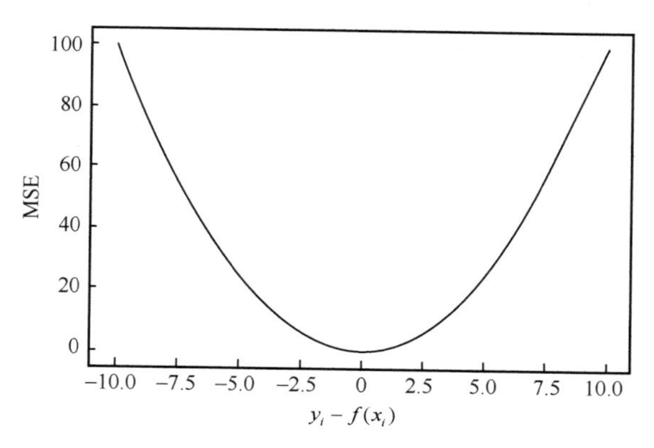

图 4-7 MSE 的简化函数图像

可以看到，MSE 曲线的特点是光滑连续、可导的，便于使用梯度下降算法。

第 9 章介绍的基于 DCGAN 的动漫头像生成实例中应用了 MSE 损失函数。

（2）L1 损失函数

L1 又称 MAE（平均绝对误差）。平均绝对误差是指对预测值与正确标注之间的距离（差值的绝对值）求平均值。计算公式如下。

$$\text{MAE}=\frac{1}{m}\sum_{i=1}^{m}|y_i-f(x_i)|$$

其中，y_i 表示第 i 个样本的正确标注，$f(x_i)$ 表示第 i 个样本的预测值。如果忽略求和计算，以 $y_i-f(x_i)$ 为横坐标，MAE 为纵坐标，绘制 MAE 的简化函数图像，如图 4-8 所示。

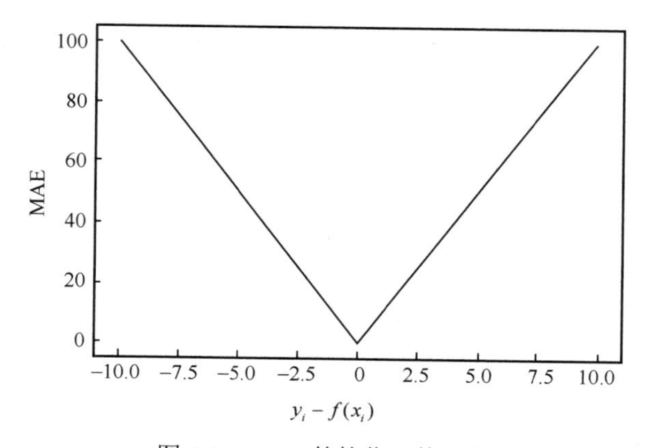

图 4-8 MAE 的简化函数图像

可以看到，MAE 的曲线呈 V 形，连续但在 $y_i - f(x_i)=0$ 处不可导。而且 MAE 在大部分情况下梯度都是相等的，这不利于函数的收敛和模型的学习。但是，与 MSE 相比，MAE 对离群点（异常值）不那么敏感，更具包容性。如果离群点需要被检测出来，则可以选择 MSE 作为损失函数；如果离群点只是当作受损的数据处理，则可以选择 MAE 作为损失函数。

（3）SmoothL1 损失函数

SmoothL1 损失函数用于在一些物品检测系统（例如 Fast/Faster R-CNN）中实现边界框回归。SmoothL1 的函数图像如图 4-9 所示。

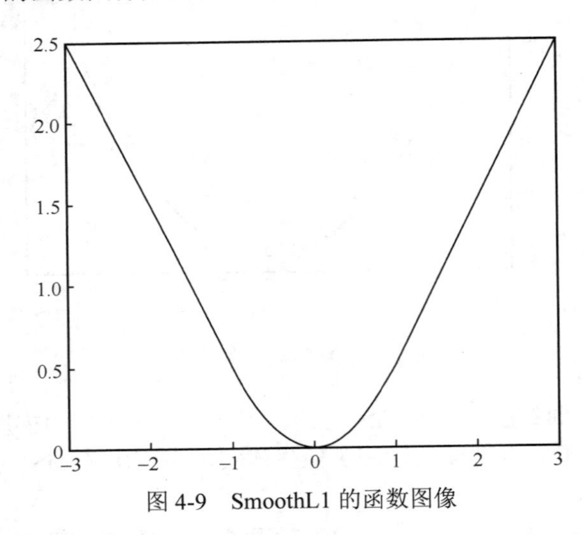

图 4-9　SmoothL1 的函数图像

当 x 远离原点时，SmoothL1 的函数图像与 L1 的函数图像相似；当 x 接近原点时，SmoothL1 的函数图像转折得很平滑，因此 SmoothL1 是光滑连续、可导的，便于使用梯度下降算法。这也是 SmoothL1 名称的由来。

（4）交叉熵损失函数

交叉熵损失函数在分类任务中经常使用。“交叉熵”主要用于度量 2 个概率分布之间的相互关系，其值越小说明这 2 个概率分布得越相近。“概率分布”用于表述随机变量取值的概率规律。熵则是对给定分布 $q(y)$的不确定性的度量。

在一些资料里，把交叉熵损失函数和对数损失函数说成是等同的，但实际上它们并不完全相同。如果把所有样本取均值则把交叉熵损失函数转化成了对数损失函数。对数损失函数对应的数学公式如下。

$$-y\times\log(p)-(1-y)\times\log(1-p)$$

p 为预测结果为 y 的概率。对于二分类问题，y 取值为 0 或 1。log 为自然对数。对数损失函数的图像如图 4-10 所示。

x 轴为正确标注为 1 的预测概率，y 轴为对数损失函数的函数值。可以看到，正确标注为 1 的预测概率越小，损失函数的函数值越大；正确标注为 1 的预测概率越大，损失函数的函数值越接近 0。可见，对数损失函数对误差大的结果惩罚很大。交叉熵损失函数的效果也这样。

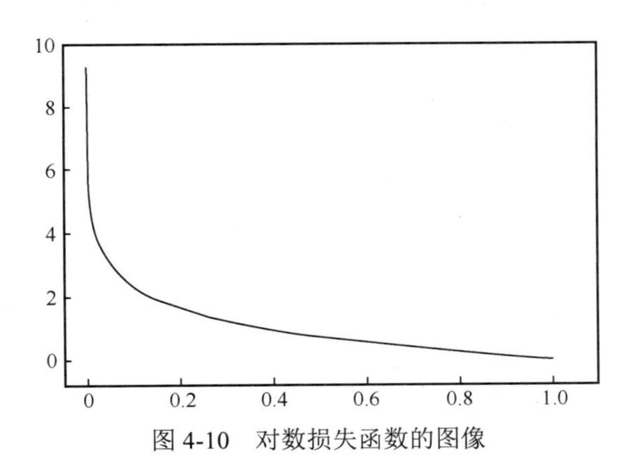

图 4-10　对数损失函数的图像

第 5 章介绍的基于 LeNet-5 模型的手写数字识别实例和第 9 章介绍的基于 DCGAN 的动漫头像生成实例中使用交叉熵作为损失函数。

（5）KLDiv 损失函数

KLDiv 即 KL 散度，也称相对熵，用于衡量 2 个分布之间的差异。KL 散度和交叉熵的关系如下。

KL 散度=交叉熵－真实概率分布式的熵

KLDiv 损失函数在对离散采样且连续输出分布的空间进行直接回归时很有用。

（6）NLL 损失函数

NLL 损失函数在训练集分布不均衡的情况下经常被用到。NLL 损失函数与交叉熵损失函数的对应关系如下。

交叉熵损失函数=log_softmax( ) + NLL 损失函数

log_softmax( )等同于对输入 Tensor 对象执行 Softmax 操作，然后对得到的每个数值取 log。

（7）SoftMargin 损失函数

SoftMargin 损失函数用于二分类任务。对于包含 N 个样本的批数据 D(x, y)，x 代表模型的输出，y 代表类别的正确标注，y 中元素的值应等于 1 或者等于−1。SoftMargin 损失函数的计算公式如下。

$$\text{loss}=\frac{\sum_i \log(1+\exp(-y[i]\times x[i]))}{\text{x.nelement()}}$$

x.nelement() 代表 x 中的元素数量。计算方法如下。

① 如果每个样本只对应一个二分类，则 x.nelement() =N。

② 如果每个样本对应 M 个二分类，则 x.nelement( )= $M\times N$。

如果 $x[i]$和 $y[i]$同号，则代表预测的二分类是正确的，即 $-y[i]\times x[i]<0$。此时 $\exp(-y[i]\times x[i])<1$（exp 函数的图像如图 4-11 所示），即 $\log(1+\exp(-y[i]\times x[i]))<\log(2)$，因此 loss 是一个很小的值。并且，$y[i]\times x[i]$的值越大，loss 的值越小。

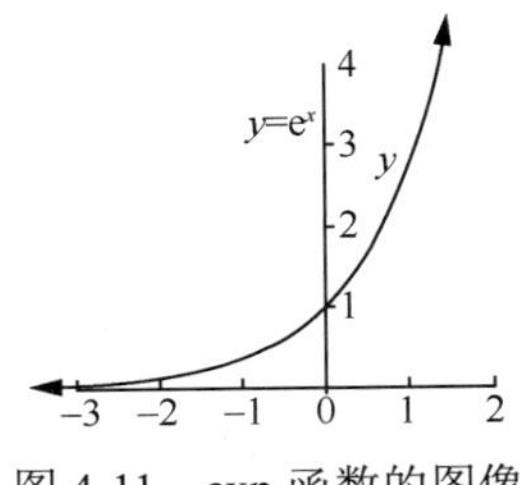

图 4-11　exp 函数的图像

如果 $x[i]$和 $y[i]$异号，则代表预测的二分类是错误的。此时 $\log(1+\exp(-y[i]\times x[i]))$的值较大，因此 loss 是一个较大的值。并且，$y[i]\times x[i]$的值越大，loss 的值越大。

4.1.3 优化器

损失函数可以提供模型运作情况的静态表现，反映算法与数据的匹配情况。大多数机器学习算法在优化的过程中都会使用某种损失函数，对模型的优化表现为寻找适合数据集的最优参数（权重和偏差等）。“优化器”是指使损失值最小或最大限度地提高效率的算法或方法。优化器是基于模型的可学习参数的数学函数，其目的在于找到损失值下降的方向，并在训练的过程中不断地通过调整参数向这个方向靠近。如果最终达到最优点附近，则称为收敛；如果损失值无法下降，始终达不到最优点附近，则称为不收敛。

1. 梯度下降法

梯度是一个向量，可以标识函数上升速度的快慢。这里使用梯度标识损失函数上升速度的快慢。

梯度下降法是指通过沿着损失函数最陡上升的相反方向移动参数，以迭代地降低损失值的方法。可以通过计算损失函数的导数来寻找极小值（最优点）。在整个训练集上使用此极小值计算损失函数相对于参数的梯度。梯度下降法的示意如图 4-12 所示。梯度下降法的数学公式如下。

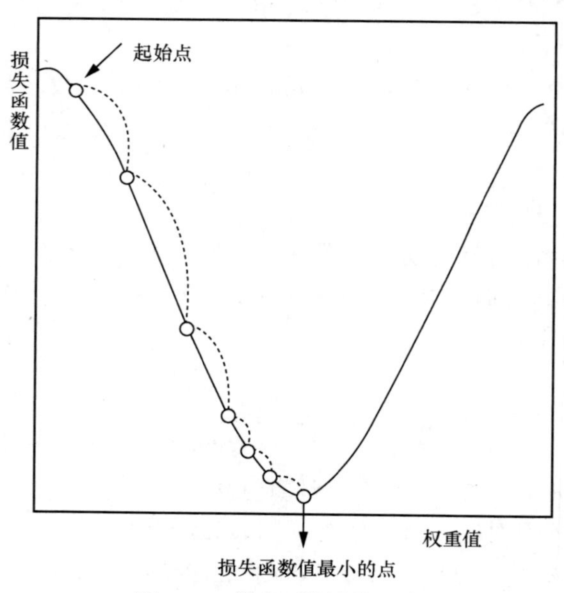

图 4-12　梯度下降法的示意

$$W_{\text{new}}=W_{\text{old}}-\alpha\times\frac{\partial(\text{loss})}{\partial(W_{\text{old}})}$$

具体说明如下。

① W_{new}：新的权重值。

② W_{old}：之前的权重值。

③ α：学习率。

④ ∂：计算偏导数。

⑤ loss：损失函数的值。

梯度下降法的优点是易于理解、易于实现。它的缺点如下。

① 因为在一次更新时要计算整个数据集的梯度，所以计算过程很慢。

② 需要占用很大的内存空间，对算力资源的要求也很高。

2．学习率

梯度下降法在局部最小的方向上移动的步长取决于学习率。学习率是梯度下降法数学公式中的 α，用于计算向最优权重移动的步长。学习率过小则在到达最优点前需要经过多次更新，因此效率很低，如图 4-13 所示；如果学习率过大，则可能会直接跳过最低点，在最优权重的附近跳来跳去，如图 4-14 所示。

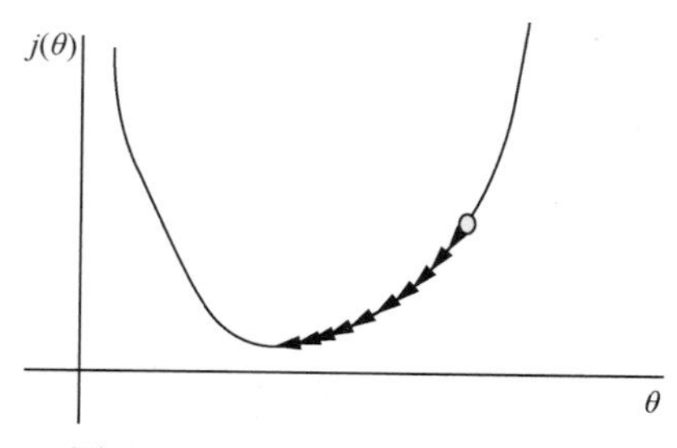

图 4-13　学习率过小则效率很低

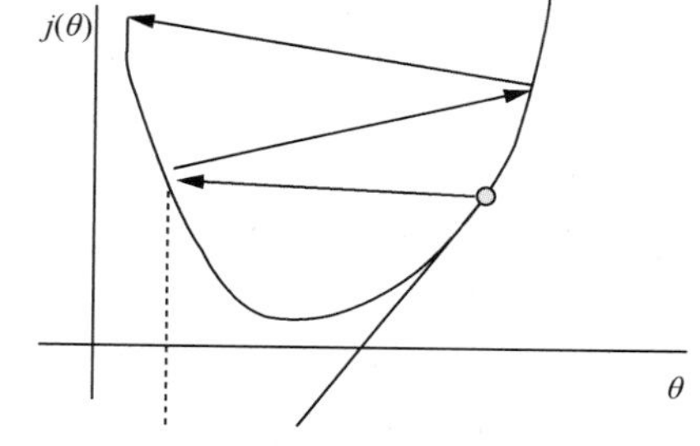

图 4-14　在最优权重的附近跳来跳去

选择最优的学习率可以迅速到达最低点，如图 4-15 所示。

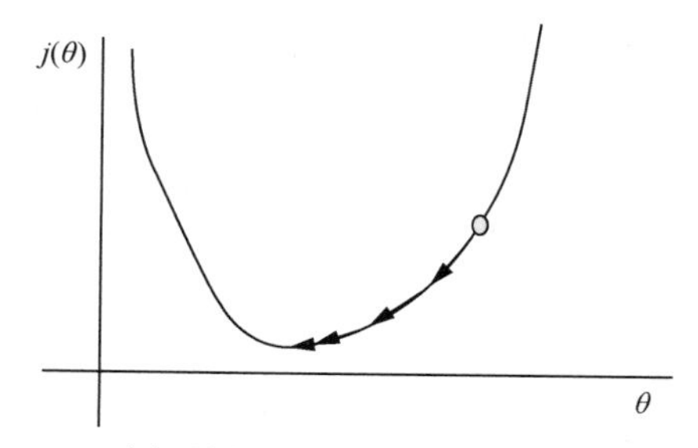

图 4-15　选择最优的学习率可以迅速到达最低点

自适应学习率、调度全局学习率和预热学习率是深度学习中关于学习率比较常用的技术。

（1）自适应学习率

自适应学习率指基于影响参数收敛的损失函数梯度自动调整参数的步长。可以实现自适应学习率的优化器有 AdaGrad（自适应梯度下降）、AdaDelta、RMSprop 和 Adam。

（2）调度全局学习率

调度全局学习率的方法包括学习率衰减和循环学习率两种。比较常用的方法是在训练过程中逐渐减少学习率。在训练开始阶段使用较大的步长，然后逐渐减小步长，这样可以避免在最优点附近震荡，以帮助算法收敛。

比较流行的学习率衰减算法包括 staircase（楼梯）衰减和指数衰减。staircase 衰减指每经过几个步骤的间隔，就减少一次学习率，衰减的轨迹呈阶梯状；指数衰减则是逐步顺序地衰减学习率，衰减的轨迹是光滑的曲线。

staircase 衰减和指数衰减的轨迹对比如图 4-16 所示。

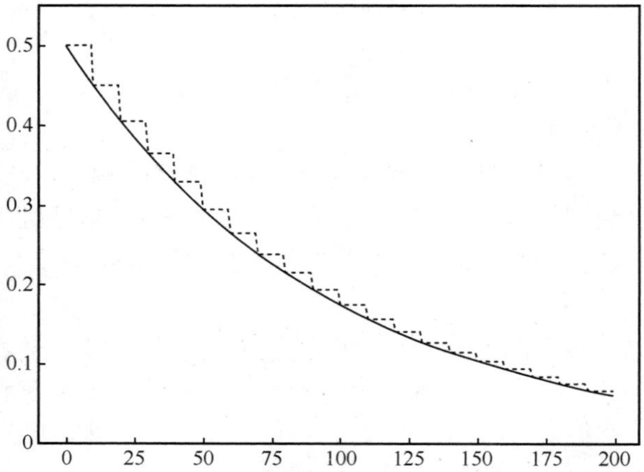

图 4-16　staircase 衰减和指数衰减的轨迹对比

循环学习率是另一种调度全局学习率的方法。循环学习率指让学习率在一个区间内周期性地增大和缩小。

（3）预热学习率

预热学习率指在开始训练时使用相对小的学习率。经过一段时间后，再使用预先设置好的学习率进行训练。

之所以要对学习率进行预热，是因为如果在刚开始训练时采用较大的学习率，则很容易在最优点附近震荡。所以使用小学习率进行“预热”，待模型慢慢趋于稳定后再使用预先设置好的学习率进行训练。这样可使模型收敛得更快，获得更好的效果。

3．梯度下降法的变种

梯度下降法是一种思想，在具体应用时会根据每次计算梯度的数据量衍生出一些变种的算法，包括 BGD（批量梯度下降）算法、SGD（随机梯度下降法）算法和 MBGD（小批量梯度下降）算法等。

（1）BGD 算法

在 BGD 算法中，每个步骤都对整个数据集计算梯度。BGD 的优点是便于并行执行，如果设置了适当的学习率，则收敛的速度会很快。

BGD 的缺点是只适用于小数据集，如果处理包含数据非常多的大数据集，则计算成本非常高。不但需要大量的内存空间，而且效率较低，不适用于实时的训练模型。

（2）SGD 算法

SGD 算法对每个样本都计算梯度，并更新模型参数。如果数据集中有 10000 个样本，则会更新模型参数 10000 次。

SGD 算法的优点如下。

① 需要的内存空间比较小。

② 可以应用于大数据集。

SGD 算法的缺点如下。

① 过于频繁地更新模型参数，可能会导致梯度的噪声，即个别的样本无法代表整

体梯度下降的方向，该增加的时候减少或者该减少的时候增加。也就是说有可能会呈“之”字形向最优点移动，因此 SGD 效率比较低，如图 4-17 所示。

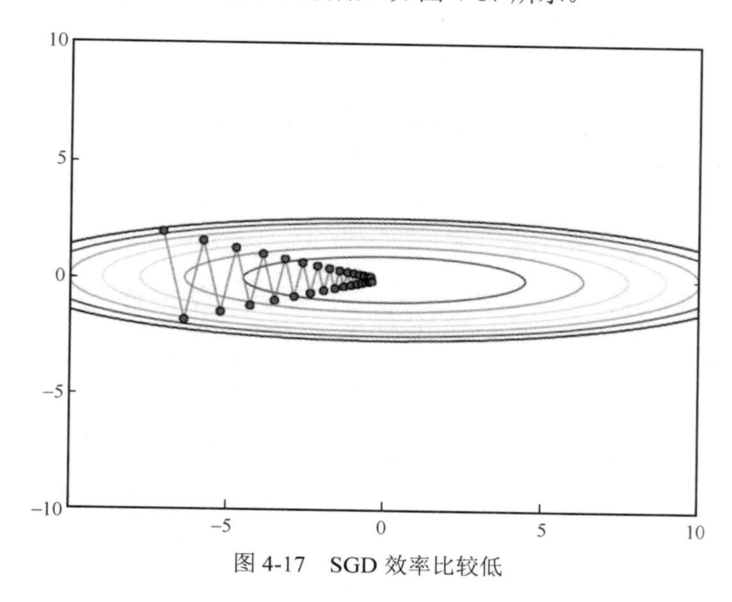

图 4-17　SGD 效率比较低

② 因为更新频率较高，所以会占用较多的算力。

（3）MBGD 算法

MBGD 是 BGD 和 SGD 的结合，它可以将训练集拆分为小的批次，然后根据每个批次数据的损失值来更新模型的参数。MBGD 兼具 SGD 的稳健性和 BGD 的高效性。

MBGD 算法的优点如下。

① 相比于 SGD，具有更稳定的收敛性。

② 相比于 SGD，具有更高效的梯度计算。

③ 相比于 BGD，对内存空间的要求较小。

MBGD 算法的缺点如下。

① 不能保证具有很好的收敛性。

② 如果学习率很小，则收敛的速度很慢；如果学习率很大，则可能在最小值附近摇摆，甚至偏离最小值。

常用的优化器大部分是基于 MBGD 算法的，因此引入了以下几个常用的深度学习超参。

① batchsize：批量大小，每个周期从训练集中选择 batchsize 个样本进行训练。

② iteration：迭代次数。因为训练集被拆分成小批量，所以需要多次训练才能完成。iteration 指定整个训练集训练完成需要训练的批次。1 个 iteration 等于使用 batchsize 个样本训练一次。

③ epoch：轮回。1 个 epoch 等于使用训练集中的全部样本训练一次。epoch 的数值表示整个训练集被训练的次数。

假如训练集中有 10000 个样本，batchsize 等于 1000，那么训练整个训练集需要经过 10 个 iteration。此时的 epoch 为 1。

4．带动量的 SGD 算法

带动量的 SGD 算法是在 SGD 算法的基础上增加了“动量”的概念。“动量”模拟移动物体的惯性。也就是说，上次更新的方向将在一定程度上保留。从而增进稳定性，加快学习的效率。带动量的 SGD 算法与 SGD 算法的对比如图 4-18 所示。

带动量的 SGD 算法的优点如下。

① 动量有助于减少噪声。

② 相比于 SGD 算法模型收敛得更快。

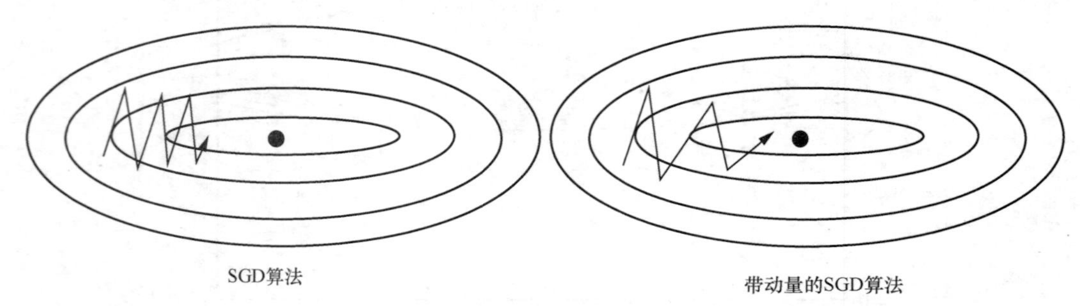

图 4-18　带动量的 SGD 算法与 SGD 算法的对比

5．AdaGrad 算法

在前面讨论的所有算法中，学习率都是一个常量。AdaGrad 算法则可以为每次迭代、每个神经元、每个隐藏层使用不同的学习率。

AdaGrad 算法的优点如下。

① 每次迭代自适应地改变学习率。

② 对于出现频率较低的参数采用较大的学习率更新；相反，对于出现频率较高的参数采用较小的学习率更新。因此，AdaGrad 算法非常适合处理稀疏数据。

AdaGrad 算法的缺点是学习率总是在衰减。在训练的中后期梯度趋近于 0，使得训练提前结束。

6．RMS-Prop（均方根）算法

RMS-Prop 算法是 AdaGrad 算法的特殊版本。其中，学习率是梯度的指数平均数，而不是梯度的平方之和。RMS-Prop 算法的优点是可以自动调整学习率，并且可以为每个参数设置学习率；RMS-Prop 算法的缺点是学习的速度较慢。

7．AdaDelta 算法

AdaDelta 算法是 AdaGrad 算法的扩展，通过移除学习率超参以解决学习率衰减的问题。在 AdaDelta 算法中没有学习率这一超参，而是使用上一步骤到当前梯度的平均系数。

AdaDelta 算法的优点是减少了一个超参；AdaDelta 算法的缺点是计算量比较大。

8．Adam（自适应矩估计）算法

Adam 算法是最流行、最知名的梯度下降优化器，是一种为每一个参数计算自适应学习率的方法。它结合了带动量的 SGD 算法、RMS-Prop 算法和 AdaDelta 算法的优点。

Adam 算法的优点如下。

① 易于实现。

② 计算高效。

③ 只需要很少的内存。

9．优化器的选择

在模型训练时，应结合模型的实际情况和优化器的特点选择优化器，选择时可以参考如下要点。

① 在梯度下降法的 3 个变种中，MBGD 算法是最佳的选择。

② 对于自适应的优化器，无须关注学习率。

③ 如果数据是稀疏的，则选择自适应优化器的效果会比较好。

④ 在很多情况下，算法 RMS-Prop、AdaDelta 和 Adam 的效果相近。

⑤ Adam 算法在基本 RMS-Prop 优化器的基础上增加了偏差订正和动量。

⑥ 当梯度变得离散时，Adam 算法的效果优于 RMS-Prop 算法。

⑦ 整体而言，Adam 算法是最优选择。

4.1.4 归一化

归一化指把数据映射到一个固定的范围内，比如 0～1 或−1～1。数据归一化的目的是归纳统计样本的统计分布情况。归一化到 0～1 用于统计样本的概率分布；归一化到−1～1 用于统计样本的坐标分布。在神经网络中归一化的主要作用是便于后面的数据处理，以保证训练能够快速收敛。4.1.1 节介绍的 Softmax 就是比较常用的归一化算法。下面介绍一组神经网络中常用的其他归一化算法。

1．归一化的目的和作用

归一化属于数据预处理阶段的操作，经过归一化处理的数据有助于在梯度下降法中加速求得最优解，还能提高数据的精度，这就是归一化的目的和作用。

（1）在梯度下降法中加速求得最优解

数据集中的一些特征的取值区间相差较大，比如在二手房数据集中的房屋面积和房间数。以这 2 个特征绘制等高线图像会呈椭圆形，当取值区间相差很大时，梯度等高线就会比较尖。在这样的数据集上使用梯度下降法寻求最优解时，很可能会沿着垂直等高线的方向走“之”字路线，从而需要迭代很多次才能收敛，具体如图 4-19 所示。

经过归一化处理后的数据集中，各个特征的取值区间接近，因此梯度等高线会比较圆，此时沿着垂直等高线的方向走会很快收敛，具体如图 4-20 所示。

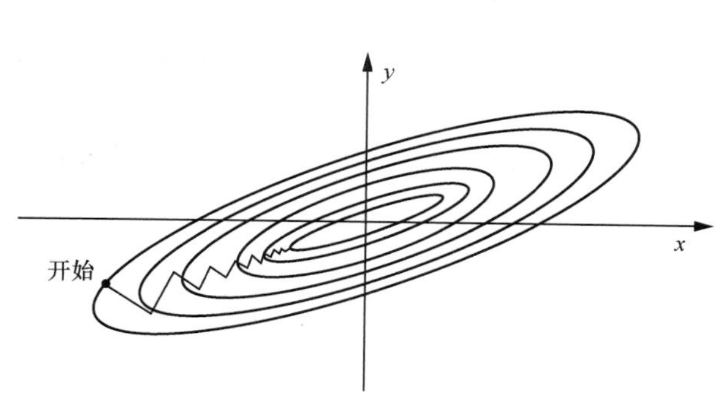

图 4-19 在特征取值区间相差较大的数据集上应用梯度下降法很难收敛

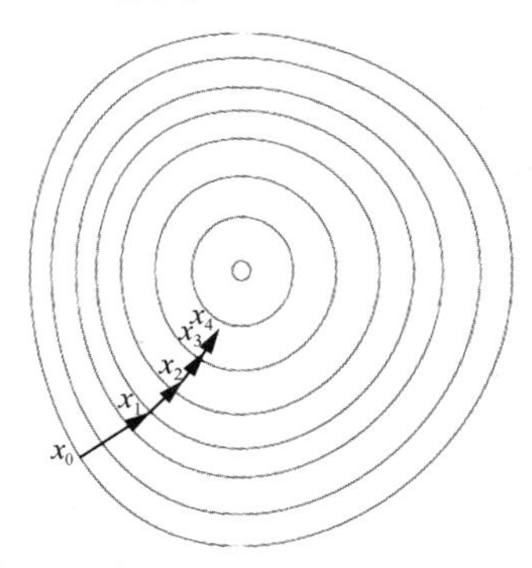

图 4-20 归一化后梯度下降法很快收敛

（2）提高数据的精度

有些分类器需要计算样本之间的距离，例如 KNN（K 近邻）算法。如果有一个特征的取值区间非常大，则计算距离主要取决于此特征，这与实际情况可能是相背离的。经过归一化处理后各个特征的取值区间接近，在计算距离时的作用比较均衡，从而提高数据的精度。

2．BN（批归一化）算法

当训练一个有 10 个隐藏层的深度神经网络时，有一个挑战就是网络对随机生成的初始化权重和算法的配置很敏感。导致这种情况的原因是向网络中深层的输入数据分发在每个 mini-batch（小批量）中的权重被更新之后可能会发生变化。

BN 算法是一种适用于训练很深的神经网络的技术，可以为每个 mini-batch 中每一层的输入数据执行归一化操作。这么做可以使学习的过程更加稳定，显著减少训练的 epoch 次数，从而加速神经网络的训练。

相对于一层神经元的水平排列，可以将 BN 算法视为一种纵向的归一化，算法独立地对每一个输入形状进行归一化处理，具体如图 4-21 所示。

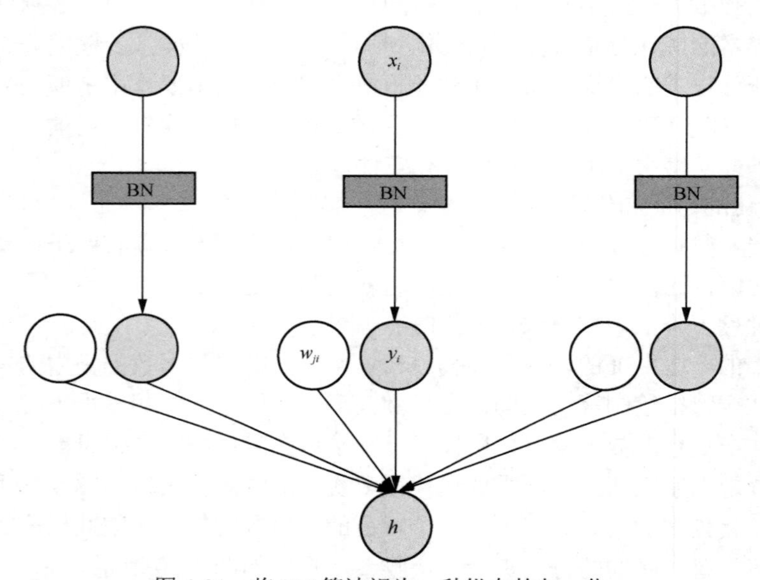

图 4-21　将 BN 算法视为一种纵向的归一化

BN 算法可以应用于大多数神经网络，例如多层感知机、卷积神经网络和循环神经网络等。

第 9 章介绍的基于 DCGAN 的动漫头像生成实例中应用到 BN 算法对数据做归一化处理。

3．LN（层归一化）算法

与 BN 算法不同，LN 算法是一种横向的归一化，它综合考虑一层中所有维度的输入，计算该层的均值和方差，然后用同一个归一化操作来转换各个维度的输入。层内各个神经元共享归一化参数，如图 4-22 所示。

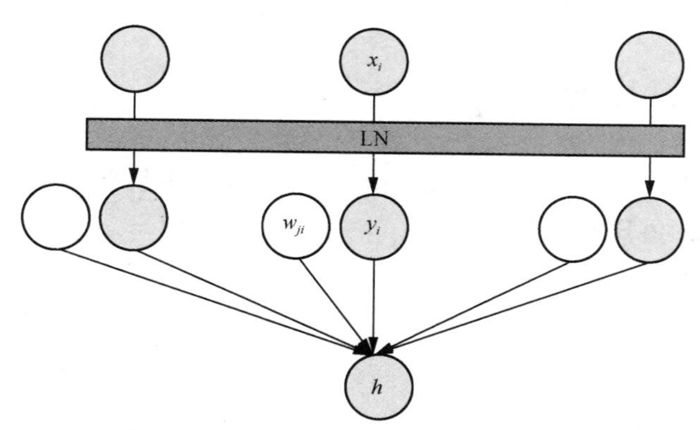

图 4-22 LN 算法是一种横向的归一化

LN 算法在 RNN 网络中的表现很好，缩短了一些已知 RNN 模型的训练时间和提高了泛化性能。

4. IN（实例归一化）算法

IN 算法更适合对单个像素有更高要求的场景，它为每个独立样本的每个通道计算均值和方差。它与 BN 算法的区别在于：BN 算法在所有样本上进行归一化，在 mini-batch 维度上共享归一化参数，而 IN 算法在逐个样本内进行归一化。

5. GN（组归一化）算法

GN 算法将通道拆分成组，并在每个组内对特征进行归一化。GN 算法的计算与 batchsize 无关，因此对于高精度图片小 batchsize 的情况表现也非常稳定，弥补了 BN 算法在 mini-batch 较小时表现不太好的劣势。

6. LRN（局部响应归一化）算法

LRN 算法最早在 AlexNet 中提出，是一种模仿生物学上活跃神经元对相邻神经元抑制现象（侧抑制）的算法。在深度学习网络中，这种侧抑制用于实现局部对比度增强，以使局部最大的像素值可以输出到下一层。

LRN 算法用于对图像数据进行归一化，实际上是在通道方向上实现局部响应归一化，如图 4-23 所示。

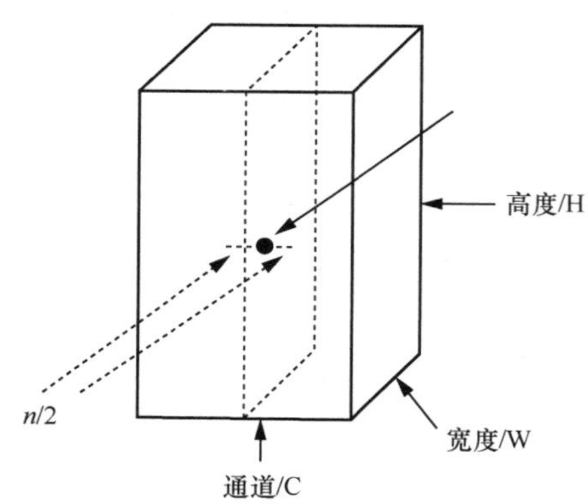

图 4-23 LRN 算法在通道方向上实现局部响应归一化

4.2 常用的激活函数算子

mindspore.ops 模块和 mindspore.nn 模块中包含了很多内置的激活函数算子。本节只介绍其中部分常用算法的相关算子。

4.2.1 ReLU 函数相关算子

本小节介绍 mindspore.nn 模块和 mindspore.ops 模块中包含的 ReLU 函数相关算子。

1. mindspore.nn.ReLU 算子

mindspore.nn.ReLU 算子可以实现 ReLU 函数的功能，使用方法如下。

```
import mindspore.nn as nn
relu= nn.ReLU()
<输出>= relu(<Tensor 对象>)
```

在第 5 章介绍的基于 LeNet-5 模型的手写数字识别实例中使用 mindspore.nn.ReLU 算子定义激活函数。

2. mindspore.ops.ReLU 算子

mindspore.ops.ReLU 算子可以实现 ReLU 函数的功能，使用方法如下。

```
import mindspore.ops as ops
relu= ops.ReLU()
<输出>= relu(<Tensor 对象>)
```

【例 4-1】 创建一个 Python 程序 sample4_1.py，并在其中演示 mindspore.nn.ReLU 算子和 mindspore.ops.ReLU 算子的使用方法，代码如下。

```
import mindspore
import numpy as np
import mindspore.nn as nn
import mindspore.ops as ops

from mindspore import context, Tensor
context.set_context(mode=context.PYNATIVE_MODE, device_target="CPU")
input_data = Tensor(np.array([-1, 2, -3, 2, -1]), mindspore.float32)
print("Tensor 对象: ", input_data.asnumpy())
relu_nn = nn.ReLU()
output_nn = relu_nn(input_data)
print("nn.ReLU 的结果: ", output_nn.asnumpy())
relu_ops = ops.ReLU()
output_ops = relu_ops(input_data)
print("ops.ReLU 的结果: ", output_ops.asnumpy())
```

程序分别计算并打印一个 Tensor 对象的 ReLU 函数的值。将 sample4_1.py 上传至 Ubuntu 服务器的$HOME/code/04 目录下，然后在 Ubuntu 服务器上运行，结果如下。

```
Tensor 对象:  [-1.  2. -3.  2. -1.]
nn.ReLU 的结果:  [0. 2. 0. 2. 0.]
ops.ReLU 的结果:  [0. 2. 0. 2. 0.]
```

可以看到，mindspore.nn.ReLU 算子和 mindspore.ops.ReLU 算子的计算结果是相同的。

那么为什么 MindSpore 要在 mindspore.nn 模块和 mindspore.ops 模块中分别实现功能相同的算子呢？这与 MindSpore 的设计理念有关。在 2.5.3 小节中介绍 MindSpore Python API 的常用模块时曾经提及，mindspore.nn 模块用于提供预定义神经网络的构建块和计算单元，mindspore.ops 模块则提供各种 MindSpore 算子。从系统架构的角度看，MindSpore

向用户提供了 3 个不同层次的 API。mindspore.nn 模块属于中阶 API 层，提供一些简单易用的接口和算子。在第 5 章介绍构建神经网络时会经常用到 mindspore.nn 模块。而 mindspore.ops 模块属于低阶 API 层，主要包括张量定义、基础算子、自动微分等。用户可以使用低阶算子实现自定义功能的开发，例如计算函数在指定处的导数。

4.2.2 Sigmoid 函数相关算子

本小节介绍mindspore.nn模块和mindspore.ops模块中包含的Sigmoid函数相关算子。

1. mindspore.nn.Sigmoid 算子

mindspore.nn. Sigmoid 算子可以实现 Sigmoid 函数的功能，使用方法如下。

```
import mindspore.nn as nn
sigmoid = nn.Sigmoid()
<输出> = sigmoid(<Tensor 对象>)
```

在第 9 章介绍的基于 DCGAN 的动漫头像生成实例中使用 mindspore.nn.Sigmoid 算子定义判别器最后一层的激活函数。

2. mindspore.ops.Sigmoid 算子

mindspore.ops. Sigmoid 算子可以实现 Sigmoid 函数的功能，使用方法如下。

```
import mindspore.ops as ops
sigmoid = ops.Sigmoid()
<输出>= sigmoid(<Tensor 对象>)
```

【例 4-2】 创建一个 Python 程序 sample4_2.py，并在其中演示 mindspore.nn.Sigmoid 算子和 mindspore.ops.Sigmoid 算子的使用方法，代码如下。

```
import mindspore
import numpy as np
import mindspore.nn as nn
import mindspore.ops as ops

from mindspore import context, Tensor
context.set_context(mode=context.PYNATIVE_MODE, device_target="CPU")
input_data = Tensor(np.array([-1, 2, -3, 2, -1]), mindspore.float32)
print("Tensor 对象: ", input_data.asnumpy())
sigmoid_nn = nn.Sigmoid()
output_nn = sigmoid_nn(input_data)
print("nn.Sigmoid 的结果: ", output_nn.asnumpy())
sigmoid_ops = ops.Sigmoid()
output_ops = sigmoid_ops(input_data)
print("ops.Sigmoid 的结果: ", output_ops.asnumpy())
```

程序分别计算并打印一个 Tensor 对象的 Sigmoid 函数的值。将 sample4_2.py 上传至 Ubuntu 服务器的$HOME/code/04 目录下，然后在 Ubuntu 服务器上运行，结果如下。

```
Tensor 对象:  [-1.  2. -3.  2. -1.]
nn.Sigmoid 的结果:  [0.26894143 0.8807971  0.04742587 0.8807971  0.26894143]
ops.Sigmoid 的结果:  [0.26894143 0.8807971  0.04742587 0.8807971  0.26894143]
```

可以看到，mindspore.nn.Sigmoid 算子和 mindspore.ops.Sigmoid 算子的计算结果是相同的。

4.2.3　Tanh 函数相关算子

本节介绍 mindspore.nn 模块和 mindspore.ops 模块中包含的 Tanh 函数相关算子。

1．mindspore.nn.Tanh 算子

mindspore.nn.Tanh 算子可以实现 Tanh 函数的功能，使用方法如下。

```
import mindspore.nn as nn
tanh = nn.Tanh()
<输出> = tanh(<Tensor 对象>)
```

在第 9 章介绍的基于 DCGAN 的动漫头像生成实例中用到 mindspore.nn.Tanh 算子定义生成器模型最后一层的激活函数。

2．mindspore.ops.Tanh 算子

mindspore.ops.Tanh 算子可以实现 Tanh 函数的功能，使用方法如下。

```
import mindspore.ops as ops
tanh = ops.Tanh()
<输出>= tanh(<Tensor 对象>)
```

【例 4-3】　创建一个 Python 程序 sample4_3.py，并在其中演示 mindspore.nn.Tanh 算子和 mindspore.ops.Tanh 算子的使用方法，代码如下。

```
import mindspore
import numpy as np
import mindspore.nn as nn
import mindspore.ops as ops

from mindspore import context, Tensor
context.set_context(mode=context.PYNATIVE_MODE, device_target="CPU")
input_data = Tensor(np.array([-1, 2, -3, 2, -1]), mindspore.float32)
print("Tensor 对象: ", input_data.asnumpy())
tanh_nn = nn.Tanh()
output_nn = tanh_nn(input_data)
print("nn.Tanh 的结果: ", output_nn.asnumpy())
tagh_ops = ops.Tanh()
output_ops = tagh_ops(input_data)
print("ops.Tagh 的结果: ", output_ops.asnumpy())
```

程序分别计算并打印一个 Tensor 对象的 Tagh 函数的值。将 sample4_3.py 上传至 Ubuntu 服务器的$HOME/code/04 目录下，然后在 Ubuntu 服务器上运行，结果如下。

```
Tensor 对象:  [-1.  2. -3.  2. -1.]
nn.Tanh 的结果:  [-0.7615942  0.9640276 -0.9950548  0.9640276 -0.7615942]
ops.Tagh 的结果:  [-0.7615942  0.9640276 -0.9950548  0.9640276 -0.7615942]
```

可以看到，mindspore.nn.Tanh 算子和 mindspore.ops.Tanh 算子的计算结果是相同的。

4.2.4　Leaky ReLU 函数相关算子

mindspore.nn.LeakyReLU 算子可以实现 Leaky ReLU 函数的功能，使用方法如下。

```
import mindspore.nn as nn
```

```
Leakyrelu = nn.LeakyReLU(alpha=0.2)
<输出> = Leakyrelu(<Tensor 对象>)
```

参数 alpha 指定当输入数据小于 0 时，激活函数的斜度，默认值为 0.2。可以参照图 4-4 理解激活函数斜度的含义。

【例 4-4】 创建一个 Python 程序 sample4_4.py，并在其中演示 mindspore.nn.LeakyReLU 算子的使用方法，代码如下。

```
import mindspore
import numpy as np
import mindspore.nn as nn

from mindspore import context, Tensor
context.set_context(mode=context.PYNATIVE_MODE, device_target="CPU")
input_data = Tensor(np.array([-1, 2, -3, 2, -1]), mindspore.float32)
print("Tensor 对象: ", input_data.asnumpy())
Leakyrelu_nn = nn.LeakyReLU()
output_nn = Leakyrelu_nn(input_data)
print("nn.LeakyReLU 的结果: ", output_nn.asnumpy())
```

程序计算并打印一个 Tensor 对象的 Leaky ReLU 函数的值。将 sample4_4.py 上传至 Ubuntu 服务器的$HOME/code/04 目录下，然后在 Ubuntu 服务器上运行，结果如下。

```
Tensor 对象:  [-1.  2. -3.  2. -1.]
nn.LeakyReLU 的结果:  [-0.2  2.  -0.6  2.  -0.2]
```

在第 9 章介绍的基于 DCGAN 的动漫头像生成实例中用到 mindspore.nn.LeakyReLU 算子定义判别器模型中的激活函数之一。

4.2.5　ELU 函数相关算子

本节介绍 mindspore.nn 模块和 mindspore.ops 模块中包含的 ELU 函数相关算子。

1. mindspore.nn.ELU 算子

mindspore.nn.ELU 算子可以实现 ELU 函数的功能，使用方法如下。

```
import mindspore.nn as nn
elu = nn.ELU()
<输出> = elu(<Tensor 对象>)
```

2. mindspore.ops.Elu 算子

mindspore.ops.Elu 算子可以实现 ELU 函数的功能，使用方法如下。

```
mport mindspore.ops as ops
elu = ops.Elu()
<输出>= elu(<Tensor 对象>)
```

【例 4-5】 创建一个 Python 程序 sample4_5.py，并在其中演示 mindspore.nn.ELU 算子和 mindspore.ops.Elu 算子的使用方法，代码如下。

```
import mindspore
import numpy as np
import mindspore.nn as nn
import mindspore.ops as ops
```

```
from mindspore import context, Tensor
context.set_context(mode=context.PYNATIVE_MODE, device_target="CPU")
input_data = Tensor(np.array([-1, 2, -3, 2, -1]), mindspore.float32)
print("Tensor 对象: ", input_data.asnumpy())
elu_nn = nn.ELU()
output_nn = elu_nn(input_data)
print("nn.ELU 的结果: ", output_nn.asnumpy())
elu_ops = ops.Elu()
output_ops = elu_ops(input_data)
print("ops.Elu 的结果: ", output_ops.asnumpy())
```

程序分别计算并打印一个 Tensor 对象的 ELU 函数值。将 sample4_5.py 上传至 Ubuntu 服务器的$HOME/code/04 目录下，然后在 Ubuntu 服务器上运行，结果如下。

```
Tensor 对象:  [-1.  2. -3.  2. -1.]
nn.ELU 的结果:  [-0.6321205   2.          -0.95021296  2.          -0.6321205 ]
ops.Elu 的结果:  [-0.6321205   2.          -0.95021296  2.          -0.6321205 ]
```

可以看到，mindspore.nn.ELU 算子和 mindspore.ops.Elu 算子的计算结果是相同的。

4.3 常用的损失函数算子

mindspore.ops 模块和 mindspore.nn 模块中包含了很多内置的损失函数算子。本节只介绍其中部分常用算法的相关算子。

4.3.1 MSE 损失函数相关算子

mindspore.nn.MSELoss 算子用于对每个元素计算输入 Tensor 对象和正确标注 Tensor 对象之间的 MSE。使用方法如下。

```
import mindspore
from mindspore import nn
l = nn.MSELoss(reduction="mean")
```

参数 reduction 指定对损失函数值所做的处理，可选值如下。

① none：返回向量形式的原始损失函数值。

② mean：返回标量形式的所有原始损失函数值的均值。

③ sum：返回标量形式的所有原始损失函数值的合计值。

mindspore.nn.MSELoss 算子包含如下 2 个输入数据。

① logits：形状为(N,*)的 Tensor 对象，*表示任意数值的附加维度。在深度学习中，logits 通常指未经归一化的输出值。这里代表模型的输出值。

② labels：形状为(N,*)的 Tensor 对象，这里代表模型的正确标注。

【例 4-6】 创建一个 Python 程序 sample4_6.py，并在其中演示 mindspore.nn.MSELoss 算子的使用方法（这里使用的是另外一种方法），代码如下。

```
import mindspore
```

```
import numpy as np
import mindspore.nn as nn
import mindspore.ops as ops

from mindspore import context, Tensor
context.set_context(mode=context.PYNATIVE_MODE, device_target="CPU")
loss_mean = nn.MSELoss()
logits = Tensor(np.array([1, 2, 3]), mindspore.float32)
labels = Tensor(np.array([1, 1, 1]), mindspore.float32)
print("logits: ", logits)
print("labels: ", labels)
output_mean = loss_mean(logits, labels)
print("reduction='mean'的结果: ", output_mean)
loss_none = nn.MSELoss(reduction='none')
output_none = loss_none(logits, labels)
print("reduction='none'的结果: ", output_none)
loss_sum = nn.MSELoss(reduction='sum')
output_sum = loss_sum(logits, labels)
print("reduction='sum'的结果: ", output_sum)
```

程序分别计算并打印参数 reduction 为'mean'、'none'和'sum'的 MSELoss 函数的值。将 sample4_6.py 上传至 Ubuntu 服务器的$HOME/code/04 目录下，然后在 Ubuntu 服务器上运行，结果如下。

```
logits:  [1. 2. 3.]
labels:  [1. 1. 1.]
reduction='mean'的结果:  1.6666666
reduction='none'的结果:  [0. 1. 4.]
reduction='sum'的结果:  5.0
```

mindspore.nn.MSELoss 算子会按照如下公式对 logits 和 labels 中的每个元素值进行运算。

$$l_n = (x_n - y_n)^2$$

x_n 是 logits 中的第 n 个元素，y_n 是 labels 中的第 n 个元素，L_n 是输出 Tensor 对象的第 n 个元素值。

4.3.2　L1 损失函数相关算子

mindspore.nn.L1Loss 算子用于对每个元素计算输入 Tensor 对象和正确标注 Tensor 对象之间的 MAE，即实现 L1 损失函数的功能。使用方法如下。

```
import mindspore
from mindspore import nn
loss = nn.L1Loss(reduction="mean")
output = loss(logits, labels)
```

参数 reduction 的使用方法与 mindspore.nn.MSELoss 算子中一样，mindspore.nn.L1Loss 算子的输入数据与 mindspore.nn.MSELoss 算子也是一样的，可以参照理解。

mindspore.nn.L1Loss 算子会按照如下公式对 logits 和 labels 中的每个元素值进行运算。

$$l_n = |x_n - y_n|$$

x_n 是 logits 中的第 n 个元素，y_n 是 labels 中的第 n 个元素，L_n 是输出 Tensor 对象的第 n 个元素值。

【例 4-7】 创建一个 Python 程序 sample4_7.py，并在其中演示 mindspore.nn.L1Loss 算子的使用方法，代码如下。

```
import mindspore
import numpy as np
import mindspore.nn as nn
import mindspore.ops as ops

from mindspore import context, Tensor
context.set_context(mode=context.PYNATIVE_MODE, device_target="CPU")
loss = nn.L1Loss()
logits = Tensor(np.array([1, 2, 3]), mindspore.float32)
labels = Tensor(np.array([1, 2, 2]), mindspore.float32)
output = loss(logits, labels)
print(output)
```

程序计算并打印参数 reduction 为默认值'mean'时 L1Loss 函数的值。将 sample4_7.py 上传至 Ubuntu 服务器的$HOME/code/04 目录下，然后在 Ubuntu 服务器上运行，结果如下。

```
0.33333334
```

当参数 reduction 为'mean'时，输出数据的计算方法如下。

$$\text{loss} = \frac{|1-1|+|2-2|+|3-2|}{3} = \frac{1}{3} = 0.33333334$$

4.3.3 SmoothL1 损失函数相关算子

mindspore.nn.SmoothL1Loss 算子可以实现 SmoothL1 损失函数的功能。使用方法如下。

```
import mindspore
from mindspore import nn
loss = nn.SmoothL1Loss(beta=1.0)
output = loss(logits, labels)
```

参数 beta 用于控制 SmoothL1( )函数从二次方程变换为线性的点，默认值为 1。可以参考图 4-9 理解，当 x 在[−1,1]时，函数是二次方程；当 $x>1$ 或 $x<-1$ 时，函数是线性的。参数 beta 就是控制这个变换的位置。

mindspore.nn.SmoothL1Loss 算子的输入数据与 mindspore.nn.MSELoss 算子是一样的，可以参照理解。

mindspore.nn.SmoothL1Loss 算子的输出数据是一个 Tensor 对象，其形状和数据类型与输入数据中的 logits 相同。

mindspore.nn.SmoothL1Loss 算子会按照以下方法对 logits 每一个元素进行计算。x_i 是 logits 中的第 i 个元素，y_i 是 labels 中的第 i 个元素。

① 当 $|x_i - y_i| < \text{beta}$ 时，按如下公式计算输出 Tensor 对象的第 i 个元素值 L_i。

$$L_i = \frac{0.5(x_i - y_i)^2}{\text{beta}}$$

② 否则，按如下公式计算输出 Tensor 对象的第 i 个元素值 L_i。

$$L_i = |x_i - y_i| - 0.5\text{beta}$$

【例 4-8】 创建一个 Python 程序 sample4_8.py，并在其中演示 mindspore.nn.SmoothL1Loss 算子的使用方法，代码如下。

```
import mindspore
import numpy as np
import mindspore.nn as nn
import mindspore.ops as ops

from mindspore import context, Tensor
context.set_context(mode=context.PYNATIVE_MODE, device_target="CPU")
loss = nn.SmoothL1Loss()
logits = Tensor(np.array([1, 2, 3]), mindspore.float32)
labels = Tensor(np.array([1, 2, 2]), mindspore.float32)
output = loss(logits, labels)
print(output)
```

程序计算并打印 SmoothL1Loss 函数的值。将 sample4_8.py 上传至 Ubuntu 服务器的 $HOME/code/04 目录下，然后在 Ubuntu 服务器上运行，结果如下。

```
[0.  0.  0.5]
```

4.3.4　交叉熵损失函数相关算子

本小节介绍 mindspore.ops 模块和 mindspore.nn 模块中包含的交叉熵损失函数相关算子，具体见表 4-2。

表 4-2　mindspore.ops 模块和 mindspore.nn 模块中包含的交叉熵损失函数相关算子

算子	详细说明
mindspore.nn.BCELoss	实现 BCE 损失函数，主要适用于二分类任务。第 9 章介绍的基于 DCGAN 的动漫头像生成实例中使用该算子定义损失函数
mindspore.nn.BCEWithLogitsLoss	对输入 logits（全连接层的输出，未经归一化处理的数据）使用 Sigmoid 激活函数进行处理，并将激活函数值与正确标注值进行 BCE 计算。也就是说 BCEWithLogitsLoss 和 BCELoss 之间只差了一个 Sigmoid 处理。BCEWithLogitsLoss 等价于以下处理： BCELoss(Sigmoid(<logits 数据>, <正确标注>))
mindspore.nn.SoftmaxCrossEntropyWithLogits	用于对每个元素计算输入 Tensor 和标签 Tensor 之间的 Softmax 交叉熵。Softmax 交叉熵的计算公式为 $\text{loss}_{ij} = -\sum_j Y_{ij} \times \ln(p_{ij})$ 其中 p_{ij} 的计算公式为 $p_{ij} = \text{softmax}(X_{ij}) = \frac{\exp(x_i)}{\sum_{j=0}^{N-1}\exp(x_j)}$ 其中 X 代表 logits，Y 代表正确标注，loss 代表损失函数的输出。

续表

算子	详细说明
mindspore.ops.BCEWithLogitsLoss	功能与 mindspore.nn.BCEWithLogitsLoss 算子相同
mindspore.ops.BinaryCrossEntropy	计算 logits 数据和正确标注 labels 之间的二进制交叉熵
mindspore.ops.SigmoidCrossEntropyWithLogits	计算 logits 数据和正确标注 labels 之间的 Sigmoid 交叉熵。Sigmoid 交叉熵的计算公式为 $$\text{loss}_{ij} = -[Y_{ij} \times \ln(p_{ij})] + (1 + Y_{ij})\ln(1 - p_{ij})]$$ 其中 p_{ij} 的计算公式为 $$p_{ij} = \text{sigmoid}(X_{ij}) = \frac{\exp(x_i)}{1 + \mathrm{e}^{-X_{ij}}}$$ 其中 X 代表 logits，Y 代表正确标注，loss 代表损失函数的输出

本节仅以 mindspore.nn.BCELoss 算子为例介绍交叉熵损失函数相关算子的使用方法。具体如下。

```
import mindspore
from mindspore import nn
<损失函数值> = nn.BCELoss(weight=None, reduction="none")
```

参数 weight 为可选参数，用于指定应用于每个元素的可调节权重，必须与输入参数的维度和数据类型一致。默认值为 None，即不调节权重.

参数 reduction 与 mindspore.nn.MSELoss 算子中的含义和使用方法相同，请参照理解。

【例 4-9】 创建一个 Python 程序 sample4_9.py，并在其中演示 mindspore.nn.BCELoss 算子的使用方法，代码如下。

```
import mindspore
import numpy as np
import mindspore.nn as nn
import mindspore.ops as ops

from mindspore import context, Tensor
context.set_context(mode=context.PYNATIVE_MODE, device_target="CPU")
weight = Tensor(np.array([[1.0, 2.0, 3.0], [4.0, 3.3, 2.2]]), mindspore.float32)
loss = nn.BCELoss(weight=weight, reduction='mean')
logits = Tensor(np.array([[0.1, 0.2, 0.3], [0.5, 0.7, 0.9]]), mindspore.float32)
labels = Tensor(np.array([[0, 1, 0], [0, 0, 1]]), mindspore.float32)
output = loss(logits, labels)
print(output)
```

程序计算并打印 BCELoss 函数的值。将 sample4_9.py 上传至 Ubuntu 服务器的 $HOME/code/04 目录下，然后在 Ubuntu 服务器上运行，结果如下。

```
1.8952923
```

4.3.5 KLDiv 损失函数相关算子

mindspore.ops.KLDivLoss 算子实现 KLDiv 损失函数的功能。使用方法如下。

```
import mindspore
from mindspore import pos
kldiv_loss = ops.KLDivLoss(reduction="mean")
<损失函数值> = kldiv_loss(<logits 数据>, <正确标注 labels>)
```

参数reduction与mindspore.nn.MSELoss算子中的含义和使用方法相同，请参照理解。

【例 4-10】　创建一个Python程序sample4_10.py，并在其中演示mindspore.ops.KLDivLoss算子的使用方法，代码如下。

```
import mindspore
import numpy as np
import mindspore.nn as nn
import mindspore.ops as ops

from mindspore import context, Tensor
context.set_context(mode=context.PYNATIVE_MODE, device_target="GPU")
kldiv_loss = ops.KLDivLoss()
logits = Tensor(np.array([0.2, 0.7, 0.1]), mindspore.float32)
labels = Tensor(np.array([0., 1., 0.]), mindspore.float32)
output = kldiv_loss(logits, labels)
print(output)
```

注意，mindspore.ops.KLDivLoss 算子只支持 GPU 平台。在安装了 CPU 平台的MindSpore 下运行例 4-10 会报错。

4.3.6　NLL 损失函数相关算子

mindspore.ops.NLLLoss 算子实现 NLL 损失函数。使用方法如下。

```
import mindspore
from mindspore import pos
nll_loss = ops.NLLLoss(reduction="mean")
<损失函数值>, <所有权重的合计> = nll_loss(<logits 数据>, <正确标注 labels>, <每个分类的权重值>)
```

参数reduction与mindspore.nn.MSELoss算子中的含义和使用方法相同，请参照理解。

【例 4-11】　创建一个 Python 程序 sample4_11.py，并在其中演示 mindspore.ops.NLLLoss算子的使用方法，代码如下。

```
import mindspore
import numpy as np
import mindspore.nn as nn
import mindspore.ops as ops

from mindspore import context, Tensor
context.set_context(mode=context.PYNATIVE_MODE, device_target="GPU")
logits = Tensor(np.array([[0.5488135, 0.71518934],
                          [0.60276335, 0.5448832],
                          [0.4236548, 0.6458941]]).astype(np.float32))
labels = Tensor(np.array([0, 0, 0]).astype(np.int32))
weight = Tensor(np.array([0.3834415, 0.79172504]).astype(np.float32))
nll_loss = ops.NLLLoss(reduction="mean")
loss, weight = nll_loss(logits, labels, weight)
```

```
print("loss=",loss)
print("weight=", weight)
```

mindspore.ops.NLLLoss 算子只支持 Ascend 和 GPU 平台。在安装了 CPU 平台的 MindSpore 下运行例 4-11 会报错。

4.3.7 SoftMargin 损失函数相关算子

mindspore.nn.SoftMarginLoss 算子可以实现 SoftMargin 损失函数的功能。使用方法如下。

```
import mindspore
from mindspore import nn
loss = nn.SoftMarginLoss(reduction="mean")
output = loss(logits, labels)
```

参数 reduction 的使用方法与 mindspore.nn.MSELoss 算子一样，mindspore.nn.SoftMarginLoss 算子的输入数据与 mindspore.nn.MSELoss 算子也是一样的，可以参照理解。

如果参数 reduction="none"，则返回与输入参数中 logits 形状相同的 Tensor 对象；否则返回一个标量。

mindspore.nn.SoftMarginLoss 算子会按照如下公式对 logits 和 labels 中的每个元素值进行运算。

$$\text{loss}(x,y)=\sum_i \frac{\log(1+\exp(-y[i]\times x[i]))}{\text{x.nelements()}}$$

假定 x_i 是 logits 中的第 i 个元素，y_i 是 labels 中的第 i 个元素，$\text{loss}(x,y)$ 是输出的 Tensor 对象。

【例 4-12】 创建一个 Python 程序 sample4_12.py，并在其中演示 mindspore.nn.SoftMarginLoss 算子的使用方法，代码如下。

```
import mindspore
import numpy as np
import mindspore.nn as nn
from mindspore import context, Tensor
context.set_context(mode=context.PYNATIVE_MODE, device_target="Ascend")
loss = nn.SoftMarginLoss()
logits = Tensor(np.array([[0.3, 0.7], [0.5, 0.5]]), mindspore.float32)
labels = Tensor(np.array([[-1, 1], [1, -1]]), mindspore.float32)
output = loss(logits, labels)
print(output)
```

需要注意的是，mindspore.nn.SoftMarginLoss 算子只能在 Ascend 平台上运行，如果在安装了 CPU 平台的 MindSpore 下运行例 4-12 则会报错。

4.4 常用的优化器和学习率相关算子

MindSpore 提供了大量与优化器和学习率相关的算子，但是因为优化器和学习率的使用与神经网络的模型训练密切相关，而构建神经网络和训练网络模型的具体方法将在第 5 章介绍，所以本节只介绍常用的优化器和学习率算子列表。

4.4.1　常用的优化器算子

MindSpore 提供的常用优化器算子见表 4-3。

表 4-3　MindSpore 提供的常用优化器算子

算子	说明
mindspore.nn.SGD	实现 SGD 算法
mindspore.ops.SGD	实现 SGD 算法
mindspore.ops.ApplyMomentum	实现带动量的 SGD 算法
mindspore.nn.Momentum	实现带动量的 SGD 算法。第 5 章介绍的基于 LeNet-5 模型的手写数字识别实例中使用此算子定义优化器
mindspore.nn.Adagrad	实现 AdaGrad 算法
mindspore.ops.ApplyAdagrad	通过 AdaGrad 算法更新相关参数。更新的参数可以是学习率或梯度等
mindspore.nn.RMSProp	实现 RMS-Prop 算法
mindspore.ops.ApplyRMSProp	实现 RMS-Prop 算法
mindspore.ops.ApplyAdadelta	通过 AdaDelta 算法更新相关参数。更新的参数可以是学习率或梯度等
mindspore.nn.Adam	通过 Adam 算法更新梯度。第 9 章介绍的基于 DCGAN 的动漫头像生成实例中使用此算子定义优化器
mindspore.ops.Adam	通过 Adam 算法更新梯度
mindspore.ops.AdamNoUpdateParam	通过 Adam 算法更新梯度，此算子并不会更新参数，但是会计算追加参数的数值

4.4.2　学习率相关算子

通常在模型训练时，可以设置一个固定的学习率。但是在有些情况下，固定学习率可能会带来一些问题。比如，当损失函数值距离最优点较远时，如果学习率很小，则收敛速度很慢；当损失函数值距离最优点较近时，如果学习率很大，则会在最优点附近来回震荡。

使用动态学习率可以解决上述问题。MindSpore 提供的部分计算动态学习率的算子见表 4-4。

表 4-4　MindSpore 提供的部分计算动态学习率的算子

算子	说明及使用方法

mindspore.nn.ExponentialDecayLR	使用指数衰减的方式进行学习率调整。学习率将通过如下衰减策略进行衰减：
	<当前步骤的衰减后学习率> = <学习率> × <衰减率>^{p}
	使用方法如下：
	`import mindspore`
	`from mindspore import nn`
	<当前步骤的衰减后学习率> = nn.ExponentialDecayLR(<学习率>, <衰减率>, <总衰减步骤数>, is_stair=False)
	默认情况下参数 is_stair 为 False，此时，以上的衰减策略中 p 的计算方法如下：
	p = <当前步骤数>/<总衰减步骤数>
	如果参数 is_stair 为 True，则以上的衰减策略中 p 的计算方法如下：
	p = floor(<当前步骤数>/<总衰减步骤数>)

mindspore.nn.InverseDecayLR	使用与时间成反比的方式进行学习率调整。学习率将通过如下策略进行衰减：
	<当前步骤的衰减后学习率> = <学习率>/(1+ <衰减率>×p)
	使用方法如下：
	`import mindspore`
	`from mindspore import nn`
	<当前步骤的衰减后学习率> = nn. InverseDecayLR(<学习率>, <衰减率>, <总衰减步骤数>, is_stair=False)
	参数 p 的计算方法与 mindspore.nn.ExponentialDecayLR 算子中的相同

mindspore.nn.NaturalExpDecayLR	使用自然指数衰减的方式进行学习率调整。学习率将通过如下策略进行衰减：
	<当前步骤的衰减后学习率> = <学习率> × $e^{-<衰减率>*p}$
	使用方法如下：
	`import mindspore`
	`from mindspore import nn`
	<当前步骤的衰减后学习率> = nn.NaturalExpDecayLR (<学习率>, <衰减率>, <总衰减步骤数>, is_stair=False)
	参数 p 的计算方法与 mindspore.nn.ExponentialDecayLR 算子中的相同

mindspore.nn.WarmUpLR	获取 Warmup（预热）学习率。使用方法如下：
	`import mindspore`
	`from mindspore import nn`
	<当前步骤的衰减后学习率> = nn.WarmUpLR(<学习率>, <预热步骤数>)

下面以 mindspore.nn.InverseDecayLR 算子为例演示计算动态学习率的方法。

【例 4-13】　创建一个 Python 程序 sample4_13.py，并在其中演示 mindspore.nn.InverseDecayLR 算子的使用方法，代码如下。

```
import mindspore
import numpy as np
import mindspore.nn as nn
from mindspore import context, Tensor
context.set_context(mode=context.PYNATIVE_MODE, device_target="CPU")
learning_rate = 0.1
decay_rate = 0.9
decay_steps = 4
global_step = Tensor(2, mindspore.int32)
inverse_decay_lr = nn.InverseDecayLR(learning_rate, decay_rate, decay_steps, True)
result = inverse_decay_lr(global_step)
print(result)
```

程序中设置当前学习率（learning_rate）为 0.1、学习率衰减率（decay_rate）为 0.9、当前步骤数（global_step）为 2、总衰减步骤数（decay_steps）为 4。将 sample4_13.py 上传至 Ubuntu 服务器的$HOME/code/04 目录下，然后在 Ubuntu 服务器上运行，结果为 0.06896552。

当前步骤的衰减后学习率的计算过程如下。

因为参数 is_stair 为 False，所以计算减策略中 p 的方法如下。

```
p= <当前步骤数> / <总衰减步骤数>= 2/4 = 0.5
```

计算前步骤的衰减后学习率的方法如下。

```
<当前步骤的衰减后学习率> = <学习率> /(1+ <衰减率>×p)= 0.1/(1+0.9×0.5)=0.1/1.45 = 0.06896552
```

4.5　常用的归一化算子

mindspore.nn 模块和 mindspore.ops 模块中包含了很多内置的归一化算子。本节只介绍其中 mindspore.nn 模块中部分常用的归一化算子。

4.5.1　BN 算法相关算子

本小节介绍 mindspore.nn 模块中包含的几个 BN 算法相关算子。

1．mindspore.nn.BatchNorm1d

mindspore.nn.BatchNorm1d 算子实现基于 2 维数据的批归一化，使用方法如下。

```
import mindspore.nn as nn
net = mindspore.nn.BatchNorm1d(num_features=<归一化的维度>)
<输出数据> = net(<Tensor 对象>)
```

mindspore.nn.BatchNorm1d( )还有一些参数，通常保持默认值即可，这里不展开介绍。

2．mindspore.nn.BatchNorm2d

mindspore.nn.BatchNorm2d 算子实现基于 4 维数据的批归一化，其使用方法与 BatchNorm1d 相同。

第 9 章介绍的基于 DCGAN 的动漫头像生成实例中使用 mindspore.nn.BatchNorm2d

算子定义模型的归一化层。

3. mindspore.nn.BatchNorm3d

mindspore.nn.BatchNorm3d 算子实现基于 5 维数据的批归一化，其使用方法与 BatchNorm1d 相同。

【例 4-14】 创建一个 Python 程序 sample4_14.py，并在其中演示 BN 算法相关算子的使用方法，代码如下。

```
import mindspore
import numpy as np
import mindspore.nn as nn
import mindspore.ops as ops
from mindspore import context, Tensor
from mindspore.communication import init
context.set_context(mode=context.PYNATIVE_MODE, device_target="CPU")
################  mindspore.nn. BatchNorm1d   ##################
net = nn.BatchNorm1d(num_features=4)
x = Tensor(np.array([[0.7, 0.5, 0.5, 0.6],
                     [0.5, 0.4, 0.6, 0.9]]).astype(np.float32))
output = net(x)
print("mindspore.nn.BatchNorm1d的结果: ",output)

################  mindspore.nn. BatchNorm2d   ##################
net = nn.BatchNorm2d(num_features=3)
x = Tensor(np.ones([1, 3, 2, 2]).astype(np.float32))
print("mindspore.nn.BatchNorm2d的结果: ",output)
################  mindspore.nn. BatchNorm3d   ##################
net = nn.BatchNorm3d(num_features=3)
x = Tensor(np.ones([16, 3, 10, 32, 32]).astype(np.float32))
output = net(x)
print("mindspore.nn.BatchNorm3d的结果: ",output)
```

程序分别计算并打印各个 BN 算法相关算子的值。将 sample4_14.py 上传至 Ubuntu 服务器的$HOME/code/04 目录下，然后在 Ubuntu 服务器上运行，注意查看返回的结果。

4.5.2 LN 算法相关算子

mindspore.nn.LayerNorm 算子用于在小批量输入上应用层归一化算法，使用方法如下。

```
import mindspore.nn as nn
net = nn.LayerNorm(normalized_shape)
<输出数据> = net(<Tensor 对象>)
```

参数 normalized_shape 用于指定进行归一化的最后 *n* 个维度。可以是一个 int 数值，也可以是 tuple 或 list，但必须与执行归一化的 Tensor 的形状相对应。例如，如果对一个形状为(5,3,4)的 Tensor 对象的最后 1 维执行 LayerNorm 算子，则参数 normalized_shape 需要指定为 4；如果对一个形状为(5,3,4)的 Tensor 对象的最后 2 维执行 LayerNorm 算子，则参数 normalized_shape 需要指定为[3,4]。还有一些参数，通常保持默认值即可，这里不展开介绍。

【例 4-15】　创建一个 Python 程序 sample4_15.py，并在其中演示 LN 算法相关算子的使用方法，代码如下。

```
import mindspore
import numpy as np
import mindspore.nn as nn
import mindspore.ops as ops
from mindspore import context, Tensor
from mindspore.communication import init
context.set_context(mode=context.PYNATIVE_MODE, device_target="CPU")
################ mindspore.nn.LayerNorm  ##################
x = Tensor(np.ones([20, 5, 10, 10]), mindspore.float32)
shape1 = x.shape[1:]
m = nn.LayerNorm(shape1,  begin_norm_axis=1, begin_params_axis=1)
output = m(x).shape
print("mindspore.nn.LayerNorm结果的形状：",output)
```

程序计算并打印 mindspore.nn.LayerNorm 算子的值。将 sample4_15.py 上传至 Ubuntu 服务器的$HOME/code/04 目录下，然后在 Ubuntu 服务器上运行，结果如下。

```
mindspore.nn.LayerNorm结果的形状： (20, 5, 10, 10)
mindspore. ops.LayerNorm的结果： [[-0.22474492  1.          2.2247448 ]
 [-0.22474492  1.          2.2247448 ]]
```

4.5.3　IN 算法相关算子

使用 mindspore.nn.InstanceNorm2d 算子可以实现基于 4 维数据的实例归一化，方法如下。

```
<输出数据> = mindspore.nn.InstanceNorm2d(num_features)
```

参数 num_features 指定归一化的通道数，也就是[N,C,H,W]中的 C。还有一些参数，通常保持默认值即可。

mindspore.nn.InstanceNorm2d 算子的输入参数是[N,C,H,W]格式的 Tensor 对象。其中，N 表示批处理大小，即一个批处理（batch）中的图像数量；C 表示通道数；H 表示图像的高度；W 表示图像的宽度。

mindspore.nn.InstanceNorm2d 算子的输出数据是[N,C,H,W]格式的经过归一化的 Tensor 对象。

【例 4-16】　创建一个 Python 程序 sample4_16.py，并在其中演示 IN 算法相关算子的使用方法，代码如下。

```
import mindspore
import numpy as np
import mindspore.nn as nn
import mindspore.ops as ops
from mindspore import context, Tensor
from mindspore.communication import init
context.set_context(mode=context.PYNATIVE_MODE, device_target="CPU")
net = nn.InstanceNorm2d(3)
x = Tensor(np.ones([2, 3, 2, 2]), mindspore.float32)
```

```
output = net(x)
print(output.shape)
```

需要注意的是，mindspore.nn.InstanceNorm2d 算子只支持在 GPU 硬件平台上运行。如果在安装了 CPU 平台的 MindSpore 下运行例 4-16，则会报错。

4.5.4 GN 算法相关算子

使用 mindspore.nn.GroupNorm 算子可以实现基于小批量数据的组归一化算法，使用方法如下。

```
<输出数据> = mindspore.nn.GroupNorm(num_groups, num_channels)
```

参数 num_groups 指定分组数量，参数 num_channels 指定每个分组中包含的通道数。还有一些参数，通常保持默认值即可。

mindspore.nn.GroupNorm 算子的输入参数是[N,C,H,W]格式的 Tensor 对象。

mindspore.nn.GroupNorm 算子的输出数据是[N,C,H,W]格式的经过归一化的 Tensor 对象。

【例 4-17】 创建一个 Python 程序 sample4_17.py，并在其中演示 GN 算法相关算子的使用方法，代码如下。

```
import mindspore
import numpy as np
import mindspore.nn as nn
import mindspore.ops as ops
from mindspore import context, Tensor
from mindspore.communication import init
context.set_context(mode=context.PYNATIVE_MODE, device_target="CPU")
group_norm_op = nn.GroupNorm(2, 2)
x = Tensor(np.ones([1, 2, 4, 4], np.float32))
output = group_norm_op(x)
print(output)
```

程序将数据分成 2 组，每组包含 2 个通道。

4.5.5 LRN 算法相关算子

mindspore.ops.LRN 算子用于在输入 Tensor 对象上应用 LRN 算法，使用方法如下。

```
import mindspore.ops as ops
lrn = ops.LRN(depth_radius=5, bias=1.0, alpha=1.0, beta=0.5, norm_region="ACROSS_
            CHANNELS")
output = lrn(x)
```

参数说明如下。

① depth_radius (int)：指定一维归一化窗口宽度的一半，可以参考图 4-23 中的 $n/2$ 理解。默认值为 5。

② bias (float)：一个偏差值，通常为正数，默认值为 1.0。

③ alpha (float)：一个缩放系数，通常为正数，默认值为 1.0。

④ beta (float)：一个指数，默认值为 0.5。

⑤ norm_region (str)：指定归一化的区域。

输入数据 x 是格式为[N,C,H,W]的 4 维 Tensor 对象。

mindspore.ops.LRN 算子会按照如下公式进行计算。

$$b_c = a_c\left(\mathrm{k} + \frac{\alpha}{n}\sum_{c'=\max(0,c-n/2)}^{\min(N-1,c+n/2)} a_{c'}^2)\right)^{-\beta}$$

公式中的 a_c 代表特征图中 c 点对应的像素值；$n/2$ 代表参数 depth_radius；k 代表参数 bias；α 代表参数 alpha；β 代表参数 beta。

mindspore.ops.LRN 算子的输出数据是输入数据经过归一化处理后得到的 Tensor 对象，其形状和数据类型与输入数据相同。

【例 4-18】　创建一个 Python 程序 sample4_18.py，并在其中演示 LRN 算法相关算子的使用方法，代码如下。

```
import mindspore
import numpy as np
import mindspore.ops as ops
from mindspore import context, Tensor
from mindspore.communication import init
context.set_context(mode=context.PYNATIVE_MODE, device_target="GPU")
x = Tensor(np.array([[[[0.1], [0.2]],[[0.3], [0.4]]]]), mindspore.float32)
lrn = ops.LRN()
output = lrn(x)
print(output)
```

注意，mindspore.ops.LRN 算子只支持 Ascend 和 GPU 平台。在安装了 CPU 平台的 MindSpore 下运行例 4-18 会报错。

第 5 章

神经网络模型的开发

神经网络是由大量的、简单神经元广泛地互相连接而形成的复杂网络系统。神经网络模型是以神经元的数学模型为基础来描述的，即神经网络模型是一个数学模型，由网络拓扑、节点特点和学习规则来表示。在神经网络构建中，定义和训练模型是最主要的工作。本章介绍使用 MindSpore 框架开发神经网络模型的方法。

5.1　神经网络模型的基础

在学习使用 MindSpore 框架进行神经网络模型开发前，应该了解一些神经网络模型的基础知识，包括搭建神经网络的流程，以及卷积神经网络的工作原理和经典模型。

5.1.1　搭建神经网络的流程

搭建神经网络可以看作由点及线、由线及面的框架结构构造过程。“点”是神经网络中的节点，也是神经元；“线”代表由一组节点构成的一个隐藏层。深度神经网络中有多个隐藏层。每个隐藏层都应用算法对数据进行不同的处理，也可以将隐藏层理解为对数据的某种抽象的表达；“面”代表由多个隐藏层构成的神经网络。

搭建神经网络的流程如图 5-1 所示。

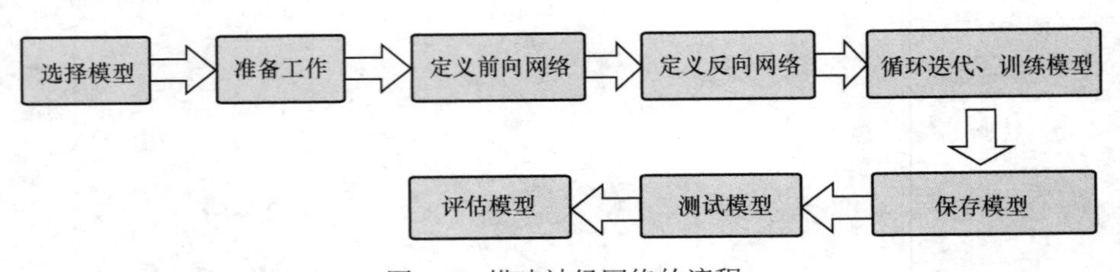

图 5-1　搭建神经网络的流程

1．选择模型

要搭建一个神经网络，需先根据具体任务和需求选择适合的神经网络模型。5.1.3 小节将介绍卷积神经网络的经典模型，在第 9 章中将结合实例介绍 GAN 的工作原理和应用情况。在具体应用时可以参考选择。

2．准备工作

搭建神经网络的准备工作主要指数据集的准备。可以手动下载经典的数据集，也可以使用自己收集的数据构造自定义数据集。准备好数据集后，还应该根据具体情况和需求进行数据预处理，以便为后续的模型训练提供高质量的数据。

在准备阶段，还需要将数据集拆分成训练集、测试集和验证集。

3．定义前向网络

在定义前向网络阶段，主要的工作是使用框架提供的算子定义神经网络模型中的各个隐藏层。不同的神经网络模型中包含的隐藏层数量和类型各不相同。

在定义前向网络时还需要配置超参的初值和指定激活函数。为了达到更好的效果，训练通常是分批、多次执行的。在开始训练前通常需要指定如下超参。

① epoch（训练轮次）。

② batch_size（批量大小）。

③ learning_rate（学习率）。

4．定义反向网络

定义反向网络阶段的主要工作包括如下几个方面。

① 指定使用的损失函数。

② 指定使用的优化器。

5．循环迭代、训练模型

前面的步骤完成后，就可以开始训练模型了。训练按照前向计算、计算损失函数值、反向传播的顺序，依次执行直至损失函数值小于期望值或所有的训练轮次都被完成，才会停止训练。

在深度学习框架中训练的过程无须人为干预。

6．保存模型

对于训练好的模型，可以将其保存为不同的格式。保存模型是为了日后应用模型或对模型进行测试和评估。

7．测试模型

测试模型指使用训练好的模型和测试数据集进行预测，判断是否得到预期的结果。测试模型前，需要加载模型。

8．评估模型

使用训练好的模型和验证数据集进行验证，评估模型训练的效果。

5.1.2　卷积神经网络的工作原理

Facebook 首席人工智能科学家杨立昆于 1988 年构建了第一个卷积神经网络模型 LeNet，用于字母识别的实验，比如识别手写数字。本章后面将介绍使用 MindSpore 框架搭建 LeNet-5 神经网络模型实现手写数字识别的方法。

卷积神经网络是一种以网格状拓扑来处理数据的前馈神经网络，通常用于对图像进行分析。前馈神经网络是一种最简单的神经网络，各神经元分层排列，每个神经元只与前一层的神经元相连，接收前一层的输出，并输出给下一层。

目前，卷积神经网络已广泛应用于各种图像分类和图像识别的场景，比较经典的应用场景如下。

① 人脸识别。

② 自动驾驶中的物体检测。

③ 利用医疗图像进行疾病检测。

1．卷积神经网络识别图片中的物品的流程

下面通过一个小例子介绍卷积神经网络的工作流程。假设有一张狗的图片，想通过卷积神经网络来识别它是狗还是其他的动物（物品），工作流程如下。

① 加载图像的像素数据并将其传送至卷积神经网络的输入层。

② 在多个隐藏层中通过不同的计算和操作进行特征提取，隐藏层包括卷积层、ReLU 层和池化层等。不同的卷积神经网络模型中包含的隐藏层也各不相同。

③ 最终通过一个全连接层来识别图片中的物体。

利用卷积神经网络识别图片中的物体的流程如图 5-2 所示。

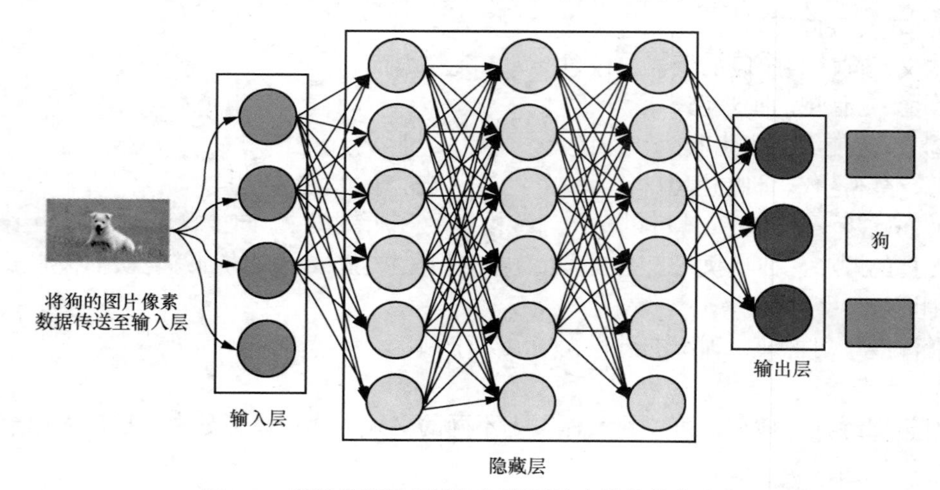

图 5-2　利用卷积神经网络识别图片中的物体的流程

2．卷积神经网络中图像的表现形式

在卷积神经网络中，图像表现为像素值数组的形式。例如将数字 8 的图像划分为 6×5 的网格，白色像素用 0 表示，黑色像素用 1 表示，最后得到一个二维数组。数组元素是 0 或 1，具体如图 5-3 所示。

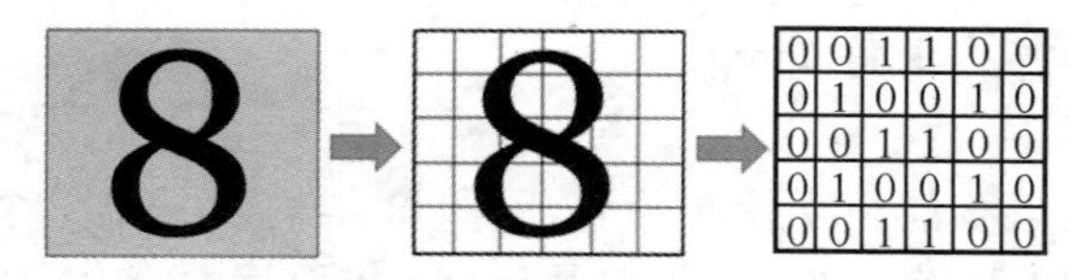

图 5-3　将数字 8 的图像表现为一个二维数组

这是最简单的情况，因为没有考虑图片的颜色。通常使用 RGB 三原色来表示像素的颜色值。这样就会得到一个三维数组，如图 5-4 所示。图中叠在一起的 3 张图片分别表示红色值、绿色值和蓝色值的图片。

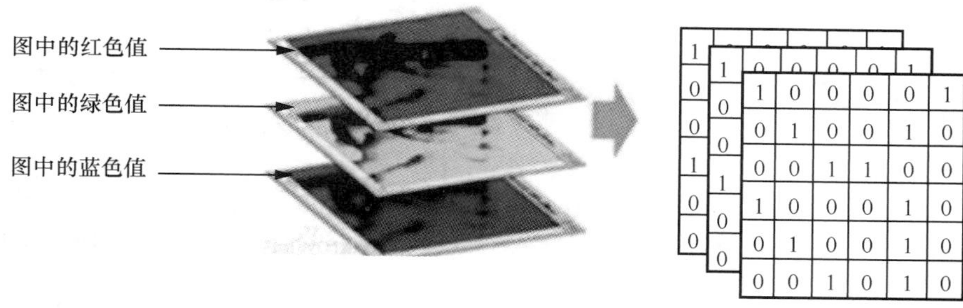

图 5-4　三维数组

3．使用卷积运算提取图像的特征

卷积神经网络之所以命名为卷积神经网络，是因为它使用卷积核在图像上移动，并做卷积运算，以提取图像的局部特征。移动的步幅通常设置为 1。

卷积核又称过滤器或滤波器。它是一个二维数组，数组的行数和列数相等，通常为奇数，数组元素是一个权重值。

卷积神经网络会将卷积核从原图的左上角开始，从左至右、从上至下地依次与原图重叠。原图上与卷积核重叠的部分称为“感受野”。感受野上的元素依次与卷积核上对应位置的元素相乘，然后累加，这就是卷积运算。由卷积运算得到的数值作为像素值构成一个特征图。

【例 5-1】　演示对图像数据做卷积运算的过程。

假定有一个尺寸为 5×5 的原图，取卷积核大小为 3×3，则特征图在原图上的一个感受野大小也为 3×3，在原图上移动卷积核，并对感受野与卷积核做卷积运算，得到特征图上的一个像素值。第 1 步卷积运算的运算过程如图 5-5 所示，第 2 步卷积运算的运算过程如图 5-6 所示。

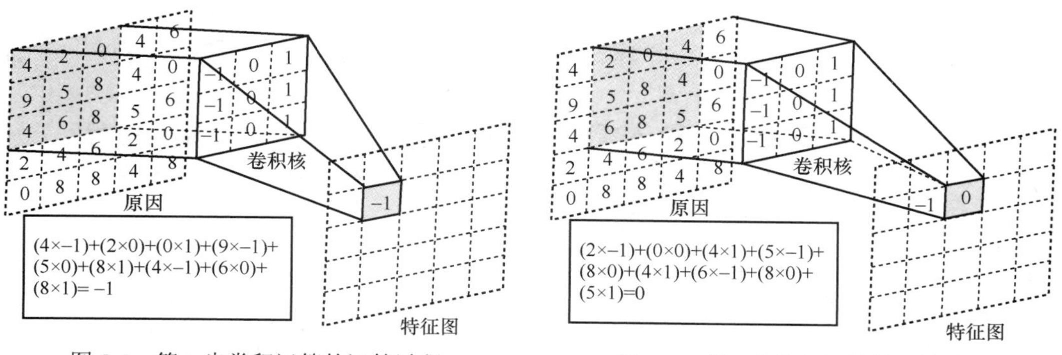

图 5-5　第 1 步卷积运算的运算过程

图 5-6　第 2 步卷积运算的运算过程

第 3 步卷积运算的运算过程如图 5-7 所示，第 4 步卷积运算的运算过程如图 5-8 所示。

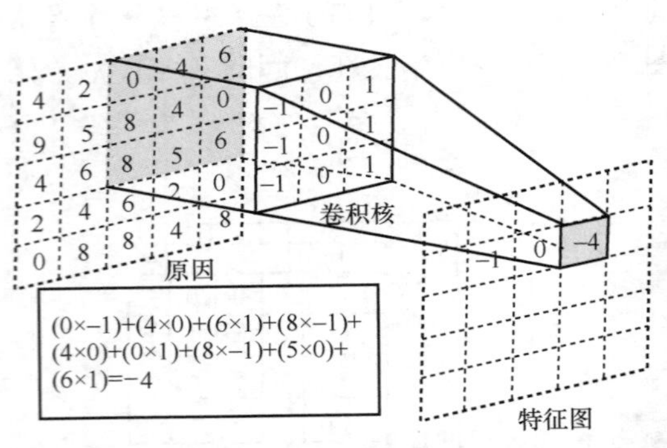

图 5-7　第 3 步卷积运算的运算过程

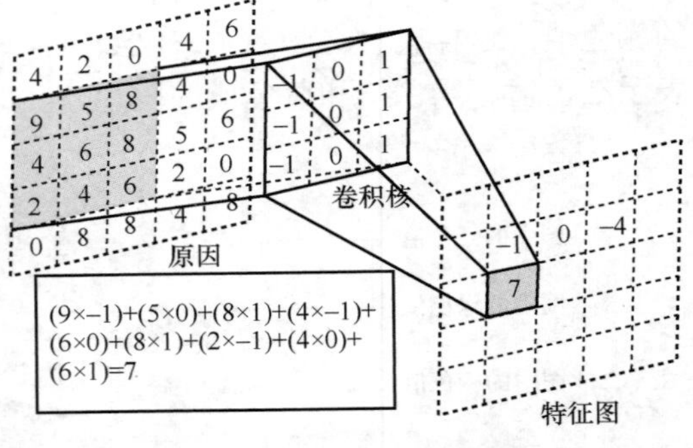

图 5-8　第 4 步卷积运算的运算过程

第 5 步卷积运算的运算过程如图 5-9 所示，第 6 步卷积运算的运算过程如图 5-10 所示。

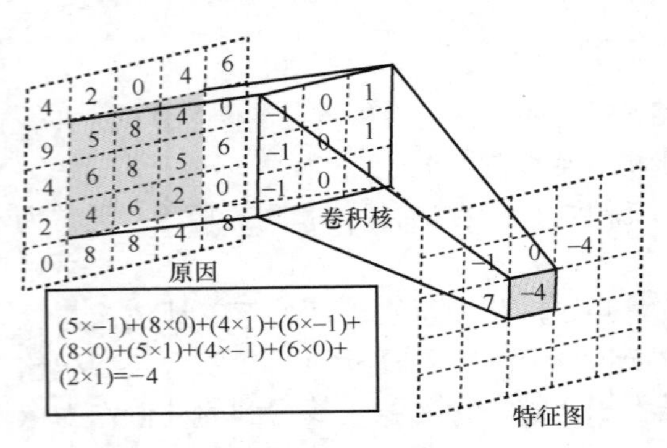

图 5-9　第 5 步卷积运算的运算过程

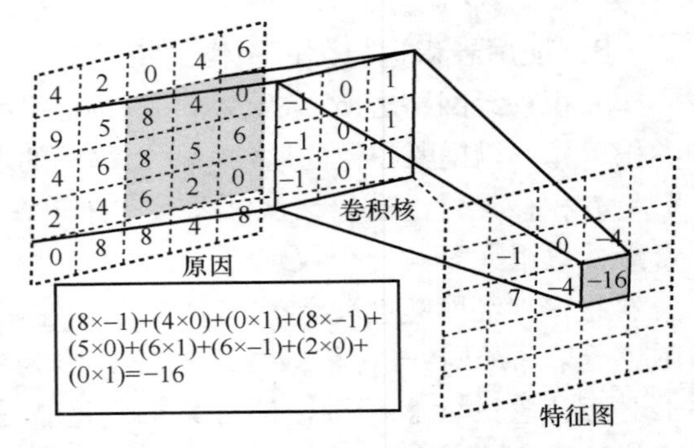

图 5-10　第 6 步卷积运算的运算过程

第 7 步卷积运算的运算过程如图 5-11 所示。第 8 步卷积运算的运算过程如图 5-12 所示。第 9 步卷积运算的运算过程如图 5-13 所示。

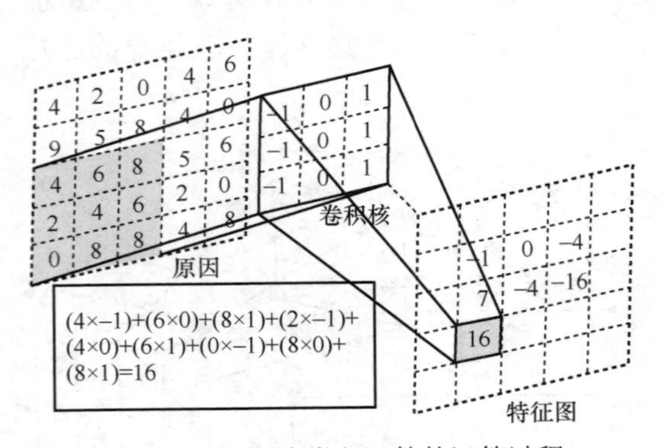

图 5-11　第 7 步卷积运算的运算过程

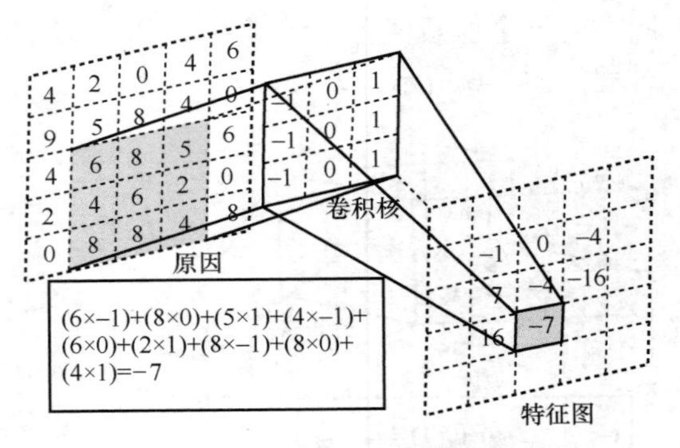

图 5-12　第 8 步卷积运算的运算过程

在实际应用中，卷积核是三维的，还要加上一个通道的维度。也就是说，例 5-1 中的卷积核在实际应用中应该是 3×3×3 的三维数组。还可以应用多个卷积核，卷积核的数量决定输出特征图的通道数，如图 5-14 所示。输出特征图尺寸的计算公式会在后文中介绍。

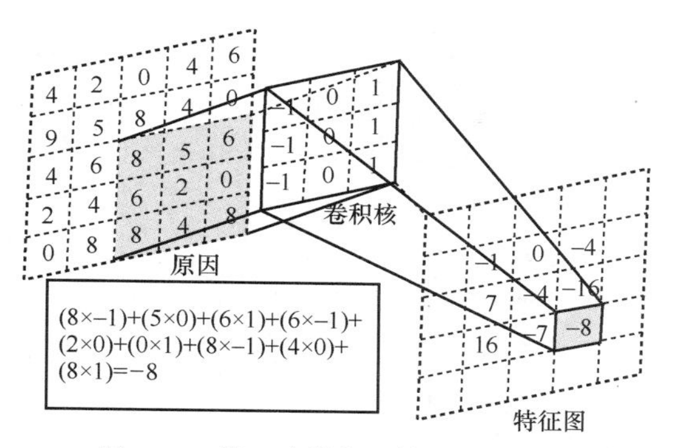

图 5-13　第 9 步卷积运算的运算过程

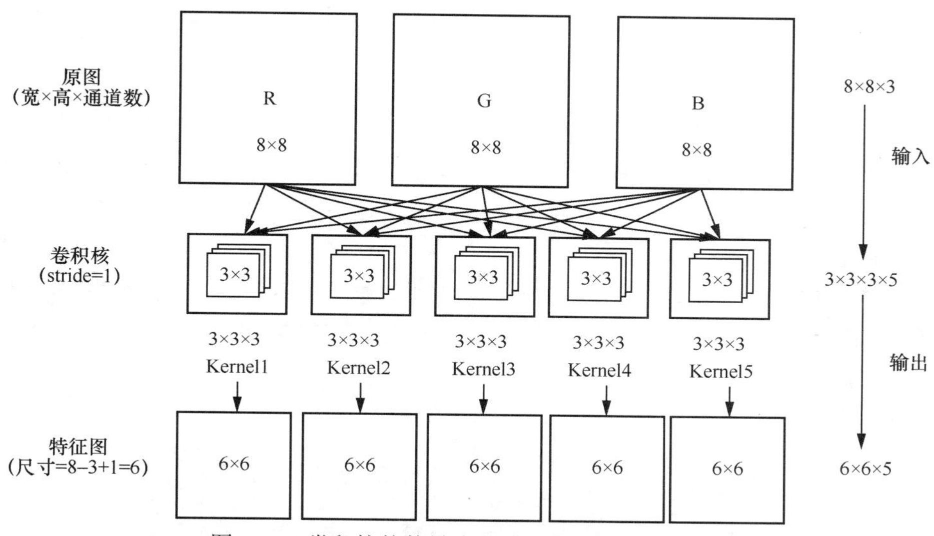

图 5-14　卷积核的数量决定输出特征图的通道数

4. 卷积过程中的图像填充

从前文可知，经过卷积运算后，得到的特征图比原图要小。而且在卷积神经网络中不止一个卷积层，所以特征图会越来越小，这不是预期的效果。为了解决这个问题，可以在原图的周边填充空白。一个 8×8 的图像经过填充后，尺寸变成了 10×10，如图 5-15 所示。再经过 3×3 的卷积核进行卷积运算，得到的特征图的尺寸还是 8×8。

图 5-15　尺寸变成 10×10 的图像

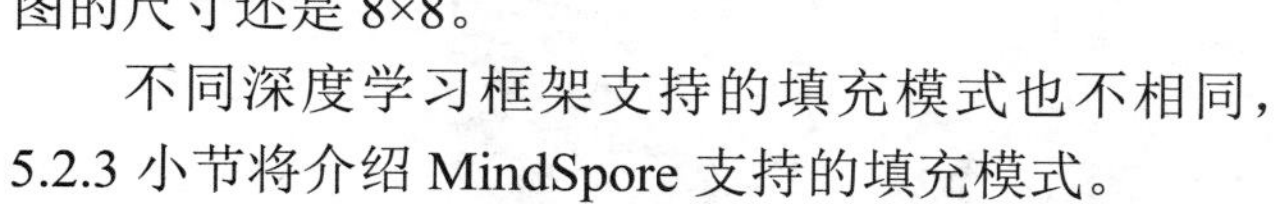

不同深度学习框架支持的填充模式也不相同，5.2.3 小节将介绍 MindSpore 支持的填充模式。

5. 卷积核移动的步幅

在卷积神经网络中，卷积核在图像上移动的步幅（stride）是可以设置的，默认情况下 stride=1。步幅的作用是成倍地缩小特征图的尺寸。比如，当 stride=2 时，输出特征图的尺寸大约是输入图像尺寸的 1/2；当 stride=3 时，输出特征图的尺寸大约是输入图像尺寸的 1/3（之所以说大约，是因为这种说法并不严谨）。特征图的尺寸除了与 stride 有关，还与填充有关。假定输入数据的尺寸为 input_width×input_height，卷积核的尺寸为 w×h，步幅为 s，填充为 p，则输出特征图宽度 output_width 的计算公式如下。

```
output_width =（input_width+2p-w）/s+1
```

输出特征图高度 output_height 的计算公式如下。

```
output_height =（input_height+2p-h）/s+1
```

按照上面的公式，例 5-1 中特征图的宽和高的计算公式如下。

```
宽或高 = (8+2×0-3)/1+1 = 5+1=6
```

与例 5-1 中的情况是一致的。

6．卷积神经网络中的隐藏层

卷积神经网络中包含多个隐藏层，这样有助于从图像中提取特征信息。比较重要的隐藏层包括卷积层、ReLU 层、池化层、扁平化层和全连接层。

（1）卷积层

从图像中提取有价值的特征信息的第一步就是原图进入卷积层进行卷积处理，卷积层对数据的处理过程可以参照例 5-1 理解。卷积神经网络中不只有一个卷积层，第一个卷积层的输入是原图，后面卷积层的输入是上一层输出的特征图。

（2）ReLU 层

经过卷积层提取特征图之后，需要将特征图传送至 ReLU 层进行处理。ReLU 层对特征图中的每个元素依次处理，将负值转换为 0，从而在网络中引入非线性特征。ReLU 层的输出被称为修正特征图。

一张图片在经过一个卷积层和一个 ReLU 层处理后的效果如图 5-16 所示。

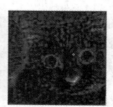

原图　　经过一个卷积层处理　　再经过一个ReLU层处理

图 5-16　一张图片在经过一个卷积层和一个 ReLU 层处理后的效果

再经过若干个卷积层和 ReLU 层处理后的效果如图 5-17 所示。可以看到，图中猫的轮廓特征变得明显了。

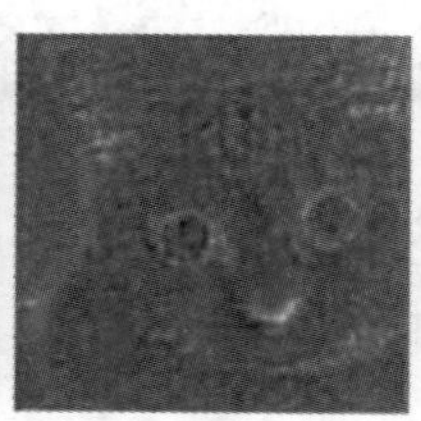

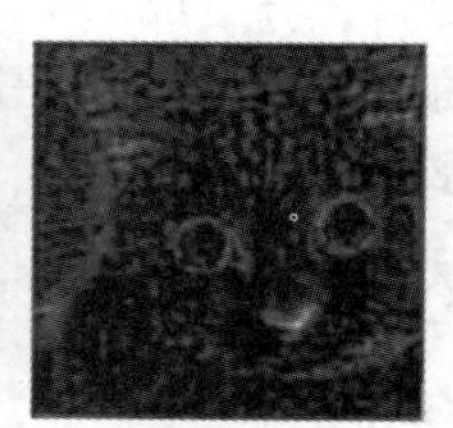

图 5-17　再经过若干个卷积层和 ReLU 层处理后的效果

如果原图的特征比较明显，则经过卷积层和 ReLU 层处理后的效果会更明显，如图 5-18 所示。

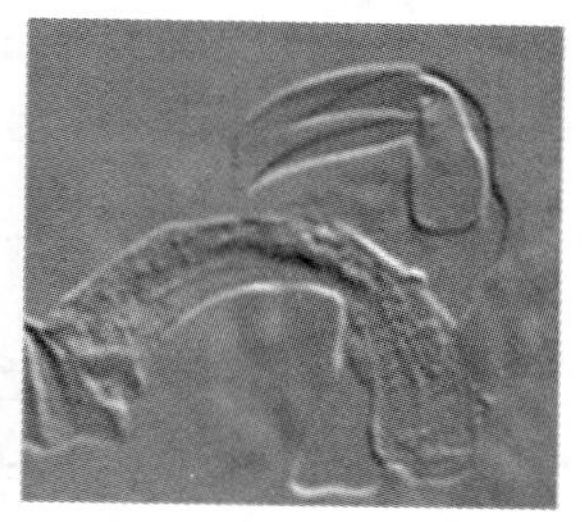

图 5-18　特征明显的图像经过若干个卷积层和 ReLU 层处理后效果会更明显

（3）池化层

在经过多个卷积层和 ReLU 层处理后，修正特征图数据被传送至池化层。池化是一种降采样操作，用于减少特征图的尺寸。特征图经过一个池化层会生成池化特征图。

池化层可以使用各种池化核（也称为过滤器）来标识图像的不同部分，比如边、角、身体、眼睛、鼻子、嘴等。

池化的算法很多，最常用的是最大池化算法，即取局部接受域中值最大的点。比如，在一个 4×4 的修正特征图上使用一个 2×2 的过滤器以步幅为 2 进行最大池化的过程，具体如图 5-19 所示。

修正特征图经过池化层处理后的对比如图 5-20 所示。

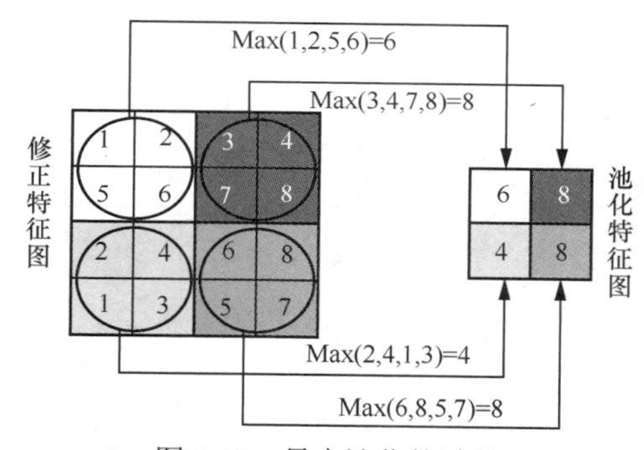

图 5-19　最大池化的过程

修正特征图　　池化特征图

图 5-20　修正特征图经过池化层处理后的对比

（4）扁平化层

池化层的下一层是扁平化层。扁平化层的作用是将矩阵转换为全连接层的输入。也就是说，将池化特征图的二维数组转化为一维数组，具体方法如图 5-21 所示。

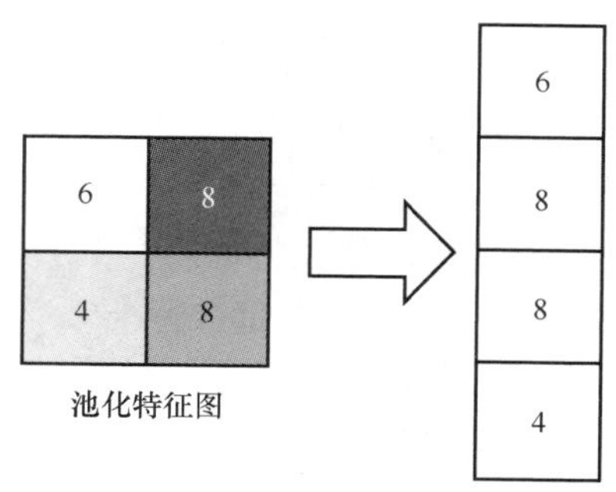

图 5-21　扁平化层的作用

（5）全连接层

全连接层位于卷积神经网络的最后，用于将前面各层提取到的特征汇总在一起，最终得出输入图像所属分类的概率。全连接层的每一个节点都与上一层的所有节点相连因而称之为全连接层。

全连接层的输入是一维数组，每个神经元都以上一层的每个神经元的输出为输入参数。例如，有一个全连接层 FC1，其输入为 x_1、x_2 和 x_3，其输出为 y_1、y_2 和 y_3，则计算公式如下。

$$y_1 = f(W_{11} \cdot x_1 + W_{12} \cdot x_2 + W_{13} \cdot x_3 + b_1)$$

$$y_2 = f(W_{21} \cdot x_1 + W_{22} \cdot x_2 + W_{23} \cdot x_3 + b_2)$$

$$y_3 = f(W_{31} \cdot x_1 + W_{32} \cdot x_2 + W_{33} \cdot x_3 + b_3)$$

其中，W_{ij} 是当前神经元和上一层神经元之间连接的权重，b_i 是连接的偏差值。$f()$ 是激活函数。

由于这种全连接的特性，一般全连接层的参数也是最多的，因此全连接层的计算量很大。一般卷积神经网络中只有 1～2 个全连接层。

7．卷积神经网络的网络拓扑

综上所述，卷积神经网络的网络拓扑如图 5-22 所示。

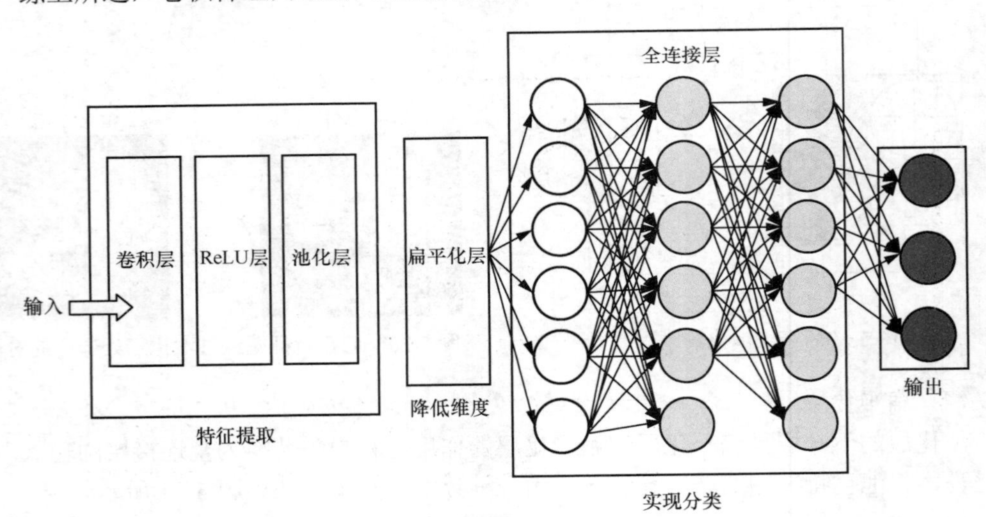

图 5-22　卷积神经网络的网络拓扑

用卷积神经网络识别图片中物体的详细流程如下。

① 从图片中读取像素值，并将其传送至卷积层执行卷积操作，得到特征图。

② 将特征图传送至 ReLU 层，生成修正特征图。

③ 图像经过多个卷积+ReLU 层处理，以定位特征。

④ 使用不同过滤器的不同池化层用于标识图像的特定部分，得到池化特征图。

⑤ 池化特征图经过扁平化处理后被传送至全连接层，汇总特征信息，输出最终结果，即图片中物体属于各种分类的概率。

8．空洞卷积

空洞卷积在卷积层中引入了一个叫作膨胀率的参数，用于定义卷积核中一个值在其对应的感受野的上、下、左、右各占有的空间。例如有一个 3×3 的卷积核，当膨胀率为 1 时，相当于没有膨胀，因为每个值在其对应的感受野的上、下、左、右各个方向上还是只占有一个空间，如图 5-23 所示。当膨胀率为 2 时，感受野膨胀为 7×7，如图 5-24 所示。

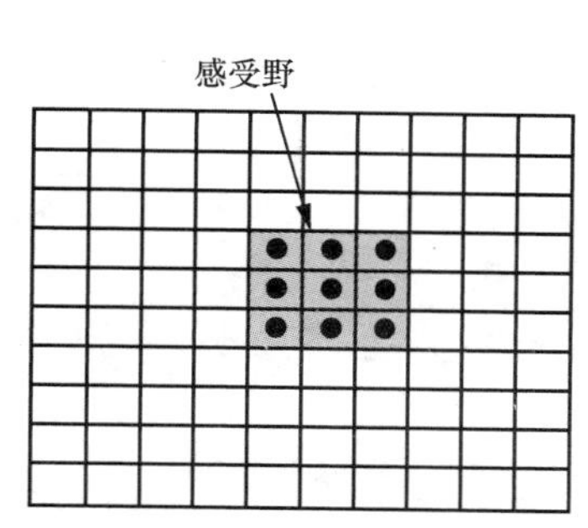

图 5-23　3×3 的卷积核，当膨胀率为 1 时的感受野

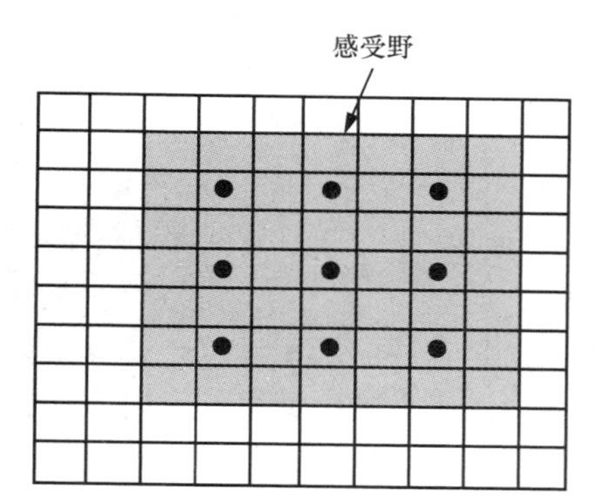

图 5-24　3×3 的卷积核，当膨胀率为 2 时的感受野

空洞卷积在没有增加计算量的情况下，扩充了感受野，从而加速了卷积计算的过程。空洞卷积在实时图像分割领域非常流行。

9．转置卷积

转置卷积也称反卷积，是一种上采样的方法。“上采样”是指实现图像由小分辨率到大分辨率的映射操作。之所以要做上采样是因为图像在经过卷积层处理后输出的尺寸会缩小，有时需要将图像恢复到原来的尺寸再做计算。

转置卷积试图做正常卷积的逆向操作，但是卷积操作是不可逆的。因此转置卷积不是从输出和卷积核推导出输入的过程，只是计算出了保持对应位置关系的矩阵。这里不展开介绍转置卷积实现逆向操作的方法。

10．深度可分离卷积

在可分离卷积中，可以将卷积核操作拆分成多个步骤。卷积运算的公式如下。

$$y = \mathrm{conv}(x, k)$$

其中，y 是输出，x 是输入，k 是卷积核。可以将 k 拆分为 $k1$ 和 $k2$，计算公式如下。

$$k = k1.\mathrm{dot}(k2)$$

dot( )表示矩阵乘法。这就是可分离卷积，因为这样可以使用 $k1$ 和 $k2$ 来进行 2 个一维卷积操作，替代原来的二维卷积操作。例如，在图像处理中经常使用的索伯算子包含 2 组 3×3 的矩阵，其内容如图 5-25 所示。

−1	0	+1
−2	0	+2
−1	0	+1

+1	+2	+1
0	0	0
−1	−2	−1

图 5-25　索伯算子包含的 2 组 3×3 矩阵

可以通过行向量和列向量相乘得到这 2 个矩阵。例如，右边的矩阵等于行向量[1, 0, −1]和列向量[1,2,1].T 相乘。这样，完成同样的操作就只需要 6 个参数，而不是原来的 9 个参数。从而减少了计算量。

上面的应用被称为空间可分离卷积，通常不在深度学习中使用，仅供读者理解什么是可分离卷积。

在深度学习中，通常使用深度可分离卷积。可以通过下面的例子来理解深度可分离卷积。

假定在 16 路输入通道和 32 路输出通道上有一个 3×3 的卷积核，则每个通道都会被 32 个 3×3 的卷积核遍历得到 512（16×32）个特征图。接下来将每个输出通道的所有特征图加在一起，得到一个输出特征图。对 32 个输出通道做一次这样的累加，就得到了 32 个输出特征图。这正是预期的结果。

深度可分离卷积的工作原理与上面的过程类似，但是要复杂一些。过程如下。

① 使用一个 3×3 的卷积核遍历 16 个输入通道，得到 16 个特征图。

② 使用 32 个 1×1 的卷积核遍历 16 个输入通道，用到 656（16×3×3+16×32×1×1）个参数。

如果是普通的卷积运算，计算则会用到 4608（16×32×3×3）个参数。可见深度可分离卷积可以大大减少计算量，提高计算效率。

上面的例子演示了深度可分离卷积的实现过程。深度可分离卷积分为以下 2 个过程。

① 逐通道卷积：一个卷积核负责一个通道，一个通道只与一个卷积核进行卷积运算，这个过程产生的特征图的通道数和输入的通道数完全一样。

② 逐点卷积：运算与普通卷积运算非常相似，卷积核的尺寸为 $1\times1\times M$，M 为上一层的通道数。逐点卷积核是三维的，因此逐点卷积运算会将上一步的特征图在深度方向上进行加权组合，生成新的特征图。有几个卷积核就有几个输出特征图。

5.1.3 卷积神经网络的经典模型

卷积神经网络可以说是应用最成功的深度学习算法之一，近年来在计算机视觉和图像分类领域有很多经典应用。本节介绍 LeNet-5、AlexNet、ResNet 和 VGG Net 等经典卷积神经网络模型的工作原理和网络结构。

1. LeNet-5

LeNet 是卷积神经网络的第 1 个模型，又称 LeNet-5，是早期卷积神经网络中最有代表性的实验系统之一。很多美国银行都使用 LeNet-5 模型来识别支票上的手写数字。

LeNet-5 模型流行的主要原因是它具有简单、易懂的网络结构。LeNet-5 是用于图像分类的多层卷积神经网络。LeNet-5 的网络结构如图 5-26 所示。

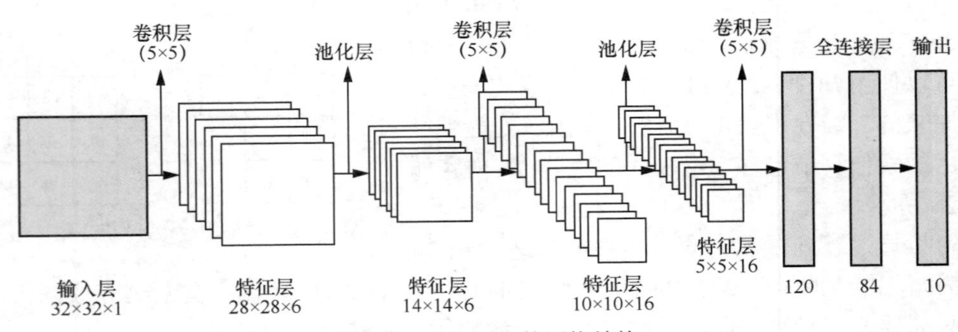

图 5-26　LeNet-5 的网络结构

具体说明如下。

① LeNet-5 有 3 个卷积层和 2 个池化层，这 5 个隐藏层的参数是可学习的，这也是 LeNet-5 得名的原因。

② LeNet-5 的输入是 32×32 的灰度图片，因此输入通道数为 1，输入数据的形状为 32×32×1。

③ 第 1 个卷积层使用 6 个 5×5 的卷积核，得到的特征图的形状为 28×28×6。通道的数量与卷积核的数量相同。

④ 第 1 个池化层采用平均池化算法将特征图的尺寸减小了一半。但是通道数保持不变。因此，经过第 1 个池化层处理后特征图的尺寸变成了 14×14×6。

⑤ 第 2 个卷积层使用 16 个 5×5 的卷积核，得到的特征图的形状为 10×10×16。

⑥ 第 2 个池化层采用平均池化算法将特征图的尺寸减小了一半。但是通道数保持不变。因此，经过第 2 个池化层处理后特征图的形状变成了 5×5×16。

⑦ 第 3 个卷积层使用 120 个 5×5 的卷积核，因此得到的特征图的形状为 1×1×120，然后将其扁平化处理为 120 个值。因此这一层相当于扁平化层。

⑧ 接下来是一个包含 84 个神经元的全连接层，该层的输出是 84 个值。

⑨ 最后一层是包含 10 个神经元和 Softmax 函数的输出层。Softmax 函数将每个输入数据指向一个特定的分类。最高值指向的分类就是预测值。

在 LeNet-5 模型的最初设计中，池化层采用的是平均池化算法，这是当时最流行的池化算法。但是，在实际应用中最大池化算法的效果更好，因此在近几年的应用中很多模型选择使用最大池化算法。本章介绍的在 MindSpore 框架中实现基于 LeNet-5 模型的手写数字识别实例中也采用最大池化算法。

2. AlexNet

AlexNet 是 2012 年 ILSVRC（ImageNet 大规模视觉识别比赛）夺冠的模型，在最初的 AlexNet 论文中给出的网络结构如图 5-27 所示。在模型训练和测试中，对 AlexNet 的网络结构还有一些微调。

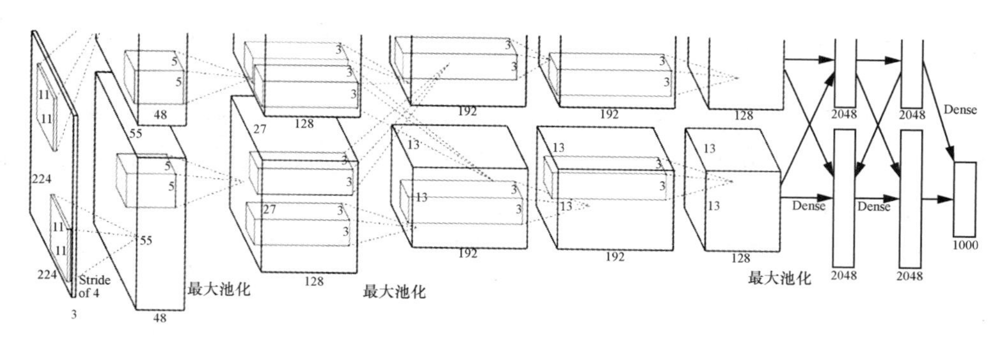

图 5-27　AlexNet 的网络结构

可以看到，AlexNet 被分成上下 2 层，所有参数也被一分为二。这是因为 AlexNet 采用两路 GPU 进行并行训练。AlexNet 包含 8 层，其中有 5 个卷积层和 3 个全连接层，具体说明如下。

① 输入层采用 224×224 的 RGB 3 通道图片，经过测试后调整为 227×227×3 的图片。

② 第 1 个隐藏层是卷积层，使用 96 个 11×11×3 的卷积核，在图 5-27 中上、下层各包含 48 个卷积核。步长 s=4。根据 5.1.2 小节介绍的公式，可以计算得到输出特征图的高度和宽度均为 55，计算过程如下。

$$高度/宽度= (227-11)/4 +1 = 216/4+1 = 54 + 1 = 55$$

第 1 个隐藏层的节点数为 55（W）×55（H）×48（C）×2 = 290400。

③ 第 2 个隐藏层也是卷积层，使用 256 个 5×5×48 的卷积核，在图 5-27 中的上、下层各包含 128 个卷积核。步长 s=2。

④ 第 3 个隐藏层也是卷积层，使用 384 个 3×3×128 的卷积核，在图 5-27 中的上、下层各包含 192 个卷积核。

⑤ 第 4 个隐藏层也是卷积层，使用 384 个 3×3×192 的卷积核，在图 5-27 中的上、下层各包含 192 个卷积核。

⑥ 第 5 个隐藏层也是卷积层，使用 256 个 3×3×192 的卷积核，在图 5-27 中的上、下层各包含 128 个卷积核。

⑦ 第 6 个隐藏层是全连接层，节点数为 4096，在图 5-27 中的上、下层各包含 2048 个节点。

⑧ 第 7 个隐藏层也是全连接层，节点数为 4096，在图 5-27 中的上、下层各包含 2048 个节点。

⑨ 第 8 个隐藏层是全连接层，节点数为 1000 个。

⑩ 除了最后一层，在其他层的最后都执行 ReLU 激活函数，最后一个全连接层也是 Softmax 输出层。

⑪ 在前面 2 个全连接层中应用 Dropout 算法，以防止过拟合。在第 1、2、5 个卷积层后面应用最大池化算法。

⑫ 在第 2、4、5 个卷积层中的节点只与同一个 GPU 的节点连接。

正如前面提及的，在模型训练和测试中，对 AlexNet 的网络结构还有一些微调。上面的数据仅供读者了解 AlexNet 的整体网络结构。本书不具体介绍使用 MindSpore 框架实现 AlexNet 的过程，因此不具体介绍每个隐藏层的特征图形状和节点数量。

3. ResNet

ResNet（残差网络）是 2015 年 ILSVRC 比赛的冠军，用于完成图像分类任务。图 5-28 列出了 2012—2015 年获得 ILSVRC 比赛冠军或亚军的知名卷积神经网络模型的网络层数和错误率对比数据。

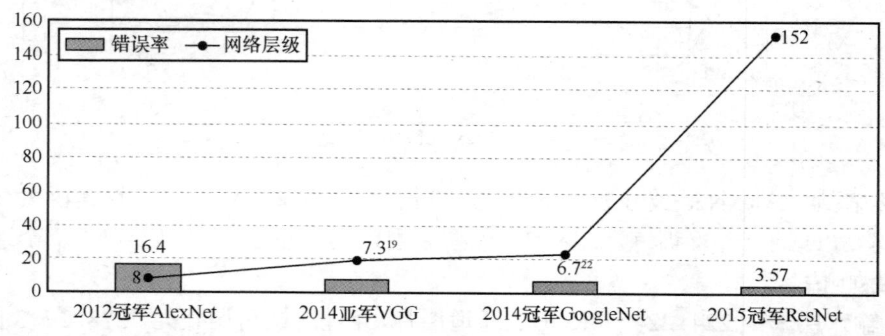

图 5-28　2012—2015 年获得 ILSVRC 比赛冠军或亚军的知名卷积神经网络模型的网络层数和错误率对比数据

可以看到，与之前的知名卷积神经网络模型相比，ResNet 不但错误率明显降低，而且网络层数大幅增加。

之前的卷积神经网络模型也并非没有想过大幅增加网络层数，以降低错误率。但是随着网络深度的增加，深度网络出现了退化问题，也就是当网络层数达到一定数量后，再增加层数，准确度会出现饱和，甚至出现下降。ResNet 之前的卷积神经网络模型都没有解决退化问题。

ResNet 通过引入“残差学习”的概念解决了深度神经网络的退化问题。残差学习的设计理念：网络层数达到一定数量后准确度会出现饱和，在一个浅层网络的基础上增加新层，建立深层网络时，新增的层就不再学习新的特征了，而是直接复制浅层网络的特征，这种做法被称为恒等映射。一个残差学习的构建块如图 5-29 所示。

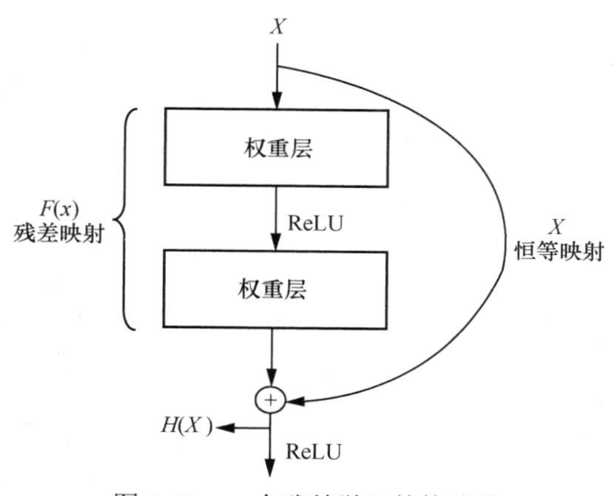

图 5-29　一个残差学习的构建块

可以看到，一个残差学习的构建块中包含 2 个映射，沿直线走下来的映射是残差映射 $F(x)$，沿曲线走下来的是恒等映射。恒等映射又称快捷连接。假定残差学习构建块的输入是 x，则恒等映射的值恒等于 x。假定残差学习构建块整体的映射为 $H(x)$，则 $H(x)$ 的计算公式如下。

$$H(x) = F(x) + x \tag{1}$$

残差映射是分层的，每层都有一个权重 W_i。于是，公式（1）可以表现为如下形式。

$$H(x) = F(x, \{W_i\}) + x \tag{2}$$

公式（1）中假定 $F(x, \{W_i\})$和 x 的形状相同，因此它们可以直接相加。训练的目的是使 $H(x)$达到最优，x 是恒等映射，不需要训练。因此，变成了训练 $F(x,W_i)$达到最优，这也是 ResNet 得名的原因。在实际应用中会包含很多个残差学习构建块。比如，一个 34 层 ResNet 的网络结构如图 5-30 所示。一个 34 层普通卷积神经网络的网络结构如图 5-31 所示。

可以看到，34 层 ResNet 在 34 层普通卷积神经网络的网络结构基础上增加了一系列快捷连接。实线的快捷连接表示输入和输出的形状相同，此时可以直接应用公式（2）进行计算；虚线的快捷连接表示输入和输出的形状不同，此时可以从如下方案中选择一个进行处理。

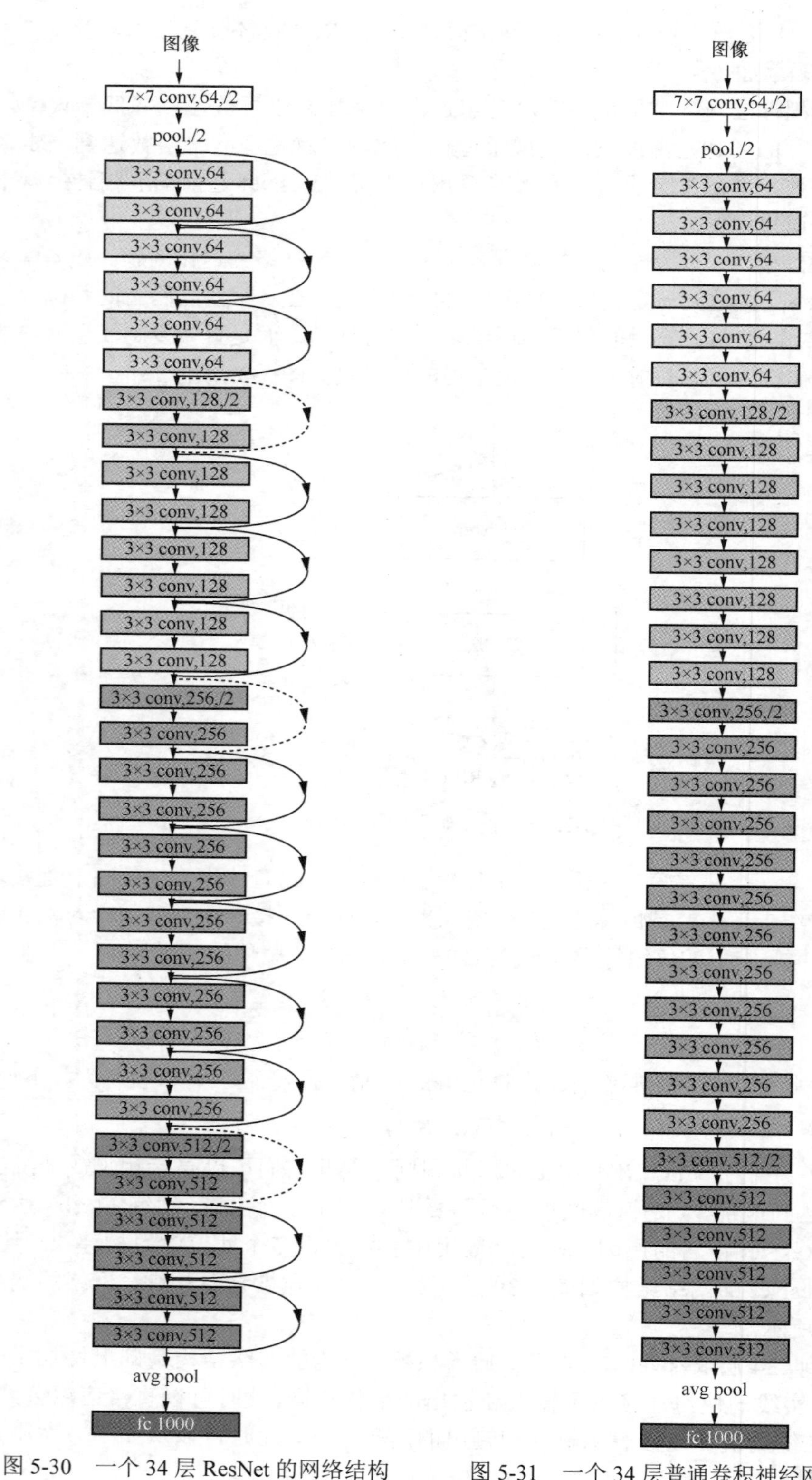

图 5-30　一个 34 层 ResNet 的网络结构

图 5-31　一个 34 层普通卷积神经网络的网络结构

① 使用 0 来填充以增加维度，然后依旧使用公式（2）进行计算。

② 在快捷连接上使用线性投影 W_s，以匹配维度，公式如下。

$$H(x) = F(x, \{W_i\}) + W_s x \tag{3}$$

5.5 节将介绍使用 ModelArts 训练 ResNet50 模型的实例。其中使用的是从 ModelArts AI Gallery 算法库中订阅的 ResNet50 算法。7.5 节将介绍使用 ResNet50 模型实现在线推理的过程。这两节内容旨在演示华为 AI 开发平台 ModelArts 对 MindSpore 框架的支持以及介绍 ResNet50 模型的应用场景，并不展开介绍 ResNet50 模型的实现方法。

4．VGG Net

VGG Net 在 ImageNet 中达到了 92.7%的前 5 名测试精度。它所使用的数据集中包含属于 1000 个类别的超过 1400 万张图片。

VGG16 的网络结构如图 5-32 所示。

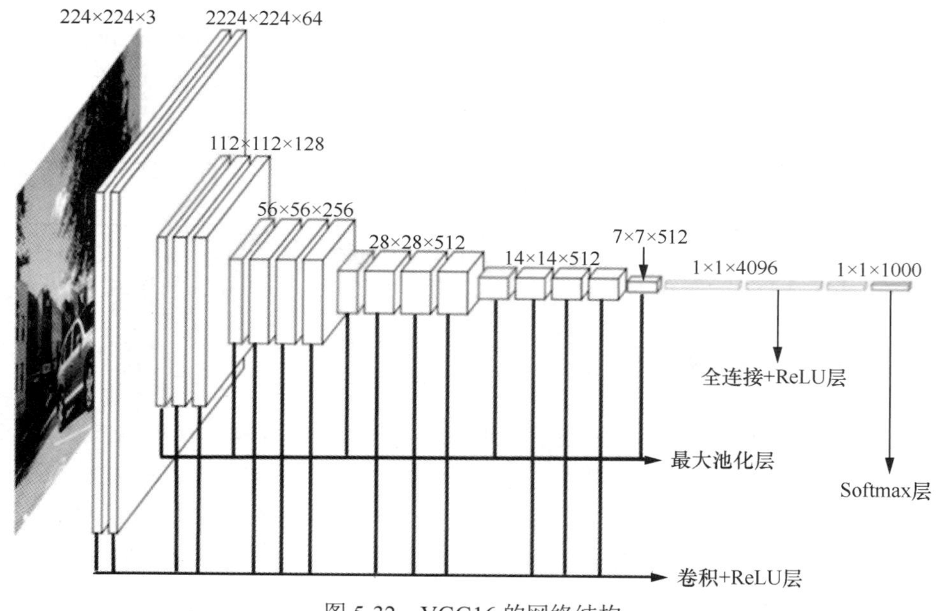

图 5-32　VGG16 的网络结构

具体说明如下。

① 输入层采用 224×224 的 RGB 3 通道图片。

② 网络中包含 13 个卷积+ReLU 层，其中使用 3×3×3 的卷积核。

③ 并不是每个卷积+ReLU 层后面都跟着池化层，VGG Net 中包含 5 个最大池化层，其中使用 2×2 的过滤器，步幅为 2。

④ VGG Net 中包含 3 个全连接层，它们的结构不完全相同。前面 2 个全连接层有 4096 个通道，第 3 个全连接层实现 1000 路的 ILSVRC 分类，因此包含 1000 个通道，每个分类对应一个通道。最后一层也是 Softmax 层。

本书不展开介绍实现 VGG Net 模型的具体方法，这里只简单介绍 VGG16 的网络结构，仅供读者了解经典卷积神经网络的基本情况。

5.2 在 MindSpore 框架中搭建神经网络

mindspore.nn 模块中包含了一些搭建神经网络所需要的算子，其中 nn 就是神经网络的缩写。本节介绍在 MindSpore 框架中搭建神经网络的方法。

5.2.1 在 MindSpore 框架中搭建神经网络的流程

前文中介绍了搭建神经网络的通用流程，这个流程在 MindSpore 框架中的具体体现如图 5-33 所示。

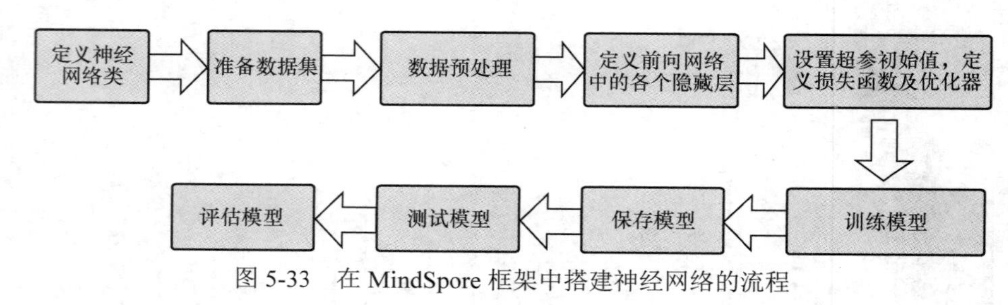

图 5-33 在 MindSpore 框架中搭建神经网络的流程

5.2.2 定义神经网络类

mindspore.nn.Cell 是 MindSpore 提供的神经网络基类。开发者可以通过继承此类创建自定义神经网络类。具体方法如下。

```
import mindspore.nn as nn
class <神经网络类名>(nn.Cell):
  def _init_(self):
    super(Net, self)._init_()
    #···
  def construct(self):
    #···
```

在自定义神经网络类中，需要重写构造函数_init_( )，并定义 construct( )函数。通常在_init_( )中定义所需要的运算，在 construct( )中使用定义好的运算构建前向网络。

Cell 可以是一个神经元，也可以是一组神经元构成的神经网络。

【例 5-2】 使用普通算子定义简单神经网络，代码如下。

```
import numpy as np
from mindspore import context, Tensor, ops, Parameter
from mindspore import dtype as ms
import mindspore.nn as nn

class Net(nn.Cell):
```

```
 # 定义神经网络需要使用的运算 self.mul、self.add 和参数 weight
  def _init_(self):
    super(Net, self)._init_()
    self.mul = ops.Mul()
    self.add = ops.Add()
    self.weight = Parameter(Tensor(np.array([1, 2, 3]), ms.float32))
 # 运用 self.mul 和 self.add 进行运算
  def construct(self, x):
    return self.add(self.mul(x, x), self.weight)

context.set_context(mode=context.PYNATIVE_MODE, device_target="CPU")
net = Net()
input = Tensor(np.array([4, 5, 6]))
output = net(input)
print(output)
```

程序在_init_( )中定义了神经网络需要使用的运算 self.mul 和 self.add，还定义了一个参数 weight。在 construct( )中运用 self.mul 和 self.add 进行运算，可以被理解为这是在构建前向网络。

严格地说，这并不是真正意义的神经网络。既没有激活函数，也没有反向传播网络，网络是不可训练的。但是却使用最简单的方式演示了定义神经网络类的基本方法。在程序的最后，演示了使用这个简单网络的方法，即传入一个 Tensor 对象，返回其自身相乘后加上权重 weight 的结果。

将 sample5_2.py 上传至 Ubuntu 服务器的$HOME/code/05 目录下，然后在 Ubuntu 服务器上运行，结果如下。

```
[17. 27. 39.]
```

5.2.3　在神经网络中定义隐藏层

在 mindspore.nn 模块中提供了一些算子，可以使用这些算子实现常用的隐藏层，例如卷积层、ReLU 层、池化层、扁平化层和全连接层等。

1．实现卷积层的算子

使用 mindspore.nn.Conv2d 算子可以实现二维卷积层，使用方法如下。

```
import mindspore.nn as nn
<输出数据> = nn.Conv2d(in_channels, out_channels, kernel_size, stride=1, pad_mode=
"same", padding=0, dilation=1, group=1, has_bias=False, weight_init="normal", bias_
init="zeros", data_format="NCHW")
```

参数说明如下。

① in_channels：输入通道的数量 Cin。

② out_channels：输出通道的数量 Cout。

③ kernel_size：int 类型或者是由 2 个 int 型数据组成的元组，用于指定二维卷积核的高度和宽度。如果只使用一个 int 型数据，则说明该值既是卷积核的高度也是卷积核的宽度；如果使用元组，则第一个元素指定卷积核的高度，第 2 个元素指定卷积核的宽度。

④ stride：int 类型或者是由 2 个 int 型数据组成的元组，用于指定卷积核移动的步幅。

如果使用一个 int 型数据，则说明在高度和宽度方向上同时移动此参数指定的步幅；如果使用元组，则第一个元素指定高度方向移动的步幅，第 2 个元素指定宽度方向移动的步幅。默认值为 1。

⑤ pad_mode：指定卷积层的填充模式，可选值见表 5-1。

表 5-1　参数 pad_mode 的可选值

可选值	说明
"same"	指定输出数据的高度和宽度分别与输入数据整除 stride 的值相同。如果选择这种模式，则参数 padding 的值必须为 0
"valid"	在不填充的情况下，返回有效计算所得的结果。如果选择这种模式，则参数 padding 的值必须为 0
"pad"	对输入进行填充。在输入数据的高度和宽度方向上分别填充 0，填充的数量由参数 padding 指定

⑥ padding：int 类型或者是由 4 个 int 型数据组成的元组，用于指定输入数据在各边上的填充数量。如果只使用一个 int 型数据，则说明该值是上、下、左、右的填充数量；如果使用元组，则上、下、左、右的填充数量分别为 padding[0]、padding [1]、padding[2] 和 padding[3]。默认值为 0。

⑦ dilation：int 类型或者是由 4 个 int 型数据组成的元组，用于指定空洞卷积的膨胀率。默认值为 1。

⑧ group：将卷积核拆分成的组数，深度卷积的参数。参数 in_channels 和 out_channels 必须能被 group 整除，默认值为 1。如果 group 和 in_channels、out_channels 相同，则这种二维卷积层就是二维深度可分离卷积层。

⑨ has_bias：指定该层是否使用偏差参数，默认值为 False。

⑩ weight_init：权重参数的初始化方法。可以是一个 Tensor 对象、字符串或一个数值。

⑪ bias_init：偏差参数的初始化方法。可以是一个 Tensor 对象、字符串或一个数值。

⑫ data_format：指定数据的格式，可选值为"NHWC"或"NCHW"。默认值为"NCHW"。其中，N 表示批处理大小，即一个批处理中的图像数量；C 表示通道数；H 表示图像的高度；W 表示图像的宽度。

【例 5-3】 在自定义神经网络中增加卷积层，代码如下。

```
import numpy as np
from mindspore import context, Tensor, ops, Parameter
from mindspore import dtype as ms
import mindspore.nn as nn

import mindspore.nn as nn
import mindspore.ops as ops
class MyCell(nn.Cell):
    def _init_(self):
        super(MyCell, self)._init_(auto_prefix=False)
        self.net = nn.Conv2d(3, 6, 5, pad_mode='valid')
        self.relu = ops.ReLU()
```

```
    def construct(self, x):
        y = self.net(x)
        return self.relu(y)

my_net = MyCell()
print(my_net.trainable_params())
```

程序在自定义神经网络 MyCell 中定义了一个二维卷积层，输入通道数为 3，输出通道数为 6，卷积核的高度和宽度均为 5，不对输入进行填充。

使用 ReLU 作为激活函数。可以看到，卷积层的输出 y 是激活函数 ops.ReLU( )的输入，从而建立了 2 个隐藏层之间的连接关系。

将 sample5_3.py 上传至 Ubuntu 服务器的$HOME/code/05 目录下，然后在 Ubuntu 服务器上运行，结果如下。

```
[Parameter (name=net.weight, shape=(6, 3, 5, 5), dtype=Float32, requires_grad=True)]
```

trainable_params( )方法可以返回当前网络的所有可训练参数。本例中返回参数 weight。

除了 Conv2d，mindspore.nn 模块中还包含一组算子实现一维卷积层、三维卷积层和转置卷积层等相关功能，这里不展开介绍。

2．实现池化层的算子

使用 mindspore.nn.MaxPool2d 算子可以实现二维最大池化层，使用方法如下。

```
import mindspore.nn as nn
<输出数据> = nn.MaxPool2d(kernel_size=1, stride=1, pad_mode="valid", data_format="NCHW")
```

参数说明如下。

① kernel_size：int 类型或者是由 2 个 int 型数据组成的元组，用于指定二维池化核的高度和宽度。如果只使用一个 int 型数据，则说明该值既是池化核的高度也是池化核的宽度；如果使用元组，则第一个元素指定池化核的高度，第 2 个元素指定池化核的宽度。默认值为 1，即不做池化。

② stride：池化核移动的步幅，默认值为 1。

③ pad_mode：指定填充模式，可选值为"same"和"valid"。"same"表示输出的高度和宽度与输入完全相同。池化处理后缩小的部分将在上、下、左、右以 0 填充。"valid"表示不做填充。

④ data_format：指定数据的格式，可选值为"NHWC"或"NCHW"。默认值为" NCHW "。

除了 mindspore.nn.MaxPool2d，mindspore.nn 模块还提供了一维最大池化层和平均池化层等相关算子。平均池化指在池化操作过程中取局部接受域中值的平均值。平均池化算子为 mindspore.nn.AvgPool2d。在实际应用中最大池化算法的效果更好。

3．实现扁平化层的算子

mindspore.nn.Flatten 算子可以实现扁平化层，使用方法如下。

```
import mindspore.nn as nn
net = nn.Flatten()
<输出数据>=net(<输入数据>)
```

<输入数据>可以是形状为$(N, *)$的 Tensor 对象。<输出数据>的形状为(N, X)，其中 X 是输入 x 除 N 之外的其余维度的乘积。

【例 5-4】 使用 mindspore.nn.Flatten 算子对数据进行扁平化处理，代码如下。

```
import numpy as np
from mindspore import context, Tensor
import mindspore.nn as nn
context.set_context(mode=context.PYNATIVE_MODE, device_target="CPU")
x = Tensor(np.array([[[1, 2], [3, 4]], [[5, 6], [7, 8]]]), mindspore.float32)
net = nn.Flatten()
output = net(x)
print(output)
```

输入是形状为(2,2,2)的三维 Tensor 对象，按照规则输出应该是形状为(2,4)的二维 Tensor 对象。第 1 个维度保留，后面的维度被扁平化处理。

将 sample5_4.py 上传至 Ubuntu 服务器的$HOME/code/05 目录下，然后在 Ubuntu 服务器上运行，结果如下。

```
[[1. 2. 3. 4.]
 [5. 6. 7. 8.]]
```

4．实现全连接层的算子

mindspore.nn.Dense 算子可以实现全连接层，使用方法如下。

```
import mindspore.nn as nn
net = nn.Dense(<输入通道数>, <输出通道数>,weight_init="normal",bias_init="zeros",
has_bias=True, activation=None)
<输出数据>=net(<输入数据>)
```

参数 weight_init 指定初始化权重矩阵的函数名，参数 bias_init 指定初始化偏差矩阵的函数名。has_bias 通常使用默认设置即可。参数 activation 指定应用于全连接层的激活函数，例如"ReLU"，默认值为 None。

mindspore.nn.Dense 算子按如下公式计算输出数据。

$$\text{<输出数据>}=\text{activation}(X*\text{kernel}+\text{bias})$$

参数说明如下。

① X：输入数据。

② kernel：由全连接层创建的权重矩阵，与输入参数 X 的数据类型一致。

③ bias：由全连接层创建的偏差向量，与输入参数 X 的数据类型一致。

mindspore.nn.Dense 算子的输入是形状为(*, <输入通道数>)的 Tensor 对象。*代表任意维度，比如*可以是批量大小，以便对训练批次中每个样本提取特征，计算预测值。

mindspore.nn.Dense 算子的输出是形状为(*, <输出通道数>)的 Tensor 对象。

【例 5-5】 演示 mindspore.nn.Dense 算子的使用方法，代码如下。

```
import mindspore
import numpy as np
from mindspore import context, Tensor
import mindspore.nn as nn
context.set_context(mode=context.PYNATIVE_MODE, device_target="CPU")
x = Tensor(np.array([[10, 20, 30], [40, 50, 60]]), mindspore.float32)
net = nn.Dense(3, 4)
output = net(x)
print(output)
```

例 5-5 每次的运行结果会不一样，因为每次运行都会重新初始化参数。但是输出数据的形状是确定的。因为输入数据的形状是(2,3)，并且输出通道数的参数为 4，所以输出数据的形状是(2,4)。

5.2.4　自动微分

自动微分是实现神经网络反向传播算法的重要方法，也是 MindSpore 框架的重要特性之一，可以使用户跳过复杂的求导过程直接进行编程。

1．计算一阶导数

使用 mindspore.ops.GradOperation 算子可以计算一阶导数，方法如下。

```
import mindspore.ops as ops

grad_op = ops.GradOperation(get_all=False, get_by_list=False, sens_param=False)
gradient_function = self.grad_op(<需要求导数的网络>)
<求导的结果> = gradient_function(需要求导数网络的参数)
```

参数说明如下。

① get_all：是否对输入参数进行求导。如果等于 True，获得所有输入的梯度；否则只获得第一个输入的梯度。

② get_by_list：是否对权重参数进行求导。

③ sens_param：是否对网络的输出值进行缩放以改变最终的梯度。

这 3 个参数的默认值都为 False。

【例 5-6】　演示使用 GradOperation 算子对输入求一阶导数的方法，实现的过程如下。

① 定义一个需要求导数的网络 Net，代码如下。

```
from mindspore import ParameterTuple, Parameter
from mindspore import context, Tensor
from mindspore.ops.composite import GradOperation
from mindspore.ops import operations as P
import mindspore.nn as nn
import mindspore.ops as ops
import numpy as np
class Net(nn.Cell):
    def _init_(self):
        super(Net, self)._init_()
        self.matmul = P.MatMul()
        self.z = Parameter(Tensor(np.array([1.0], np.float32)), name='z')
    def construct(self, x, y):
        x = x * self.z
        out = self.matmul(x, y)
        return out
```

类 Net 定义了一个实现以下公式的网络。

$$f(x,y)=z\times x\times y$$

其中 z 是一个只包含一个元素 1.0 的 Tensor 对象。

类 Net 中包含一个 matmul( )方法，通过 mindspore.ops.operations.MatMul 算子实现矩

阵乘法。

② 定义一个求导网络 GradNetWrtX，对指定网络进行求导操作并返回结果，代码如下。

```
class GradNetWrtX(nn.Cell):
    def _init_(self, net):
        super(GradNetWrtX, self)._init_()
        self.net = net
        self.grad_op = ops.GradOperation()

    def construct(self, x, y):
        gradient_function = self.grad_op(self.net)
        return gradient_function(x, y)
```

程序使用 mindspore.ops.GradOperation 算子对传入的网络求一阶倒数，并返回结果。

③ 在主程序里调用求导网络 GradNetWrtX，对网络 Net 进行求导操作并返回结果，代码如下。

```
context.set_context(mode=context.PYNATIVE_MODE, device_target="CPU")
x = Tensor([[0.8, 0.6, 0.2], [1.8, 1.3, 1.1]], dtype=mstype.float32)
y = Tensor([[0.11, 3.3, 1.1], [1.1, 0.2, 1.4], [1.1, 2.2, 0.3]], dtype=mstype.float
32)
output = GradNetWrtX(Net())(x, y)
print(output)
```

将 sample5_6.py 上传至 Ubuntu 服务器的$HOME/code/05 目录下，然后在 Ubuntu 服务器上运行，结果如下。

```
[[4.51       2.7        3.6000001]
 [4.51       2.7        3.6000001]]
```

【例 5-7】 演示使用 GradOperation 算子对权重求一阶导数的方法，实现的过程如下。

① 需要求导数的网络 Net 的代码与例 5-6 相同。

② 定义一个对权重求一阶导数的网络 GradNetWrtX，代码如下。

```
class GradNetWrtX(nn.Cell):
    def _init_(self, net):
        super(GradNetWrtX, self)._init_()
        self.net = net
        self.params = ParameterTuple(net.trainable_params())
        self.grad_op = ops.GradOperation(get_by_list=True)

    def construct(self, x, y):
        gradient_function = self.grad_op(self.net, self.params)
        return gradient_function(x, y)
```

程序在调用 ops.GradOperation 算子时设置参数 get_by_list=True，指定对权重求一阶导数。

③ 在主程序里调用求导网络 GradNetWrtX，对网络 Net 进行求导操作并返回结果，代码如下。

```
context.set_context(mode=context.PYNATIVE_MODE, device_target="CPU")
x = Tensor([[0.8, 0.6, 0.2], [1.8, 1.3, 1.1]], dtype=mstype.float32)
y = Tensor([[0.11, 3.3, 1.1], [1.1, 0.2, 1.4], [1.1, 2.2, 0.3]], dtype=mstype.float
32)
```

```
output = GradNetWrtX(Net())(x, y)
print(output)
```

将 sample5_7.py 上传至 Ubuntu 服务器的$HOME/code/05 目录下，然后在 Ubuntu 服务器上运行，结果如下。

```
(Tensor(shape=[1], dtype=Float32, value= [ 2.15360012e+01]),)
```

2．对梯度值进行缩放

在进行数据处理时，通常需要对数据进行归一化处理，将数据转化为 0～1 的数值。经过归一化后再计算梯度，得到的数值会比较小，需要将 mindspore.ops.GradOperation 算子的参数 sens_param 设置为 True 对梯度值进行缩放。

【例 5-8】 演示使用 mindspore.ops.GradOperation 算子对梯度值进行缩放的方法，实现的过程如下。

① 需要求导数的网络 Net 的代码与例 5-6 相同。

② 将例 5-7 中的类 GradNetWrtX 修改成如下代码。

```
class GradNetWrtX(nn.Cell):
    def _init_(self, net):
        super(GradNetWrtX, self)._init_()
        self.net = net
        self.grad_op = ops.GradOperation(sens_param=True)
        self.grad_wrt_output = Tensor([[0.1, 0.6, 0.2], [0.8, 1.3, 1.1]],
                                      dtype=mstype.float32)

    def construct(self, x, y):
        gradient_function = self.grad_op(self.net)
        return gradient_function(x, y, self.grad_wrt_output)
```

程序在调用 ops.GradOperation 算子时设置参数 sens_param=True，指定对梯度值进行缩放。

③ 在主程序里调用求导网络 GradNetWrtX，对网络 Net 进行求导操作并返回结果，代码如下。

```
#pynative 模式
context.set_context(mode=context.PYNATIVE_MODE, device_target="CPU")
x = Tensor([[0.8, 0.6, 0.2], [1.8, 1.3, 1.1]], dtype=mstype.float32)
y = Tensor([[0.11, 3.3, 1.1], [1.1, 0.2, 1.4], [1.1, 2.2, 0.3]],
           dtype=mstype.float32)
output = GradNetWrtX(Net())(x, y)
print(output)
```

将 sample5_8.py 上传至 Ubuntu 服务器的$HOME/code/05 目录下，然后在 Ubuntu 服务器上运行，结果如下。

```
[[2.211      0.51      1.49      ]
 [5.5880003 2.68      4.0699997]]
```

3．停止计算梯度

使用 mindspore.ops.stop_gradient 算子可以禁止当前网络内的指定算子计算梯度。

【例 5-9】 演示使用 mindspore.ops.stop_gradient 算子停止计算梯度的方法，代码如下。

```
import numpy as np
import mindspore.nn as nn
```

```
import mindspore.ops as ops
from mindspore import context, Tensor
from mindspore import ParameterTuple, Parameter
from mindspore import dtype as mstype
from mindspore.ops import stop_gradient

class Net1(nn.Cell):
    def _init_(self):
        super(Net, self)._init_()
        self.matmul = ops.MatMul()

    def construct(self, x, y):
        out1 = self.matmul(x, y)
        out2 = self.matmul(x, y)
        out2 = stop_gradient(out2)
        out = out1 + out2
        return out

class Net2(nn.Cell):
    def _init_(self):
        super(Net, self)._init_()
        self.matmul = ops.MatMul()

    def construct(self, x, y):
        out1 = self.matmul(x, y)
        out2 = self.matmul(x, y)
        out = out1 + out2
        return out

class GradNetWrtX(nn.Cell):
    def _init_(self, net):
        super(GradNetWrtX, self)._init_()
        self.net = net
        self.grad_op = ops.GradOperation()

    def construct(self, x, y):
        gradient_function = self.grad_op(self.net)
        return gradient_function(x, y)

context.set_context(mode=context.PYNATIVE_MODE, device_target="CPU")
x = Tensor([[0.8, 0.6, 0.2], [1.8, 1.3, 1.1]], dtype=mstype.float32)
y = Tensor([[0.11, 3.3, 1.1], [1.1, 0.2, 1.4], [1.1, 2.2, 0.3]],
           dtype=mstype.float32)
output = GradNetWrtX(Net1())(x, y)
print("对 Net1 计算一阶导数的结果：", output)
output = GradNetWrtX(Net2())(x, y)
print("对 Net2 计算一阶导数的结果：", output)
```

将 sample5_9.py 上传至 Ubuntu 服务器的$HOME/code/05 目录下，然后在 Ubuntu 服务器上运行，结果如下。

```
对 Net1 计算一阶导数的结果： [[4.51         2.7          3.6000001]
 [4.51        2.7         3.6000001]]
对 Net2 计算一阶导数的结果： [[9.02         5.4          7.2000003]
 [9.02        5.4         7.2000003]]
```

程序中定义了 Net1 和 Net2 这 2 个网络，其中 Net1 中使用了 stop_gradient 算子禁用计算梯度，而 Net2 并没有。因此，对 Net1 计算一阶导数的结果与对 Net2 计算一阶导数的结果是不同的。

5.2.5　设置超参初始值

神经网络中常用的超参包括批次大小、学习率和训练轮次。设置这些超参的方法各不相同，具体介绍如下。

1．设置批次大小超参

调用数据集对象的 batch( )方法可以设置每个训练轮次处理的数据条数，即批次大小，方法如下。

```
<分批后的数据集对象>=<分批前的数据集对象>.batch(batch_size)
```

2．设置学习率超参

在设置优化器的同时，需要指定学习率超参，关于优化器和学习率相关的算子可以参照 4.4 节理解。5.5.5 小节会结合实例介绍在定义优化器时设置学习率超参的方法。

3．设置训练轮次超参

在启动模型训练的同时，需要指定训练轮次 epoch 超参，具体方法将在 5.3.2 节介绍。

5.2.6　设置损失函数和优化器

前文中介绍了损失函数和优化器的相关算子，可以先使用这些算子创建损失函数对象和优化器对象，然后在创建模型对象时作为参数传入模型，具体方法将在 5.3.1 节介绍。

5.3　模型训练

定义神经网络的最后一步是模型训练，系统会根据前面各步骤设置的前向网络、超参、损失函数和优化器，按照前向计算、计算损失函数、反向传播的流程使用训练集进行模型训练。对于训练好的模型，可以使用测试集中的数据进行测试。MindSpore 模型训练和测试的流程如图 5-34 所示。本节介绍 MindSpore 模型训练的方法。

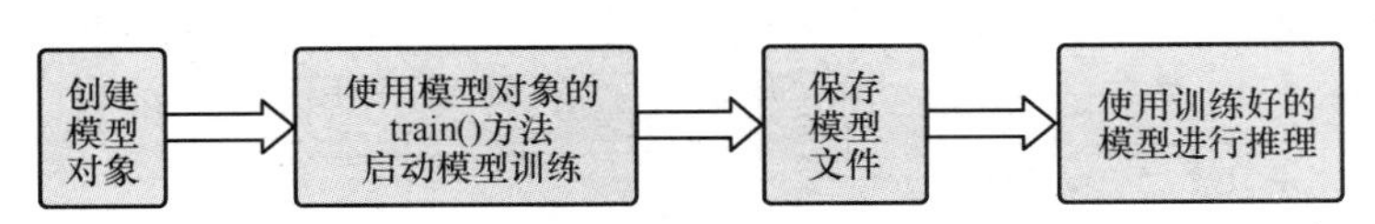

图 5-34　MindSpore 模型训练和测试的流程

5.3.1 创建模型对象

类 mindspore.Model 可以用于创建模型对象，并进行模型训练和推理。其基本使用方法如下。

```
from mindspore import Model
<模型对象>= Model(<神经网络对象>, loss_fn=<损失函数>, optimizer=<优化器>, metrics=None)
```

参数 metrics 是用于模型评估的一组评估函数，例如{'accuracy', 'recall'}，默认值为None。'accuracy'用于指定返回模型预测的准确率，'recall'用于指定返回模型召回率。召回率是分类问题的评价指标，指在所有正类别样本中，被正确识别为正类别的比例。

5.3.2 训练模型

可以通过模型对象实现训练模型的功能，方法如下。

```
<模型对象>.train(<训练轮次 epoch>, <训练数据集>, callbacks=None, dataset_sink_mode=True,
 sink_size=-1)
```

参数 callbacks 指定训练过程中回调的函数，可以用于打印训练过程信息。

参数 dataset_sink_mode 指定是否将数据通过通道下沉到设备上，以加快训练的速度。参数 sink_size 指定每次下沉数据的数据量，如果 dataset_sink_mode 等于 False，则 sink_size 无效；如果 sink_size 等于−1，则每个训练轮次下沉所有数据集；默认值为−1。

5.3.3 保存模型

在模型训练过程中，可以添加检查点（CheckPoint）用于自动保存模型的参数；也可以手动保存模型，以便执行模型测试、评估、推理和再训练时使用。本小节介绍保存 MindSpore 模型的方法。

1．使用 Callback 机制生成 CheckPoint 格式文件

CheckPoint 格式文件是 MindSpore 用于存储所有训练参数值的二进制文件，它采用了 Google 的 Protocol Buffers 机制，与开发语言、平台无关，具有良好的可扩展性。

在前文中介绍训练模型时，讲解了 train( )方法的使用，其中有一个 callbacks 参数。如果向 callbacks 参数中传入一个 ModelCheckpoint 对象，则会在训练过程中定期将模型和参数保存为 CheckPoint 格式文件。具体方法如下。

```
from mindspore.train.callback import ModelCheckpoint
< ModelCheckpoint 对象>= ModelCheckpoint(prefix="CKP", directory=None, config=None)
<模型对象>.train(<训练轮次 epoch>, <训练数据集>, callbacks=< ModelCheckpoint 对象>)
```

创建 ModelCheckpoint 对象时使用的参数说明如下。

① prefix：指定生成 CheckPoint 格式文件的前缀名，默认为“CKP”。

② directory：指定存储 CheckPoint 格式文件的目录，默认为当前目录。

③ config：指定检查点的策略配置。

如果使用 Callback 机制生成 CheckPoint 格式文件，则在训练结束后，会在当前目录或指定目录下生成一系列 CheckPoint 格式文件。文件名的格式如下。

```
<前缀>-<epoch 序号>_<步骤序号>.ckpt
```

其中前缀是可以配置的，扩展名.ckpt 是固定的。在模型训练的过程中，每个训练轮次的每个步骤都会生成一个 CheckPoint 格式文件。例如，在训练 LeNet-5 模型过程中生成的 CheckPoint 格式文件如图 5-35 所示。5.4.3 小节将结合 LeNet-5 模型的源代码介绍使用 Callback 机制生成 CheckPoint 格式文件的方法。

checkpoint_lenet-1_1875.ckpt	483 KB	2022/8/25 21:06:39
checkpoint_lenet-2_1875.ckpt	483 KB	2022/8/25 21:07:11
checkpoint_lenet-3_1875.ckpt	483 KB	2022/8/25 21:07:43
checkpoint_lenet-4_1875.ckpt	483 KB	2022/8/25 21:08:15
checkpoint_lenet-5_1875.ckpt	483 KB	2022/8/25 21:08:46
checkpoint_lenet-6_1875.ckpt	483 KB	2022/8/25 21:09:18
checkpoint_lenet-7_1875.ckpt	483 KB	2022/8/25 21:09:50
checkpoint_lenet-8_1875.ckpt	483 KB	2022/8/25 21:10:22
checkpoint_lenet-9_1875.ckpt	483 KB	2022/8/25 21:10:55
checkpoint_lenet-10_1875.ckpt	483 KB	2022/8/25 21:11:27

图 5-35　在训练 LeNet-5 模型过程中生成的 CheckPoint 格式文件

在创建 ModelCheckpoint 对象时可以传入一个 CheckpointConfig 对象来设置检查点的配置策略。MindSpore 提供了迭代策略和时间策略两种保存检查点的策略。

创建 CheckpointConfig 对象的基本方法如下。

```
from mindspore.train.callback import ModelCheckpoint, CheckpointConfig
<CheckpointConfig 对 象 > = CheckpointConfig (save_checkpoint_steps=1, save_checkpoint_seconds=0, keep_checkpoint_max=5, keep_checkpoint_per_n_minutes=0)
```

其中常用的参数说明如下。

① save_checkpoint_steps：指定每隔多少个步骤（step）保存一次 CheckPoint 格式文件，默认值为 1。

② save_checkpoint_seconds：指定每隔多少秒保存一次 CheckPoint 格式文件，默认值为 0，即不启用此选项。

③ keep_checkpoint_max：指定最多保存 CheckPoint 格式文件的数量，默认值为 5。

④ keep_checkpoint_per_n_minutes：指定每隔多少分钟保存一次 CheckPoint 格式文件，默认值为 0，即不启用此选项。

创建 CheckpointConfig 对象时，还可以使用一些不常用的参数，通常保持默认值即可。

在实际应用时，通常将配置信息存放在配置文件中，然后在模型程序中加载并应用 CheckPoint 策略。

2．调用 save_checkpoint 方法保存 CheckPoint 格式文件

调用 save_checkpoint 方法可以手动保存 CheckPoint 格式文件，基本使用方法如下。

```
from mindspore import save_checkpoint
save_checkpoint(save_obj, ckpt_file_name)
```

参数说明如下。

① save_obj：可以是一个 Cell 对象，即指定要保存的网络；也可以是包含要保存信息的列表。

② ckpt_file_name：指定保存的 checkpoint 文件名。

使用 save_checkpoint 方法保存一个网络的示例如下。

```
net = LeNet5()
save_checkpoint(net, "lenet.ckpt")
```

使用 save_checkpoint 方法保存一个信息列表的示例如下。

```
save_list = [{"name": "lr", "data": Tensor(0.01, mstype.float32)}, {"name": "train_
epoch", "data": Tensor(20, mstype.int32)}]
save_checkpoint(save_list, "hyper_param.ckpt")
```

第 7 章将介绍加载 CheckPoint 格式文件，并用于测试模型和评估模型的方法。

5.4 基于 LeNet-5 模型的手写数字识别实例

本节通过实现基于 LeNet-5 模型的手写数字识别实例介绍 MindSpore 框架训练和测试神经网络模型的方法。

5.4.1 搭建环境

在 Ubuntu 虚拟机上搭建训练、测试和评估 LeNet-5 模型的环境。

1．下载数据集

本节实例使用 MNIST 数据集。MNIST 是非常著名的手写体数字识别数据集，其中包含 70000 张手写数字灰度图像，训练图像 60000 张，测试图像 10000 张。

在相关页面中下载表 5-2 所示的 4 个文件。

表 5-2　MNIST 数据集中的文件

文件名	大小	说明
train-images-idx3-ubyte.gz	9.45MB	训练集中的图像数据
train-labels-idx1-ubyte.gz	28.2KB	训练集中的标签数据
t10k-images-idx3-ubyte.gz	1.57MB	测试集中的图像数据
t10k-labels-idx1-ubyte.gz	4.43KB	测试集中的标签数据

本书提供的附赠源代码包中\05\lenet-5\datasets 目录下包含 MNIST 数据集。其中 train 文件夹下存储训练集文件，test 文件夹下存储测试集文件。

2．准备模型

在前文下载的 ModelZoo 模型库中的 models-master\official\cv\lenet 目录下保存着 LeNet-5 的预训练模型。将 lenet 文件夹上传至 Ubutun 服务器的$HOME\code\lenet-5 目录下，以备后面训练、测试和验证模型时使用。

3．搭建环境

在 Ubuntu 服务器上搭建训练、测试和评估 LeNet-5 模型的环境。将本书附赠源代码包中的 lenet-5 文件夹上传至 Ubuntu 服务器的$HOME/code 目录下。在 lenet 文件夹下创建一个 output 文件夹用于保存训练的输出文件。

在$HOME/code/lenet-5/datasets 目录下创建一个 train 文件夹，并将表 5-2 中 2 个训练集文件解压后上传到 train 文件夹下；然后在$HOME/code/lenet-5/datasets 目录下创建一个 test 文件夹，并将表 5-2 中 2 个测试集文件解压后上传到 test 文件夹下。

准备好后，Ubuntu 服务器上 datasets 目录下的目录结构和文件如图 5-36 所示。

```
johney@mindspore:~/code/05/lenet-5/datasets$ tree
.
├── test
│   ├── t10k-images.idx3-ubyte
│   └── t10k-labels.idx1-ubyte
└── train
    ├── train-images.idx3-ubyte
    └── train-labels.idx1-ubyte

2 directories, 4 files
```

图 5-36 Ubuntu 服务器上 datasets 目录下的目录结构和文件

本实例中的模型采用 yaml 格式的配置文件。为了能够在 Python 程序中访问 yaml 格式的配置文件，需要在 Ubuntu 服务器上执行如下命令，安装 pyyaml 包。

```
pip install pyyaml
```

4．准备配置文件

从 ModelZoo 模型库下载的 LeNet-5 模型代码以 default_config.yaml 为配置文件。default_config.yaml 中的配置项分为内置配置项（Builtin Configurations）和训练选项（Training options）2 个部分。

通常，训练选项保持默认配置即可。为了能够顺利地进行模型训练，需要参照表 5-3 修改内置配置项。

表 5-3 修改 default_config.yaml 中的内置配置项

配置项	值	说明
data_path	"../datasets"	本地数据集路径
ckpt_path	'./output/'	本地训练模型保存 ckpt 文件的路径
ckpt_file	'checkpoint_lenet-10_1875.ckpt'	最后一个生成的 CheckPoint 格式文件名
device_target	CPU	训练模型所使用的硬件平台

其余配置项在模型训练阶段可以保持默认值。在 default_config.yaml 的最后是关于内置配置项的说明，如图 5-37 所示。在使用时可以参照理解。

```
---
# Config description for each option
enable_modelarts: 'Whether training on modelarts, default: False'
data_url: 'Dataset url for obs'
train_url: 'Training output url for obs'
data_path: 'Dataset path for local'
output_path: 'Training output path for local'

device_target: 'Target device type'
enable_profiling: 'Whether enable profiling while training, default: False'
file_name: 'output file name.'
file_format: 'file format'
result_path: "result files path."
img_path: "image file path."
---
device_target: ['Ascend', 'GPU', 'CPU']
file_format: ['AIR', 'ONNX', 'MINDIR']
```

图 5-37 default_config.yaml 中关于内置配置项的说明

5.4.2 训练模型

本小节介绍在 Ubuntu 虚拟机上训练 LeNet-5 模型的方法。

lenet 文件夹下的 train.py 是训练模型的程序脚本。在 Ubuntu 虚拟机上可以通过执行如下命令进行模型训练。

```
cd $HOME/code/lenet-5/lenet
sudo python train.py
```

程序会打印训练过程的信息，如图 5-38 所示。

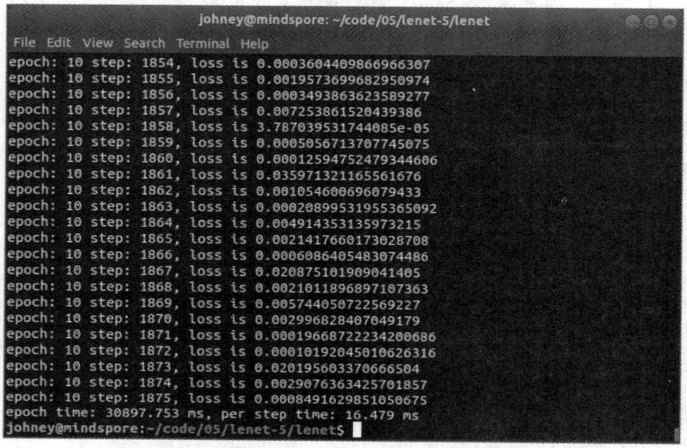

```
johney@mindspore: ~/code/05/lenet-5/lenet
File Edit View Search Terminal Help
epoch: 10 step: 1854, loss is 0.0003604409866966307
epoch: 10 step: 1855, loss is 0.0019573699682950974
epoch: 10 step: 1856, loss is 0.0003493863623589277
epoch: 10 step: 1857, loss is 0.007253861520439386
epoch: 10 step: 1858, loss is 3.787039531744085e-05
epoch: 10 step: 1859, loss is 0.0005056713707745075
epoch: 10 step: 1860, loss is 0.00012594752479344606
epoch: 10 step: 1861, loss is 0.035971321165561676
epoch: 10 step: 1862, loss is 0.001054600696079433
epoch: 10 step: 1863, loss is 0.00020899531955365092
epoch: 10 step: 1864, loss is 0.004914353135973215
epoch: 10 step: 1865, loss is 0.0021417660173028708
epoch: 10 step: 1866, loss is 0.0006086405483074486
epoch: 10 step: 1867, loss is 0.020875101909041405
epoch: 10 step: 1868, loss is 0.0021011896897107363
epoch: 10 step: 1869, loss is 0.005744050722569227
epoch: 10 step: 1870, loss is 0.002996828407049179
epoch: 10 step: 1871, loss is 0.00019668722234200686
epoch: 10 step: 1872, loss is 0.00010192045010626316
epoch: 10 step: 1873, loss is 0.020195603370666504
epoch: 10 step: 1874, loss is 0.0029076363425701857
epoch: 10 step: 1875, loss is 0.0008491629851050675
epoch time: 30897.753 ms, per step time: 16.479 ms
johney@mindspore:~/code/05/lenet-5/lenet$
```

图 5-38　LeNet-5 模型训练过程的信息

训练过程的信息包括训练轮次（epoch）、步骤序号、损失值（loss）、每个训练轮次用时和每个步骤用时等。随着训练的推进，损失值逐渐收敛，最终结束训练。切换到 lenet/output 目录下，可以看到 10 个 ckpt 文件，如图 5-39 所示。

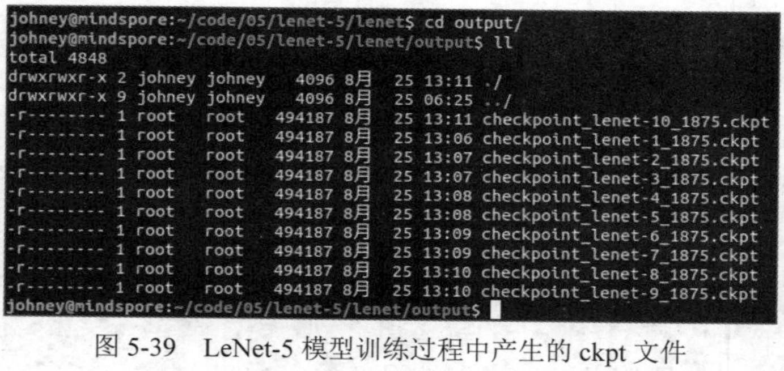

```
johney@mindspore:~/code/05/lenet-5/lenet$ cd output/
johney@mindspore:~/code/05/lenet-5/lenet/output$ ll
total 4848
drwxrwxr-x 2 johney johney   4096 8月  25 13:11 ./
drwxrwxr-x 9 johney johney   4096 8月  25 06:25 ../
-r-------- 1 root   root   494187 8月  25 13:11 checkpoint_lenet-10_1875.ckpt
-r-------- 1 root   root   494187 8月  25 13:06 checkpoint_lenet-1_1875.ckpt
-r-------- 1 root   root   494187 8月  25 13:07 checkpoint_lenet-2_1875.ckpt
-r-------- 1 root   root   494187 8月  25 13:07 checkpoint_lenet-3_1875.ckpt
-r-------- 1 root   root   494187 8月  25 13:08 checkpoint_lenet-4_1875.ckpt
-r-------- 1 root   root   494187 8月  25 13:08 checkpoint_lenet-5_1875.ckpt
-r-------- 1 root   root   494187 8月  25 13:09 checkpoint_lenet-6_1875.ckpt
-r-------- 1 root   root   494187 8月  25 13:09 checkpoint_lenet-7_1875.ckpt
-r-------- 1 root   root   494187 8月  25 13:10 checkpoint_lenet-8_1875.ckpt
-r-------- 1 root   root   494187 8月  25 13:10 checkpoint_lenet-9_1875.ckpt
johney@mindspore:~/code/05/lenet-5/lenet/output$
```

图 5-39　LeNet-5 模型训练过程中产生的 ckpt 文件

之所以导出 10 个 ckpt 文件，是因为在 default_config.yaml 中配置项 keep_checkpoint_max 的默认值为 10。

5.4.3 LeNet-5 模型的源代码解析

本小节从训练模型的脚本 train.py 入手对 LeNet-5 模型的源代码进行解析。

1．模型训练源代码解析

在 train.py 中调用 train_lenet( )函数对 LeNet-5 模型进行训练，代码如下。

```
def train_lenet():
    context.set_context(mode=context.PYNATIVE_MODE, device_target=config.device_
                        target) #设置执行模式和硬件平台
    ds_train = create_dataset(os.path.join(config.data_path, "train"),
                              config.batch_size)#构建数据集
    if ds_train.get_dataset_size() == 0:
        raise ValueError("Please check dataset size > 0 and batch_size <= dataset size")

    network = LeNet5(config.num_classes) #创建 LeNet-5 网络对象
    net_loss = nn.SoftmaxCrossEntropyWithLogits(sparse=True, reduction="mean")
    #定义损失函数
    net_opt = nn.Momentum(network.trainable_params(), config.lr, config.momentum)
    #定义优化器
    time_cb = TimeMonitor(data_size=ds_train.get_dataset_size())
    #定义监测训练情况的回调函数
    config_ck = CheckpointConfig(save_checkpoint_steps=config.save_checkpoint_steps,
                                 keep_checkpoint_max=config.keep_checkpoint_max)
    #设置 CheckPoint 配置策略
    ckpoint_cb = ModelCheckpoint(prefix="checkpoint_lenet", directory=config.ckpt_
                                 path, config=config_ck)
    #使用 Callback 机制保存模型参数，生成 CheckPoint 格式文件
    #创建 Model 对象
    if config.device_target != "Ascend":
        if config.device_target == "GPU":
            context.set_context(enable_graph_kernel=True)
        model = Model(network, net_loss, net_opt, metrics={"Accuracy": Accuracy()})
    else:
        model = Model(network, net_loss, net_opt, metrics={"Accuracy": Accuracy()},
                      amp_level="O2")
    #训练模型
    print("============== Starting Training ==============")
    model.train(config.epoch_size, ds_train, callbacks=[time_cb, ckpoint_cb,
                LossMonitor()])
```

程序的执行过程如下。

① 设置执行模式和硬件平台。

② 构建数据集。

③ 创建 LeNet-5 网络对象。

④ 定义损失函数。

⑤ 定义优化器。

⑥ 定义监测训练情况的回调函数。

⑦ 设置使用 Callback 机制保存模型参数，生成 CheckPoint 格式文件。

⑧ 创建 Model 对象，并使用该对象训练模型。

具体情况请参照代码理解。

2．数据处理源代码解析

在 train.py 中调用 create_dataset( )函数构建训练集，其中实现了加载数据集和数据处

理的功能。导入 create_dataset 的代码如下。

```
from src.dataset import create_dataset
```

可见，create_dataset( )函数在 src\dataset.py 中定义，代码如下。

```
def create_dataset(data_path, batch_size=32, num_parallel_workers=1):
"""
    create dataset for train or test
"""
    #define dataset
    mnist_ds = ds.MnistDataset(data_path)

    resize_height, resize_width = 32, 32
    rescale = 1.0 / 255.0
    rescale_nml = 1 / 0.3081
    shift_nml = -1 * 0.1307 / 0.3081

    #define map operations
    resize_op = CV.Resize((resize_height, resize_width), interpolation=Inter.LINEAR)
    #Bilinear mode
    rescale_nml_op = CV.Rescale(rescale_nml * rescale, shift_nml)
    hwc2chw_op = CV.HWC2CHW()
    type_cast_op = C.TypeCast(mstype.int32)

    #apply map operations on images
    mnist_ds = mnist_ds.map(operations=type_cast_op, input_columns="label",
                            num_parallel_workers=num_parallel_workers)
    mnist_ds = mnist_ds.map(operations=resize_op, input_columns="image",
                            num_parallel_workers=num_parallel_workers)
    mnist_ds = mnist_ds.map(operations=rescale_nml_op, input_columns="image",
                            num_parallel_workers=num_parallel_workers)
    mnist_ds = mnist_ds.map(operations=hwc2chw_op, input_columns="image",
                            num_parallel_workers=num_parallel_workers)

    #apply DatasetOps
    mnist_ds = mnist_ds.shuffle(buffer_size=1024)
    mnist_ds = mnist_ds.batch(batch_size, drop_remainder=True)

    return mnist_ds
```

程序使用 MnistDataset( )加载训练集图像，然后对图像进行数据处理。数据处理包括如下 3 种操作。

① 使用 mindspore.dataset.vision Resize 算子将图片大小调整为 32×32，这样在卷积运算之后的图片大小为 28×28，与原图一致。

② 使用 mindspore.dataset.vision Rescale 算子对图像的像素值做归一化操作，使得每个像素值的大小在 0～1。其中使用到 2 个常数，0.1307 是 MINIST 数据集的均值，0.3081 是 MINIST 数据集的标准差。这都是数据集提供方计算好的数据。每个图像的所有像素大小都移除了数据集的均值（共性部分），这样可以突出每个样本的个性特征。

mindspore.dataset.vision Rescale 算子用于对图像值进行缩放（注意，不是对图像的尺寸进行缩放)，使用方法如下。

```
import mindspore.dataset.vision as CV
CV.Rescale(rescale, shift)
```

参数 rescale 是缩放因子，参数 shift 是偏移量因子。Rescale 算子的计算公式如下。

<输出> = <源图像值>× rescale + shift

当 rescale 等于 1.0/255.0 且 shift 等于 0 时，这相当于对图像值进行归一化操作。

③ 使用 HWC2CHW 算子将图像数据的格式从 HWC(高×宽×通道)转化为 CHW(通道×高×宽)，这样更方便进行数据训练。

程序最后将经过数据处理的训练集返回，供模型训练使用。

3. 模型源代码解析

在 train.py 中使用 LeNet5 类创建 LeNet-5 网络，导入 LeNet5 类的代码如下。

```
from src.lenet import LeNet5
```

可见，LeNet5 类在 src\lenet.py 中定义，代码如下。

```
    #num_class：分类数量
    #num_channel：通道数量
    #include_top：指定网络顶层是否包含全连接层，默认为 True
    def _init_(self, num_class=10, num_channel=1, include_top=True):
        super(LeNet5, self)._init_()
        self.conv1 = nn.Conv2d(num_channel, 6, 5, pad_mode='valid')  #第 1 个卷积层
        self.conv2 = nn.Conv2d(6, 16, 5, pad_mode='valid')  #第 2 个卷积层
        self.relu = nn.ReLU() #ReLU 层
        self.max_pool2d = nn.MaxPool2d(kernel_size=2, stride=2) #池化层
        self.include_top = include_top
        if self.include_top:
            self.flatten = nn.Flatten() #扁平化层
            self.fc1 = nn.Dense(16 * 5 * 5, 120, weight_init=Normal(0.02))
            #第 1 个全连接层
            self.fc2 = nn.Dense(120, 84, weight_init=Normal(0.02))#第 2 个全连接层
            self.fc3 = nn.Dense(84, num_class, weight_init=Normal(0.02))
            #第 3 个全连接层
    def construct(self, x):
        x = self.conv1(x)
        x = self.relu(x)
        x = self.max_pool2d(x)
        x = self.conv2(x)
        x = self.relu(x)
        x = self.max_pool2d(x)
        if not self.include_top:
            return x
        x = self.flatten(x)
        x = self.relu(self.fc1(x))
        x = self.relu(self.fc2(x))
        x = self.fc3(x)
        return x
```

lenet.py 中为 LeNet5 神经网络类定义的隐藏层，具体见表 5-4。

表 5-4　lenet.py 中为 LeNet5 神经网络类定义的隐藏层

隐藏层序号	名称	说明	参数
1	conv1	第 1 个卷积层	输入通道数量为 1，输出通道数量为 6，卷积核大小为 5×5，不进行填充
2	conv2	第 2 个卷积层	输入通道数量为 6，输出通道数量为 16，卷积核大小为 5×5，不进行填充
3	relu	ReLU 层	—
4	max_pool2d	最大池化层	池化核的大小为 2×2，步幅为 2
5	flatten	扁平化层	—
6	fc1	第 1 个全连接层	输入通道数为 16×5×5=400，输出通道数为 120
7	fc2	第 2 个全连接层	输入通道数为 120，输出通道数为 84
8	Fc3	第 3 个全连接层	输入通道数为 84，输出通道数为 10，即预测 10 个数字

代码中使用最大池化层是因为在测试和实际应用中最大池化算法的效果更好。5.1.3 小节中介绍的第 3 个卷积层，在这里被扁平化层代替，因为第 3 个卷积层得到特征图的形状为 1×1×120，相当于一个向量。因此 LeNet-5 模型的第 3 个卷积层相当于扁平化层。

lenet.py 中只用了 20 多行代码，就定义了 LeNet-5 网络，可见使用 MindSpore 搭建神经网络是很便捷的。

5.5　通过 ModelArts 云平台在线训练模型

除了在本地服务器环境中进行模型训练，还可以利用 ModelArts 平台提供的云上计算资源进行模型训练，并将训练好的模型部署为在线服务。本节以 MindSpore 引擎的“图像分类 ResNet50”算法为例，介绍如何从 ModelArts 云平台的 AI Gallery 中订阅算法，并使用该算法训练模型的过程。

通过 ModelArts 云平台在线训练模型的流程如图 5-40 所示。通过 ModelArts 云平台在线训练模型的好处是可以利用 Ascend、GPU 等硬件资源，提高训练的效率。但是需要根据使用资源的情况支付一定的费用。

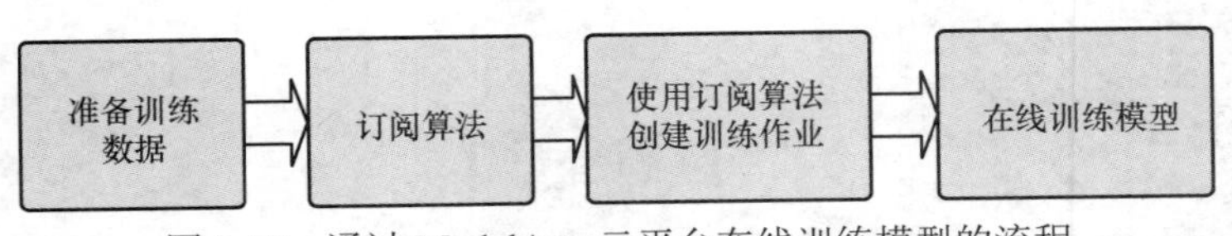

图 5-40　通过 ModelArts 云平台在线训练模型的流程

1．准备训练数据

可以从 ModelArts AI Gallery 的数据集库中下载用于本实例的数据集。

适用本节实例的免费数据集见表 5-5。

表 5-5　适用本节实例的免费数据集

数据集名称	说明
二分类猫狗图片分类小数据集	本数据集包含猫和狗两种类别的图片
flowers-5-manifest（图像分类）	TensorFlow 官方提供的分类数据集，有雏菊、蒲公英、玫瑰花、向日葵、郁金香 5 类花朵共计 3670 张图片
8 类常见生活垃圾图片数据集	本数据集包含厨余垃圾蛋壳、厨余垃圾水果果皮、可回收物塑料玩具、可回收物纸板箱、其他垃圾烟蒂、其他垃圾一次性餐盒、有害垃圾干电池和有害垃圾过期药物共 8 类生活垃圾图片，每类图片 100 张
4 类花卉图像分类小数据集	本数据集包含雏菊、向日葵、玫瑰、蒲公英 4 种类别的花卉图片，每类图片 10 张，图片共计 40 张
23 类美食图片分类数据集	本数据集包含八宝玫瑰镜糕、凉皮和凉鱼等 23 种类别的美食图片
美食分类数据集 4*30	本数据集包含柿子饼、肉夹馍、凉皮和灌汤包 4 种类别的美食图片，每类图片 10 张，图片共计 40 张

本实例以美食分类数据集 4*30 为例。使用其他数据集的方法类似。

美食分类数据集 4*30 的下载步骤如下。

① 在 OBS 中创建一个 OBS 桶，假定名称为 resnet50-bucket。然后在桶 resnet50-bucket 下创建文件夹 datasets 用于保存数据集中的图片。

② 在 AI Gallery 数据集页面中按名称搜索数据集，打开美食分类数据集 4*30 页面。单击“下载”按钮，打开下载详情页，然后选择“下载方式”为“ModelArts 数据集”，设置数据集的输出位置为 /resnet50-bucket/output/，数据集的输入位置为 /resnet50-bucket/datasets/，具体如图 5-41 所示。

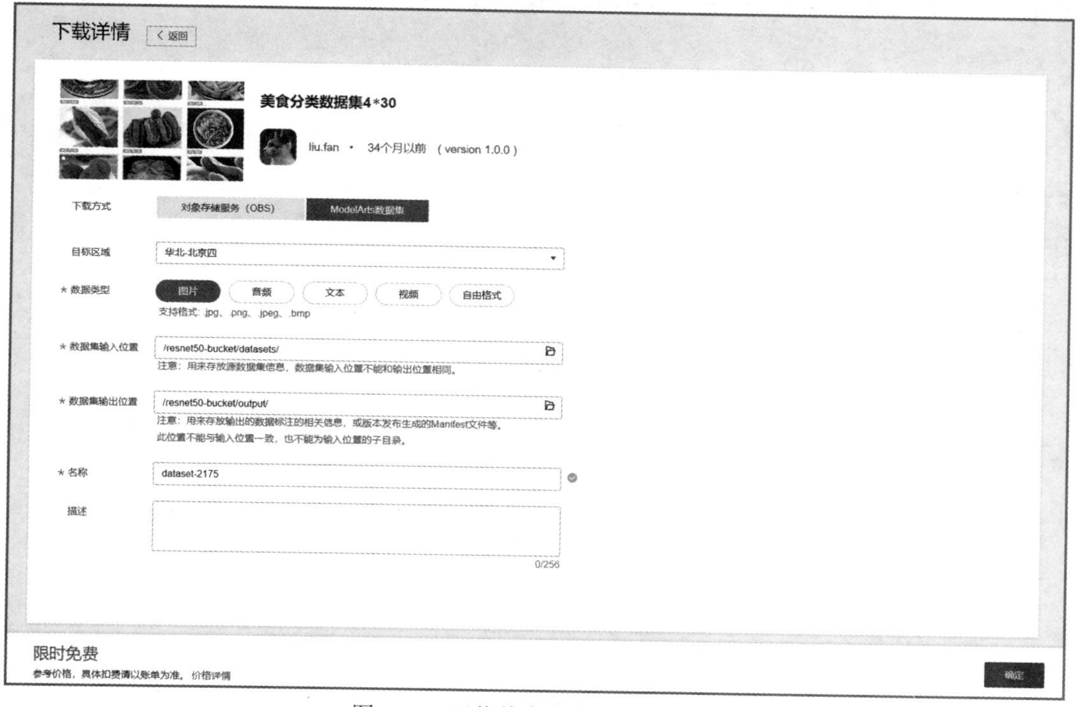

图 5-41　下载美食分类数据集 4*30

配置完成后单击“确定”按钮跳转至“数据集/我的下载”页面，如图 5-42 所示。

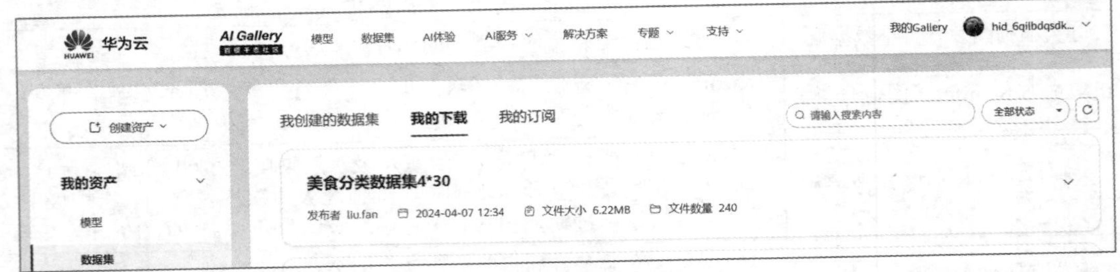

图 5-42　“数据集/我的下载”页面

下载完成后，切换到 ModelArts 控制台，选择“数据管理”/“数据集”，打开新版数据集管理页面，可以看到已下载的数据集，如图 5-43 所示。

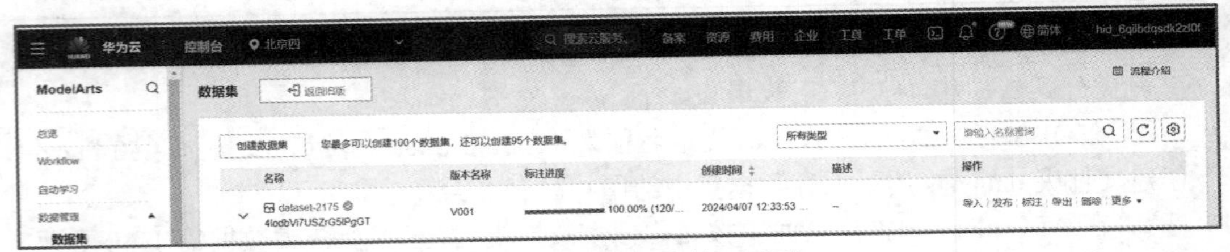

图 5-43　新版数据集管理页面

单击数据集名称，打开数据集详情页，如图 5-44 所示。

dataset-2175

概览　版本管理　数据特征

文件名称	文件大小	格式	上传时间	文件路径
img_3667.jpg	43.06 KB	图片	2024/04/07 12:34:36 GMT+...	/resnet50-bucket/datasets/
img_2486.jpg	13.62 KB	图片	2024/04/07 12:34:29 GMT+...	/resnet50-bucket/datasets/
img_3677.jpg	90.11 KB	图片	2024/04/07 12:34:36 GMT+...	/resnet50-bucket/datasets/
img_2510.jpg	85.30 KB	图片	2024/04/07 12:34:30 GMT+...	/resnet50-bucket/datasets/
img_3081.jpg	86.16 KB	图片	2024/04/07 12:34:34 GMT+...	/resnet50-bucket/datasets/
img_2931.jpg	41.57 KB	图片	2024/04/07 12:34:31 GMT+...	/resnet50-bucket/datasets/
img_3690.jpg	19.90 KB	图片	2024/04/07 12:34:37 GMT+...	/resnet50-bucket/datasets/
img_3681.jpg	33.79 KB	图片	2024/04/07 12:34:36 GMT+...	/resnet50-bucket/datasets/
img_3139.jpg	36.21 KB	图片	2024/04/07 12:34:34 GMT+...	/resnet50-bucket/datasets/
img_3064.jpg	48.02 KB	图片	2024/04/07 12:34:33 GMT+...	/resnet50-bucket/datasets/

总条数：120

图 5-44　美食分类数据集 4*30 详情页

单击“发布新版本”按钮，打开“发布新版本”弹出框，建议将训练集比例设置为

0.8 或 0.9，从而拆分数据集，如图 5-45 所示。

发布新版本

* 版本名称　V002

训练验证比例　训练集比例：0.8　请输入(0,1)区间内的数

验证集比例：0.2

* 标注类型　图像分类　物体检测　图像分割　自由格式

描述

0/256

确定　取消

图 5-45　“发布新版本”弹出框

配置完成后单击“确定”按钮。

2. 订阅算法

可以从 ModelArts 的 AI Gallery 的算法库中下载适用于本实例的算法。

在页面中搜索 ResNet50，找到“图像分类-ResNet50(MindSpore)”算法，如图 5-46 所示。这是一个基于 MindSpore 框架、适用于 Ascend 910 进行训练、Ascend 310 进行推理的算法。单击该算法，进入详情页，如图 5-47 所示。

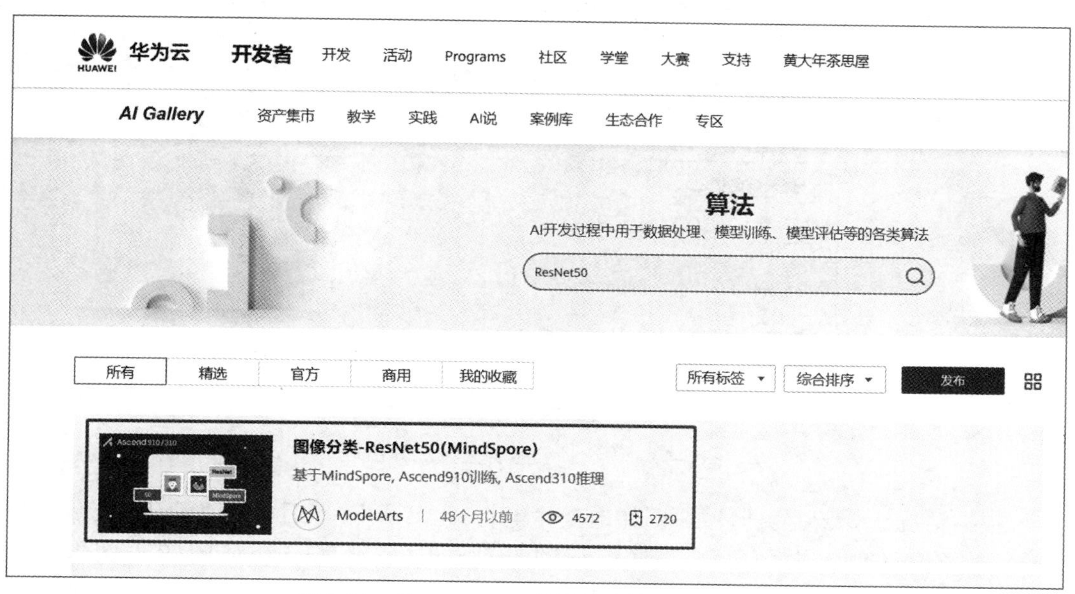

图 5-46　在 AI Gallery 的算法库搜索 ResNet50

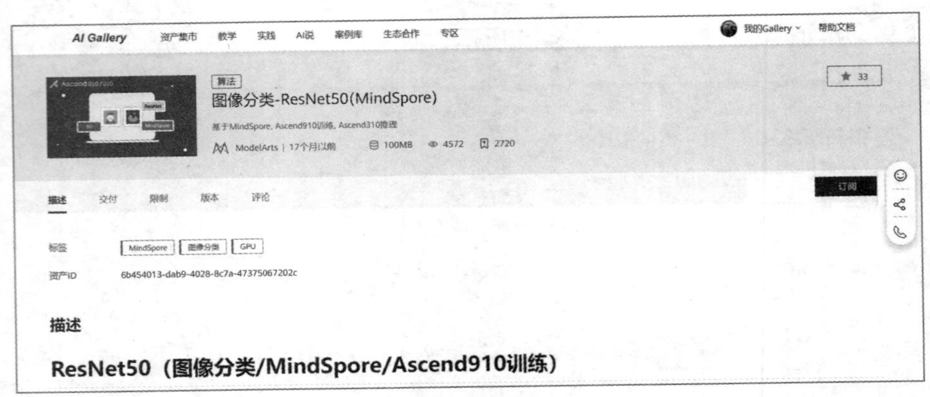

图 5-47 “图像分类-ResNet50(MindSpore)”算法详情页

在算法详情页中单击“订阅”按钮，然后在弹出框中单击“继续订阅”按钮，完成订阅算法。订阅成功后，在“图像分类-ResNet50(MindSpore)”算法详情页中的“订阅”按钮会显示为“已订阅”，如图 5-48 所示。

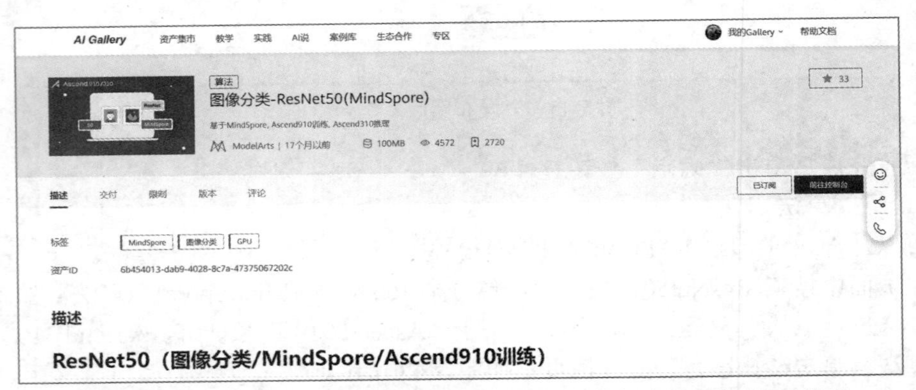

图 5-48 订阅成功后，在算法详情页中的“订阅”按钮会显示为“已订阅”

在算法详情页中单击“前往控制台”按钮，打开 “选择云服务区域”弹出框，如图 5-49 所示。

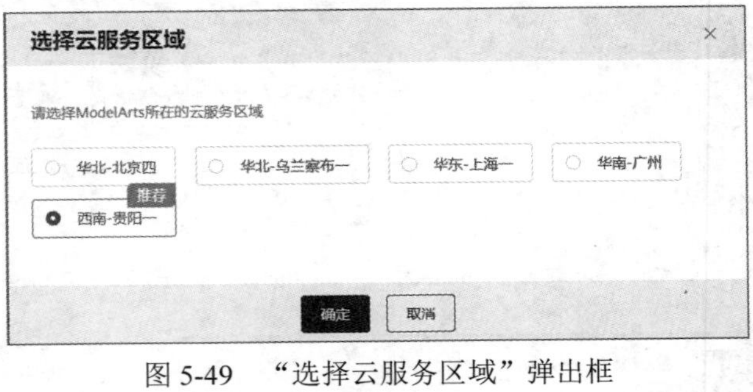

选择云服务区域

请选择ModelArts所在的云服务区域

华北-北京四

华北-乌兰察布一

华东-上海一

华南-广州

推荐

西南-贵阳一

确定

取消

图 5-49 “选择云服务区域”弹出框

根据情况选择云服务区域，例如选择“华北−北京四”，然后单击“确认”按钮，跳转至“算法管理”页面。在“我的订阅”列表中会出现已经订阅的“图像分类-ResNet50(MindSpore)”算法，如图 5-50 所示。

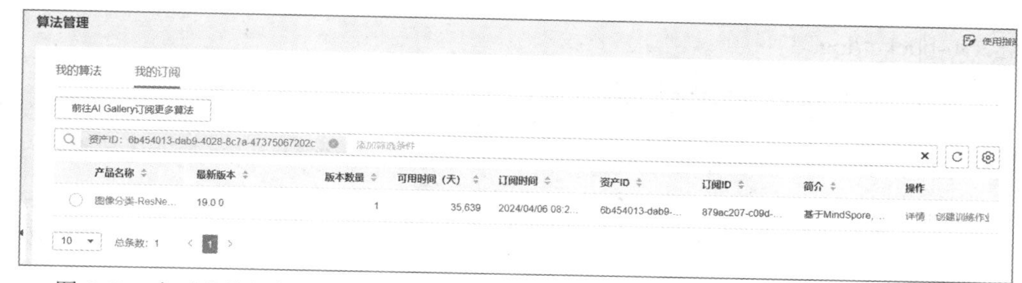

图 5-50　在“我的订阅”列表中查看已经订阅的“图像分类-ResNet50(MindSpore)”算法

3. 使用订阅算法创建训练作业

在 ModelArts 控制台的左侧导航栏中，单击“算法管理”，然后选中“我的订阅”选项卡。在“我的订阅”列表中查看算法基本信息，如图 5-51 所示。

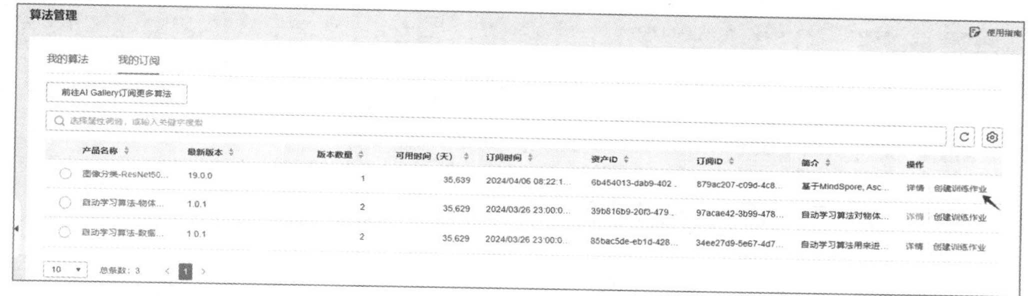

图 5-51　查看算法基本信息

在算法基本信息区域的底部，单击“创建训练作业”超链接，打开“创建训练作业”页面，如图 5-52 所示。

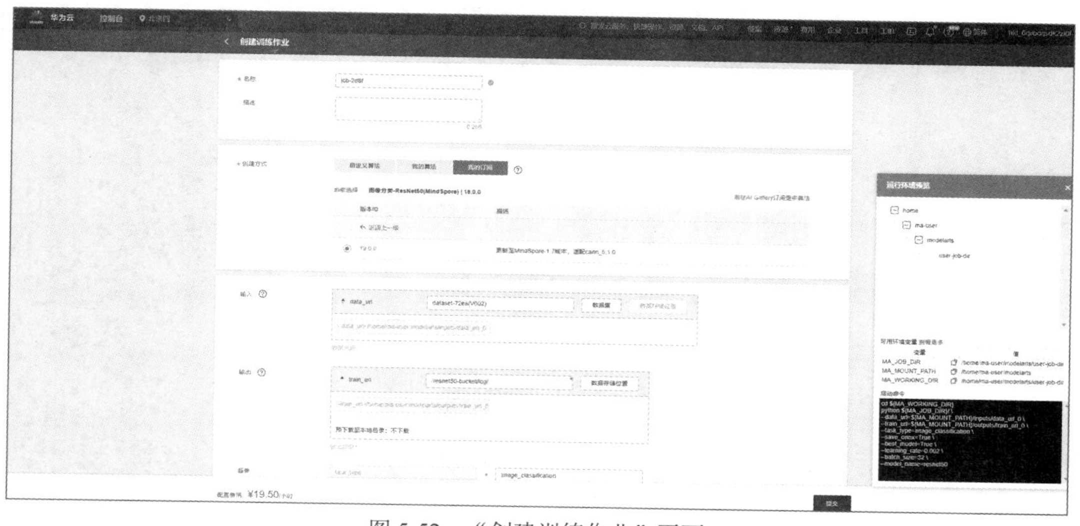

图 5-52　“创建训练作业”页面

“训练输入”选择前文中发布的新版本数据集，“训练输出”选择 OBS 中的一个空目录，例如/resnet50-bucket/output/。作业日志路径同样选择 OBS 中的一个空目录，例如

/resnet50-bucket/log/。

选中“自动停止”单选按钮，并设置运行时长为 1 小时。

配置完成后，选中“我已阅读，知晓并同意以上内容”复选框，然后单击“提交”按钮，确认后开始训练。“创建训练作业”页面的内容比较多，图 5-52 只是其中的部分内容。

训练会持续 10 分钟左右（不含排队时间），训练结束后，状态会变成“已完成”，如图 5-53 所示。

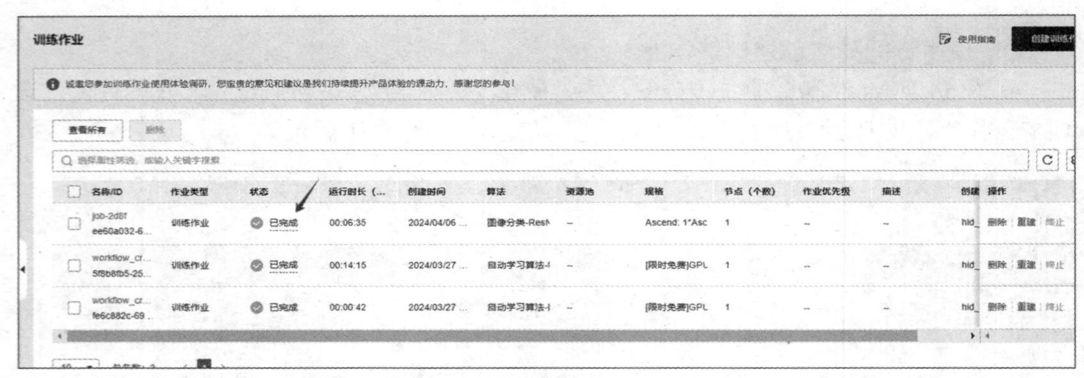

图 5-53　训练结束后 A，状态会变成“已完成”

可以将训练好的模型部署为在线服务。在线服务开放 API 供应用程序调用，从而实现在线推理功能。

第 6 章 数据可视化组件 MindInsight

MindInsight 是 MindSpore 框架的数据可视化和调试、调优组件。在使用 MindSpore 框架训练模型时，训练的 loss 趋势、数据抽样、参数更新趋势、计算图以及模型超参等信息很重要，可以反映训练的过程和效果，用于对模型的质量进行评价。但是这些数据在训练过程中被记录到文件中，不方便查看和分析。利用 MindInsight 组件可以以可视化的形式展示这些数据，供用户使用和参考。

6.1 MindInsight 概述

6.1.1 MindInsight 的工作原理

MindInsight 包含训练看板、模型溯源、优化器和调试器 4 个模块。这些模块可以帮助开发者更好地观察和理解训练的过程，从而提高优化模型的效率。MindInsight 的工作原理如图 6-1 所示。

MindInsight 以模型训练过程中生成的 Summary 日志文件作为输入。Summary 日志文件中包含训练过程中收集的信息。MindInsight 的后端程序对 Summary 文件进行解析，整理各种类型的数据，并在各模块的前端页面中对数据进行分类展示。

调试器和优化器暂不支持 CPU 场景，本章只介绍训练看板和模型溯源相关功能。

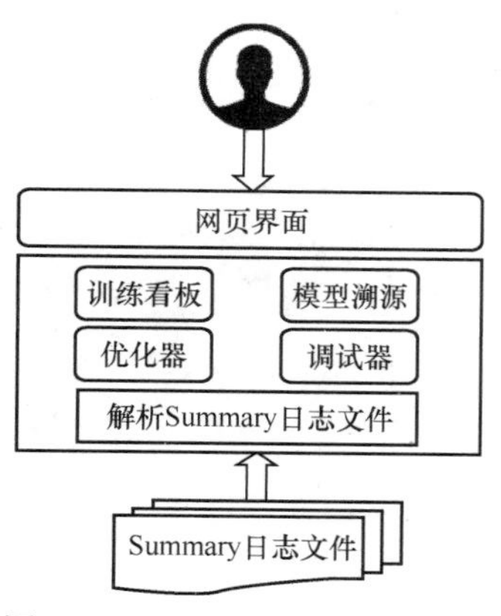

图 6-1 MindInsight 的工作原理

6.1.2 安装 MindInsight

本小节介绍在 Ubuntu 18.04 中安装 MindInsight 的方法。可以通过 pip、源代码编译和 Docker 3 种方式安装 MindInsight。本小节介绍使用 pip 安装 MindInsight 的方法。

1．安装 MindInsight 的系统环境

pip 是 Python 的包管理工具，提供对 Python 包的查找、下载、安装和卸载的功能。因此，通过 pip 安装 MindInsight 的前提是安装 Python。MindInsight 支持 Python 3.7.5 或 Python 3.9.0。这里假定安装了 Python 3.7.5。

选择安装的 MindInsight 应该与 MindSpore 的版本一致。这里假定已经参照 2.3.2 小节安装了 MindSpore 1.9.0。为了避免由于访问权限的原因，造成可视化展示出现问题，建议使用 root 用户安装 MindInsight。

2．在 Ubuntu 下安装 MindInsight

执行如下命令可以在 Ubuntu 下安装 MindInsight。

```
pip install mindinsight==1.9.0
```

安装成功后，可以运行如下命令查看 MindInsight 的版本。

```
mindinsight  --version
```

在编写本书时返回结果如下。

```
mindinsight (1.9.0)
```

本章内容是基于 MindInsight 1.9.0 的。

3．MindInsight 命令

安装好 MindInsight 后，可以使用 MindInsight 命令实现启动和停止 MindInsight 服务以及解析 Summary 日志文件等各种功能。执行 mindinsight –h 命令可以查看 MindInsight 命令的使用方法，返回结果如下。

```
usage: mindinsight [-h] [--version] {parse_summary, start, stop} ...

MindInsight CLI entry point (version: 1.9.0)

optional arguments:
  -h, --help            show this help message and exit
  --version             show program's version number and exit

subcommands:
  the following subcommands are supported

  {parse_summary,start,stop}
    parse_summary       Parse summary file
    start               startup mindinsight service
    stop                stop mindinsight service
```

可以看到，MindInsight 命令支持以下 3 个子命令。

① parse_summary：解析 Summary 日志文件。关于收集和解析 Summary 日志文件的方法将在 6.2 节介绍。

② start：启动 MindInsight 服务。

③ stop：停止 MindInsight 服务。

运行如下命令可以启动 MindInsight 服务。

```
mindinsight start
```

如果执行结果如图 6-2 所示，则说明安装成功。

启动 MindInsight 服务后，会提示访问 MindInsight 的 URL，默认情况下为 http://127.0.0.1:8080，即只能在本地访问 MindInsight 页面。如果希望远程访问，则需要编辑配置文件 mindinsight\conf\constants.py，将其中的 HOST 属性修改为 0.0.0.0。如果不确定 constants.py 的位置，可以通过如下命令全局搜索。

```
ohney@mindpore:~$ mindinsight start
orkspace: /home/johney/mindinsight
ummary base dir: /home/johney
eb address: http://127.0.0.1:8080
ervice start state: success
ohney@mindpore:~$
```

图 6-2　启动 MindInsight 服务

```
find / -name "constants.py"
```

默认情况下，MindInsight 的安装目录为 /usr/local/lib/python3.7/dist-packages/mindinsight/。

配置完成后在浏览器中访问如下 URL 可以打开图 6-3 所示的 MindInsight 页面。

```
http://< MindInsight 服务的 IP 地址>:8080
```

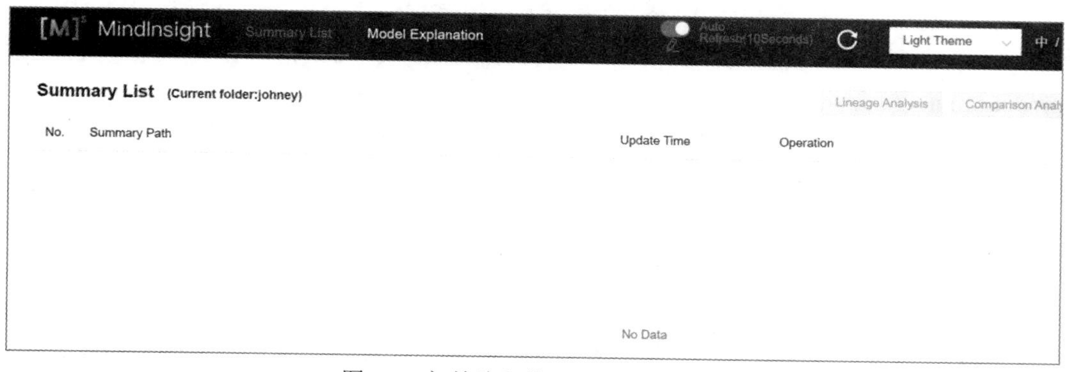

图 6-3　初始阶段的 MindInsight 页面

因为尚未收集 Summary 日志文件，所以在初始阶段的 MindInsight 页面中显示“暂无数据”。收集 Summary 日志文件的方法将在 6.2.1 小节中介绍。

MindInsight 中还包含一个模型迁移工具 MindConverter，可以将 PyTorch 模型或 TensorFlow 模型快速迁移到 MindSpore 框架下使用。本书不展开介绍 MindConverter 的使用方法。

6.2　收集和解析 Summary 日志文件

在训练过程中，可以将标量、图像、计算图、训练优化过程以及模型超参等信息记录到 Summary 日志文件中，以便通过可视化界面供用户查看。

6.2.1 收集 Summary 日志文件

在开发模型时，需要通过编程收集网络中的数据并保存在 Summary 日志文件中。

1．使用 SummaryCollector 算子收集 Summary 日志文件

类 mindspore.SummaryCollector 可以在训练过程中收集损失值、学习率、计算图等信息，还可以将训练数据信息收集到 Summary 日志文件中。类 mindspore.Summary-Collector 的简单使用方法如下。

```
import mindspore as ms
summary_collector = ms.SummaryCollector(summary_dir=< 存 储 Summary 日 志 文 件 的 目 录>, collect_freq=10)
…
model.train(1, ds_train, callbacks=[summary_collector], dataset_sink_mode=False)
```

参数 collect_freq 指定收集数据的频率，即每多少步收集一次数据。注意，如果使用数据下沉模式，则该参数的单位会变成训练的轮次（epoch），即每经过多少轮训练收集一次数据。默认值为 10。频繁地收集数据会影响性能，因此应该谨慎设置该参数值，通常使用默认设置。

类 mindspore.SummaryCollector 的构造函数中还有一些参数，保持默认设置即可。

创建 mindspore.SummaryCollector 对象 summary_collector 后，可以将其传递给 model.train( )方法的参数 callbacks，在训练过程中自动收集 Summary 日志文件。

【例 6-1】 在 5.4 节介绍的基于 LeNet-5 模型的手写数字识别实例中增加自动收集 Summary 日志文件的功能。

修改 train.py 中的 model.train( )函数，代码如下。

```
summary_collector = SummaryCollector(summary_dir="./summary/01")
model.train(config.epoch_size, ds_train, callbacks=[time_cb, ckpoint_cb,
        LossMonitor(), summary_collector])
```

程序实例化了 SummaryCollector 对象 summary_collector，将其传递给 model.train( )方法的参数 callbacks，summary_collector 对象的构造函数中指定将 Summary 日志文件存储在./summary/01 目录下。model.train( )方法的参数可以参照 5.4 节理解。

运行例 6-1 需要安装 six 模块，用于兼容 Python 2 程序和 Python 3 程序，命令如下。

```
pip3 install six==1.12.0
```

例 6-1 的程序脚本保存为本书附赠源代码包中的 06\sample6_1\train_sample6_1.py。将其上传至 Ubuntu 服务器的$HOME/code/lenet-5/lenet/目录下。然后执行以下命令创建保存 Summary 日志文件的文件夹，并训练模型。

```
cd /root/code/lenet-5/lenet/
mkdir -p ./summary/01
python train_sample6_1.py
```

训练过程与 5.4 节中介绍的相同。训练结束后，查看./summary/01 目录的内容，可以看到生成的 Summary 日志文件，如图 6-4 所示。

在启动 MindInsight 服务时使用--summary-base-dir 命令选项指定保存 Summary 日志文件的目录，即在 MindInsight 中实现训练可视化，命令如下。

```
root@mindspore:~/code/lenet-5/lenet# tree ./summary
./summary
└── 01
    ├── ckpt_dir
    │   ├── LeNet5_10_step.ckpt
    │   ├── LeNet5_11_step.ckpt
    │   ├── LeNet5_12_step.ckpt
    │   ├── LeNet5_13_step.ckpt
    │   ├── LeNet5_14_step.ckpt
    │   ├── LeNet5_15_step.ckpt
    │   ├── LeNet5_16_step.ckpt
    │   ├── LeNet5_17_step.ckpt
    │   ├── LeNet5_18_step.ckpt
    │   ├── LeNet5_19_step.ckpt
    │   ├── LeNet5_1_step.ckpt
    │   ├── LeNet5_2_step.ckpt
    │   ├── LeNet5_3_step.ckpt
    │   ├── LeNet5_4_step.ckpt
    │   ├── LeNet5_5_step.ckpt
    │   ├── LeNet5_6_step.ckpt
    │   ├── LeNet5_7_step.ckpt
    │   ├── LeNet5_8_step.ckpt
    │   ├── LeNet5_9_step.ckpt
    │   └── train_metadata.json
    ├── events.out.events.summary.1665622248.0.mindspore_lineage
    └── events.out.events.summary.1665622248.0.mindspore_MS

2 directories, 22 files
root@mindspore:~/code/lenet-5/lenet#
```

图 6-4　查看./summary/01 目录的内容

```
cd $HOME/code/lenet-5/lenet/
mindinsight stop
mindinsight start --summary-base-dir ./summary
```

运行结果如图 6-5 所示。

```
root@ecs-2701: ~/code/lenet-5/lenet
root@ecs-2701:~/code# cd lenet-5/lenet/
root@ecs-2701:~/code/lenet-5/lenet# mindinsight start --summary-base-dir ./summary
Workspace: /root/mindinsight
Summary base dir: /root/code/lenet-5/lenet/summary
Web address: http://0.0.0.0:8080
service start state: success
root@ecs-2701:~/code/lenet-5/lenet#
```

图 6-5　启动 MindInsight 服务时指定 Summary 日志文件目录

在浏览器中访问 MindInsight 主页，URL 如下。

```
http://< Ubuntu 服务器的 IP 地址>:8080/
```

运行例 6-1 后的 MindInsight 主页如图 6-6 所示。

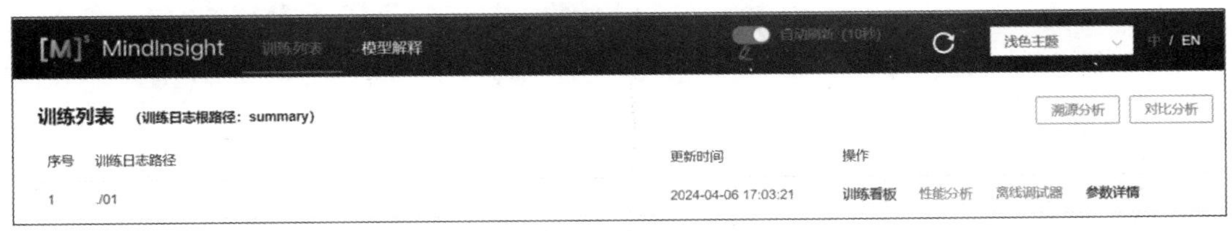

图 6-6　运行例 6-1 后的 MindInsight 主页

可以看到，在训练日志路径列表中有一个 Summary 日志子目录./01。单击后面的“训练看板”按钮即可打开训练看板页面。关于训练看板的功能将在 6.3 节介绍。

2．通过 Summary API 将数据保存在 Summary 日志文件中

可以通过 Summary API 和 SummaryCollector 对象相结合，自定义收集网络中的数据。MindSpore 中包含的 Summary API 如下。

① ScalarSummary：用于记录标量数据。

② TensorSummary：用于记录张量数据。

③ ImageSummary：用于记录图片数据。

④ HistogramSummary：将张量数据转为直方图数据记录。

它们的使用方法类似，例如 ImageSummary 的使用方法如下。

```
import mindspore.nn as nn
import mindspore.ops as ops
class Net(nn.Cell):
    def _init_(self):
        super(Net, self)._init_()
        self.summary = ops.ImageSummary()

    def construct(self, x):
        name = "image"
        out = self.summary(name, x)
        return out
```

ImageSummary( )可以将图片数据 name 和 x 存放到缓冲区中，在通过 SummaryCollector 对象保存 Summary 日志文件时，会一起写入文件中。

【例 6-2】 修改 LeNet-5 模型实例的 lenet.py。演示使用 ImageSummary 算子记录图像数据和使用 TensorSummary 算子记录 Tensor 对象的方法。

在_init_( )方法中添加如下代码初始化 ImageSummary 算子和 TensorSummary 算子。

```
    # 初始化 TensorSummary
    self.tensor_summary = ops.TensorSummary()
    # 初始化 ImageSummary
    self.image_summary = ops.ImageSummary()
```

修改 construct( )方法，使用 ImageSummary 算子和 TensorSummary 算子记录日志。

```
def construct(self, x):
    # 使用 ImageSummary 算子记录图像数据
    self.image_summary("Image", x)
    x = self.conv1(x)
    # 使用 TensorSummary 算子记录 Tensor 对象
    self.tensor_summary("Tensor_conv1", x)
    x = self.relu(x)
    # 使用 TensorSummary 算子记录 Tensor 对象
    self.tensor_summary("Tensor_relu", x)
    x = self.max_pool2d(x)
    # 使用 TensorSummary 算子记录 Tensor 对象
    self.tensor_summary("Tensor_max_pool2d", x)
    x = self.conv2(x)
    x = self.relu(x)
    x = self.max_pool2d(x)
    if not self.include_top:
       return x
    x = self.flatten(x)
    x = self.relu(self.fc1(x))
    x = self.relu(self.fc2(x))
    x = self.fc3(x)
    return x
```

例 6-2 的代码保存在附赠源代码包中的 06\sample6_2\lenet.py 下，将其上传至 Ubuntu 服务器的$HOME/code/lenet-5/lenet/src 目录下。然后参照例 6-1 启动模型训练。在训练看板的张量可视化页面中可以看到通过 Summary API 收集的张量数据。具体情况可以参照 6.3.3 小节理解。

6.2.2　解析 Summary 日志文件

使用 mindinsight parse_summary 命令可以解析 Summary 日志文件的内容，使用方法如下。

```
mindinsight parse_summary [--summary-dir] [--output]
```

参数--summary-dir 指定存储 Summary 日志文件的目录；参数--output 指定解析后数据存储的目录。

【例 6-3】　使用 mindinsight parse_summary 解析例 6-1 生成的 Summary 日志文件，命令如下。

```
cd /root/code/lenet-5/lenet/
mkdir ./summary_output/
sudo mindinsight parse_summary --summary-dir ./summary/01 --output ./summary_output/
```

如果返回 Command not found 错误，则使用 where is MindInsight 命令，找到 MindInsight 文件的位置，然后用绝对路径执行 MindInsight 命令，具体如下。

```
sudo $HOME/.local/bin/mindinsight parse_summary --summary-dir ./summary/01 --output
 ./summary_output/
```

执行过程如图 6-7 所示。

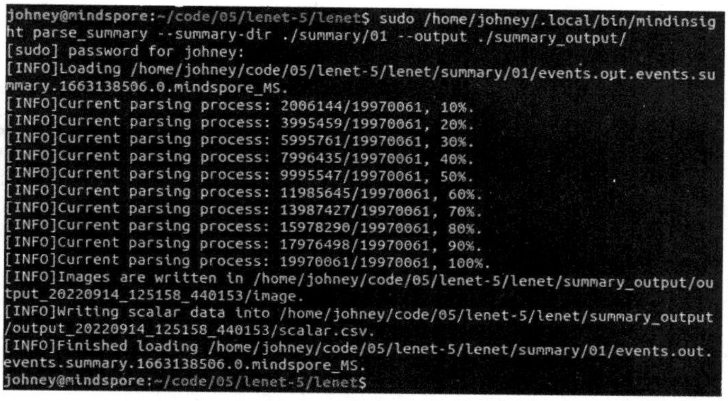

```
johney@mindspore:~/code/05/lenet-5/lenet$ sudo /home/johney/.local/bin/mindinsig
ht parse_summary --summary-dir ./summary/01 --output ./summary_output/
[sudo] password for johney:
[INFO]Loading /home/johney/code/05/lenet-5/lenet/summary/01/events.out.events.su
mmary.1663138506.0.mindspore_MS.
[INFO]Current parsing process: 2006144/19970061, 10%.
[INFO]Current parsing process: 3995459/19970061, 20%.
[INFO]Current parsing process: 5995761/19970061, 30%.
[INFO]Current parsing process: 7996435/19970061, 40%.
[INFO]Current parsing process: 9995547/19970061, 50%.
[INFO]Current parsing process: 11985645/19970061, 60%.
[INFO]Current parsing process: 13987427/19970061, 70%.
[INFO]Current parsing process: 15978290/19970061, 80%.
[INFO]Current parsing process: 17976498/19970061, 90%.
[INFO]Current parsing process: 19970061/19970061, 100%.
[INFO]Images are written in /home/johney/code/05/lenet-5/lenet/summary_output/ou
tput_20220914_125158_440153/image.
[INFO]Writing scalar data into /home/johney/code/05/lenet-5/lenet/summary_output
/output_20220914_125158_440153/scalar.csv.
[INFO]Finished loading /home/johney/code/05/lenet-5/lenet/summary/01/events.out.
events.summary.1663138506.0.mindspore_MS.
johney@mindspore:~/code/05/lenet-5/lenet$
```

图 6-7　解析 Summary 日志文件的过程

mindinsight parse_summary 命令在./summary_output/文件夹下新建了一个子文件夹，并在其中存储解析 Summary 日志文件的输出，具体如下。

① scalar.csv 文件：包含 Summary 日志文件中的标量数据，即损失值 loss。

② image 文件夹：存储从 Summary 日志文件中解析得到的训练集图像文件，其中 Image_1.png 如图 6-8 所示。

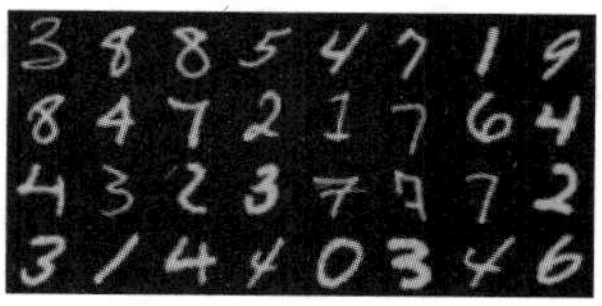

图 6-8　查看 image 文件夹下的训练图片 Image_1.png

6.3 训练看板

MindInsight 可以通过训练看板实现训练过程的可视化，包括训练标量信息、参数分布图、张量可视化、计算图可视化、数据图可视化、数据抽样等模块。

在训练看板中可以看到可视化数据的前提如下。

① 已经参照 6.2.1 小节在训练过程中收集了 Summary 日志。

② 参照例 6-1 中介绍的方法，在启动 MindInsight 服务时使用--summary-base-dir 命令选项指定保存 Summary 日志文件的目录。

在图 6-6 所示的 MindInsight 主页中可以看到，在指定的 Summary 日志文件目录下有一个 Summary 日志子目录 01。单击“操作”列中的“训练看板”按钮，即可进入训练看板页面，如图 6-9 所示。

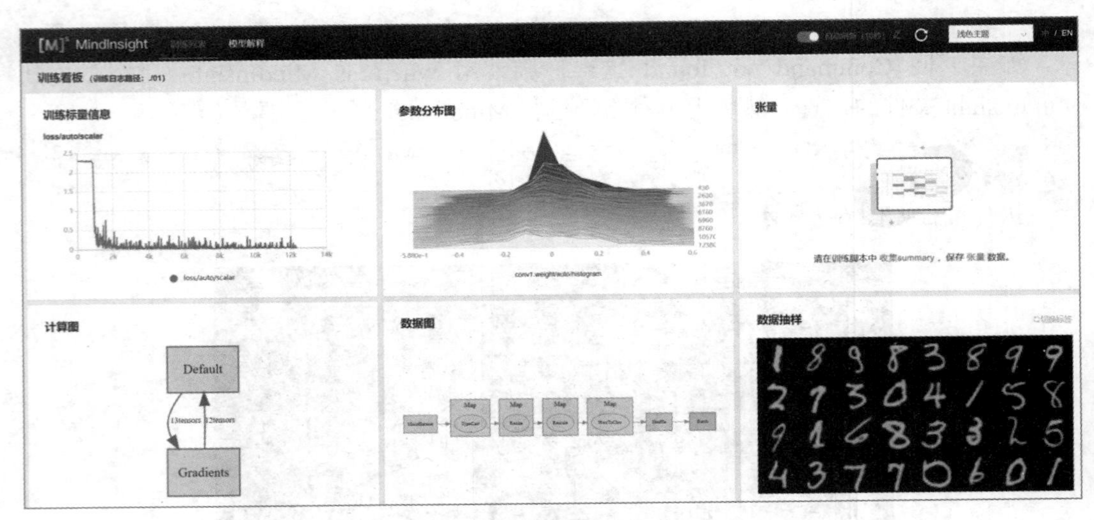

图 6-9 训练看板页面

训练看板实现了一种表现训练过程的创新方式，也就是在一个页面中显示多种数据，多角度地展现训练过程的概况。

6.3.1 训练标量可视化

在图 6-9 所示的训练看板的左上角区域，可以看到训练标量变化曲线的缩略图。单击训练标量缩略图，可以打开训练标量可视化页面，如图 6-10 所示。

页面中可以选择按步骤、相对时间和绝对时间查看损失值 loss 的变化情况。从图 6-10 中可以看到，随着步骤的推进，模型的损失值逐渐收敛。将鼠标指针移至曲线上，可以查看一个点的详细信息，如图 6-11 所示。

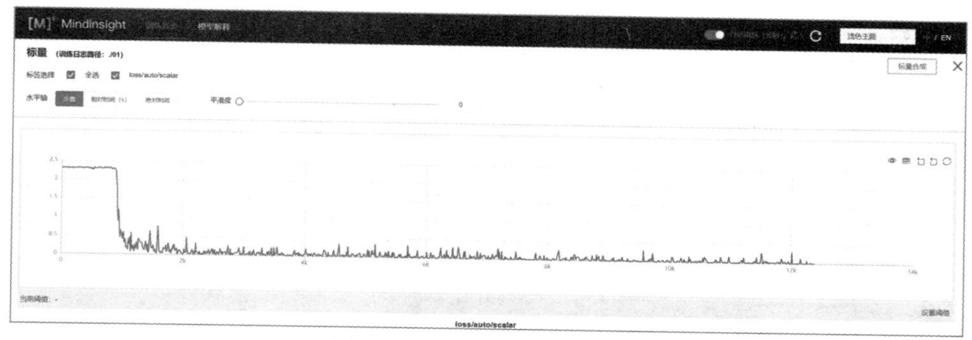

图 6-10　训练标量可视化页面

图 6-11　查看训练标量曲线图上一个点的详细信息

从图 6-11 中可以看到，当前点在模型训练中的步骤序号、开始训练后的相对时间、当前的绝对时间以及当前点的损失值。

6.3.2　参数分布图

在图 6-9 所示的训练看板的上部中间区域，可以查看模型参数分布图的缩略图。单击参数分布图缩略图，可以打开参数分布图页面，如图 6-12 所示。

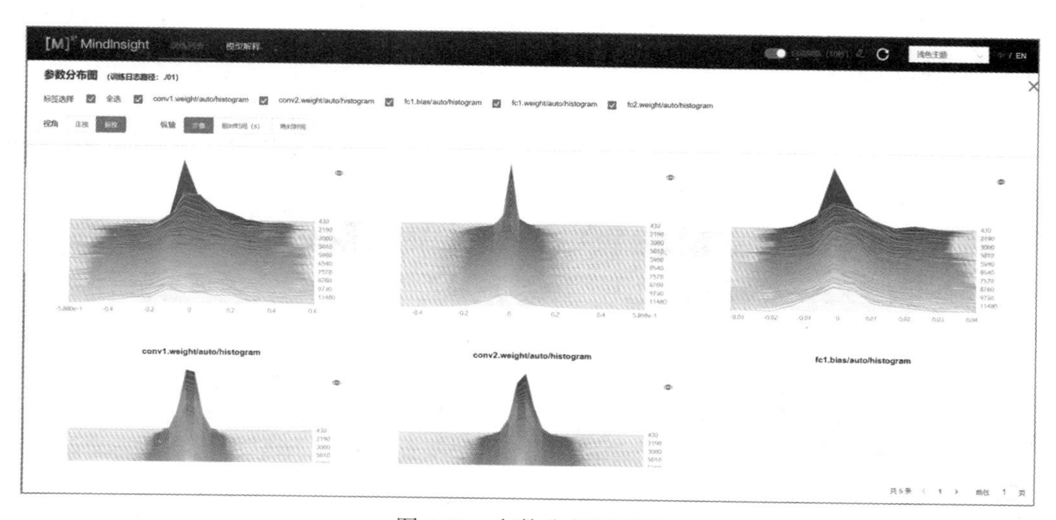

图 6-12　参数分布图页面

参数分布图页面支持“俯视”和“正视”两种视角，默认显示俯视视图。单击“视角”后面的“正视”标签可以切换至正视视图，如图 6-13 所示。

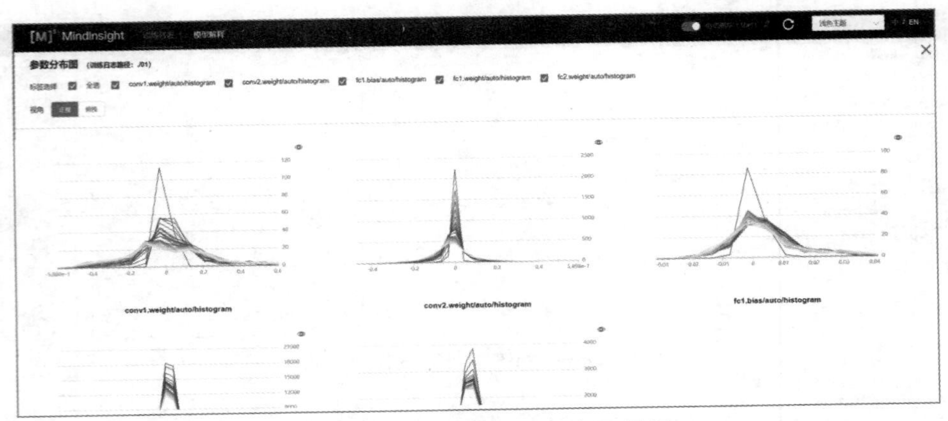

图 6-13　参数分布图的“正视”视图

对于第 5 章介绍的 Lenet-5 模型，参数分布图中可以选择的标签（参数）如下。

① conv1.weight/auto/histogram：第 1 个卷积层的权重参数。

② conv2.weight/auto/histogram：第 2 个卷积层的权重参数。

③ fc1.bias/auto/ histogram：第 1 个全连接层的偏差参数。

④ fc1.weight/auto/ histogram：第 1 个全连接层的权重参数。

⑤ fc2.weight/auto/ histogram：第 2 个全连接层的权重参数。

可以选择查看指定参数的分布图，如图 6-14 所示。

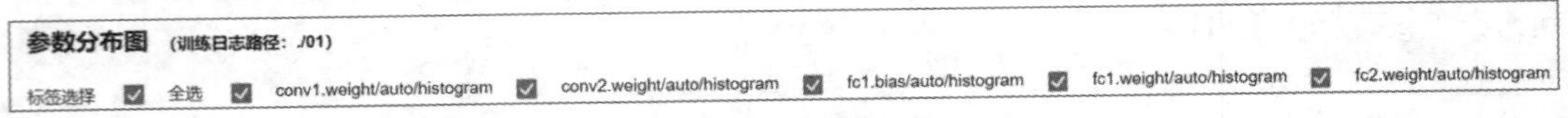

图 6-14　选择查看指定参数的分布图

同样，将鼠标指针移至曲线上，可以查看一个点的详细信息。

6.3.3　张量可视化

在图 6-9 所示的训练看板的右上角区域，可以查看张量可视化统计表格缩略图。单击此区域，可以打开张量可视化页面，如图 6-15 所示。

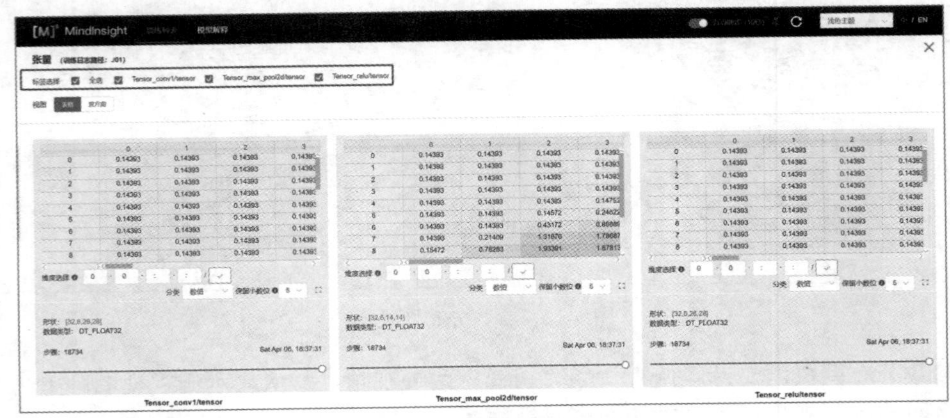

图 6-15　张量可视化页面

张量表格以二维表格的形式展示特定步骤、特定维度的张量数据（单次支持查询最多某两维的数据）。在表格下面的“维度选择”区域中可以选择展示任意维度下的张量数据。可以在方框输入对应的索引或者索引范围来查询特定维度的张量数据。

在例 6-2 中，使用 TensorSummary 算子记录了 Tensor_conv1、Tensor_relu 和 Tensor_max_pool2d 3 个 Tensor 对象的 Summary 日志信息，因此在张量可视化页面中可从这 3 项数据中选择。

在每个表格的左下角可以查看该 Tensor 对象的形状和数据类型。从表格中可以看到数据是经过归一化处理的。

还可以选择以“直方图”视图查看 Tensor 对象的数据，如图 6-16 所示。

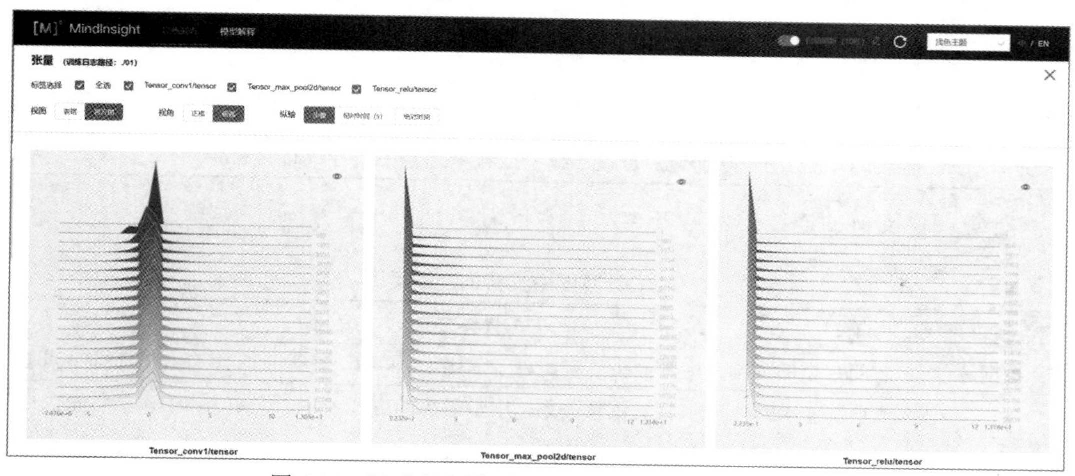

图 6-16　以“直方图”视图查看 Tensor 对象的数据

6.3.4　计算图可视化

通过计算图可视化功能可以很直观地了解计算图的表现形式，通常在如下场景中使用。

① 查看神经网络的模型结构和网络中算子的数据流走向。

② 查看指定节点的属性信息以及输入和输出节点等。

③ 在调试网络时对数据进行跟踪，包括数据维度、类型的变更等。

计算图由节点和节点之间的连线组成。计算图中节点是分层次的，分层的依据是算子名称中的斜线。例如节点 B 的名称为'Network/Conv2D'，节点 A 的名称为'Network'，则称节点 A 为根节点，称节点 B 为节点 A 的子节点，同时节点 A 也是节点 B 的父节点。计算图中支持的节点类型见表 6-1。

表 6-1　计算图中支持的节点类型

节点类型	具体描述
算子节点	从保存计算图的文件中解析出来的原始节点，每个算子节点对应神经网络代码中一个操作算子。可以使用斜线（/）分隔不同层次的节点名来表现算子节点所在的位置，例如'Network/Conv2D'

续表

节点类型	具体描述
命名空间	以算子节点名字中的斜线（/）进行分割而得到的一种节点类型。比如存在一个名字为'Network/Conv2D'的节点 A，根据斜线分割，可以产生一个命名空间节点 B，名称为'Network'
常量节点	表明算子的常量输入
参数节点	表明算子的参数输入
聚合节点	在同一个作用域下，当同一种类型的节点过多时，会新建一个聚合节点，用来代替这些类型的节点，而这些类型的节点则作为该聚合节点的子节点折叠起来。 每个节点都存在一个作用域，子节点的作用域即为父节点的节点名称，比如算子节点 A 'Network/Conv2D'，它的作用域为'Network'，即父节点'Network'的名称。而根节点的作用域为空字符串
代理节点	为了优化图中的连线，当节点 A 与节点 B 之间的连线过于曲折时，会在节点 A 的旁边新建一个能代理表示节点 B 的节点 C，并连线节点 A 和节点 C，表明节点 A 的数据流向节点 B。从而避免直接连线节点 A 和节点 B，导致布局混乱

计算图中支持的连线类型见表 6-2。

表 6-2　计算图中支持的连线类型

连线类型	具体描述
数据边	表明数据的流向，用带箭头的实线表示。比如 A→B，表明节点 A 有数据流向节点 B
控制边	表明算子节点之间执行的依赖关系，用带箭头的虚线表示。比如 A-->B，表明先执行节点 A，再执行节点 B

在图 6-9 所示的训练看板的左下角区域，可以查看计算图可视化缩略图。单击此区域，可以打开计算图可视化页面，如图 6-17 所示。在计算图可视化页面的右下角可以看到图中节点的图例。

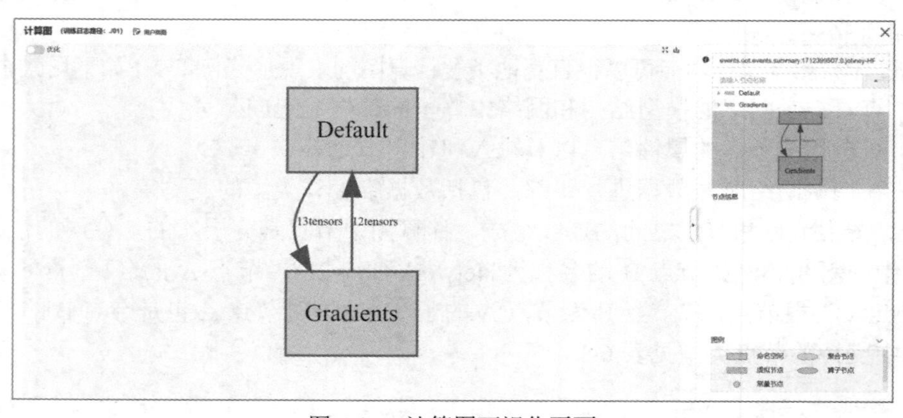

图 6-17　计算图可视化页面

在第 5 章介绍的 LeNet-5 模型中，计算图包含 2 个节点：Default 和 Gradients。选中一个节点，可以在右侧查看节点信息，包括节点名称、节点类型、输入数据和输出数据等，如图 6-18 所示。

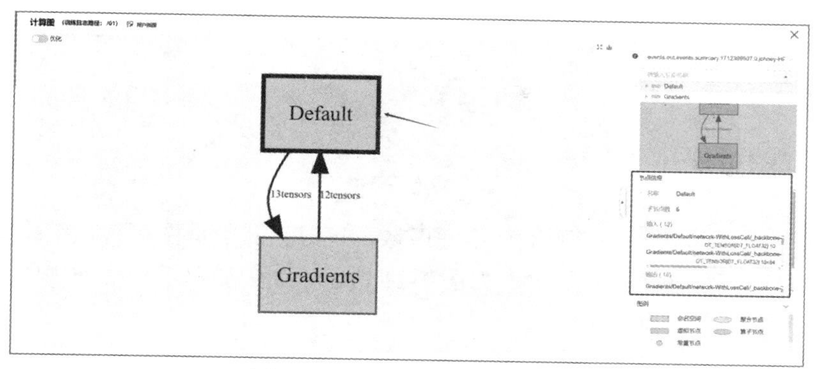

图 6-18　查看节点的详细信息

双击一个节点可以展示它的子节点。例如图 6-18 中节点 Default 的子节点如图 6-19 所示。

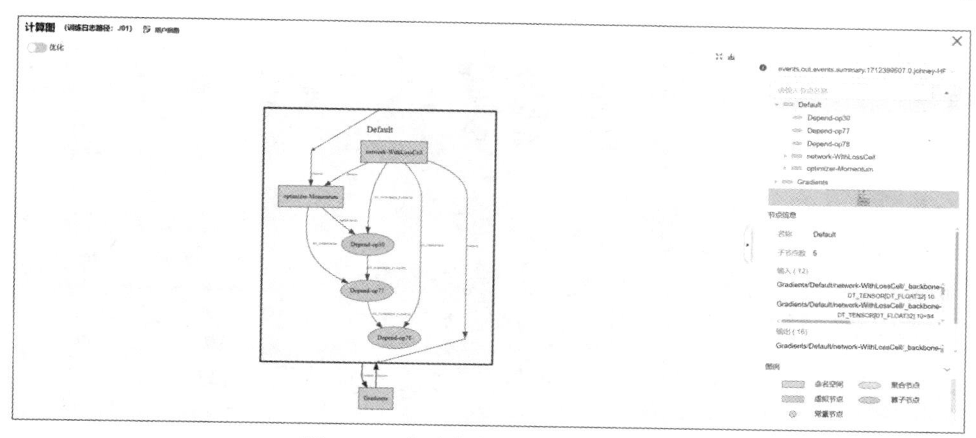

图 6-19　查看节点 Default 的子节点

可以沿着节点名称的路径一直向下查看子节点的网络结构。例如要查看节点 Gradients/Default/network-WithLossCell/_backbone-LeNet5 的网络结构（如图 6-20 所示），就需要在计算图上沿着这个路径一路双击节点。

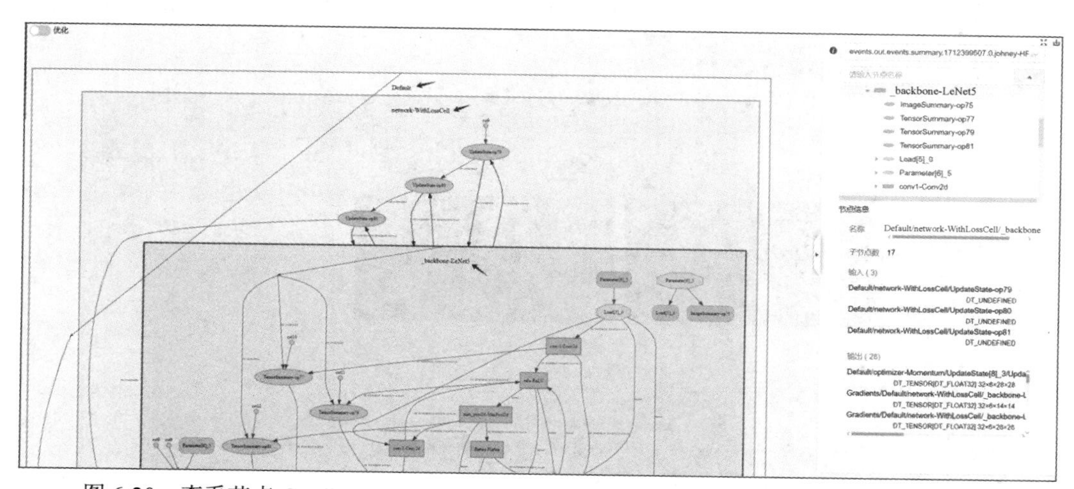

图 6-20　查看节点 Gradients/Default/network-WithLossCell/_backbone-LeNet5 的网络结构

在图 6-20 中可以看到 LeNet5 模型的骨干网络结构，主要的隐藏层都在图中显示，也可以查看各隐藏层的输入和输出。

6.3.5 数据图可视化

在图 6-9 所示的训练看板的下部中间区域，可以查看数据图可视化缩略图。单击此区域，可以打开数据图可视化页面，如图 6-21 所示。图中显示了训练使用的数据集及数据处理的过程。

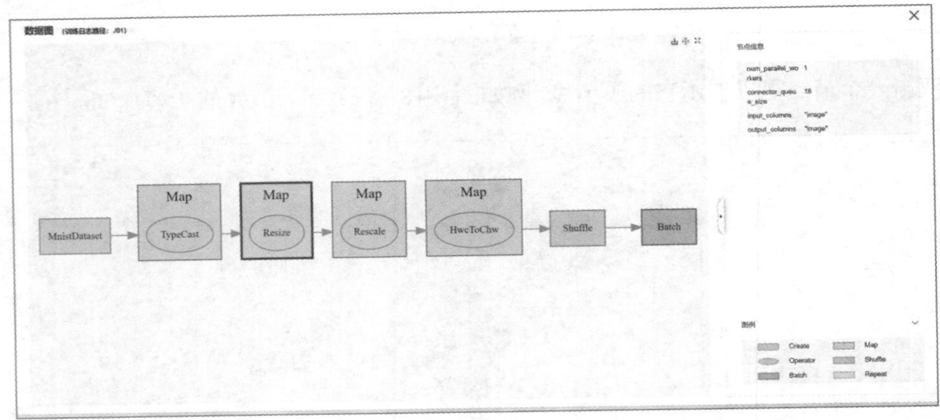

图 6-21　数据图可视化页面

选中一个数据处理节点（算子），可以在右侧区域查看节点信息。

6.3.6 数据抽样

在图 6-9 所示的训练看板的下部右侧区域，可以查看数据抽样缩略图。单击此区域，可以打开数据抽样页面，如图 6-22 所示。在页面中可以查看训练过程使用的训练集图片。在图片下面选择步骤可以按步骤查看训练图像，也可以在页面中调整图片亮度和对比度。

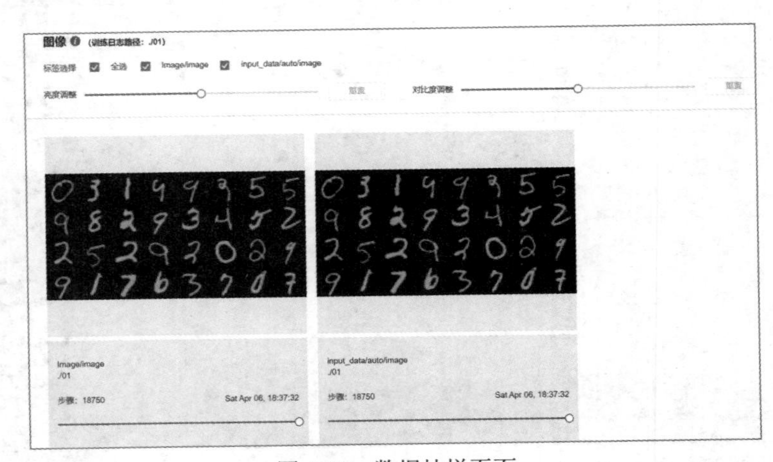

图 6-22　数据抽样页面

6.3.7　损失函数多维分析

借助 MindInsight 可以对损失函数进行多维分析，前提是在训练中使用类 mindspore.SummaryLandscape 收集损失值地形图信息，使用方法如下。

```
import mindspore as ms
summary_landscape = ms.SummaryLandscape(<保存损失值地形图信息的路径>)
summary_landscape.gen_landscapes_with_multi_process (callback_fn, collect_landscape
=None, device_ids=None, output=None)
```

gen_landscapes_with_multi_process( )方法可以使用多进程来生成损失值地形图，参数说明如下。

① callback_fn：指定回调函数。需要传递一个 Python 函数对象，该回调函数没有输入参数，但需要有表 6-3 所示的返回值。

② collect_landscape：创建损失值地形图所使用的参数，可选的参数值见表 6-4。

③ device_ids：指定创建损失值地形图所使用的目标设备的 ID。

④ output：指定保存损失值地形图的路径。默认值：None。默认保存路径与 summary 文件相同。

表 6-3　参数 callback_fn 对应回调函数的返回值

返回值	具体说明
mindspore.Model 对象	训练使用的模型
mindspore.nn.Cell	训练使用的神经网络
mindspore.dataset	生成损失值所使用的数据集
mindspore.nn.Metrics	损失值的评估指标

表 6-4　参数 collect_landscape 的可选参数值

可选参数值	具体说明
landscape_size	指定生成损失值地形图的图像分辨率。例如，如果设置为 128，则分辨率为 128×128。默认值为 40
create_landscape	选择创建哪种类型的损失值地形图，train 代表训练过程损失值地形图，result 代表训练结果损失值地形图。默认值为{'train': True, 'result': True}，即同时生成训练过程损失值地形图和训练结果损失值地形图
num_samples	创建损失值地形图所使用的数据集的大小。例如，如果设置 num_samples 是 128，则代表将有 128 张图片被用来创建损失值地形图
intervals	指定创建损失值地形图所需要的 checkpoint 区间。例如，如果想要创建两张训练过程的损失值地形图，分别表现 1～5 训练轮次和 6～10 训练轮次的损失值变化情况，则可以将参数 intervals 设置为[[1, 2, 3, 4, 5], [6, 7, 8, 9, 10]]。注意，每个区间至少包含 3 个训练轮次

要对损失函数进行多维分析，需要经过如下 2 个步骤。

① 收集训练数据：即参照 6.2.1 小节的内容，使用 SummaryCollector 算子收集多个模型前向网络权重，并通过 collect_specified_data 参数指定地形图绘制所需的参数（例如

期望绘制的区间和地形图的分辨率等)。

② 绘制地形图：利用第①步中收集的训练参数启动新的脚本正向计算生成的地形图信息。注意，此脚本不是再次进行训练，而且使用的模型和训练集需要与第①步中保持一致。

【例 6-4】 演示对损失函数进行多维分析的过程。

① 编写脚本 train_sample6_4_1.py，用于收集训练数据，代码如下。

```
import mindspore.dataset as ds
import mindspore.dataset.vision as vision
import mindspore.dataset.transforms as transforms
from mindspore.dataset.vision import Inter
import mindspore as ms
import mindspore.nn as nn

from mindspore.common.initializer import Normal
from mindspore.nn import Accuracy

ms.set_seed(1)

def create_dataset(data_path, batch_size=32, repeat_size=1,
                num_parallel_workers=1):
    """
    create dataset for train or test
    """
    # define dataset
    mnist_ds = ds.MnistDataset(data_path, shuffle=False)

    resize_height, resize_width = 32, 32
    rescale = 1.0 / 255.0
    shift = 0.0
    rescale_nml = 1 / 0.3081
    shift_nml = -1 * 0.1307 / 0.3081

    # define map operations
    resize_op = vision.Resize((resize_height, resize_width), interpolation=Inter.
                        LINEAR)  # Bilinear mode
    rescale_nml_op = vision.Rescale(rescale_nml, shift_nml)
    rescale_op = vision.Rescale(rescale, shift)
    hwc2chw_op = vision.HWC2CHW()
    type_cast_op = transforms.TypeCast(ms.int32)

    # apply map operations on images
    mnist_ds = mnist_ds.map(operations=type_cast_op, input_columns="label",
                        num_parallel_workers=num_parallel_workers)
    mnist_ds = mnist_ds.map(operations=resize_op, input_columns="image",
                        num_parallel_workers=num_parallel_workers)
    mnist_ds = mnist_ds.map(operations=rescale_op, input_columns="image",
                        num_parallel_workers=num_parallel_workers)
    mnist_ds = mnist_ds.map(operations=rescale_nml_op, input_columns="image",
                        num_parallel_workers=num_parallel_workers)
```

```
    mnist_ds = mnist_ds.map(operations=hwc2chw_op, input_columns="image",
                            num_parallel_workers=num_parallel_workers)

    # apply DatasetOps
    buffer_size = 10000
    mnist_ds = mnist_ds.shuffle(buffer_size=buffer_size)
    # 10000 as in LeNet train script
    mnist_ds = mnist_ds.batch(batch_size, drop_remainder=True)
    mnist_ds = mnist_ds.repeat(repeat_size)

    return mnist_ds

class LeNet5(nn.Cell):
    def _init_(self, num_class=10, num_channel=1, include_top=True):
        super(LeNet5, self)._init_()
        self.conv1 = nn.Conv2d(num_channel, 6, 5, pad_mode='valid', weight_init=Normal(0.02))
        self.conv2 = nn.Conv2d(6, 16, 5, pad_mode='valid', weight_init=Normal(0.02))
        self.relu = nn.ReLU()
        self.max_pool2d = nn.MaxPool2d(kernel_size=2, stride=2)
        self.include_top = include_top
        if self.include_top:
            self.flatten = nn.Flatten()
            self.fc1 = nn.Dense(16 * 5 * 5, 120)
            self.fc2 = nn.Dense(120, 84)
            self.fc3 = nn.Dense(84, num_class)

    def construct(self, x):
        x = self.conv1(x)
        x = self.relu(x)
        x = self.max_pool2d(x)
        x = self.conv2(x)
        x = self.relu(x)
        x = self.max_pool2d(x)
        if not self.include_top:
            return x
        x = self.flatten(x)
        x = self.relu(self.fc1(x))
        x = self.relu(self.fc2(x))
        x = self.fc3(x)
        return x

def train_lenet():
    ms.set_context(mode=ms.GRAPH_MODE, device_target="CPU")
    data_path = "../datasets/train"
    ds_train = create_dataset(data_path)

    network = LeNet5(10)
    net_loss = nn.SoftmaxCrossEntropyWithLogits(sparse=True, reduction="mean")
    net_opt = nn.Momentum(network.trainable_params(), 0.01, 0.9)
    time_cb = ms.TimeMonitor(data_size=ds_train.get_dataset_size())
    config_ck = ms.CheckpointConfig(save_checkpoint_steps=1875, keep_checkpoint_max=10)
```

```
    ckpoint_cb = ms.ModelCheckpoint(prefix="checkpoint_lenet", config=config_ck)
    model = ms.Model(network, net_loss, net_opt, metrics={"Accuracy": Accuracy()})
    summary_dir = "./summary/01"
    interval_1 = [x for x in range(1, 4)]
    interval_2 = [x for x in range(7, 11)]
    ##Collector landscape information
    summary_collector = ms.SummaryCollector(summary_dir, keep_default_action=True,
        collect_specified_data={'collect_landscape': {'landscape_size': 10,
                                                    'unit': "step",
                                                    'create_landscape': {'train': True,
                                                    'result': True},
                                                    'num_samples': 512,
                                                    'intervals': [interval_1,interval_2
 ]
                                           }  #collect_landscape属性的结束
                                           }, #collect_specified_data参数的结束
                                           collect_freq=1)#ms.SummaryCollector算子的结束
    print("============== Starting Training ==============")
    model.train(10, ds_train, callbacks=[time_cb, ckpoint_cb, ms.LossMonitor(),
                summary_collector])
if _name_ == "_main_":
    train_lenet()
```

这是一个比较完整的 LeNet-5 模型的定义。在 train_lenet( )方法中，程序使用 ms.SummaryCollector 算子指定绘制地形图的参数。ms.SummaryCollector 算子使用 collect_specified_data 参数的'collect_landscape'属性指定了如下绘制地形图参数。

- 使用 landscape_size 属性指定地形图的分辨率为 10×10。
- 使用 create_landscape 属性指定同时生成训练过程损失值地形图和训练结果损失值地形图。
- 使用 num_samples 属性指定使用 512 张图片来创建损失值地形图。
- 使用 intervals 属性指定期望在 2 个训练区间绘制地形图。第 1 个区间包括 1～4 训练轮次，第 2 个区间包括 7～11 训练轮次。

② 编写脚本 train_sample6_4_2.py，用于绘制地形图，代码如下。

```
import mindspore as ms
import mindspore.dataset as ds
import mindspore.dataset.vision as vision
import mindspore.dataset.transforms as transforms
from mindspore.dataset.vision import Inter
import mindspore.nn as nn

from mindspore.common.initializer import Normal
from mindspore.nn import Loss

def create_dataset(data_path, batch_size=32, repeat_size=1,
                num_parallel_workers=1):
    """
    create dataset for train or test
```

```
    """
    #define dataset
    mnist_ds = ds.MnistDataset(data_path, shuffle=False)

    resize_height, resize_width = 32, 32
    rescale = 1.0 / 255.0
    shift = 0.0
    rescale_nml = 1 / 0.3081
    shift_nml = -1 * 0.1307 / 0.3081

    #define map operations
    resize_op = vision.Resize((resize_height, resize_width),
                              interpolation=Inter.LINEAR)  # Bilinear mode
    rescale_nml_op = vision.Rescale(rescale_nml, shift_nml)
    rescale_op = vision.Rescale(rescale, shift)
    hwc2chw_op = vision.HWC2CHW()
    type_cast_op = transforms.TypeCast(ms.int32)

    #apply map operations on images
    mnist_ds = mnist_ds.map(operations=type_cast_op, input_columns="label",
                            num_parallel_workers=num_parallel_workers)
    mnist_ds = mnist_ds.map(operations=resize_op, input_columns="image",
                            num_parallel_workers=num_parallel_workers)
    mnist_ds = mnist_ds.map(operations=rescale_op, input_columns="image",
                            num_parallel_workers=num_parallel_workers)
    mnist_ds = mnist_ds.map(operations=rescale_nml_op, input_columns="image",
                            num_parallel_workers=num_parallel_workers)
    mnist_ds = mnist_ds.map(operations=hwc2chw_op, input_columns="image",
                            num_parallel_workers=num_parallel_workers)

    #apply DatasetOps
    buffer_size = 10000
    mnist_ds = mnist_ds.shuffle(buffer_size=buffer_size)
    #10000 as in LeNet train script
    mnist_ds = mnist_ds.batch(batch_size, drop_remainder=True)
    mnist_ds = mnist_ds.repeat(repeat_size)

    return mnist_ds

class LeNet5(nn.Cell):
    """
    Lenet network

    Args:
        num_class (int): Number of classes. Default: 10.
        num_channel (int): Number of channels. Default: 1.

    Returns:
        Tensor, output tensor
    Examples:
        >>> LeNet(num_class=10)
```

```
    """
    def _init_(self, num_class=10, num_channel=1, include_top=True):
        super(LeNet5, self)._init_()
        self.conv1 = nn.Conv2d(num_channel, 6, 5, pad_mode='valid',
                               weight_init=Normal(0.02))
        self.conv2 = nn.Conv2d(6, 16, 5, pad_mode='valid', weight_init=Normal(0.02))
        self.relu = nn.ReLU()
        self.max_pool2d = nn.MaxPool2d(kernel_size=2, stride=2)
        self.include_top = include_top
        if self.include_top:
            self.flatten = nn.Flatten()
            self.fc1 = nn.Dense(16 * 5 * 5, 120)
            self.fc2 = nn.Dense(120, 84)
            self.fc3 = nn.Dense(84, num_class)

    def construct(self, x):
        x = self.conv1(x)
        x = self.relu(x)
        x = self.max_pool2d(x)
        x = self.conv2(x)
        x = self.relu(x)
        x = self.max_pool2d(x)
        if not self.include_top:
            return x
        x = self.flatten(x)
        x = self.relu(self.fc1(x))
        x = self.relu(self.fc2(x))
        x = self.fc3(x)
        return x

def callback_fn():
    network = LeNet5(10)
    net_loss = nn.SoftmaxCrossEntropyWithLogits(sparse=True, reduction="mean")
    metrics = {"Loss": Loss()}
    model = ms.Model(network, net_loss, metrics=metrics)
    data_path = "../datasets/train"
    ds_eval = create_dataset(data_path)
    return model, network, ds_eval, metrics

if _name_ == "_main_":
    interval_1 = [x for x in range(1, 4)]
    interval_2 = [x for x in range(7, 11)]
    summary_landscape = ms.SummaryLandscape('./summary/01')
    # generate loss landscape
    summary_landscape.gen_landscapes_with_multi_process(callback_fn,
                collect_landscape={"landscape_size": 10,
                                   "create_landscape": {"train": True,
                                   "result": True},
                                   "num_samples": 512,
                                   "intervals": [interval_1, interval_2
```

```
                                ]},
            device_ids=[1, 2])
```

这是一个比较完整的 LeNet-5 模型的定义。程序使用 gen_landscapes_with_multi_process( ) 方法收集损失值地形图信息。train_sample6_4_2.py 和 train_sample6_4_1.py 有如下相同之处。

① create_dataset( )函数的定义完全相同，即数据集和数据处理的过程是一样的。

② LeNet5 类的定义完全相同，即模型是一样的。

③ gen_landscapes_with_multi_process( )方法的 collect_landscape 参数值与 train_sample6_4_1.py 中 ms.SummaryCollector 算子使用 collect_specified_data 参数的'collect_landscape'属性值完全相同，即收集训练数据时指定的绘制地形图参数与真正绘制地形图时的参数是一样的。

将附赠源代码中的 06\sample6_4 下的 train_sample6_4_1.py 和 train_sample6_4_2.py 都上传至 Ubuntu 服务器的$HOME/code/lenet-5/lenet 目录下。

运行如下命令启动模型训练。

```
cd /root/code/lenet-5/lenet
python train_sample6_4_1.py
```

训练的过程与第 5 章介绍的过程相似。

运行如下命令绘制损失值 loss 地形图。

```
python train_sample6_4_2.py
```

训练过程中会打印绘制损失值地形图的日志，如图 6-23 所示。

```
Current local landscape progress is 10/10, landscape loss is 2.302279233932495.
Drawing landscape total progress: 3/5.
Current local landscape progress is 10/10, landscape loss is 2.302688792347908.
Drawing landscape total progress: 3/5.
Current local landscape progress is 1/10, landscape loss is 2.3028408735990524.
Current local landscape progress is 1/10, landscape loss is 2.302885428071022.
Current local landscape progress is 2/10, landscape loss is 2.3026068657636642.
Current local landscape progress is 2/10, landscape loss is 2.3034068793058395.
Current local landscape progress is 3/10, landscape loss is 2.3027932941913605.
Current local landscape progress is 3/10, landscape loss is 2.3033423721790314.
Current local landscape progress is 4/10, landscape loss is 2.3023861348629.
Current local landscape progress is 4/10, landscape loss is 2.3021411895751953.
Current local landscape progress is 5/10, landscape loss is 2.3026466369628906.
Current local landscape progress is 5/10, landscape loss is 2.302887409925461.
Current local landscape progress is 6/10, landscape loss is 2.3025016486644745.
Current local landscape progress is 6/10, landscape loss is 2.302882432937622.
Current local landscape progress is 7/10, landscape loss is 2.301528289914131.
Current local landscape progress is 7/10, landscape loss is 2.302945151925087.
Current local landscape progress is 8/10, landscape loss is 2.30198210477829.
Current local landscape progress is 8/10, landscape loss is 2.3019661009311676.
Current local landscape progress is 9/10, landscape loss is 2.3023804426193237.
Current local landscape progress is 9/10, landscape loss is 2.3023856431245804.
Current local landscape progress is 10/10, landscape loss is 2.3022540807724.
Drawing landscape total progress: 4/5.
Current local landscape progress is 10/10, landscape loss is 2.3017503321170807.
Drawing landscape total progress: 4/5.
Current local landscape progress is 1/10, landscape loss is 2.301922082901001.
Current local landscape progress is 1/10, landscape loss is 2.303118512034416.
Current local landscape progress is 2/10, landscape loss is 2.3032259196043015.
Current local landscape progress is 2/10, landscape loss is 2.3012142181396484.
Current local landscape progress is 3/10, landscape loss is 2.3022946566343307.
Current local landscape progress is 3/10, landscape loss is 2.303000882267952.
```

图 6-23　训练过程中会打印绘制损失值地形图的日志

执行完成后，用例 6-1 中介绍的方法启动 MindInsight 服务，然后访问 MindInsight 主页，单击./01 训练记录后面的“训练看板”按钮，打开训练看板页面。拉动滚动条到页面底部，可以看到损失函数多维分析缩略图，具体如图 6-24 所示。

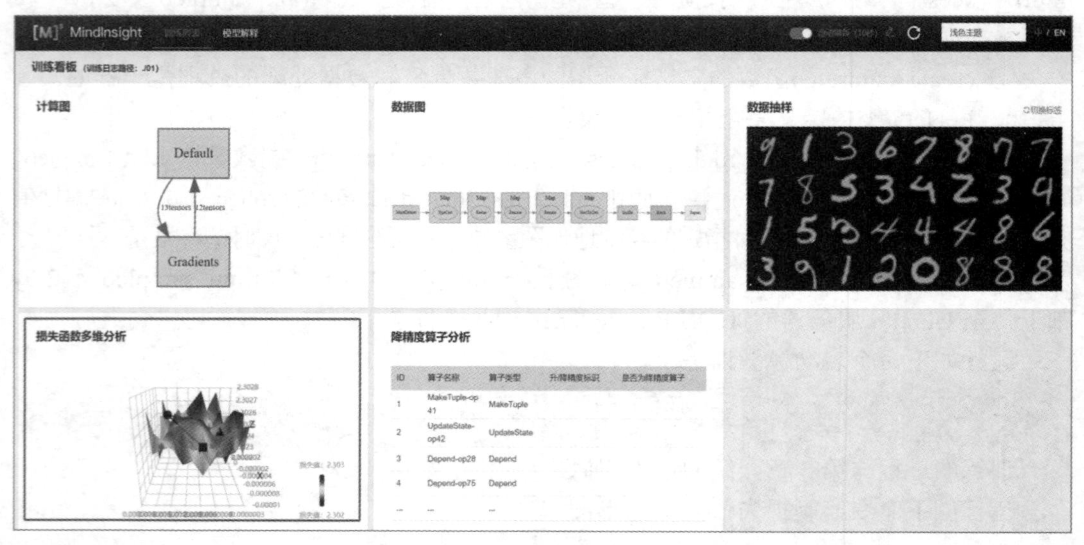

图 6-24　损失函数多维分析缩略图

单击损失函数多维分析缩略图打开损失函数多维分析页面，如图 6-25 所示。默认显示 3D 图。可以选择损失值的区间，这里显示了绘制地形图时指定的 2 个区间，也可以在前文的损失值曲线图中选择区间。

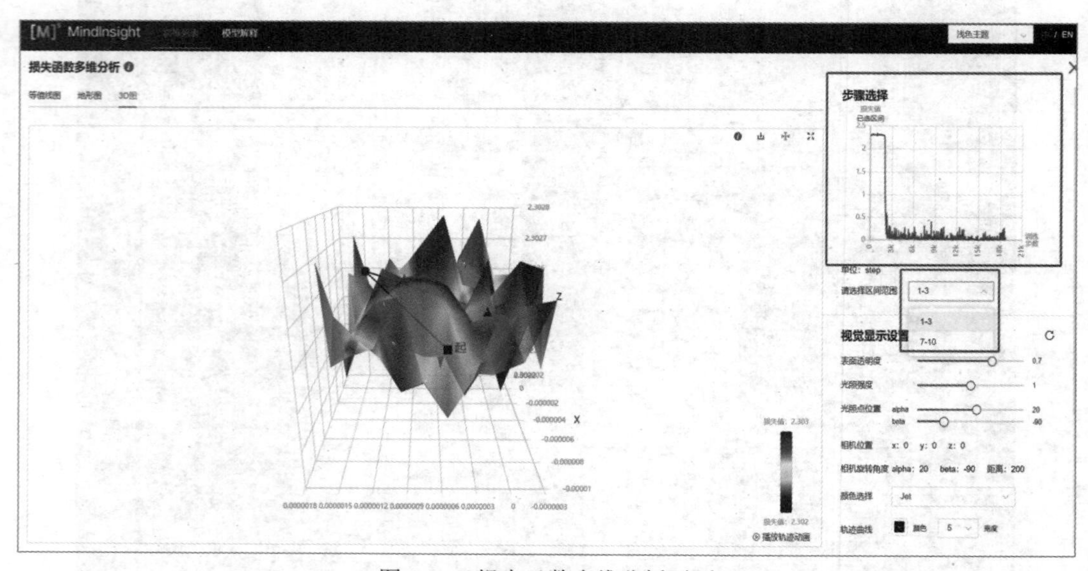

图 6-25　损失函数多维分析页面

选择 7–10，可以看到对应的损失值 3D 图，如图 6-26 所示。

单击“地形图”标签，可以查看损失值的地形图，如图 6-27 所示。

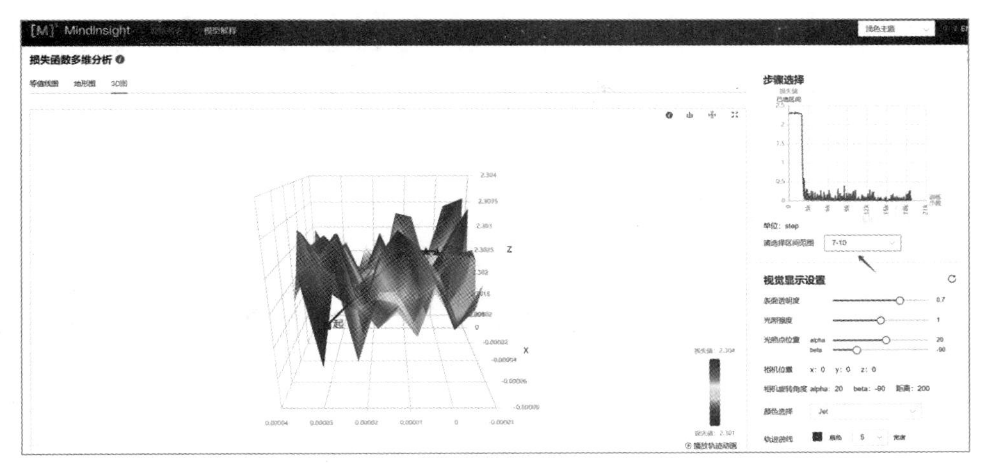

图 6-26　7–10 的损失值 3D 图

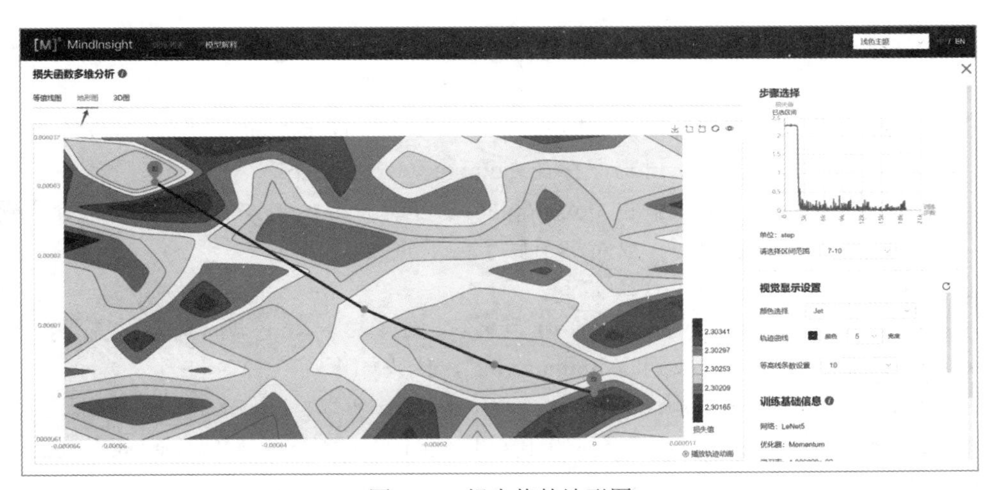

图 6-27　损失值的地形图

单击“等值线图”标签，可以查看损失值的等值线图，如图 6-28 所示。

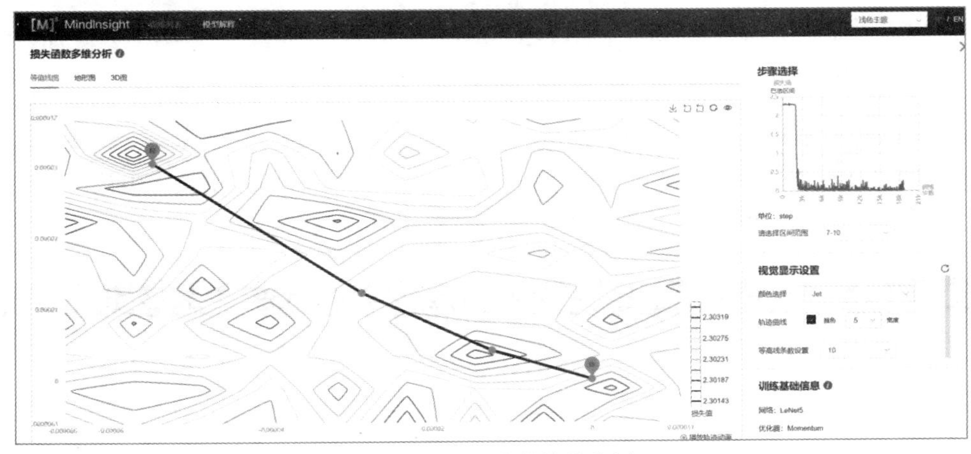

图 6-28　损失值的等值线图

在损失函数多维分析的各种图形中，将鼠标移至曲线上，可以查看一个点上的详细信息。

6.4 溯源与对比看板

在模型训练过程中很可能遇到各种问题。由于模型结构复杂和数据量大等因素，快速、准确地定位问题是比较困难的。可以借助 MindInsight 提供的溯源与对比看板 2 个工具分析问题、定位问题。

6.4.1 溯源与对比看板的数据采集实例

为了演示溯源与对比看板的效果，需要进行多次训练。每次训练使用不同的参数。

【例 6-5】 在 5.4 节介绍的基于 LeNet-5 模型的手写数字识别实例中增加通过 Summary API 记录 Summary 日志的功能。为了实现不同训练之间的对比，本例中将学习率设置为 0.1，并将 Summary 日志保存在./summary/02 目录下。

本实例代码保存为附赠代码的 06\sample6_5 目录下的 train_sample6_5.py，其代码与例 6-1 实例的代码大部分相同。只对细节做了如下修改。

① 将学习率设置为 0.1，代码如下。

```
net_opt = nn.Momentum(network.trainable_params(), 0.1, config.momentum)
```

② 将"./summary/01"修改为"./summary/02"，代码如下。

```
    summary_collector = SummaryCollector(summary_dir="./summary/02")
```

将 sample6_5 下的 train_sample6_5.py 上传至 Ubuntu 服务器的$HOME/code/lenet-5/lenet 目录下，然后执行如下命令在$HOME/code/lenet-5/lenet 目录下创建 summary/02 目录。

```
cd  $HOME/code/lenet-5/lenet
cd summary/
mkdir 02
```

执行如下命令启动模型训练。训练结束后，查看./summary/02 目录下的文件，确认可以发现 Summary 日志文件。

```
cd  /root/code/lenet-5/lenet
python train_sample6_5.py
```

参照 6.2.1 小节启动 MindInsight 服务，然后访问 MindInsight 主页，确认可以看到 2 条训练记录，如图 6-29 所示。

图 6-29 在 MindInsight 主页可以看到 2 条训练记录

6.4.2　溯源

在图 6-29 所示的 MindInsight 主页中单击页面右上角的“溯源分析”按钮，打开溯源页面。默认显示模型溯源页面，如图 6-30 所示。

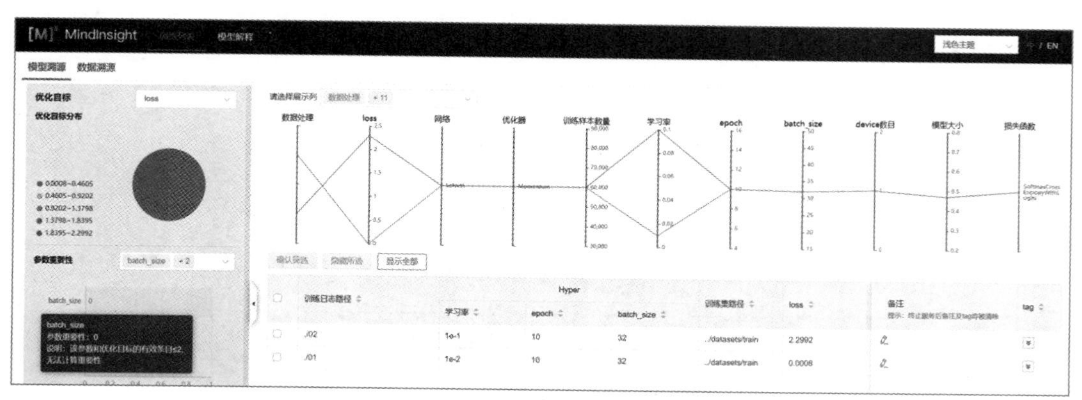

图 6-30　模型溯源页面

模型溯源页面用于展示所有训练的模型参数信息。页面的左上部以饼状图的形式展示优化目标数据的分布情况，默认的优化目标是损失值 loss。图 6-30 中只包含 2 次训练的数据，一次损失值 loss 在 0.0007～0.4604，另一次损失值 loss 在 1.8395～2.2992，各占 50%。

在模型溯源页面的右侧，以曲线图和文字的形式显示训练模型的基本信息，包括损失值 loss、网络名称、优化器、训练样本数量、学习率、epoch、batch_size、device 数目、模型大小和损失函数等信息。本例中 2 次训练只有学习率不同，其他大部分数据是重合的。从曲线图中可以看到，学习率为 0.1 的那次训练的损失值 loss 为 2～2.5；学习率为 0.01 的那次训练的损失值 loss 接近 0。可见，通过模型溯源可以对比不同参数的训练效果。

单击页面左上部的“数据溯源”标签，可以切换至数据溯源页面，如图 6-31 所示。

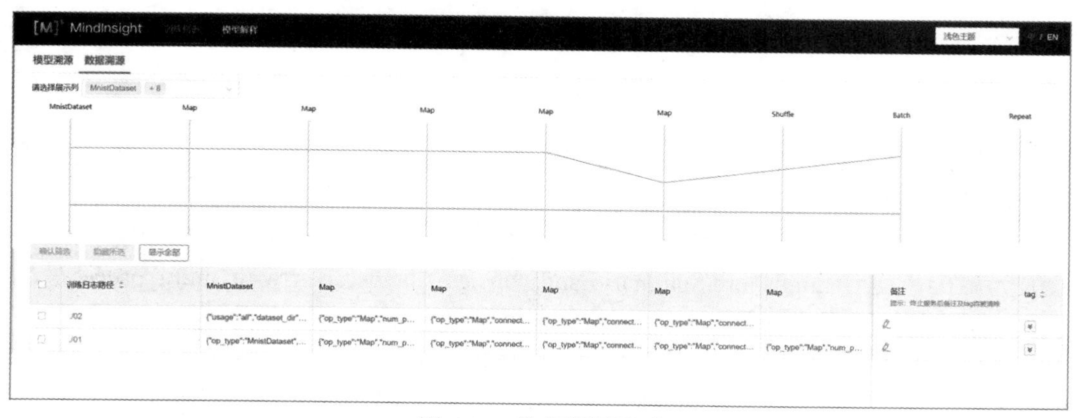

图 6-31　数据溯源页面

在数据溯源页面中分别以曲线图和文字的形式显示各次训练的数据集和算子。因为本例中 2 次训练的数据集和算子是一样的，所以看不出差别。在页面的下部可以查看每次训练所使用算子的情况。单击一个算子，可以查看算子的详情，如图 6-32 所示。

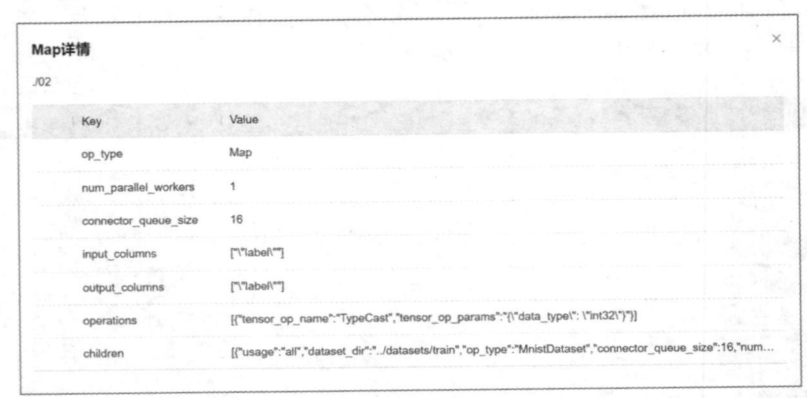

图 6-32　在数据溯源页面中查看算子的详情

6.4.3　对比看板

对比看板可以对比不同训练作业的标量趋势图，从而发现可能存在的问题。

在图 6-29 所示的 MindInsight 主页中单击页面右上角的“对比分析”按钮，打开对比看板页面，如图 6-33 所示。页面中默认显示 2 次训练的损失值对比曲线，可以看到，第 1 次训练的损失值逐渐收敛，第 2 次训练的损失值始终维持在 2.3 左右，没有收敛。

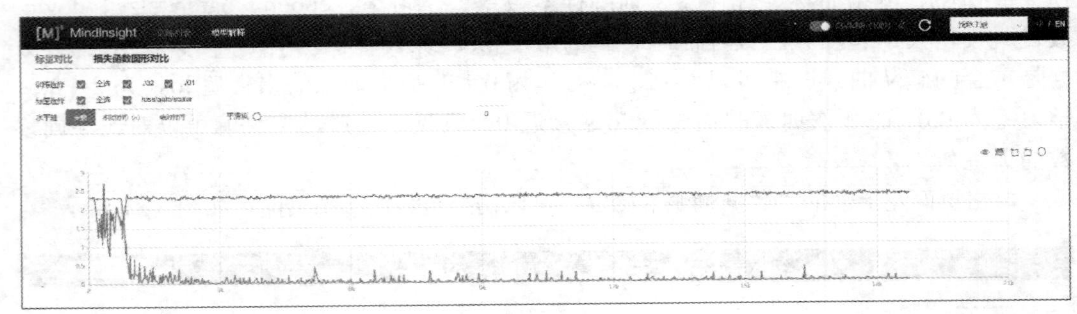

图 6-33　对比看板页面

如果在多次训练中都使用 mindspore.SummaryLandscape 收集损失值地形图信息，则在对比看板中可以进行损失函数对比。

【例 6-6】　为了实现不同训练之间的对比，基于例 6-4 进行微调，本例中将学习率设置为 0.02；使用 mindspore.SummaryLandscape.gen_landscapes_with_multi_process( )方法收集损失值地形图信息；将 Summary 日志保存在./summary/02 目录下。

本实例代码保存在附赠代码包中的 06\sample6_6 目录下，下面的 train_sample6_6_1.py 与 train_sample6_4_1.py 的代码大部分相同，只对细节做如下 2 处修改。

① 为了对比效果，在 train_lenet( )函数中将学习率设置为 0.02，代码如下。

```
net_opt = nn.Momentum(network.trainable_params(), 0.02, 0.9)
```

② 在 train_lenet( )函数中将保存 Summary 日志文件的路径设置为"./summary/02"，代码如下。

```
summary_dir = "./summary/02"
```

06\sample6_6 目录下 train_sample6_6_2.py 与 train_sample6_4_2.py 的代码大部分相同，只将保存损失值地形图文件的路径设置为"./summary/02"，代码如下。

```
summary_landscape = ms.SummaryLandscape('./summary/02')
```

将 train_sample6_6_1.py 和 train_sample6_6_2.py 上传至 Ubuntu 服务器的 $HOME/code/lenet-5/lenet 目录下，然后执行以下命令，先后运行 train_sample6_6_1.py 和 train_sample6_6_2.py。

```
cd $HOME/code/lenet-5/lenet/
pythontrain_sample6_6_1.py
pythontrain_sample6_6_2.py
```

执行结束后，查看./summary/02 目录下的文件，确认可以发现 Summary 日志文件。

参照 6.4.1 小节介绍的方法启动 MindInsight 服务，然后打开对比看板页面，单击“损失函数图形对比”，如图 6-34 所示，可以对比不同学习率对损失值收敛效果的影响。

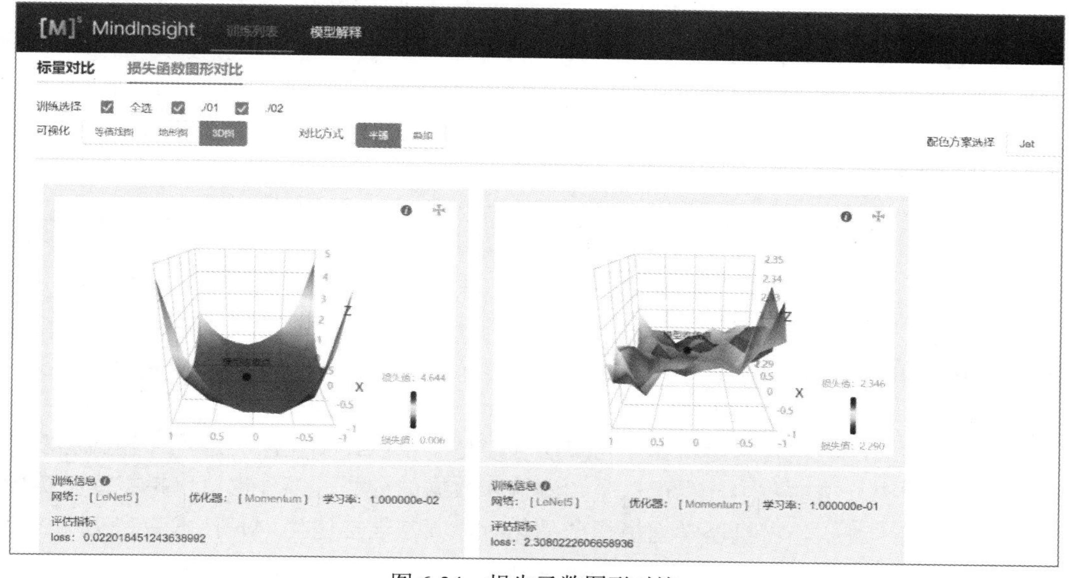

图 6-34　损失函数图形对比

第7章 推理

推理是机器学习推理的简称，是将训练好的模型落地应用的过程。MindSpore 提供了面向端、边、云全场景的推理能力。在端侧，MindSpore 支持通过移动端 AI 框架 MindSpore Lite 进行推理；在边侧，MindSpore 支持通过适用于边缘设备 Ascend 310 进行推理；在云侧，MindSpore 既支持通过云端 AI 芯片进行推理，又支持在 ModelArts 云平台上部署在线服务进行推理。

7.1 推理概述

本节首先介绍关于推理的基础知识。

7.1.1 推理的基本概念

推理是将实时数据传送给机器学习算法（模型）用以计算输出的过程，输出可以是一个或一组代表分值的数字，也可以是预测输入数据的分类。推理也可以指将模型实操化或产品化的过程。当将机器学习模型产品化时，其常被描述为 AI 技术，它实现的功能与人类思考和分析很相似。通常需要将推理应用程序部署在生产环境中。在应用程序中，模型是实现数学算法的软件代码，算法基于数据的特征进行计算，并给出预测。模型可以从本地文件中加载，也可以部署为在线服务。

推理的部署通常由运维工程师或数据工程师完成。负责模型训练的算法科学家通常是不参与的，因为他们并不熟悉生产环境的软件和硬件配置，以及涉及的运维技术。MLOps（机器学习运维）是一个新兴的技术领域，涉及将与机器学习模型相关的各种资源部署到生产环境中，并在需要时对模型进行维护。

在部署推理的过程中，除了模型还需要维护以下 3 种主要的组件。

① 数据源。
② 部署模型的系统。
③ 数据目的地。

推理的简单工作流程如图 7-1 所示。

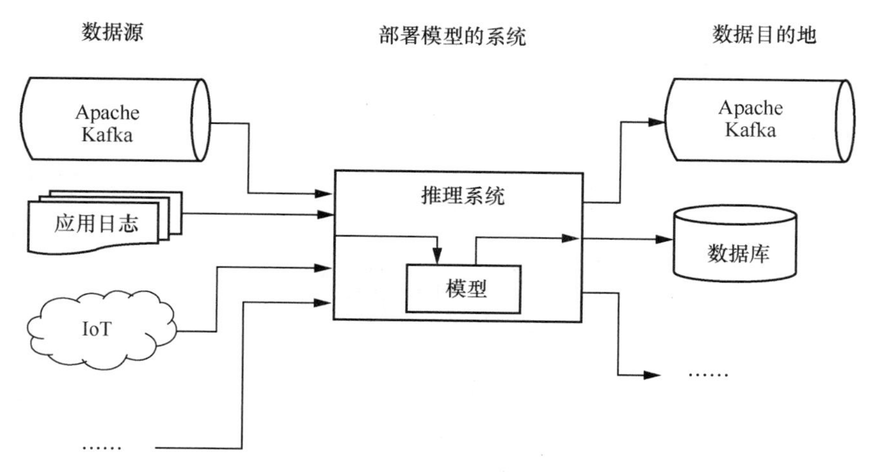

图 7-1　推理的简单工作流程

在推理的过程中，数据源通常是依据生成数据的机制抓取实时数据的系统，例如 Apache Kafka 消息队列、应用日志或者 IoT 设备。

部署模型的系统（推理系统）接收来自数据源的数据，并将其作为输入数据传送至模型。推理系统提供将模型变成一个完整的、可操作的应用程序的基础设施，可以是通过 REST 接口接收输入数据的 Web 应用，也可以是从 Apache Kafka 消息队列接收数据的流处理应用。

数据目的地用于接收模型输出的分数数值，可以是 Apache Kafka 或数据库。这样，下游应用可以对分数数值进行处理。

7.1.2　训练和推理的区别与联系

深度学习训练是指使用数据集来教深度神经网络如何完善自己从而完成一个 AI 任务（例如图像识别、语音识别等）的过程；深度学习推理是指给神经网络提供模型未接受过的新数据，让模型进行预测。

深度神经网络被训练好后，就可以将其复制到其他设备中应用了。但是在部署深度神经网络之前，应该对模型进行必要的简化和修改，目的是降低对算力的要求，减少计算量、减少内存占用率。之所以这么做，是因为深度神经网络越来越大，有的深度神经网络超过百层，有着上亿的参数。神经网络越大，它对算力和资源的要求也越高，模型响应的延迟也越大。只有对模型做必要的简化，才能适合在硬件资源有限的边缘设备和终端设备上运行，从而获得可以接受的响应延迟。

当然，对网络的简化也会导致预测精度的降低，但是这种损失是在可接受范围内的。

7.2 MindSpore 推理概述

MindSpore 可以基于训练好的模型，在不同的硬件平台上执行推理任务。

7.2.1 MindSpore 推理的流程

MindSpore 框架支持的推理分类和流程如图 7-2 所示。

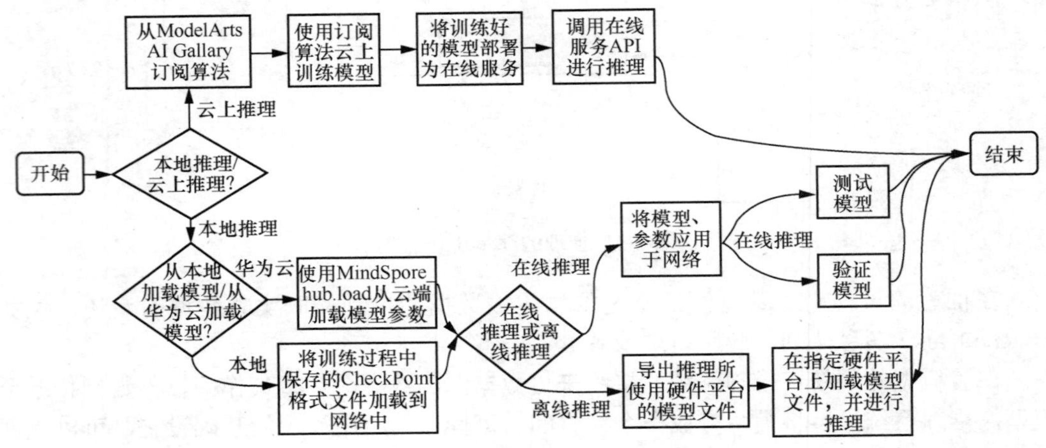

图 7-2　MindSpore 框架支持的推理分类和流程

1．本地推理和云上推理

ModelArts 云平台的 AI Gallery 中提供了很多 AI 算法和数据集。开发者可以在线订阅算法、下载数据集，然后使用算法和数据集训练模型，并将训练好的模型部署为在线服务，通过调用服务 API 实现模型推理。

当进行本地推理时，可以从本地加载模型参数，也可以从华为云提供的预训练模型加载。

2．在线推理和离线推理

在线推理指在深度学习框架内执行推理的场景，离线推理指脱离深度学习框架，在各种硬件平台上加载并执行离线模型的过程。

与在线推理相比，离线推理真正实现了神经网络模型的落地应用。

执行离线推理需要将神经网络模型转换成各种硬件平台支持的离线模型。模型转换过程中可以实现算子调度的优化、权值数据重排和内存使用优化等性能优化操作。

7.2.2 MindSpore 模型的文件格式

为了在各种硬件平台上进行推理，需要将 MindSpore 模型保存或导出适用于各种硬件平台的模型文件。除了 CheckPoint 格式文件，MindSpore 还支持如下格式的模型文件。

1．AIR（Ascend 中间表示）格式文件

AIR 格式文件是华为针对机器学习所设计的、开放式的文件格式，能更好地适配 Ascend AI 处理器。在 Ascend AI 处理器上进行推理时可以选择导出 AIR 格式的模型文件。

2．ONNX（开放神经网络交换）格式文件

ONNX 是一种针对机器学习所设计的、开放式的文件格式，用于存储训练好的模型。在 CPU 上进行推理时需要导出 ONNX 格式的模型文件。7.4 节会介绍使用 ONNX 格式文件进行推理的方法。

3．MindIR 格式文件

在 Ascend AI 处理器上进行推理时可以选择导出 MindIR 格式文件。

7.2.3　加载模型

为了能对训练好的模型进行推理，在训练过程中，通常需要自动将模型和参数保存为 CheckPoint 格式文件。对模型进行推理时，需要先加载模型。

加载模型可以分为如下两个步骤。

① 从 CheckPoint 格式文件加载参数数据。

② 将参数数据应用于指定网络。

1．从 CheckPoint 格式文件加载参数数据

调用 mindspore.load_checkpoint( )方法可以从指定文件加载检查点信息，即加载指定 CheckPoint 文件中保存的网络和参数信息。其基本用法如下。

```
from mindspore import load_checkpoint
<参数字典对象>= load_checkpoint(<要加载的 checkpoint 文件名>, net=None)
```

参数 net 指定保存参数的网络。

2．将参数数据应用于指定网络

调用 mindspore.load_param_into_net( )方法可以将参数数据应用于指定网络，其基本用法如下。

```
from mindspore import load_param_into_net
load_param_into_net(<应用参数的网络>, <参数字典对象>)
```

其中<参数字典对象>就是 load_checkpoint( )方法的返回值。

关于 load_checkpoint( )方法和 load_param_into_net( )方法的具体应用情况将在 7.3 节中结合实例介绍。

7.3　MindSpore 在线推理

在线推理需要先在 MindSpore 框架中加载模型和参数，然后再执行验证模型和测试模型等推理任务。通常是从 CheckPoint 格式文件中加载模型和参数的，具体方法可以参照 7.2.3 节理解。也可以使用 MindSpore Hub 从华为云加载华为提供的预训练模型。

7.3.1 使用 MindSpore Hub 从华为云加载模型

MindSpore Hub 是 MindSpore 生态的预训练模型应用工具，提供的预训练模型主要包括图像分类、目标检测、语义模型、推荐模型等。

1. 从 MindSpore Hub 官网搜索预训练模型

可以根据应用分类、用途、网络架构、数据集、MindSpore 版本等条件搜索预训练模型。例如，框架版本选择 1.9，网络架构选择 googlenet，可以搜索到相关的预训练模型，如图 7-3 所示。

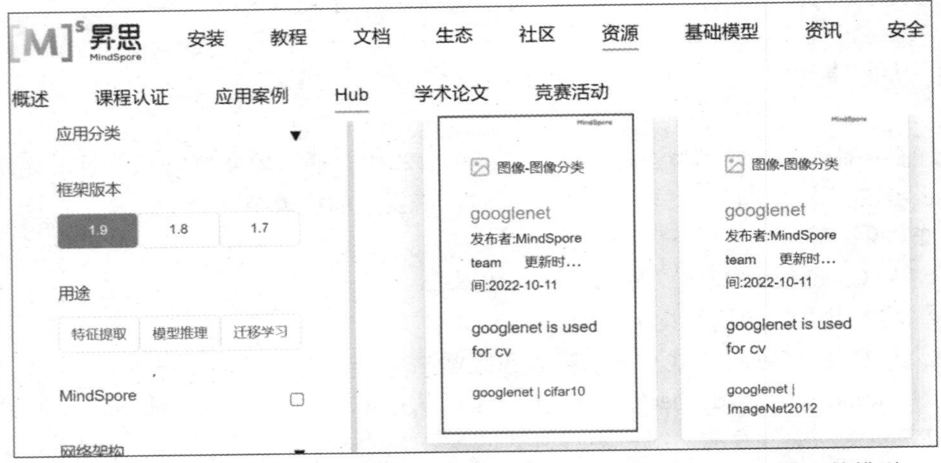

图 7-3 在 MindSpore Hub 官网搜索适用于 MindSpore 1.9 的 googlenet 预训练模型

单击一个预训练模型可以打开模型详情页，例如支持 CIFAR-10 的 googlenet 预训练模型详情页如图 7-4 所示。

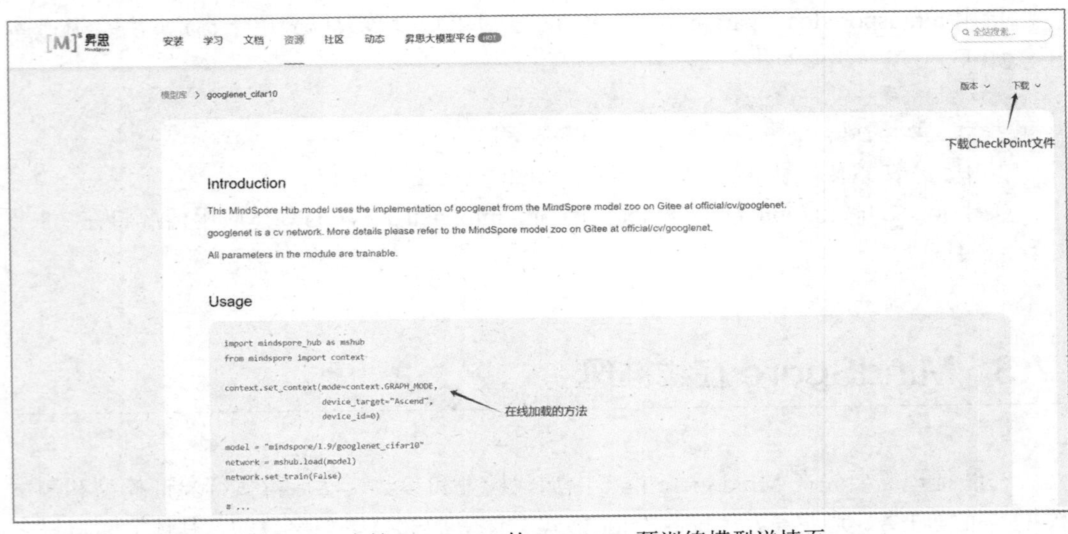

图 7-4 支持 CIFAR-10 的 googlenet 预训练模型详情页

页面中有在线加载预训练模型的方法，也可以单击“下载”按钮，下载预训练模型的 CheckPoint 格式文件。

2．安装 MindSpore Hub

要在 MindSpore 框架中通过 MindSpore Hub 加载远程预训练模型，首先要在 MindSpore 框架所在的服务器上安装 MindSpore Hub。可以通过源代码安装和二进制安装两种方式安装 MindSpore Hub。本书安装 MindSpore Hub 的系统环境为 Ubuntu 18.04 和 Python 3.7.5。使用 pip 命令安装 MindSpore Hub 的方法如下。完整命令参见本书配套的电子资源。

```
pip install whl 文件URL--trusted-host ms-release.obs.cn-north-4.myhuaweicloud.com -i镜像源地址
```

在 Gitee 网站的 MindSpore/hub 页面中，展开分支下拉框可以查询 MindSpore Hub 的最新版本，如图 7-5 所示。

图 7-5　查询 MindSpore Hub 的最新版本

选中 master 分支，单击“克隆/下载”按钮，然后单击“下载 ZIP”，可以下载得到 MindSpore Hub 源代码的压缩包 hub-master.zip。解压缩后，将 hub-master 文件夹上传至 Ubuntu 服务器。然后进入该目录，执行如下命令，即可使用源代码安装 MindSpore Hub。

```
sudo python setup.py install
```

在 hub-master 文件夹下面有一个 mindspore_hub 子文件夹。如果后面介绍的加载预训练模型有问题，很可能是安装版本的问题，此时将 mindspore_hub 子文件夹复制到 $HOME/.local/lib/python3.7/site-packages/之后再重试即可。

3．在线加载预训练模型

可以通过 mindspore_hub. load( )方法在线加载预训练模型，使用方法如下。

```
import mindspore_hub as mshub
network = mshub.load(<模型路径>)
```

可以参照本小节前面介绍的方法从 MindSpore Hub 官网搜索预训练模型，然后在详情页中找到<模型路径>。

【例 7-1】 在 sample7_1.py 中在线加载预训练模型。

```
import mindspore_hub as mshub
from mindspore import context

context.set_context(mode=context.GRAPH_MODE,
                    device_target="CPU",
                    device_id=0)

model = "mindspore/1.9/googlenet_cifar10"
network = mshub.load(model, num_classes=10)
network.set_train(False)
```

在 Ubuntu 服务器上执行 sample7_1.py 的过程如图 7-6 所示。

```
root@ecs-2701:~/code/07# python sample7_1.py
Checking /root/.mscache/mindspore/1.9/googlenet_cifar10.md...Passed!
Checking /root/.mscache/mindspore/1.9/googlenet_cifar10.md...Passed!
root@ecs-2701:~/code/07# rm -Rf /root/.mscache/mindspore/1.9/
root@ecs-2701:~/code/07# python sample7_1.py
Warning. Can't find markdown cache, will reloading.
Downloading data from url
Downloading...100.0%
Download finished!
File size = 2.40 kb
Checking /root/.mscache/mindspore/1.9/googlenet_cifar10.md...Passed!
Warning. Can't find net cache, will reloading.
remote: Enumerating objects: 65248, done.
remote: Counting objects: 100% (339/339), done.
remote: Compressing objects: 100% (301/301), done.
remote: Total 65248 (delta 91), reused 179 (delta 24), pack-reused 64909
Receiving objects: 100% (65248/65248), 135.06 MiB | 1.26 MiB/s, done.
Resolving deltas: 100% (45331/45331), done.
From https://gitee.com/mindspore/models
 * [new branch]      master     -> origin/master
 * [new branch]      r1.10      -> origin/r1.10
 * [new branch]      r1.2       -> origin/r1.2
 * [new branch]      r1.3       -> origin/r1.3
 * [new branch]      r1.4       -> origin/r1.4
 * [new branch]      r1.5       -> origin/r1.5
 * [new branch]      r1.6       -> origin/r1.6
 * [new branch]      r1.7       -> origin/r1.7
 * [new branch]      r1.8       -> origin/r1.8
 * [new branch]      r1.9       -> origin/r1.9
 * [new tag]           v1.5.0     -> v1.5.0
 * [new tag]           v1.6.0     -> v1.6.0
From https://gitee.com/mindspore/models
 * branch              r1.9       -> FETCH_HEAD
Checking /root/.mscache/mindspore/1.9/googlenet_cifar10.md...Passed!
Warning. The `googlenet_ascend_v190_cifar10_official_cv_acc92.1.ckpt` is not exist in local, it will auto-download.
Downloading data from url
Downloading...100.0%
Download finished!
File size = 42.90 Mb
```

图 7-6 在 Ubuntu 服务器上执行 sample7_1.py 的过程

程序会下载.ckpt 文件，这是适用 Ascend 的模型文件。

下载完成后程序会加载 googlenet_ascend_v190_cifar10_official_cv_acc92.1.ckpt，并将其中的模型和参数应用到指定的神经网络对象中。使用神经网络对象进行验证模型和测试模型等推理的方法将在 7.3.2 小节和 7.3.3 小节介绍，请参照理解。

7.3.2 验证模型

对于训练好的模型，可以使用验证数据集验证训练的效果，可以通过模型对象实现验证模型的功能，方法如下：

```
<衡量指标的字典对象>=<模型对象>.eval(<验证数据>, callbacks=None, dataset_sink_mode=True)
```

参数 callbacks 指定在验证模型时回调的函数，默认值为 None；参数 dataset_sink_mode 指定是否将数据缓存到计算设备上，默认值为 True。将数据缓存到计算设备上可以提高运算性能。

在 5.4 节所介绍的基于 LeNet-5 模型的手写数字识别实例中，在 lenet 文件夹下有一个程序脚本 eval.py，可以用于验证模型，代码如下。

```
import os
from src.model_utils.config import config
from src.model_utils.moxing_adapter import moxing_wrapper
from src.dataset import create_dataset
from src.lenet import LeNet5

import mindspore.nn as nn
from mindspore import context
from mindspore.train.serialization import load_checkpoint, load_param_into_net
from mindspore.train import Model
from mindspore.nn.metrics import Accuracy


def modelarts_process():
    config.ckpt_path = config.ckpt_file

@moxing_wrapper(pre_process=modelarts_process)
def eval_lenet():
    print('eval with config: ', config) #打印配置信息
    context.set_context(mode=context.PYNATIVE_MODE,
                        device_target=config.device_target) //设置执行模式

    network = LeNet5(config.num_classes) #创建 LeNet-5 网络
    net_loss = nn.SoftmaxCrossEntropyWithLogits(sparse=True, reduction="mean")
            #定义损失函数
    model = Model(network, net_loss, metrics={"Accuracy": Accuracy()}) #创建 Model 对象
    print("============== Starting Testing ==============")
    #加载保存在 CheckPoint 文件中的参数

    param_dict = load_checkpoint(os.path.join(config.ckpt_path, config.ckpt_file))

    load_param_into_net(network, param_dict)
    ds_eval = create_dataset(os.path.join(config.data_path, "test"),
                             config.batch_size,) #创建数据集
    if ds_eval.get_dataset_size() == 0:
        raise ValueError("Please check dataset size > 0 and batch_size <= dataset
                          size")
    acc = model.eval(ds_eval) #使用数据集对模型进行评估
    print("============== {} ==============".format(acc))#打印评估结果

if __name__ == "__main__":
```

```
eval_lenet()
```

程序按以下过程对模型进行评估。

① 打印配置信息。

② 设置执行模式。

③ 创建 LeNet-5 网络。

④ 定义损失函数，并创建 Model 对象。在创建 Model 对象时，使用 metrics 参数指定返回模型的准确率作为评估模型的指标。

⑤ 从配置项 config.ckpt_path 中加载模型参数，并将其应用到 LeNet-5 网络中。

⑥ 创建并加载数据集。

⑦ 使用数据集对模型进行评估。

⑧ 打印评估结果。

在命令窗口中执行如下命令。

```
cd $HOME/code/lenet-5/lenet
sudo python eval.py
```

因为要读取 CheckPoint 格式文件的内容，所以需要使用 sudo 命令获取管理员权限或直接使用 root 用户执行命令。上面的命令执行结果如下。

```
============== {'Accuracy': 0.9911858974358975} ==============
```

评估的结果是模型的准确率为 99.11858974358975%。

7.3.3 测试模型

对于训练好的模型，可以使用测试数据测试训练的效果，可以通过 Model 对象实现测试模型的功能，方法如下。

```
<测试结果>=<Model 对象>.predict(<测试数据>)
```

<测试数据>可以是一个 Tensor 对象、Tensor 对象的列表或 Tensor 对象的元组。

在 5.4 节介绍的基于 LeNet-5 模型的手写数字识别实例中，在 lenet 文件夹下创建一个程序脚本 test.py 用于测试模型，代码如下。

```
import matplotlib
import os
import numpy as np
from matplotlib import pyplot as plt
from mindspore import load_checkpoint, load_param_into_net, Tensor, Model, context
import mindspore.dataset.transforms.c_transforms as C
import mindspore.dataset.vision.c_transforms as CV
from mindspore.dataset.vision import Inter
from mindspore import dtype as mstype
import mindspore.dataset as ds
from src.lenet import LeNet5
matplotlib.use('TkAgg')
#从测试集中加载一张图片
data_path = "../datasets/"
raw_data = ds.MnistDataset(os.path.join(data_path, "test"), num_samples=1, shuffle=False)
#绘制图片，并显示标签
```

```
def draw_data(data):
    for item in data.create_dict_iterator(num_epochs=1, output_numpy=True):
        image = item["image"]
        label = item["label"]
    plt.imshow(image.squeeze(2), cmap=plt.cm.gray)
    plt.title(label)
    plt.show()
#图像预处理
def transform_data(data):
    #对测试数据集实施相同的数据变换操作
    resize_op = CV.Resize((32, 32), interpolation=Inter.LINEAR)
    #将图片大小调整为 32×32，这样特征图大小能保证是 28×28，和原图一致
    rescale_nml_op = CV.Rescale(1 / 0.3081 , -1 * 0.1307 / 0.3081)
    #数据集的标准化系数
    rescale_op = CV.Rescale(1.0 / 255.0, 0.0) #对数据进行标准化处理，所得到的数值满足正态分布
    hwc2chw_op = CV.HWC2CHW() #转换图像为 CHW 格式
    type_cast_op = C.TypeCast(mstype.int32)
    #使用 map 映射函数，将上面准备好的数据操作应用到数据集
    data = data.map(operations=type_cast_op, input_columns="label")
    data = data.map(operations=[resize_op, rescale_op, rescale_nml_op, hwc2chw_op],
                    input_columns="image")
    #进行 batch 操作，一个批次只处理一张图片
    return data.batch(1)

context.set_context(mode=context.PYNATIVE_MODE)
#加载模型参数
param_dict = load_checkpoint("./output/checkpoint_lenet-10_1875.ckpt")
#应用模型参数到 LeNet-5 网络中
net = LeNet5()
load_param_into_net(net, param_dict)
model = Model(net)
#定义测试数据集，batch_size 设置为 1，取出一张图片
for item in transform_data(raw_data):
    image = item[0]
    label = item[1]
#使用函数 model.predict 预测 image 对应的分类
output = model.predict(Tensor(image))
print(output)
predicted = np.argmax(output.asnumpy(), axis=1)
#输出预测分类与实际分类
print(f'Predicted: "{predicted[0]}", Actual: "{label}"')
draw_data(raw_data)
```

程序按如下过程对模型进行测试。

① 从测试集中加载一张图片。

② 对图像进行数据处理。数据处理的过程与 dataset.py 中定义的数据处理过程一致，可以参照 5.4.3 小节理解。

③ 从./output/checkpoint_lenet-10_1875.ckpt 中加载模型参数，并将其应用到 LeNet-5 网络中。

④ 以测试图片为参数调用 model.predict( )方法对数据进行预测。预测结果是 10 个数字，分别代表测试图片是 0～9 这 10 个数字的可能性分值。预测结果中分值最大的数字（0～9 中的一个数字）就是预测值。

⑤ 打印预测值（Predicted）和实际值（Actual）。

⑥ 调用 draw_data( )显示测试图像。因为原始的图像数据是 HWC 格式，所以在 draw_data( )函数中通过 image.squeeze(2)去掉序号为 2 的轴，也就是将图像数据的形状由(28,28,1)变成(28,28)，以方便显示。

将 test.py 上传至 Ubuntu 服务器的$HOME/code/lenet-5/lenet 目录下，并在命令窗口中执行如下命令。

```
cd $HOME/code/lenet-5/lenet
sudo python test.py
```

因为要读取./output/checkpoint_lenet-10_1875.ckpt 文件的内容，所以使用 sudo 命令获取管理员权限，也可以直接使用 root 用户执行命令。注意确认./output/checkpoint_lenet-10_1875.ckpt 文件是否存在，或根据实际情况修改程序的内容。

上面命令的执行结果如下。

```
[[-8.139657    0.9010268   1.9238753   0.41815913  2.021431   -5.4286046
  -8.190806   13.544302   -2.1088643   2.5812063 ]]
Predicted: "7", Actual: "[7]"
```

程序返回了 10 个预测数值。其中第 8 个预测数值 13.544302 最大。因为从 0 开始计数，所以说明测试图片是 7 的可能性最大。

程序会弹出新窗口显示测试图片，如图 7-7 所示。可以看到，预测结果是正确的。

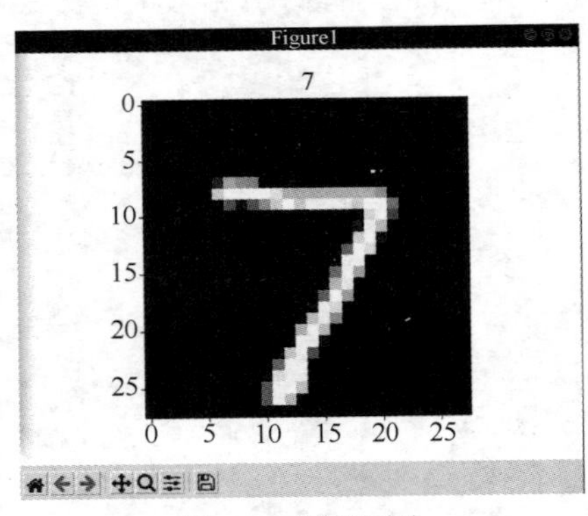

图 7-7　测试图片

7.4　MindSpore 离线推理

离线推理指用户使用深度学习框架训练好的模型，将其转换成各种硬件平台支持的离线模型，然后加载并执行离线模型的过程。模型转换过程中可以实现算子调度的优化、权值数据重排、内存使用优化等。

MindSpore 支持在 Ascend 910 AI 处理器、Ascend 310 AI 处理器、GPU 和 CPU 等硬件平台上进行离线推理，它们所使用的模型文件格式见表 7-1。

表 7-1　在不同硬件平台推理支持使用的模型文件格式

硬件平台	推理支持使用的模型文件格式
Ascend 910 AI 处理器	MindIR 格式文件
Ascend 310 AI 处理器	MindIR 格式或 AIR 格式文件
GPU	MindIR 格式文件
CPU	ONNX 格式文件

离线推理的优点是模型运行速度更快，可以部署在更小的设备上进行推理；缺点是需要经过一次模型转换，而且有些模型的精度可能会下降。

本节以在 CPU 上使用 ONNX Runtime 进行推理为例演示 MindSpore 离线推理的方法。

7.4.1　ONNX Runtime 概述

ONNX Runtime 是跨平台的机器学习模型加速器，可以通过灵活的接口与特定的硬件库整合在一起。ONNX Runtime 不是 MindSpore 独有的，它可以与 PyTorch、TensorFlow、Keras 等其他框架的模型一起使用。ONNX Runtime 支持 Python、C++、C#、C、Java、JavaScript、Objective-C、Julia 和 Ruby 等多种开发语言。本节介绍使用 Python 通过 ONNX Runtime 在 CPU 上进行离线推理的方法。

使用 ONNX Runtime 对 MindSpore 模型进行离线推理的流程如图 7-8 所示。

图 7-8　使用 ONNX Runtime 对 MindSpore 模型进行离线推理的流程

7.4.2　使用 MindSpore 导出 ONNX 模型

使用 mindspore.train.serialization.export 算子可以从 MindSpore 模型导出各种格式的模型文件。使用方法如下。

```
from mindspore.train.serialization import export
export(<MindSpore 神经网络对象>, <输入数据>, file_name=<导出文件路径>, file_format=<导出文件的格式>)
```

导出文件的格式可以是 AIR、ONNX 或 MINDIR。

因为导出模型文件主要是导出模型的网络结构和参数，所以第 2 个参数<输入数据>不需要是所有的训练数据，只要是形状与训练数据一致的 Tensor 对象即可。

【例 7-2】　演示使用 mindspore.train.serialization.export 算子导出 LeNet-5 模型的 ONNX 模型文件。创建 sample7_2.py 的代码如下。

```
import mindspore
import numpy as np
from mindspore.train.serialization import export
from mindspore import load_checkpoint
from mindspore import context, Tensor
from src.lenet import LeNet5

#实例化 LeNet5 网络对象
network = LeNet5()
#从 ckpt 文件中加载 LeNet5 网络结构和参数
load_checkpoint("./output/checkpoint_lenet-10_1875.ckpt", net=network)
input =np.ones([1, 1, 32, 32]).astype(np.float32)
export(network, Tensor(input), file_name='lenet', file_format='ONNX')
```

程序首先从./output/checkpoint_lenet-10_1875.ckpt 中加载 LeNet5 网络结构和参数，然后再调用 mindspore.train.serialization.export 算子将模型导出为 lenet.onnx。

将 sample7_2.py 上传至 Ubuntu 服务器的$HOME/code/lenet-5/lenet 目录下，然后将 src/lenet.py 替换为第 5 章介绍的 lenet.py。因为第 6 章介绍的 lenet.py 中有记录 Summary 日志的相关代码，该代码会对本例的输入数据进行解析，导致报错。

准备好后，运行 sample7_2.py，可以在当前目录下生成 lenet.onnx。7.4.5 小节将从该文件中加载模型。

7.4.3 在 Python 环境中安装 ONNX Runtime

在安装 ONNX Runtime 前，应该先安装 ONNX。ONNX 是一种表示深度学习模型的标准，对应.onnx 文件格式。使用.onnx 文件可使模型在不同框架之间进行转移。而 ONNX Runtime 是将 ONNX 模型部署到生产环境的跨平台、高性能运行引擎。

安装 ONNX 的命令如下。

```
pip install -i 镜像源地址
```

在 Python 环境中安装 ONNX Runtime 的命令如下。

```
pip install onnxruntime
```

上面的命令执行成功后，就可以在 CPU 上进行推理了。

如果希望在 GPU 上进行推理，则还需要执行如下命令，安装适用于 GPU 的 ONNX Runtime。

```
pip install onnxruntime-gpu
```

7.4.4 Python 使用 ONNX Runtime 进行推理的流程

Python 使用 ONNX Runtime 进行推理的流程如图 7-9 所示。

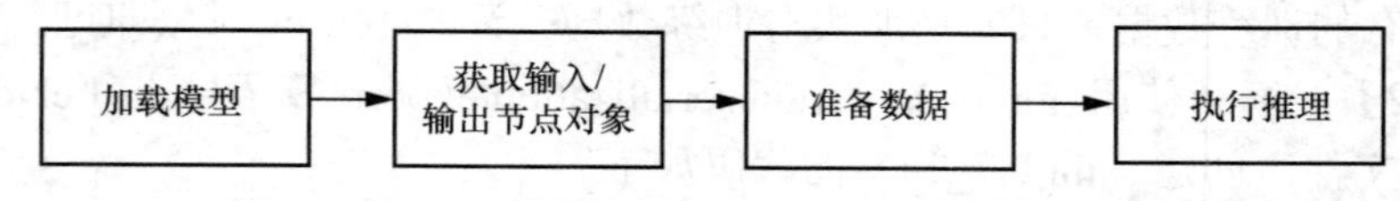

图 7-9 Python 使用 ONNX Runtime 进行推理的流程

1．加载模型

InferenceSession 是 ONNX Runtime 的主类，可以使用类 InferenceSession 从 ONNX 格式文件中加载模型，方法如下。

```
import onnxruntime as rt
<推理会话对象> = rt.InferenceSession(<ONNX 格式文件>)
```

2．获取输入/输出节点对象

使用得到的<推理会话对象>可以获取模型的输入/输出节点对象。获取输入节点对象的方法如下。

```
<输入节点数组>=<推理会话对象>.get_inputs()
```

获取输出节点对象的方法如下。

```
<输出节点数组>=<推理会话对象>.get_outputs()
```

【例 7-3】　打印 LeNet-5 模型的输入节点对象名、输出节点对象名以及输入数据和输出数据的形状信息。创建 sample7_3.py 的代码如下。

```
import onnxruntime as rt
sess = rt.InferenceSession("./lenet.onnx")
#打印输入节点对象名，以及输入节点的形状
for i in range(len(sess.get_inputs())):
    print(sess.get_inputs()[i].name, sess.get_inputs()[i].shape)
print("-----------------")
#打印输出节点对象名，以及输出节点的形状
for i in range(len(sess.get_outputs())):
    print(sess.get_outputs()[i].name, sess.get_outputs()[i].shape)
```

程序从 lenet.onnx 中加载模型，因此要提前确认 lenet.onnx 是存在的。

将 sample7_3.py 上传至 Ubuntu 服务器的$HOME/code/lenet-5/lenet 目录下，然后运行 sample7_3.py，运行结果如下。

```
x [1, 1, 32, 32]
-----------------
13 [1, 10]
```

LeNet-5 模型的输入数据是 NCHW 格式，从打印的输入数据形状可以看到 LeNet-5 模型的批数量为 1，通道数量为 1，图片的宽度和高度都为 32。

在使用 ONNX Runtime 进行推理时，需要通过输入节点对象名指定输入数据，通过输出节点对象名获取输出数据。

3．准备数据

在执行推理前需要准备数据。可以使用实际场景的数据进行推理，也可以使用测试集中的测试数据进行推理。本小节以测试数据演示使用 ONNX Runtime 进行推理的过程。准备数据的流程如图 7-10 所示。

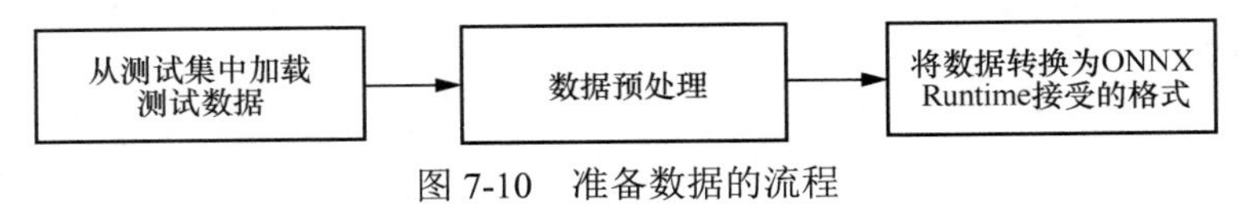

图 7-10　准备数据的流程

前面 2 个步骤从测试集中加载测试数据和数据预处理的方法可以参照 7.3.3 小节理

解。使用 ONNX Runtime 进行推理时输入数据可以是单个的输入数据也可以是一组输入数据。ONNX Runtime 支持的单个输入数据的格式为 NumPy 数组——np.array，即将 Tensor 对象转化为数组，具体方法如下。

```
<Tensor 对象>.asnumpy()
```

如果需要使用一组输入数据，则可以使用以下方法将单个输入数据添加到数组中。

```
input_x = []
input_x.append(<Tensor 对象 1>.asnumpy())
input_x.append(<Tensor 对象 2>.asnumpy())
…
```

4. 执行推理

本小节前面介绍加载模型时介绍了使用类 InferenceSession 从 ONNX 格式文件中加载模型的方法，使用得到的<推理会话对象>可以执行推理，方法如下。

```
<推理会话对象>.run([<输出节点对象名或输出节点对象名列表>],{<输入节点对象名>:<输入数据>})
```

【例 7-4】 从 LeNet-5 模型文件 lenet.onnx 中加载模型并执行推理。创建 sample7_4.py 的代码如下。

```
import matplotlib
from matplotlib import pyplot as plt
import os
import mindspore.dataset as ds
import mindspore.dataset.vision.c_transforms as CV
from mindspore.dataset.vision import Inter
import mindspore.dataset.vision as vision
import mindspore.dataset.transforms as transforms
from mindspore import dtype as mstype
import onnxruntime as rt
from mindspore import Tensor
def draw_data(data):
    for item in data.create_dict_iterator(num_epochs=1, output_numpy=True):
        image = item["image"]
        label = item["label"]

    matplotlib.use('TkAgg') #处理图形不显示的问题，需要 sudo apt-get install python3-tk
    plt.imshow(image.squeeze(2), cmap=plt.cm.gray)
    plt.title(label)
    plt.show()

#图像预处理
def transform_data(data):
    #对测试数据集实施相同的数据变换操作
    resize_op = vision.Resize((32, 32), interpolation=Inter.LINEAR)
    #将图片大小调整为 32×32，这样特征图大小能保证为 28×28，和原图一致
    rescale_nml_op = vision.Rescale(1 / 0.3081 , -1 * 0.1307 / 0.3081)
            #数据集的标准化系数
    rescale_op = vision.Rescale(1.0 / 255.0, 0.0)
            #对数据做标准化处理，所得到的数值满足正态分布
    hwc2chw_op = vision.HWC2CHW() #转换图像为 CHW 格式
    type_cast_op = transforms.TypeCast(mstype.int32)
    #使用 map 映射函数，将上面准备好的数据操作应用到数据集
```

```
    data = data.map(operations=type_cast_op, input_columns="label")
    data = data.map(operations=[resize_op, rescale_op, rescale_nml_op, hwc2chw_op],
                    input_columns="image")
    #进行 batch 操作，一个批次只处理一张图片
    return data.batch(1)


#从测试集中加载一张图片
data_path = "../datasets/"
raw_data = ds.MnistDataset(os.path.join(data_path, "test"), num_samples=1, shuffle=
False)


test_data = transform_data(raw_data)
for item in test_data:
     image = item[0]
     label = item[1]
print(label)
#加载模型
sess = rt.InferenceSession("./lenet.onnx")
input_name = sess.get_inputs()[0].name #输入节点对象名
out_name = sess.get_outputs()[0].name  #输出节点对象名
#执行推理
pred_onx = sess.run([out_name], {input_name:image.asnumpy()})
print(pred_onx)
draw_data(raw_data)
```

程序从 lenet.onnx 中加载模型，因此要提前确认 lenet.onnx 是存在的。

将 sample7_4.py 上传至 Ubuntu 服务器的$HOME/code/lenet-5/lenet 目录下，并在图形界面中运行 sample7_4.py，程序首先弹出窗口显示作为输入数据的图形，然后打印推理的结果如下。

```
[array([[ -8.096533  ,   2.4593976 ,  -0.44964138,   1.5418551 ,
          0.89115024,  -3.8434029 , -10.997535  ,  17.277683  ,
         -3.2486815 ,   1.2668654 ]], dtype=float32)]
```

推理结果中给出测试图片属于各个分类（0～9）的数字的分值。在上面的推理结果中第 8 个索引位置上的分值 17.277683 最高，说明测试图片是数字 7（索引从 0 开始）的可能性最大。

第 8 章 移动端 AI 框架 MindSpore Lite

MindSpore Lite 是 MindSpore 全场景 AI 框架的端侧引擎。可以很方便地实现端侧训练和端侧推理的功能。目前，MindSpore Lite 已经为全球 1000 多个应用提供推理引擎服务，日均调用量超过 3 亿次。本章结合实例介绍 MindSpore Lite 实现端侧训练和端侧推理的方法。

8.1 MindSpore Lite 的总体架构

MindSpore Lite 的总体架构如图 8-1 所示。

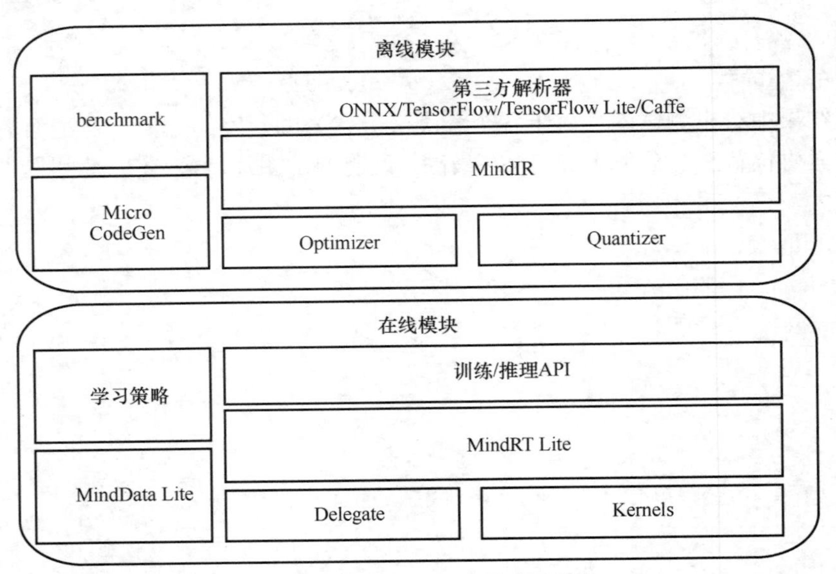

图 8-1 MindSpore Lite 的总体架构

可以看到，MindSpore Lite 分为离线模块和在线模块两部分。离线模块主要负责对接各种第三方框架，实现编译、优化、量化、测试性能等功能；在线模块主要实现端侧训练和推理。

8.1.1　离线模块

MindSpore Lite 包含如下 6 个离线模块。

① 第三方解析器：将第三方模型转换为统一的 MindIR，支持 TensorFlow、TensorFlow Lite、Caffe 1.0 和 ONNX 等第三方模型。

② MindIR：前文中介绍了 MindIR 模块的基本情况，MindIR 是端云统一的模块，因此可以参照前文中的介绍理解其主要功能。

③ Optimizer：基于 MindIR 进行图优化的优化器，优化的手段包括算子融合和常量折叠等。算子融合指将若干小的操作融合为一个大的操作，减少从内存或显存中搬移数据的消耗，从而达到提高效率的目的；常量折叠算法在前文中已介绍，可以参照理解。

④ Quantizer：支持权重量化、激活值量化等手段的训练后量化模块。模型量化（Model Quantization）是通用的深度学习优化手段之一，可以将 float32 格式的数据转变为 int8 格式，一方面可以降低内存和存储的开销，另一方面在一定的条件下（8bit 低精度运算）可以提升预测的效率。

⑤ benchmark：基准测试工具，用于测试性能及调试精度。

⑥ Micro CodeGen：针对 IoT 场景，将模型直接编译为可执行文件的工具，包括生成模型的 C 语言程序文件、线程池、内存复用和算子库等。

8.1.2　在线模块

MindSpore Lite 包含如下 6 个在线模块。

① 训练/推理 API：提供端云统一的 C++/Java 训练和推理接口。

② MindRT Lite：轻量级的智能终端推理运行时模块，支持异步执行。

③ 学习策略：配置端侧的学习策略，如实现迁移学习。迁移学习是一种机器学习的方法，指一个预训练的模型被重新应用在另一个任务中，用于解决相关问题。8.3.1 小节将介绍使用 C++ API 进行迁移学习编程的方法，8.4 节将完整地介绍一个迁移学习过程编程的实例。

④ MindData Lite：实现端侧数据处理的模块。

⑤ Delegate：专业 AI 硬件引擎的代理。

⑥ Kernels：内置的高性能算子库，提供 CPU、GPU 和 NPU 算子。

本章只介绍使用 MindSpore Lite C++ API 进行端侧训练、评估和推理的方法。

8.2　在 Ubuntu 环境下安装 MindSpore Lite

MindSpore 官方推荐使用 Ubuntu 18.04 64 位操作系统作为 MindSpore Lite 端侧训练

和推理的基础环境。本节介绍在 Ubuntu 18.04 环境下下载和编译安装 MindSpore Lite 的方法。

端侧训练和端侧推理都需要连接移动终端（本章以 Android 设备为例）。而华为云主机不能连接本地的终端设备，因此本章以安装 Ubuntu 18.04 的 VirtualBox 虚拟机作为基础环境安装和使用 MindSpore Lite。

8.2.1 安装依赖的软件

编译 MindSpore Lite 依赖的软件包括 GCC、CMake、Git 和 Android_NDK（原生开发工具包）等。

1. GCC

编译 MindSpore Lite 时推荐使用 GCC 7.3.0。在安装 MindSpore 时须已安装 GCC，可以执行 gcc --version 命令确认 GCC 的版本。如果没有安装，可以通过如下命令进行安装。

```
sudo apt update
sudo apt install build-essential
```

2. CMake

编译 MindSpore Lite 时推荐使用 CMake 3.18.3 版本或更高版本。可以参照如下步骤安装 CMake。

① 安装 g++，命令如下。

```
sudo apt-get install g++
```

② 卸载旧版本的 CMake。执行 which cmake 命令判断是否已安装旧版本的 CMake。如果已经安装 CMake，则执行如下命令将其卸载。

```
apt-get autoremove cmake
```

③ 安装新版本的 CMake。

访问 CMake 下载页面，查看最新版本的 CMake 安装包。

找到安装包的 URL，然后使用 wget 命令将其下载。笔者下载的是 cmake-3.24.2.tar.gz，下载命令如下。

```
wget 下载 cmake-3.24.2.tar.gz 的 URL
```

下载完成后，执行如下命令将其解压缩。

```
tar -zxvf cmake-3.24.2.tar.gz
```

解压缩得到一个 cmake-3.24.2 文件夹。进入该文件夹，执行如下命令检查安装 CMake 的依赖是否安装。

```
cd cmake-3.24.2
./bootstrap
```

根据提示安装需要的软件。例如，如果程序显示图 8-2 所示的提示，则执行如下命令安装 OpenSSL。

```
sudo apt-get install libssl-dev
```

图 8-2　提示需要安装 OpenSSL

安装完成后，再次检查安装需要的软件。直至通过检查，然后执行如下命令，编译、构建和安装 CMake。

```
make
sudo make install
```

安装成功后，可以执行 cmake --version 命令查看 CMake 的版本。

3．Git

编译 MindSpore Lite 时推荐使用 Git 2.28.0 版本或更高版本。在安装 MindSpore 时须已安装 Git，可以执行 git --version 命令确认 Git 的版本。

在编译 MindSpore Lite 的过程中需要从 github.com 下载文件。由于网络原因，有可能下载失败。为了能够顺利地从 github.com 下载文件，需要配置 github.com 代理。具体方法请查阅相关资料了解。

4．Android_NDK r20

Android_NDK 用于快速开发 C、C++的动态库，并自动将.so 库文件和应用一起打包成 apk 应用程序包。

MindSpore 官方推荐使用 Android_NDK r20 版本或更高版本。下载 Android_NDK r20 的压缩包命令如下。

```
cd /opt
wget 下载 Android_NDK r20 压缩包的 URL
```

执行如下命令将 android-ndk-r20b-linux-x86_64.zip 解压缩。

```
unzip ./android-ndk-r20b-linux-x86_64.zip -d ./
```

得到/opt/android-ndk-r20b/文件夹。编辑~/.bashrc，在其中添加如下代码，定义环境变量。

```
export ANDROID_NDK=/opt/android-ndk-r20b
export PATH=$PATH:$ANDROID_NDK
```

保存退出后执行如下命令应用配置。

```
source ~/.bashrc
```

执行 ndk-build -v 命令查看版本信息。

8.2.2　编译 MindSpore Lite

执行如下命令下载最新版本的MindSpore源代码，本章内容基于MindSpore Lite 1.9.0 版本。

```
cd $HOME/
git clone 下载 MindSpore 源代码的 URL
```

下载完成后会在当前目录下创建一个 mindspore 文件夹。在命令窗口中执行如下命令编译 MindSpore Lite。

```
cd mindspore
bash build.sh -I x86_64 -j32
```

build.bat 的开始阶段主要是准备文件，会下载一些必需的文件。有可能遇到下载失败的情况。此时可以根据报错信息，手动下载文件，然后将其复制到指定的文件夹下（有时需要重命名），再重新执行上面的命令编译 MindSpore Lite，直至编译成功。

编译的过程很长，如果一切正常，在编译 MindSpore Lite 的最后会在 output 文件夹下生成 MindSpore Lite 的压缩包。如果编译失败，可多试几次，如果还不成功，可以参照 8.2.3 小节手动下载 MindSpore Lite 压缩包。

8.2.3 下载 MindSpore Lite 压缩包

通过编译 MindSpore Lite 可以得到 MindSpore Lite 压缩包，但是编译 MindSpore Lite 可能会因为网络连接等因素遇到各种问题，导致无法编译成功。

为了解决该问题，MindSpore 官方提供了适用于各种平台的、各种版本的 MindSpore Lite 压缩包。可以分别下载 MindSpore Lite 源代码和对应的 MindSpore Lite 压缩包，这样可以达到同编译 MindSpore Lite 一样的效果。

1. 下载 MindSpore Lite 源代码

这里下载 MindSpore Lite 源代码并不是为了编译 MindSpore Lite 源代码，而是需要使用 MindSpore Lite 源代码中包含的资源和示例代码。本章介绍的基于 C++接口实现的端侧训练示例 train_lenet_cpp 可以在 MindSpore Lite 源代码中找到。

下载的 MindSpore Lite 源代码与压缩包的版本要求是一致的，若不一致则示例代码的编译、构建和运行可能会出现问题。因此，在下载 MindSpore Lite 源代码时应该明确指定版本号。

下载 MindSpore 1.9.0 源代码的命令如下。

```
git clone 下载MindSpore源代码的 URL-b r1.9
```

假定在$HOME 目录下执行上面的命令，则下载的 MindSpore 1.9.0 源代码存储在$HOME/ mindspore 目录下。

2. 下载对应版本的 MindSpore Lite 压缩包

在$HOME/ mindspore 目录下创建 output 文件夹，用于保存下载的对应的 MindSpore Lite 压缩包。

适用于 x86-64 Linux 的 MindSpore Lite 1.9.0 压缩包为 mindspore-lite-1.9.0-linux-x64.tar.gz，其中包含使用 64 位系统的推理和训练 runtime 库、推理和训练 jar 包、Micro 库、benchmark 工具、converter 工具、cropper 工具等。cropper 是 MindSpore Lite 的库裁剪工具。

适用于 64 位 Android 系统的 MindSpore Lite 1.9.0 压缩包为 mindspore-lite-1.9.0-android-aarch64.tar.gz，其中包含推理/训练 runtime 库、推理/训练 aarch 包以及 benchmark 工具。

编译和运行本节的端侧训练和端侧推理实例时需要用到这 2 个压缩包。

页面中适用于 x86-64 Linux 和 Android-aarch64 的 MindSpore Lite 1.9.0 压缩包的下载链接如图 8-3 所示。

图 8-3　下载适用于 x86-64 Linux 和 Android-aarch64 的 MindSpore Lite 1.9.0 压缩包

将下载得到的 mindspore-lite-1.9.0-linux-x64.tar.gz 和 mindspore-lite-1.9.0-android-aarch64.tar.gz 复制到$HOME/mindspore/output/目录下。

8.3　MindSpore Lite C++编程

MindSpore Lite 提供 C++ API 和 Java API，可以实现端侧模型训练、评估和推理的功能。本章只介绍 MindSpore Lite C++ API 编程的基本方法。

8.3.1　完整的迁移学习过程编程

类 mindspore::Model 用于定义 MindSpore 模型，以便实现计算图管理。可以通过类 mindspore::Model 实现端侧模型训练、评估和推理的功能，适用于首先进行 PC 侧预训练，然后执行端侧训练、评估和推理的完整迁移学习应用场景。

本小节仅介绍与类 mindspore::Model 有关的常用 C++ API。

1．加载模型

可以使用 mindspore::Serialization::Load( )函数加载模型，语法规则如下。

```
Status Load(const std::string &file, ModelType model_type, Graph *graph)
```

参数说明如下。

① const std::string &file：模型文件名。

② ModelType model_type：指定模型文件的类型，加载端侧 MS 文件时，此参数可以使用 ModelType::kMindIR。

③ Graph *graph：这是一个输出参数，返回保存图数据的对象指针。图数据中包含被加载模型的数据。可以使用 Graph 对象构建模型，得到 mindspore::Model 对象。

2．构建模型

可以使用 mindspore::Model::Build( )函数构建模型。

mindspore::Model::Build( )函数有多种使用方法，可以通过如下几种形式构建模型。

① 使用内存中的模型数据构建模型。

② 根据给定的模型文件路径构建模型。

③ 根据给定的 Graph 对象构建模型。

本小节只介绍根据 Graph 对象构建模型的方法。其语法规则如下。

```
Status Build(GraphCell graph, const std::shared_ptr<Context>&model_context = nullpt
r, const std::shared_ptr<TrainCfg>&train_cfg = nullptr)
```

参数说明如下。

① GraphCell graph：GraphCell 是 Cell 的派生类，但是类 Cell 已经被废弃了，可以将 Graph 对象传递给 graph 参数，例如，

```
<模型对象>.Build(GraphCell(graph), context)
```

② const std::shared_ptr<Context>&model_context：指定模型执行过程中用于存储选项的上下文对象。

③ const std::shared_ptr<TrainCfg>&train_cfg = nullptr：指定训练中使用的配置数据。

3．获取模型的输入数据

可以使用 mindspore::Model::GetInputs( )函数获取模型的所有输入张量数据，语法规则如下。

```
std::vector<MSTensor> GetInputs()
```

函数返回包含所有输入张量数据的 vector 对象。

4．使用度量指标数据初始化模型对象

通过 mindspore::Model::InitMetrics( )函数可以使用度量指标数据初始化模型对象，语法规则如下。

```
Status InitMetrics(std::vector<Metrics *> metrics)
```

参数 metrics 就是度量指标数据，可以用于模型评估。

5．模型训练

使用 mindspore::Model::Train( )函数可以启动模型训练，语法规则如下。

```
Status Train(int epochs, std::shared_ptr<dataset::Dataset> ds,
          std::vector<TrainCallBack *> cbs)
```

参数说明如下。

① int epochs：指定训练的轮数。

② std::shared_ptr<dataset::Dataset> ds：指定训练使用的数据集。

③ std::vector<TrainCallBack *> cbs：指定训练使用的回调函数，可以指定多个回调函数。通过回调函数可以实现打印训练日志、保存 CheckPoint 模型文件、评估模型的精度、调度学习率等功能。关于回调函数的具体情况将在 8.3.2 小节介绍。

6．模型评估

实现端侧模型评估的 C++ API 是 mindspore::Model::Evaluate( )，其语法规则如下。

```
Status Evaluate(std::shared_ptr<dataset::Dataset> ds, std::vector<TrainCallBack *>
cbs)
```

参数说明如下。

① std::shared_ptr<dataset::Dataset> ds：指向 MindData 数据集对象的智能指针（Smart Pointer），用于指定模型评估所使用的数据。

② vector<TrainCallBack *> cbs：训练循环中调用的回调函数对象向量。

7．模型推理

实现端侧模型推理的 C++ API 是 mindspore::Model::Predict( )，其语法规则如下。

```
Status Predict(const std::vector<MSTensor>&inputs, std::vector<MSTensor> *outputs,
const MSKernelCallBack &before = nullptr, const MSKernelCallBack &after = nullptr)
```

参数说明如下。

① const std::vector<MSTensor>&inputs：输入数据。

② std::vector<MSTensor> *outputs：输出数据，即推理的结果。

③ const MSKernelCallBack &before：可选参数，定义运行每个节点之前调用的回调函数。

④ const MSKernelCallBack &after：可选参数，定义运行每个节点之后调用的回调函数。

8．导出模型

模型训练好后，通常需要导出端侧 MS 模型文件，以便日后进行端侧模型评估和端侧推理。使用 mindspore::Serialization::ExportModel( )函数可以导出端侧 MS 模型文件，语法规则如下。

```
static Status ExportModel(const Model &model, ModelType model_type,
                          const std::string &model_file,QuantizationType
                          quantization_type = kNoQuant,
                          bool export_inference_only = true,
                          std::vector<std::string> output_tensor_name = {});
```

参数说明如下。

① const Model &model：指定导出 MS 模型文件的模型。

② ModelType model_type：指定导出模型文件的类型。

③ const std::string &model_file：指定导出模型文件的名字。

④ QuantizationType quantization_type：指定量化类型，可选值包括 kNoQuant（值为 0，表示不做量化处理）、kWeightQuant（值为 1，表示对权重数据做量化处理）、kFullQuant（值为 2，表示对全部数据做量化处理）和 kUnknownQuantType（值为 0xFFFFFFFF，表示未知量化处理）。量化处理指将 float-32 数据映射到 int 数据类型。

⑤ bool export_inference_only：指定是否导出只用作推理的模型。

⑥ std::vector<std::string> output_tensor_name：设置导出的推理模型的输出张量的名称，默认为空，即导出完整的推理模型。

8.3.2　端侧模型训练可以使用的回调函数

mindspore::Model::Train( )函数的第 3 个参数 cbs 可以指定多个回调函数，实现不同的功能。本节介绍端侧模型训练可以使用的回调函数。

1．mindspore::LossMonitor

mindspore::LossMonitor 是端侧的监控类。在训练场景下，mindspore::LossMonitor 可以监控训练的损失值 loss；在边训练边推理场景下，则可以同时监控训练的损失值 loss 和推理的度量指标数据 metrics。其语法规则如下。

```
explicit LossMonitor(int print_every_n_steps = INT_MAX);
```

参数 print_every_n_steps 指定每多少步打印一次损失值 loss。

2．mindspore::TrainAccuracy

mindspore::TrainAccuracy 是 MindSpore Lite 的训练精度评估类。其基本的语法规则如下。

```
explicit TrainAccuracy(int print_every_n = INT_MAX, int accuracy_metrics = METRICS_
CLASSIFICATION);
```

参数说明如下。

① int print_every_n：指定每多少个训练轮次打印一次训练精度。默认值为 INT_MAX，即不打印训练精度。

② int accuracy_metrics：指定精度指标。默认值为 METRICS_CLASSIFICATION，表示 0，指定打印一个训练精度数值。还可以设置为 METRICS_MULTILABEL，表示 1，指定打印多标签训练精度数值。MindSpore Lite 1.9.0 只支持 METRICS_ CLASSIFICATION，即打印如下形式的训练精度数据。

```
...
Epoch (1):      Training Accuracy is 0.79635
...
Epoch (2):      Training Accuracy is 0.914733
...
Epoch (3):      Training Accuracy is 0.945717
...
Epoch (4):      Training Accuracy is 0.960667
...
Epoch (5):      Training Accuracy is 0.96875
Training Accuracy is 0.787967
```

3．mindspore::CkptSaver

mindspore::CkptSaver 是 MindSpore Lite 的训练模型文件保存类。其语法规则如下。

```
explicit CkptSaver(int save_every_n, const std::string &filename_prefix);
```

参数说明如下。

① int save _every_n：指定每多少个训练轮次保存一次 CheckPoint 格式文件。

② const std::string &filename_ prefix：指定 CheckPoint 格式文件的文件名前缀。

4．mindspore::LRScheduler

mindspore::LRScheduler 是 MindSpore Lite 的学习率调度类。其语法规则如下。

```
explicit LRScheduler(LR_Lambda lambda_func, void *lr_cb_data = nullptr, int step = 1);
```

参数说明如下。

① LR_Lambda lambda_func：指定更新学习率的 Lambda 函数。

② void *lr_cb_data：指定回调时传递的数据，通常为结构体 mindspore::StepLRLambda 对象（注意，不是前面提到的 mindspore::StepLRLambda( )函数）。结构体

mindspore::StepLRLambda 包含 2 个字段：step_size 表示每多少个训练轮次学习率衰减一次，gamma 表示学习率衰减因子。

③ int step：指定每多少个训练轮次调用一次 lambda_func 函数更新训练的学习率。

通常参数 lambda_func 可以指定为 mindspore::StepLRLambda( )函数。mindspore::StepLRLambda( )函数的语法规则如下。

```
int mindspore::StepLRLambda(float *lr, int epoch, void *step_size)
```

参数说明如下。

① float *lr：指定当前的学习率。

② int epoch：指定当前的训练轮次。

③ void *step_size：指定学习率衰减的步长，即每多少个训练轮次调用一次 lambda_func 函数更新训练的学习率。

可以通过 mindspore::LRScheduler( )函数调度训练学习率按指定因子衰减。具体应用方法将在 8.4.5 小节中结合实例代码介绍。

8.3.3　单纯的端侧推理场景编程

使用类 mindspore::Model 可以实现端侧推理编程，但是它更适用于完整的迁移学习编程。如果是单纯的端侧推理场景，则可以使用类 mindspore: session::LiteSession 实现编译模型和模型推理编程。

在单纯的端侧推理场景中，可以直接使用 MindSpore 预置的模型文件加载模型，执行推理。

可以通过类 mindspore::session::LiteSession 实现单纯的端侧推理场景编程。类 mindspore::session::LiteSession 可以创建一个与 MindSpore Lite 框架进行交互的会话对象，通过该对象可以使用 MindSpore Lite 框架完成模型编译和模型推理。

本小节简单地介绍与类 mindspore::session::LiteSession 有关的常用 C++ API，具体使用方法将在本章后面结合图像分类 App 实例的代码进行介绍。

1. 加载模型

类 mindspore::session::LiteSession 本身没有加载模型的功能，在单纯的端侧推理场景编程中，通常可以使用 mindspore::lite::Model::Import( )函数加载模型。mindspore::lite::Model 是一个轻量级的结构体，仅用于模型的导入和导出。

mindspore::lite::Model::Import( )函数的使用方法有两种，一种是从指定的内存缓冲区中导入模型，另一种从指定的模型文件中导入模型。

从内存缓冲区导入模型的语法规则如下。

```
static Model *Import(const char *model_buf, size_t size);
```

参数 model_buf 是指向模型数据缓冲区的指针；参数 size 指定模型数据的大小。

从模型文件导入模型的语法规则如下。

```
static Model *Import(const char *filename);
```

参数 filename 指定导入模型文件的路径。

加载的模型数据保存在 mindspore::lite::Model 结构体对象中。

2．创建会话对象

使用 mindspore::session::LiteSession::CreateSession( )函数创建与 MindSpore Lite 框架进行交互的会话对象。语法规则如下。

```
static LiteSession *CreateSession(const char *model_buf, size_t size, const lite::
                                    Context *context);
```

参数说明如下。

① const char *model_buf：指向模型数据缓冲区的指针。

② size_t size：模型数据缓冲区的大小。

③ const lite::Context *context：指定神经网络的配置数据。

其中 model_buf 和 size 是可选参数，如果在创建会话对象时不需要加载模型数据则可以只传递参数 context。

mindspore::session::LiteSession::CreateSession( )函数返回一个 LiteSession 对象，可以通过该对象实现端侧推理的功能。

3．编译模型

使用 mindspore::session::CompileGraph( )函数对 MindSpore Lite 模型进行编译。语法规则如下。

```
virtual int CompileGraph(lite::Model *model) = 0;
```

参数 model 就是前面介绍加载模型时用到的 mindspore::lite::Model 结构体，其中包含了待编译模型的数据。编译模型是执行模型推理的前提。

4．模型推理

使用 mindspore::session::LiteSession::RunGraph( )函数执行模型推理。语法规则如下。

```
 virtual int RunGraph(const KernelCallBack &before = nullptr, const KernelCallBack
&after = nullptr) = 0;
```

参数 before 指定运行节点之前调用的回调函数，参数 after 指定运行节点之后调用的回调函数。通常不需要指定这两个参数。

mindspore::session::LiteSession::RunGraph( )函数会返回模型推理的错误码。如果返回值为 mindspore::lite::RET_OK，则表示执行成功。

5．获取推理结果

mindspore::session::LiteSession::RunGraph( )函数不返回推理结果，因此需要借助其他的 API 获取推理结果。

可以使用 mindspore::session::LiteSession::GetOutputTensorNames( )函数获取模型输出的 Tensor 对象名。语法规则如下。

```
 virtual Vector<String> GetOutputTensorNames() const = 0;
```

返回结果是 Tensor 对象名的向量。

使用 mindspore::session::LiteSession::GetOutputByTensorName( )函数根据 Tensor 对象名字返回对应的输出结果。语法规则如下。

```
virtual mindspore::tensor::MSTensor *GetOutputByTensorName(const String &tensor_
                                                            name) const = 0;
```

参数 tensor_name 指定 Tensor 对象的名字。

函数的返回值为 mindspore::tensor::MSTensor 对象。类 mindspore::tensor::MSTensor

用于定义 MindSpore Lite 中的张量。

8.4　端侧训练、评估和推理实例

本章结合 MindSpore 官方提供的实例 train_lenet_cpp 介绍 MindSpore Lite 实现端侧训练、评估和推理的方法。这是一个完整的迁移学习过程编程的实例。

MindSpore Lite 提供 C++ API 和 Java API，应用程序可以通过调用 API 实现端侧训练、评估和推理。本章只介绍 MindSpore Lite 提供的 C++ API。实例 train_lenet_cpp 是基于 C++ API 的。实现完整迁移学习过程编程的 C++ API 可以参照 8.3.1 小节理解。

本书附赠源代码中也包含实例 train_lenet_cpp，其中为了便于展示示例的数据集和模型训练细节增加了一些打印日志的功能。

8.4.1　实例的目录结构

实例 train_lenet_cpp 位于 MindSpore 源代码目录的 mindspore\lite\examples\train_lenet_cpp 下。实例的目录结构如下。

```
train_lenet_cpp/
├── Makefile              #src 目录下的代码的 Make 文件，用于编译源代码和生成二进制文件
├── model
│   ├── lenet_export.py   #将 LeNet-5 模型导出为 MindIR 模型文件的 Python 脚本
│   ├── prepare_model.sh  #导出 MindIR 文件，然后将其转换为 MS 格式文件的 Python 脚本
│   └── train_utils.py    #导出模型过程中使用的应用函数
├── prepare_and_run.sh    #主脚本，具体情况将在 8.4.2 小节介绍
├── README.md             #实例的英文使用手册
├── README_CN.md          #实例的中文使用手册
├── scripts
│   ├── batch_of32.dat    #存储推理数据的文件。具体情况将在 8.4.7 小节中介绍
│   ├── eval.sh           #在移动端加载预训练模型，然后评估模型精度的脚本
│   └── train.sh          #在移动端加载并初始化模型，然后训练模型的脚本
├── src
│   ├── inference.cc      #执行模型推理的 C++程序
│   ├── utils.h           #MindSpore Lite C++示例程序统一的头文件
│   ├── net_runner.cc     #训练和评估模型的 C++程序
│   └── net_runner.h      #训练和评估模型的 C++头文件
```

8.4.2　解析实例的主脚本 prepare_and_run.sh

位于实例根目录下的 prepare_and_run.sh 是本实例的主脚本，可以实现端侧模型训练、评估和推理。本小节介绍 prepare_and_run.sh 的使用方法，并解析其代码，以便读者了解实例 train_lenet_cpp 的总体架构和基本工作原理。其执行效果将在 8.4.4 小节演示；其中实现模型训练的 C++源代码将在 8.4.5 小节介绍，实现模型评估的 C++源代码将在

8.4.6 小节介绍，实现模型推理的 C++源代码将在 8.4.7 小节介绍。

1. 使用方法

执行以下命令，在实例 train_lenet_cpp 目录下运行 prepare_and_run.sh，执行结果如图 8-4 所示。

```
cd $HOME/mindspore/mindspore/lite/examples/train_lenet_cpp
bash prepare_and_run.sh
```

```
root@mindspore:~# cd /root/mindspore/mindspore/lite/examples/train_lenet_cpp
root@mindspore:~/mindspore/mindspore/lite/examples/train_lenet_cpp# bash prepare
_and_run.sh
MNIST Dataset directory path was not provided

Usage: prepare_and_run.sh -D dataset_path [-d mindspore_docker] [-r release.tar.
gz] [-t arm64|x86] [-o] [-b virtual_batch] [-m mindir] [-e epochs_to_train] [-i
device_id]

root@mindspore:~/mindspore/mindspore/lite/examples/train_lenet_cpp#
```

图 8-4　直接运行 prepare_and_run.sh 的执行结果

因为未指定任何命令选项，所以脚本提示“MNIST Dataset directory path was not provided”。以下为脚本 prepare_and_run.sh 的常用命令选项。

① -D：指定数据集的存储路径。本实例使用 MNIST 数据集。

② -d：指定运行 MindSpore 的 Docker 镜像，如果没有使用 Docker 环境，则在本地运行脚本。

③ -r：指定对应执行设备处理器架构的安装包路径。默认情况下，如果执行设备的处理器架构为 arm64（Android 设备的体系结构），则安装包路径为../../../../output/mindspore-lite-*-android-aarch64.tar.gz；如果执行设备的处理器架构为 x86（PC 机的体系结构），则安装包路径为../../../../output/ mindspore-lite-*-linux- x64.tar.gz。注意，prepare_and_run.sh 脚本会根据相对路径查找对应的安装包，如果不是在 MindSpore 源代码的默认位置运行 prepare_and_run.sh，则需要使用-r 选项手动指定安装包路径。

④ -t：指定执行模型训练、评估和推理的设备的处理器架构。如果在 Android 设备上运行，则指定为 arm64；如果在 PC 机上本地运行，则指定为 x86。默认为 arm64。

⑤ -m：指定执行模型推理时加载模型的 MindIR 文件，默认值为 model/lenet_tod.mindir。

⑥ -e：指定训练的轮数，默认值为 5。

⑦ -i：指定执行模型训练、评估和推理的设备 ID。如果不指定，则使用默认设备。当 PC 上连接了多个 Android 设备时，使用该选项可以指定执行设备。

2. 执行流程

执行 prepare_and_run.sh 脚本在 Android 设备上进行模型训练、评估和推理的流程如图 8-5 所示，具体介绍如下。

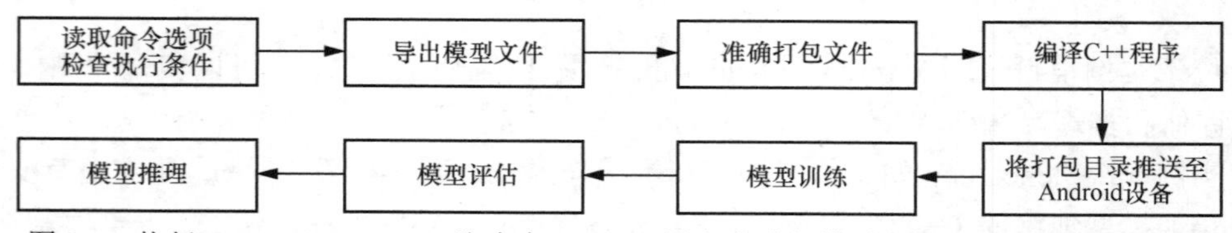

图 8-5　执行 prepare_and_run.sh 脚本在 Android 设备上进行模型训练、评估和推理的流程

（1）读取命令选项，检查执行条件

prepare_and_run.sh 脚本从命令行参数中读取脚本的命令选项。如果没有指定相关命令选项，则使用默认值。相关代码如下。

```
checkopts()
{
  TARGET="arm64"
  DOCKER=""
  MNIST_DATA_PATH=""
  ENABLEFP16=""
  VIRTUAL_BATCH=-1
  MINDIR_FILE=""
  EPOCHS="-e 5"
  DEVICE_ID=""
  while getopts 'D:d:e:m:r:t:i:ob:' opt
  do
    case "${opt}" in
      D)
        MNIST_DATA_PATH=$OPTARG
        ;;
      d)
        DOCKER=$OPTARG
        ;;
      e)
        EPOCHS="-e $OPTARG"
        ;;
      m)
        MINDIR_FILE=$OPTARG
        ;;
      t)
        if [ "$OPTARG" == "arm64" ] || [ "$OPTARG" == "x86" ]; then
          TARGET=$OPTARG
        else
          echo "No such target " $OPTARG
          display_usage
          exit 1
        fi
        ;;
      r)
        TARBALL=$OPTARG
        ;;
      o)
        ENABLEFP16="-o"
        ;;
      b)
        VIRTUAL_BATCH=$OPTARG
        ;;
      i)
        DEVICE_ID=$OPTARG
        ;;
      *)
```

```
        echo "Unknown option ${opt}!"
        display_usage
        exit 1
    esac
  done
}

checkopts "$@"
```

读取命令选项后，脚本会检查继续执行的条件。相关代码如下。

```
if [ "$MNIST_DATA_PATH" == "" ]; then
  echo "MNIST Dataset directory path was not provided"
  display_usage
  exit 1
fi

if [ "$TARBALL" == "" ]; then
  if [ "${TARGET}" == "arm64" ]; then
    file=$(ls ../../../../output/mindspore-lite-*-android-aarch64.tar.gz)
  else
    file=$(ls ../../../../output/mindspore-lite-*-linux-x64.tar.gz)
  fi
  if [[ ${file} != "" ]] && [[ -f ${file} ]]; then
    TARBALL=${file}
  else
    echo "release.tar.gz was not found"
    display_usage
    exit 1
  fi
fi
```

执行 prepare_and_run.sh 脚本应满足以下 2 个条件。

① 通过命令选项-D 指定了数据集的存储路径。

② 在默认位置或指定位置可以找到对应执行设备处理器架构的 MindSpore Lite 压缩包。

（2）导出模型文件

MindSpore 的预训练模型不能直接被 MindSpore Lite 使用，需要先导出 MindIR 模型文件，然后将其转化为端侧 MS 模型文件，再在 MindSpore Lite 中加载 MS 模型文件，并进行端侧训练。

prepare_and_run.sh 脚本会执行 model/prepare_model.sh 脚本首先从 LeNet-5 模型导出 MindIR 模型文件 lenet_tod.mindir，然后将其转换为适用于端侧的 MS 格式模型文件。相关代码如下。

```
cd model/ || exit 1
rm -f *.ms
EXPORT=$EXPORT ./prepare_model.sh $BATCH $DOCKER || exit 1
cd ../
```

命令向 prepare_model.sh 脚本传递了以下 2 个命令行参数。

① $BATCH：训练的批大小（超参 batch_size）。

② $DOCKER：运行 MindSpore 的 Docker 镜像。

在 prepare_model.sh 脚本中，从 LeNet-5 模型导出 MindIR 模型文件由 Python 程序 lenet_export.py 完成。lenet_export.py 的相关代码如下。

```
n = LeNet5()
n.set_train()
context.set_context(mode=context.GRAPH_MODE, device_target="CPU", save_graphs=False)

BATCH_SIZE = int(sys.argv[1])
x = Tensor(np.ones((BATCH_SIZE, 1, 32, 32)), mstype.float32)
label = Tensor(np.zeros([BATCH_SIZE]).astype(np.int32))
net = train_wrap(n)
export(net, x, label, file_name="lenet_tod", file_format='MINDIR')
```

程序使用 mindspore.train.serialization.export( )函数导出 lenet_tod.mindir 模型文件。lenet_tod.mindir 中包含模型的网络结构和输入数据的形状（并没有真正的训练集数据）。

使用 mindspore.train.serialization.export 算子可以将 MindSpore 网络模型导出为指定格式的文件，方法如下。

```
from mindspore.train.serialization import export
export(<MindSpore 网络>, <网络的输入>, <导出模型的文件名称>, file_format=<导出模型的格式>, <配置选项字典>)
```

参数<网络的输入>可以包含多个参数，不仅可以包含输入数据，还可以包含标签数据。当然，参数中不需要包含真实的训练数据，只需要表现输入数据的形状即可。本例中导出文件为 lenet_tod.mindir。

在 prepare_model.sh 脚本中，将 MindIR 模型文件转换为 MS 模型文件的代码如下。

```
CONVERTER="../../../build/tools/converter/converter_lite"
$CONVERTER &> /dev/null
if [ "$?" -ne 0 ]; then
  if ! command -v converter_lite &> /dev/null
  then
    tar -xzf ../../../../../output/mindspore-lite-*-linux-x64.tar.gz
        --strip-components 4 --wildcards --no-anchored 'converter_lite' '*so.*' '*.so'
    if [ -f ./converter_lite ]; then
      CONVERTER=./converter_lite
    else
      echo "converter_lite could not be found in MindSpore build directory nor in
system path"
      exit 1
    fi
  else
    CONVERTER=converter_lite
  fi
fi

function GenerateWeightQuantConfig() {
  echo "[common_quant_param]"> $4
  echo "quant_type=WEIGHT_QUANT">> $4
  echo "bit_num=$1">> $4
  echo "min_quant_weight_size=$2">> $4
  echo "min_quant_weight_channel=$3">> $4
```

```
}

echo "============Converting========="
QUANT_OPTIONS=""
if [[ ! -z ${QUANTIZE} ]]; then
  echo "Quantizing weights"
  WEIGHT_QUANT_CONFIG=ci_lenet_tod_weight_quant.cfg
  GenerateWeightQuantConfig 8 100 15 ${WEIGHT_QUANT_CONFIG}
  QUANT_OPTIONS="--configFile=${WEIGHT_QUANT_CONFIG}"
fi
LD_LIBRARY_PATH=./:${LD_LIBRARY_PATH} $CONVERTER --fmk=MINDIR --trainModel=true --
               modelFile=lenet_tod.mindir --outputFile=lenet_tod $QUANT_OPTIONS
```

其中使用 converter_lite 工具完成模型转换的工作。converter_lite 工具及其依赖的文件是从安装包 mindspore-lite-*-linux-x64.tar.gz 中解压缩得到的。这是 Linux 环境下的压缩包，其中的 converter_lite 工具不能在 Windows 环境下运行。由此可知，实例 train_lenet_cpp 不能在 Windows 环境下正常运行。

上面代码中的 LD_LIBRARY_PATH 是 Linux 环境变量名，用于指定查找共享库（动态链接库）时除了默认路径之外的其他路径。执行 converter_lite 命令需要引用 libmindspore_converter.so。如果不设置环境变量 LD_LIBRARY_PATH 的值，会报下面的错误，即找不到依赖的库文件。

```
./converter_lite: error while loading shared libraries: libmindspore_converter.so:
cannot open shared object file: No such file or directory
```

上面代码中 converter_lite 工具的命令选项说明如下。

① --fmk=MINDIR：指定输入模型文件的格式为 MindIR。其他可选值还包括 TF（TensorFlow 模型）、TFLITE（TensorFlowLite 模型）、CAFFE（Caffe 模型）和 ONNX。

② --trainModel=true：指定模型将在设备上训练。

③ --modelFile=lenet_tod.mindir：指定输入模型文件。

④ --outputFile=lenet_tod：指定输出模型文件名，后面会自动添加.ms。

⑤ --configFile=${WEIGHT_QUANT_CONFIG}：指定 converter_lite 工具使用的配置文件。

（3）准备打包文件

为了在 Android 设备上执行模型训练、评估和推理，需要创建一个文件夹，收集和组织需要的文件，然后将其推送到 Android 设备。准备打包文件的代码如下。

```
PACKAGE=package-${TARGET}

rm -rf ${PACKAGE}
mkdir -p ${PACKAGE}/model
cp model/*.ms ${PACKAGE}/model || exit 1

#Copy the running script to the package
cp scripts/*.sh ${PACKAGE}/

#Copy the shared MindSpore ToD library
tar -xzf ${TARBALL}
```

```
mv mindspore-*/runtime/lib ${PACKAGE}/
mv mindspore-*/runtime/third_party/libjpeg-turbo/lib/* ${PACKAGE}/lib/
cd mindspore-*
if [[ "${TARGET}" == "arm64" ]] && [[ -d "runtime/third_party/hiai_ddk/lib" ]]; then
  mv runtime/third_party/hiai_ddk/lib/* ../${PACKAGE}/lib/
fi

cd ..
rm -rf msl
mv mindspore-* msl/
rm -rf msl/tools/
rm ${PACKAGE}/lib/*.a

#Copy the dataset to the package
cp -r $MNIST_DATA_PATH ${PACKAGE}/dataset || exit 1
cp scripts/*.dat ${PACKAGE}/dataset
```

这段程序主要完成如下工作。

① 创建一个包文件夹${PACKAGE}，如果在 Android 设备上执行，则该文件夹的名称为 package-arm64；如果在 PC 机本地执行，则该文件夹的名称为 package-x86。

② 如果该文件夹已经存在，则删除其下面的所有文件和子目录；否则创建该文件夹。

③ 在该文件夹下创建一个 model 子文件夹并将当前目录的/model/子目录下的.ms 模型文件复制到包文件夹${PACKAGE}下的 model 子文件夹中。

④ 将./scripts/下的所有.sh 文件复制到包文件夹${PACKAGE}下。

⑤ 将 MindSpore 源代码的 output 目录下对应执行设备处理器架构的安装包（mindspore-lite-*-android-aarch64.tar.gz 或 mindspore-lite-*-linux-x64.tar.gz）解压缩。具体是哪个安装包取决于-t 命令选项。然后从解压后得到的目录和文件中选择相关目录和文件移至包文件夹${PACKAGE}中，具体参见表 8-1。

⑥ 将 MNIST 数据集文件复制到包文件夹${PACKAGE}下的 dataset 子文件夹中。

⑦ 将./scripts/batch_of32.dat 复制到包文件夹${PACKAGE}下的 dataset 子文件夹中，以便在模型推理时使用。

表 8-1　从安装包解压后得到的目录和文件中移动相关目录和文件到包文件夹${PACKAGE}下

移动的项目	目标位置
mindspore-*/runtime/lib	${PACKAGE}/
mindspore-*/runtime/third_party/libjpeg-turbo/lib/*	${PACKAGE}/lib/
mindspore-*/runtime/third_party/hiai_ddk/lib/* （此项目当在 PC 机上本地执行时没有）	${PACKAGE}/lib/

准备好打包文件后，包文件夹${PACKAGE}下的目录结构如下。

```
├── package_arm64 或 package-x86
│   ├── bin
│   │   └── net_runner                          #实现模型训练和评估的可执行文件
│   ├── dataset
```

```
|   |   ├── test
|   |   |   ├── t10k-images-idx3-ubyte    #测试集中的图像文件
|   |   |   └── t10k-labels-idx1-ubyte    #测试集中的标签文件
|   |   └── train
|   |       ├── train-images-idx3-ubyte   #训练集中的图像文件
|   |       └── train-labels-idx1-ubyte   #训练集中的标签文件
|   ├── eval.sh                           #加载模型并执行模型评估的脚本
|   ├── lib                               #运行程序依赖的库文件
|   |   ├── libjpeg.so.62
|   |   ├── libminddata-lite.a
|   |   ├── libminddata-lite.so
|   |   ├── libmindspore-lite.a
|   |   ├── libmindspore-lite-jni.so
|   |   ├── libmindspore-lite.so
|   |   ├── libmindspore-lite-train.a
|   |   ├── libmindspore-lite-train-jni.so
|   |   ├── libmindspore-lite-train.so
|   |   ├── libturbojpeg.so.0
|   |   └── mindspore-lite-java.jar
|   ├── model
|   |   └── lenet_tod.ms                  #用于训练的端侧模型文件
|   └── train.sh                          #初始化模型并执行模型训练的脚本
```

（4）编译 C++程序

本实例的端侧训练、评估和推理功能是由 C++程序通过调用 MindSpore Lite C++ API 实现的。在 prepare_and_run.sh 中会使用 make 命令编译 C++程序，相关代码如下。

```
echo "==========Compiling============"
make clean
make TARGET=${TARGET}
```

在 prepare_and_run.sh 同级目录，有一个 Makefile 文件。make 命令会根据 Makefile 文件中定义的规则对 C++源代码进行编译。

1）程序文件的编译规则

Makefile 文件中对模型训练程序 net_runner.cc 进行编译的规则如下。

```
SRC:=src/net_runner.cc
OBJ:=$(SRC:.cc=.o)
```

SRC 指定编译的源代码文件，OBJ 指定生成的中间文件.o。这里定义将 SRC 属性中的.cc 替换为.o，即为生成的中间文件。

对模型推理程序 inference.cc 进行编译的规则如下。

```
INF_SRC:=src/inference.cc
INF_OBJ:=$(INF_SRC:.cc=.o)
```

2）编译器的定义

Makefile 文件中定义使用 Android NDK 中包含的编译工具 clang++作为 C/C++ 编译器，相关代码如下。

```
CXX :=  ${ANDROID_NDK}/toolchains/llvm/prebuilt/linux-x86_64/bin/clang++
...
    $(CXX) $(CFLAGS) -c $< -o $@
```

执行以上命令时有以下 2 个前提条件。

① 在 Linux 环境下执行，因为使用的是 linux-x86_64 目录下的 clang++工具。

② 已经安装了 Android NDK。

关于搭建实例 train_lenet_cpp 运行环境的方法将在 8.4.3 小节介绍。

3）编译选项

在 Makefile 文件中使用变量 CFLAGS 定义了 C 编译器的选项，使用变量 LDFLAGS 定义了一些优化选项。例如，使用-I 选项指定头文件（.h 文件）的路径。

在执行 prepare_and_run.sh 脚本时会打印编译 C++程序的命令。

4）make clean 命令的定义

在 Makefile 文件中定义了 make clean 命令执行的操作，代码如下。

```
clean:
    rm -rf src/*.o bin/
```

当执行 make clean 命令时，会删除 src/文件夹下的*.o 文件和 bin/文件夹下的所有文件。

5）将 bin 文件夹复制到包文件夹${PACKAGE}下

编译源代码完成后，为了能够在 Android 设备执行这些二进制文件，需要将 bin 文件夹复制到包文件夹${PACKAGE}下，代码如下。

```
mv bin ${PACKAGE}/ || exit 1
```

（5）将打包目录推送至 Android 设备

在 Android 设备上执行端侧训练、评估和推理所需要的文件都已经存储在包文件夹${PACKAGE}下了。如果在 Android 设备上执行训练、评估和推理，则需要将打包目录推送至 Android 设备，代码如下。

```
if [ "${TARGET}" == "arm64" ]; then
  cp ${ANDROID_NDK}/toolchains/llvm/prebuilt/linux-x86_64/sysroot/usr/lib/aarch64-
linux-android/libc++_shared.so ${PACKAGE}/lib/ || exit 1

  if [ "${DEVICE_ID}" == "" ]; then
    echo "=======Pushing to device======="
    adb push ${PACKAGE} /data/local/tmp/
      #下面是端侧训练、评估和推理的命令
      …
  else
      #下面是 PC 侧训练、评估和推理的命令
      …
```

在 prepare_and_run.sh 中使用 adb 工具与 Android 设备进行交互。adb push 命令实现向 Android 设备推送文件的功能。

（6）模型训练

将打包目录推送至 Android 设备后，prepare_and_run.sh 脚本会使用 adb shell 命令在 Android 设备上执行命令，实现端侧模型训练、评估和推理，代码如下。

```
if [ "${TARGET}" == "arm64" ]; then
  …
  if [ "${DEVICE_ID}" == "" ]; then
    …
```

```
    echo "========Training on Device====="
    adb shell "cd /data/local/tmp/package-arm64 && /system/bin/sh train.sh ${EPOCHS
} ${ENABLEFP16} -b ${VIRTUAL_BATCH}"
    echo

    echo "===Evaluating trained Model====="
    adb shell "cd /data/local/tmp/package-arm64 && /system/bin/sh eval.sh ${ENABLEFP16}"
    echo

    echo "====Running Inference Model====="
    adb shell "cd /data/local/tmp/package-arm64 && /system/bin/sh infer.sh"
    echo
  else
    echo "=======Pushing to device======="
    adb -s ${DEVICE_ID} push ${PACKAGE} /data/local/tmp/

    echo "========Training on Device====="
    adb -s ${DEVICE_ID} shell "cd /data/local/tmp/package-arm64 && /system/bin/sh
train.sh ${EPOCHS} ${ENABLEFP16} -b ${VIRTUAL_BATCH}"
    echo

    echo "===Evaluating trained Model====="
    adb -s ${DEVICE_ID} shell "cd /data/local/tmp/package-arm64 && /system/bin/sh
eval.sh ${ENABLEFP16}"
    echo

    echo "====Running Inference Model====="
    adb -s ${DEVICE_ID} shell "cd /data/local/tmp/package-arm64 && /system/bin/sh
infer.sh"
    echo
  fi
```

在 Android 设备上，打包文件被推送至/data/local/tmp/package-arm64 目录下。train.sh 实现端侧训练的功能，代码如下。

```
LD_LIBRARY_PATH=./lib/ bin/net_runner -f model/lenet_tod.ms -d dataset "$@"
```

具体说明如下。

① 实现端侧训练功能的可执行文件为 bin/net_runner，对应的源代码文件是 train_lenet_cpp\src\ net_runner.cc。关于 net_runner.cc 代码的具体情况将在 8.4.5 小节和 8.4.6 小节介绍。

② 将环境变量 LD_LIBRARY_PATH 设置为./lib/，指定 bin/net_runner 在./lib/文件夹下查找依赖的库文件。

③ 命令选项-f 指定训练使用的 MS 端侧模型文件。

④ 命令选项-d 指定数据集的位置。

⑤ net_runner.cc 接收一个命令行参数，用于指定训练的轮数。该命令行参数在 train.sh 中使用${EPOCHS}传入。

（7）模型评估

脚本 eval.sh 实现端侧评估的功能，代码如下。

```
LD_LIBRARY_PATH=./lib/ bin/net_runner -f model/lenet_tod_trained.ms -e 0 -d dataset $1
```

与端侧训练一样，实现端侧评估功能的可执行文件也是 bin/net_runner。其命令选项与模型训练时一样。命令选项-e 的值为 0，即不执行模型训练，而是执行模型评估。变量$1 指定是否启用-o 命令选项。如果启用-o 命令选项，则启用 float16 推理。float 16 又称为半精度，即使用 16bit（也就是 2byte）表示一个数。

（8）模型推理

脚本 infer.sh 实现端侧推理的功能，代码如下。

```
LD_LIBRARY_PATH=./lib/ bin/infer -f model/lenet_tod_infer.ms
```

具体说明如下。

① 实现端侧推理功能的可执行文件是 bin/infer，对应的源代码文件是 train_lenet_cpp\src\ inference.cc。关于 inference.cc 的代码将在 8.4.7 小节介绍。

② 将环境变量 LD_LIBRARY_PATH 设置为./lib/，指定 bin/infer 在./lib/文件夹下查找依赖的库文件。

③ 命令选项-f 指定 MS 端侧模型文件。

8.4.3　为运行实例做准备

运行实例 train_lenet_cpp 的流程如图 8-6 所示，本小节介绍前 3 个环节。

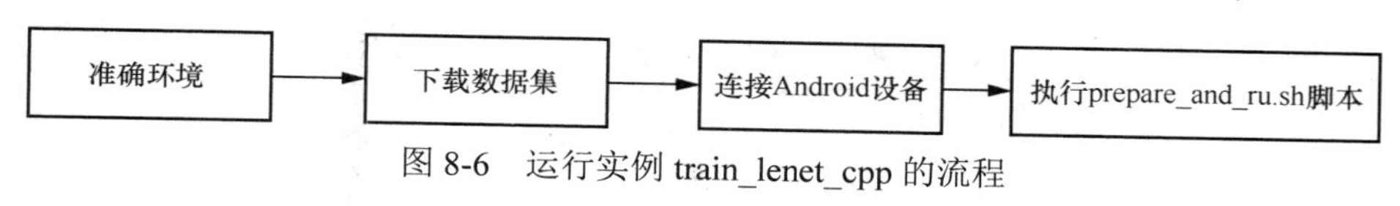

图 8-6　运行实例 train_lenet_cpp 的流程

1．准备环境

按照如下步骤为实现实例 train_lenet_cpp 的端侧训练准备环境。

① 本小节在 Ubuntu 18.04 64 位操作系统上完成端侧训练，确认 Ubuntu 18.04 服务器准备就绪。

② 确认已经参照 8.2.1 小节安装了依赖的软件。

③ 确认已经参照 8.2.2 小节成功编译 MindSpore Lite 或下载 MindSpore Lite 的压缩包。确认在$HOME/mindspore/output 目录下有 mindspore-lite-1.9.0-android-aarch64.tar.gz 和 mindspore-lite-1.9.0-linux-x64.tar.gz 2 个压缩包文件，如果使用其他版本的 MindSpore，则将文件名中的 1.9.0 替换为对应的版本号。

2．下载数据集

本实例使用 MNIST 数据集，可以参照 5.4.1 小节下载数据集。本书的附赠源代码包中 05\lenet-5\datasets 目录下包含了 MNIST 数据集。第 5 章介绍 LeNet-5 模型，已经在 Ubuntu 服务器上的$HOME/code/lenet-5/datasets 目录下部署了 MNIST 数据集，目录结构如下。

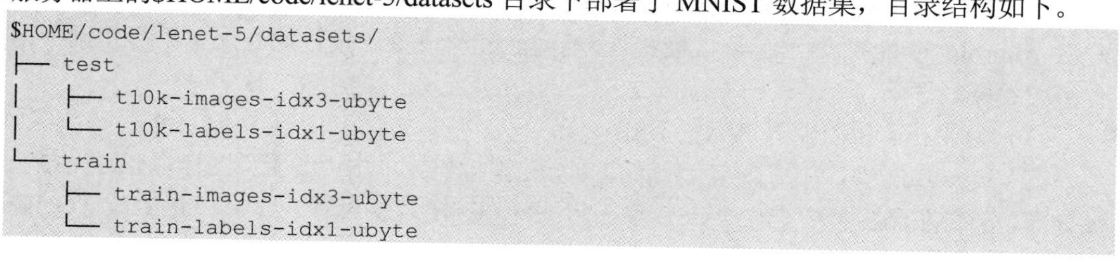

```
$HOME/code/lenet-5/datasets/
├── test
│   ├── t10k-images-idx3-ubyte
│   └── t10k-labels-idx1-ubyte
└── train
    ├── train-images-idx3-ubyte
    └── train-labels-idx1-ubyte
```

3. 连接 Android 设备

实例 train_lenet_cpp 需要在 Ubuntu 服务器上连接 Android 设备，进行端侧训练和端侧推理。云主机无法连接 Android 设备，为了方便大多数读者学习和实践，这里使用 VirtualBox 虚拟机连接 Android 设备。

要通过 VirtualBox 虚拟机连接 Android 设备，需要满足以下条件。

① 尽量安装高版本的 VirtualBox，本节内容基于 VirtualBox 7.0.2 版本。

② 安装 VirtualBox 增强功能。

③ 在 Android 设备上开启 USB 调试模式。

④ 为虚拟机配置 USB 设备。

⑤ 在 Ubuntu 虚拟机中安装和配置 adb 工具。

（1）安装 VirtualBox 增强功能

访问 VirtualBox 官网下载对应版本的 VirtualBox 增强功能安装包（Extension Pack）。

笔者下载得到 Oracle_VM_VirtualBox_Extension_Pack-7.0.2.vbox-extpack 文件。运行 VirtualBox，并在系统菜单中依次选择管理/工具/Extension Pack Manager，打开 Extension Pack Manager 窗口，如图 8-7 所示。单击 Install 图标，然后选择下载得到的增强功能安装包，完成安装。

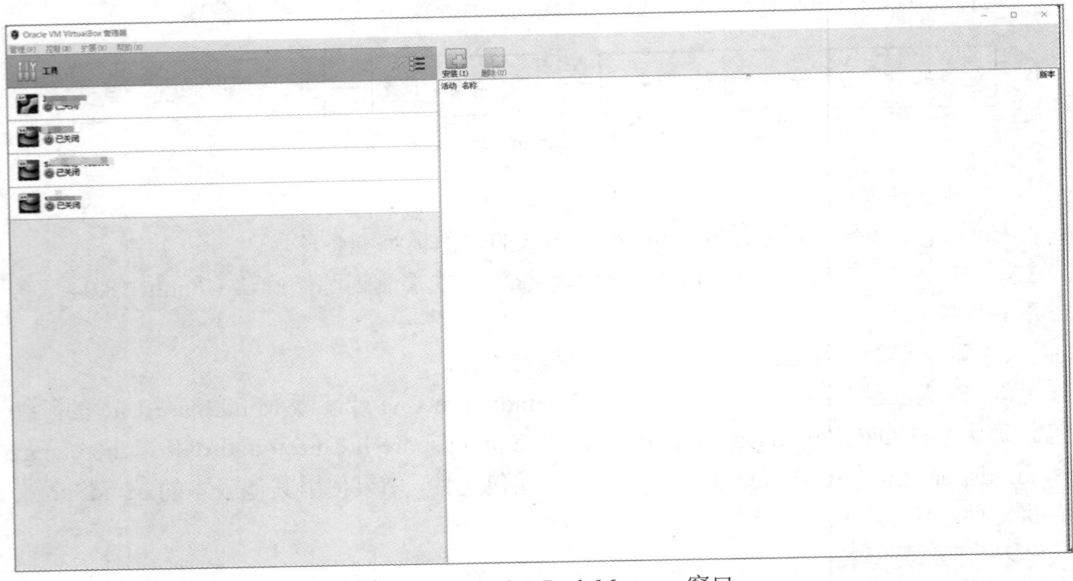

图 8-7　Extension Pack Manager 窗口

（2）在 Android 设备上开启 USB 调试模式

准备好一台 Android 设备，并通过 USB 与工作计算机正确连接，用于进行端侧训练。开启 Android 设备的“USB 调试模式”，不同品牌的设备，设置的方法也不尽相同，请查阅相关资料了解。

（3）为 VirtualBox 虚拟机配置 USB 设备

在 VirtualBox 中选中之前安装好的 Ubuntu 虚拟机，单击“设置”图标，打开虚拟机设置窗口。在左侧窗格中选中“USB 设备”，进行 USB 设备设置，选中“USB 2.0（OHCI

+ EHCI）控制器”，如图 8-8 所示。单击右侧工具条中的图标，从弹出的菜单中选择要连接的 Android 设备，如图 8-9 所示。

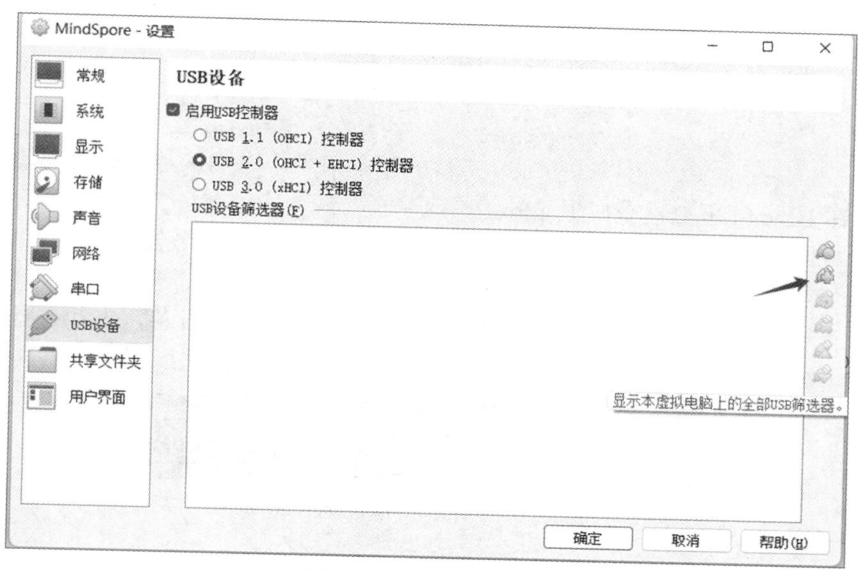

图 8-8　设置 USB 设备

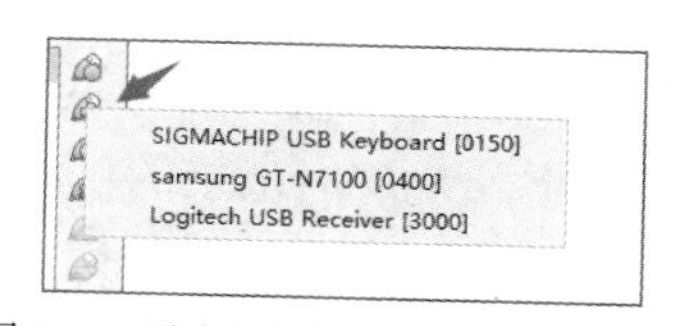

图 8-9　选择要连接的 Android 设备

选中的设备会出现在列表中，单击“OK”按钮完成设置。

双击启动 Ubuntu 虚拟机。在虚拟机窗口中，选择设备/USB，在展开的菜单中选中要连接的 Android 设备，如图 8-10 所示。

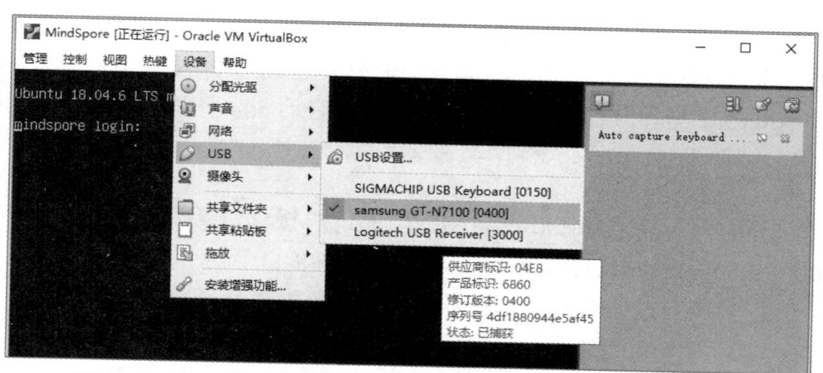

图 8-10　在 VirtualBox 虚拟机窗口中选中要连接的 Android 设备

将鼠标指针移至选中的 Android 设备上，可以看到弹出的提示条中有该设备的信息。记下其中的供应商标识和产品标识。如笔者的 Android 设备供应商标识为 04E8，产品标识为 6860。这 2 个数据在后面配置 adb 工具时会用到。

（4）在 Ubuntu 虚拟机中安装 adb 工具

可以使用 adb 工具连接 Android 设备，这样就在工作计算机上远程操控 Android 设备。如果没有安装 adb 工具，则执行如下命令进行安装。

```
sudo apt-get update
sudo apt-get install android-tools-adb
```

执行 adb version 命令可以查看 adb 工具的版本信息，以确认是否安装成功。

（5）在 Ubuntu 虚拟机中配置 adb 工具

安装 adb 工具后，执行如下命令可以列出连接到 Ubuntu 服务器的 Android 设备。

```
sudo adb devices
```

如果返回图 8-11 所示的结果，则无须配置。如果没有列出设备，或者列出设备的状态为 unauthorized 或 no permissions，则可以按照下面的几种方法配置 adb 工具。

```
root@mindspore:~/.android# sudo adb devices
List of devices attached
4df1880944e5af45        device
```

图 8-11　列出连接到 Ubuntu 服务器的 Android 设备

① 编辑/lib/udev/rules.d/51-android.rules，或者是 50-android.rules、52-android.rules、53-android.rules，请根据实际情况确定编辑的文件。在文件中添加如下代码。

```
SUBSYSTEM=="usb", ATTRS{idVendor}=="04e8", ATTRS{idProduct}=="6860",MODE="0666"
SUBSYSTEM=="usb_device", SYSFS{idVendor}=="04e8", MODE=="0666"
```

这里{idVendor}==后面的字符串就是前面记录的供应商标识，{idProduct}==后面的字符串就是前面记录的产品标识，请根据实际情况替换。保存并退出后，执行如下命令使配置生效。

```
sudo service udev restart
```

② 在$HOME/.android 目录下创建一个 adb_usb.ini 文件，并在里面添加一行供应商标识字符串，前面要添加 0x。例如，笔者要添加 0x04E8。

③ 删除$HOME/.android 下的 adbkey 和 adbkey.pub，然后在 Android 设备上进入开发者选项，撤销 USB 授权，关闭 USB 调试选项后再重新打开，这样在连接设备时就需要重新授权。关闭 USB 调试模式再将其开启，然后再次参照图 8-10 在虚拟机窗口中选中要连接的 Android 设备。然后执行如下命令重新启动 adb 服务并连接 Android 设备。

```
sudo adb kill-server
sudo adb start-server
```

在配置过程中，留意 Android 设备端弹出的请求授权对话框，并通过授权。

再次执行 sudo adb devices 命令，就可以看到图 8-11 所示的结果。

至此，运行实例 train_lenet_cpp 的环境已经准备好。

8.4.4　运行实例

准备好环境后，执行如下命令进入实例目录，并进行模型训练和验证。

```
cd $HOME/mindspore/mindspore/lite/examples/train_lenet_cpp
```

```
bash prepare_and_run.sh -D $HOME/code/lenet-5/datasets/
```

脚本 prepare_and_run.sh 的命令选项-D 指定训练集的位置。默认情况下在 Android 设备上执行端侧训练，如果没有准备好 Android 设备，也可以执行如下命令，通过-t 命令选项指定在 PC 机本地执行训练。

```
bash prepare_and_run.sh -D $HOME/code/lenet-5/datasets/ -t x86
```

在 Android 设备上执行端侧训练的输出信息如下。

```
============Exporting==========
MindSpore docker was not provided, attempting to run locally
finished exporting
============Converting=========
CONVERT RESULT SUCCESS:0
==========Compiling============
rm -rf src/*.o bin/
…
=======Pushing to device=======
package-arm64/: 17 files pushed. 12.6 MB/s (75888479 bytes in 5.742s)
========Training on Device=====
1.100:  Loss is 1.30633
1.200:  Loss is 0.503351
…
1.1800: Loss is 0.167618
Epoch (1):      Loss is 0.557004
Epoch (1):      Training Accuracy is 0.79635
2.100:  Loss is 0.252307
2.200:  Loss is 0.21498
…
2.1800: Loss is 0.0452166
Epoch (2):      Loss is 0.24853
Epoch (2):      Training Accuracy is 0.914733
3.100:  Loss is 0.139089
3.200:  Loss is 0.0463385
…
3.1800: Loss is 0.0190354
Epoch (3):      Loss is 0.160475
Epoch (3):      Training Accuracy is 0.945717
4.100:  Loss is 0.0471401
4.200:  Loss is 0.0371779
…
4.1800: Loss is 0.0226731
Epoch (4):      Loss is 0.118426
Epoch (4):      Training Accuracy is 0.960667
5.100:  Loss is 0.0132319
5.200:  Loss is 0.020692
…
5.1800: Loss is 0.0237339
Epoch (5):      Loss is 0.0935717
Epoch (5):      Training Accuracy is 0.96875
AvgRunTime: 45520.4 ms
Total allocation: 112394240
```

```
Accuracy is 0.959736

===Evaluating trained Model=====
Total allocation: 21757952
Accuracy is 0.959736

====Running Inference Model=====
...
```

从输出信息中我们可以看到，端侧训练的过程如下。

① 从 LeNet-5 模型导出 MindIR 模型文件（============Exporting==========）。

② 将 MindIR 模型文件转换为 MS 模型文件（============Converting==========）。

③ 编译 C++程序（==========Compiling=============）。输出信息中包含编译 C++程序的命令，有兴趣的读者可以根据命令了解使用 clang++工具编译 C++程序的方法。

④ 将编译 C++程序生成的二进制文件和准备好的包文件夹一起推送至 Android 设备（=======Pushing to device=======）。

⑤ 执行端侧训练（========Training on Device=====）。共训练 5 轮，每轮包含 1800 个步骤。每轮训练结束后，会打印当前的损失值和模型精度。最后统计并打印总的训练用时、资源占用情况和模型精度信息。

⑥ 执行模型评估（===Evaluating trained Model=====）。

⑦ 执行模型推理（====Running Inference Model=====）。

8.4.5 实例中端侧模型训练代码解析

使用 MindSpore Lite 实现端侧训练的流程如图 8-12 所示。

图 8-12 使用 MindSpore Lite 实现端侧训练的流程

由于受硬件能力限制，通常不在端侧进行完整的训练流程，而是使用在 PC 侧预训练得到的模型进行迁移学习。ModelZoo 提供了很多预训练模型。

导出 MindIR 模型文件并将其转换为端侧 MS 模型文件的方法可以参照 8.4.2 小节进行理解。

MindSpore Lite 提供实现端侧训练的 C++ API 和 Java API。读者可以根据实际情况选择开发语言。本小节结合实例 train_lenet_cpp 介绍使用 MindSpore Lite C++ API 执行端侧训练的方法。

在实例 train_lenet_cpp 中，net_runner.cc 是端侧模型训练的 C++代码，其中的具体流程如图 8-13 所示。

图 8-13 net_runner.cc 中端侧模型训练的流程

1. 主函数

net_runner.cc 的主函数代码如下。

```
int NetRunner::Main() {
  //加载模型并创建与 MindSpore Lite 的会话
  InitAndFigureInputs();
  //初始化数据集
  InitDB();
  //执行训练
  TrainLoop();
  //评估训练好的模型
  CalculateAccuracy();
  //导出 MS 格式模型文件
  if (epochs_ > 0) {
    auto trained_fn = ms_file_.substr(0, ms_file_.find_last_of('.')) + "_trained.ms";
    mindspore::Serialization::ExportModel(*model_, mindspore::kMindIR, trained_fn,
mindspore::kNoQuant, false);
    trained_fn = ms_file_.substr(0, ms_file_.find_last_of('.')) + "_infer.ms";
    mindspore::Serialization::ExportModel(*model_, mindspore::kMindIR, trained_fn,
mindspore::kNoQuant, true);
  }
  return 0;
}
```

程序在训练完成后，调用 mindspore::Serialization::ExportModel( )方法将训练好的模型导出为以下 2 个 MS 格式模型文件。

① <用户指定的 MS 文件名>+"_trained.ms"：导出训练好的 MS 模型文件。

② <用户指定的 MS 文件名>+"_infer.ms"：导出用于推理的 MS 模型文件。

2. 加载模型并构建端侧训练环境

InitAndFigureInputs( )函数用于加载模型并构建端侧训练环境，代码如下。

```
void NetRunner::InitAndFigureInputs() {
  //创建执行过程中存储环境变量的上下文对象
  auto context = std::make_shared<mindspore::Context>();
  //在 CPU 上运行模型时的配置数据，此选项仅对 MindSpore Lite 有效
  auto cpu_context = std::make_shared<mindspore::CPUDeviceInfo>();
  //设置是否启用 float16 推理，默认不启用，可以使用-o 命令选项设置为启用
  cpu_context->SetEnableFP16(enable_fp16_);
  //定义不同硬件设备的环境信息,这里设置 CPU 的环境信息
  context->MutableDeviceInfo().push_back(cpu_context);

  graph_ = new mindspore::Graph(); //创建图对象，用于构造模型
  MS_ASSERT(graph_ != nullptr);
  //加载 MS 格式模型文件，可以通过-f 命令选项设置。graph_对象中包含加载的模型数据
  auto status = mindspore::Serialization::Load(

ms_file_, mindspore::kMindIR, graph_);
  if (status != mindspore::kSuccess) {
    std::cout <<"Error "<< status <<" during serialization of graph "<< ms_file_;
    MS_ASSERT(status != mindspore::kSuccess);
  }
```

```
//MindSpore Lite 训练配置类
auto cfg = std::make_shared<mindspore::TrainCfg>();
if (enable_fp16_) {
//设置优化数据类型。kO2 表示启用 float16 推理
  cfg.get()->optimization_level_ = mindspore::kO2;
}

model_ = new mindspore::Model();
MS_ASSERT(model_ != nullptr);
//使用图对象 graph_、上下文对象训练 context 和配置对象 cfg 构建训练的模型
//如果加载了 MS 格式模型文件，则包含在 graph_中
status = model_->Build(mindspore::GraphCell(*graph_), context, cfg);
if (status != mindspore::kSuccess) {
  std::cout <<"Error "<< status <<" during build of model "<< ms_file_;
  MS_ASSERT(status != mindspore::kSuccess);
}
//配置训练精度
acc_metrics_ = std::shared_ptr<AccuracyMetrics>(new AccuracyMetrics);
MS_ASSERT(acc_metrics_ != nullptr);
model_->InitMetrics({acc_metrics_.get()}); //用验证模型的度量指标数据初始化模型对象
//从模型输入数据中获取批量大小 batch_size、高度 h_和宽度 w_
auto inputs = model_->GetInputs();
MS_ASSERT(inputs.size() >= 1);
auto nhwc_input_dims = inputs.at(0).Shape();

batch_size_ = nhwc_input_dims.at(0);
h_ = nhwc_input_dims.at(1);
w_ = nhwc_input_dims.at(kNCHWCDim);
}
```

InitAndFigureInputs( )函数的主要功能如下。

① 根据-o 命令选项的设置，决定是否启用 float16 推理。默认为不启用。如果启用了 float16 推理，则将网络数据的类型转化为 float16，只保持批归一化和损失值 loss 为 float32。

② 根据-f 命令选项加载 MS 格式模型文件。如果没有使用-f 命令选项，则不加载。

③ 构建训练的模型。

④ 从模型输入数据中获取批量大小 batch_size、高度 h_和宽度 w_，以便在后面初始化数据集和模型训练时使用。

请参照注释理解代码的具体功能。

3. 初始化数据集

InitDB ( )方法用于初始化数据集，代码如下。

```
int NetRunner::InitDB() {
  //加载训练集
  train_ds_ = Mnist(data_dir_ + "/train", "all", std::make_shared<SequentialSampler
>(0, 0));
  //定义 TypeCast 对象 typecast_f，将 Tensor 对象的元素转换为 float32 类型
  TypeCast typecast_f(mindspore::DataType::kNumberTypeFloat32);
  //定义 Resize 对象 resize，用于调整图像的尺寸
```

```
  //h_和 w_的值在 InitAndFigureInputs()函数中从输入数据中获取
  Resize resize({h_, w_});
  //在训练集的 image 列上应用算子 Resize 和 TypeCast，调整尺寸并将数据类型转换为 float32
  train_ds_ = train_ds_->Map({&resize, &typecast_f}, {"image"});
  //在训练集的 label 列上应用算子 TypeCast，将数据类型转换为 int32
  TypeCast typecast(mindspore::DataType::kNumberTypeInt32);
  train_ds_ = train_ds_->Map({&typecast}, {"label"});
  //对训练集进行分批，batch_size_在 InitAndFigureInputs()函数中从输入数据中获取
  train_ds_ = train_ds_->Batch(batch_size_, true);
  //如果通过命令行参数-v 制订了打印详细日志信息，则打印数据集中数据的数量
  if(verbose_) {
    std::cout <<"DatasetSize is "<< train_ds_->GetDatasetSize() << std::endl;
  }
  //如果没有训练数据，则抛出异常
  if (train_ds_->GetDatasetSize() == 0) {
    std::cout <<"No relevant data was found in "<< data_dir_ << std::endl;
    MS_ASSERT(train_ds_->GetDatasetSize() != 0);
  }
  return 0;
}
```

程序中使用 MindSpore Lite C++ API 实现第 3 章中介绍的 MindSpore 数据处理算子的功能，具体如下。

① 使用类 TypeCast 实现 mindspore.dataset.transforms.TypeCast 算子的功能，将图像数据的类型转换为 float32，将标签数据的类型转换为 int32。

② 使用类 Resize 实现 mindspore.dataset.vision.Resize 算子的功能，调整图像数据的尺寸。其中参数 h_和 w_的值是在 InitAndFigureInputs( )函数中从输入数据中获取的。

③ 使用 mindspore::dataset::Dataset::Map( )函数实现 map 算子的功能，以数据管道模式执行数据增强算子。

④ 使用 mindspore::dataset::Dataset::Batch( )函数对训练集进行分批。其参数 batch_size_是在 InitAndFigureInputs( )函数中从输入数据中获取的。

其中的实现细节请参照注释理解。

4. 执行训练

TrainLoop( )方法用于执行训练，代码如下。

```
int NetRunner::TrainLoop() {
  mindspore::LossMonitor lm(kPrintTimes);
  mindspore::TrainAccuracy am(1);

  mindspore::CkptSaver cs(kSaveEpochs, std::string("lenet"));
  Rescaler rescale(kScalePoint);
  Measurement measure(epochs_);

  if (virtual_batch_ > 0) {
    auto status = model_->SetupVirtualBatch(virtual_batch_);
    MS_ASSERT(status == mindspore::kSuccess);
    model_->Train(epochs_, train_ds_, {&rescale, &lm, &cs, &measure});
  } else {
```

```
    struct mindspore::StepLRLambda step_lr_lambda(1, kGammaFactor);
    mindspore::LRScheduler step_lr_sched(mindspore::StepLRLambda, static_cast<
                                    void *>(&step_lr_lambda), 1);
    model_->Train(epochs_, train_ds_, {&rescale, &lm, &cs, &am, &step_lr_sched,
                                    &measure});
  }
  return 0;
}
```

程序调用 mindspore::Model::Train( )方法进行模型训练。其中变量 epochs_ 在 net_runner.h 中声明，用于指定训练的轮数，默认值为 10。

程序在调用 model_->Train( )方法时传递了以下 6 个回调对象。

① 使用自定义回调类 Rescaler 对象 rescaler 对图像数据进行缩放。自定义回调类 Rescaler 用于实现将每个特征值缩放到给定范围的功能，其定义代码如下。

```
class Rescaler : public mindspore::TrainCallBack {
 public:
  explicit Rescaler(float scale) : scale_(scale) {
    if (std::fabs(scale) <= std::numeric_limits<float>::epsilon()) {
      scale_ = 1.0;
    }
  }
  ~Rescaler() override = default;
  void StepBegin(const mindspore::TrainCallBackData &cb_data) override {
    auto inputs = cb_data.model_->GetInputs();
    auto *input_data = reinterpret_cast<float *>(inputs.at(0).MutableData());
    for (int k = 0; k < inputs.at(0).ElementNum(); k++) input_data[k] /= scale_;
  }

 private:
  float scale_ = 1.0;
};
```

程序使用缩放因子 scale_除以每个输入数据，以达到缩放的效果。本实例中的缩放因子 scale_为 1.0，因此没有实现缩放的功能。在实际应用时，可以根据训练效果调整 scale_的值。

② 使用 mindspore::LossMonitor 对象 lm 设置每 100 步打印一次损失值 loss。在实例 train_lenet_cpp 中使用 mindspore::LossMonitor 打印的信息如下。

```
…
1.100:  Loss is 1.30633
1.200:  Loss is 0.503351
…
1.1800: Loss is 0.167618
Epoch (1):      Loss is 0.557004
…
2.100:  Loss is 0.252307
…
2.1800: Loss is 0.0452166
Epoch (2):      Loss is 0.24853
…
```

```
3.100:  Loss is 0.139089
...
3.1800: Loss is 0.0190354
Epoch (3):      Loss is 0.160475
...
4.100:  Loss is 0.0471401
...
4.1800: Loss is 0.0226731
Epoch (4):      Loss is 0.118426
...
5.100:  Loss is 0.0132319
...
5.1800: Loss is 0.0237339
Epoch (5):      Loss is 0.0935717
...
```

③ 使用 mindspore::CkptSaver 对象 cs 设置每 3 个训练轮次保存一次模型文件。

④ 使用 mindspore::TrainAccuracy 对象 am 设置每个训练轮次都打印训练精度信息。

⑤ 使用 mindspore::LRScheduler 对象 step_lr_sched 设置学习率调度策略。其中通过结构体 mindspore::StepLRLambda 指定初始学习率为 1，每轮训练执行一次学习率衰减，通过变量 kGammaFactor 设置衰减因子 gamma 为 0.7f。

程序中并没有设置损失函数和优化器，这是因为模型文件中已经包含了预训练模型的配置数据，这里直接应用 LeNet-5 预训练模型的损失函数和优化器。设置学习率调度策略可以使模型更快地收敛。

⑥ 使用自定义回调类 Measurement 对象 measure 用于统计训练的内存使用情况，并计算每轮训练的用时。类 Measurement 的定义代码如下。

```
class Measurement : public mindspore::TrainCallBack {
 public:
  explicit Measurement(unsigned int epochs)
      : epochs_(epochs), time_avg_(std::chrono::duration<double, std::milli>(0)) {}
  ~Measurement() override = default;
  void EpochBegin(const mindspore::TrainCallBackData &cb_data) override {
    start_time_ = std::chrono::high_resolution_clock::now();
  }
  mindspore::CallbackRetValue EpochEnd(const mindspore::TrainCallBackData &cb_data)
override {
    end_time_ = std::chrono::high_resolution_clock::now();
    auto time = std::chrono::duration<double, std::milli>(end_time_ - start_time_);
    time_avg_ += time;
    return mindspore::kContinue;
  }
  void End(const mindspore::TrainCallBackData &cb_data) override {
    if (epochs_ > 0) {
      std::cout <<"AvgRunTime: "<< time_avg_.count() / epochs_ <<" ms"<< std::endl;
    }

    struct mallinfo info = mallinfo();
    std::cout <<"Total allocation: "<< info.arena + info.hblkhd << std::endl;
```

```
  }

private:
  std::chrono::time_point<std::chrono::high_resolution_clock> start_time_;
  std::chrono::time_point<std::chrono::high_resolution_clock> end_time_;
  std::chrono::duration<double, std::milli> time_avg_;
  unsigned int epochs_;
};
```

程序使用 struct mallinfo 返回 Android 设备的内存分配统计信息。info.arena 表示已分配的非映射内存空间，info.hblkhd 表示已分配的 mmapped 空间。info.arena + info.hblkhd 表示端侧训练占用 Android 设备的内存空间总数。类 Measurement 负责在训练结束后打印类似下面的统计信息。

```
AvgRunTime: 45520.4 ms
Total allocation: 112394240
```

8.4.6 实例中端侧模型评估代码解析

8.4.5 小节介绍了在训练过程中使用类 mindspore::TrainAccuracy 对训练精度进行评估的方法。本小节介绍独立于训练过程的端侧评估方法。

端侧评估的流程与端侧训练流程是一致的，可以参照图 8-12 理解。只是把最后一步由执行训练替换为执行评估。在实例 train_lenet_cpp 中，NetRunner::Calculate Accuracy( )方法可以实现端侧模型评估的功能，该程序基于测试集对模型进行评估，代码如下。

```
float NetRunner::CalculateAccuracy(int max_tests) {
  test_ds_ = Mnist(data_dir_ + "/test", "all");
  TypeCast typecast_f(mindspore::DataType::kNumberTypeFloat32);
  Resize resize({h_, w_});
  test_ds_ = test_ds_->Map({&resize, &typecast_f}, {"image"});

  TypeCast typecast(mindspore::DataType::kNumberTypeInt32);
  test_ds_ = test_ds_->Map({&typecast}, {"label"});
  test_ds_ = test_ds_->Batch(batch_size_, true);

  model_->Evaluate(test_ds_, {});
  std::cout <<"Accuracy is "<< acc_metrics_->Eval() << std::endl;

  return 0.0;
}
```

NetRunner::CalculateAccuracy( )方法的执行过程如下。

① 加载 MNIST 数据集的测试数据到 test_ds_对象。

② 对测试数据做如下数据处理。

- 使用 TypeCast 对象 typecast_f 将测试集 test_ds_中 image 列的数据转化为 float32 数据类型。
- 使用 Resize 对象 resize 调整图像数据的尺寸。其中参数 h_和 w_的值是在

InitAndFigureInputs( )函数中从输入数据中获取的。

- 使用 TypeCast 对象 typecast 将测试集 test_ds_中 label 列的数据转化为 int32 数据类型。
- 对测试集进行分批处理。

③ 调用 mindspore::Model::Evaluate( )函数使用测试集 test_ds_执行端侧模型评估。本例中没有使用回调函数。

④ 打印评估结果。打印评估结果时使用的 acc_metrics_对象是在训练阶段创建的，并用来初始化模型对象 model_，具体代码包含在 InitAndFigureInputs( )函数中，可以参照 8.4.5 小节理解。

8.4.7　实例中端侧模型推理代码解析

端侧推理基于端侧 MS 格式模型文件。从 MS 格式模型文件中读取模型后，还要经过模型编译和模型推理 2 个阶段的处理。可以通过如下两种方式得到 MS 格式模型文件。

① 基于端侧训练导出的 MS 模型文件。

② 基于 MindSpore 官方提供的预置端侧 MS 模型文件。

实例 train_lenet_cpp 采用第 1 种方法。

在实例 train_lenet_cpp 中，src\inference.cc 是端侧模型推理的 C++程序，该程序基于端侧训练导出的模型文件 lenet_tod_infer.ms 加载模型并进行推理。

src\inference.cc 中实现端侧推理的流程如图 8-14 所示。

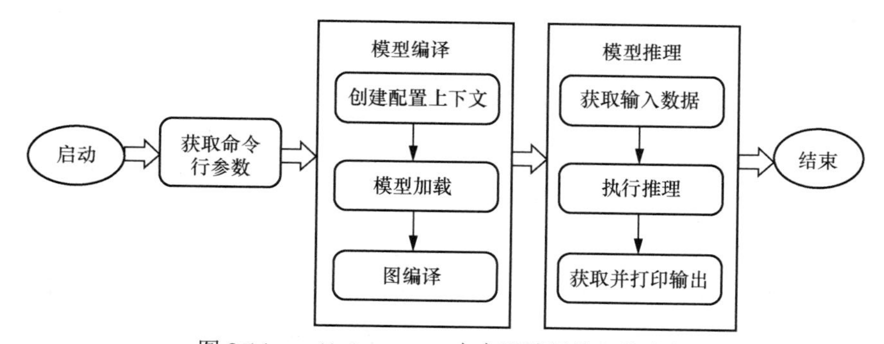

图 8-14　src\inference.cc 中实现端侧推理的流程

1. 获取命令行参数

在执行推理时，可以通过命令行参数传入待加载的 MS 格式模型文件。inference.cc 中定义了 ReadArgs( )函数，用于获取命令行参数，代码如下。

```
static std::string ReadArgs(int argc, char *argv[]) {
  std::string infer_model_fn;
  int opt;
  while ((opt = getopt(argc, argv, "f:")) != -1) {
    switch (opt) {
      case 'f':
        infer_model_fn = std::string(optarg);
        break;
      default:
```

```
        break;
      }
    }
  return infer_model_fn;
}
```

参数 argc 指定命令行参数的数量，参数 argv 指定命令行参数的数组。它们都来自 main( )函数的默认参数。ReadArgs( )函数中使用 getopt( )函数从命令行参数中获取命令选项-f 的参数值。代码中 optarg 是全局变量，在 getopt.h 中声明，用于接收查询命令选项的参数值。

在主函数中会调用 ReadArgs( )函数获取命令选项-f 的参数值，并将其存储在变量 infer_model_fn 中，相关代码如下。

```
int main(int argc, char **argv) {
  std::string infer_model_fn = ReadArgs(argc, argv);
  if (infer_model_fn.size() == 0) {
    Usage();
    return -1;
  }
  …
}
```

2. 模型编译

在 inference.cc 中的 main( )函数中，模型编译的相关代码如下。

```
int main(int argc, char **argv) {
  //1.获取命令行参数
  …
  //2. 创建配置上下文
  auto context = std::make_shared<mindspore::Context>();
  auto cpu_context = std::make_shared<mindspore::CPUDeviceInfo>();
  cpu_context->SetEnableFP16(false);
  context->MutableDeviceInfo().push_back(cpu_context);
  //模型加载
  mindspore::Graph graph;
  auto status = mindspore::Serialization::Load(infer_model_fn, mindspore::kMindIR,
&graph);
  if (status != mindspore::kSuccess) {
    std::cout <<"Error "<< status <<" during serialization of graph "<< infer_model_
fn;
    MS_ASSERT(status != mindspore::kSuccess);
  }
  //图编译
  mindspore::Model model;
  status = model.Build(mindspore::GraphCell(graph), context);
  if (status != mindspore::kSuccess) {
    std::cout <<"Error "<< status <<" during build of model "<< infer_model_fn;
    MS_ASSERT(status != mindspore::kSuccess);
  }
  //3. 模型推理
  …
}
```

正如图 8-14 所描述的，模型编译阶段包含创建配置上下文、模型加载和图编译 3 个代码块，这部分代码与端侧训练的代码是一致的，可以参照 8.4.5 小节和注释理解。

3. 模型推理

在 inference.cc 中的 main( )函数中，模型推理的相关代码如下。

```
int main(int argc, char **argv) {
  //1. 获取命令行参数
  ...
  //2. 模型编译
  ...
  //3. 模型推理
  //3.1 获取输入数据
  auto inputs = model.GetInputs();
  MS_ASSERT(inputs.size() >= 1);
  //打印输入数据的形状和大小
  int index = 0;
  std::cout <<"There are "<< inputs.size() <<" input tensors with sizes: "<< std::
endl;
  for (auto tensor : inputs) {
    std::cout <<"tensor "<< index++ <<": shape is [";
    for (auto dim : tensor.Shape()) {
      std::cout << dim <<"";
    }
    std::cout <<"]"<< std::endl;
  }

  inputs.at(0).MutableData();
  mindspore::MSTensor *input_tensor = inputs.at(0).Clone(); //指向第一个输入数据的指针
  auto *input_data = reinterpret_cast<float *>(input_tensor->MutableData());
//分配读取输入数据的内存空间
  std::ifstream in;
  in.open("dataset/batch_of32.dat", std::ios::in | std::ios::binary);
  if (in.fail()) {
    std::cout <<"error loading dataset/batch_of32.dat file reading"<< std::endl;
    MS_ASSERT(!in.fail());
  }
  in.read(reinterpret_cast<char *>(input_data), inputs.at(0).ElementNum() *
sizeof(float)); //从 dataset/batch_of32.dat 中读取数据到 input_data
  in.close();
  //3.2 执行推理
  std::vector<mindspore::MSTensor> outputs;
  status = model.Predict({*input_tensor}, &outputs);
  if (status != mindspore::kSuccess) {
    std::cout <<"Error "<< status <<" during running predict of model "<<
infer_model_fn;
    MS_ASSERT(status != mindspore::kSuccess);
  }
  //3.3 获取并打印输出
  index = 0;
  std::cout <<"There are "<< outputs.size() <<" output tensors with sizes: "<< std::
```

```
endl;
  for (auto tensor : outputs) {
    std::cout <<"tensor "<< index++ <<": shape is [";
    for (auto dim : tensor.Shape()) {
      std::cout << dim <<"";
    }
    std::cout <<"]"<< std::endl;
  }

  if (outputs.size() > 0) {
    std::cout <<"The predicted classes are:"<< std::endl;
    auto predictions = reinterpret_cast<float *>(outputs.at(0).MutableData());
    int i = 0;
    for (int b = 0; b < outputs.at(0).Shape().at(0); b++) {
      int max_c = 0;
      float max_p = predictions[i];
      for (int c = 0; c < outputs.at(0).Shape().at(1); c++, i++) {
        if (predictions[i] > max_p) {
          max_c = c;
          max_p = predictions[i];
        }
      }
      std::cout << max_c <<", ";
    }
    std::cout << std::endl;
  }
  return 0;
}
```

正如图 8-14 所描述的，模型推理阶段包含获取输入数据、执行推理和获取并打印输出 3 个代码块。

（1）获取输入数据

“获取输入数据”代码段的主要流程如下。

① 调用 model.GetInputs( )函数从模型中获取输入数据。注意，模型中不包含真实的数据集，实际获取的只是形状和数据数量与输入数据相同的模拟数据。模拟数据中所有元素都是 1。

② 真实的数据集存储在 scripts\batch_of32.dat 文件中，其中存储着一个训练批次的 32 条数据。程序根据模拟数据的形状和数据数量从 batch_of32.dat 文件中读取数据，保存在指针 input_tensor 指向的内存空间中。

（2）执行推理

程序以 input_tensor 指向的内存空间中的数据作为输入参数调用 model.Predict( )函数，输出数据保存在 std::vector 变量 outputs 中。

在脚本 prepare_and_run.sh 的最后，会执行 inference.cc 生成的二进制文件 bin/inference，执行结果如下。

```
====Running Inference Model=====
There are 1 input tensors with sizes:
```

```
tensor 0: shape is [32 32 32 1 ]
There are 1 output tensors with sizes:
tensor 0: shape is [32 10 ]
The predicted classes are:
3, 7, 2, 7, 2, 3, 5, 7, 5, 7, 5, 2, 5, 5, 9, 7, 7, 5, 5, 6, 5, 5, 5, 3, 3, 7, 9, 3,
 5, 9, 5, 5,
```

结合执行结果可以更直观地理解 inference.cc 的代码，具体说明如下。

① model/lenet_tod_infer.ms 中保存的 LeNet-5 模型要求的输入数据的形状为[32 32 32 1]，即数据格式为 NHWC。因此，代码中 inputs.at(0).ElementNum( ) 为 32×32×32=32768，即一个训练批次中包含 32 条数据。程序从 dataset/batch_of32.dat 中读取 32 条数据（32768 个 float 数据），然后将数据传送给模型。

② inference.cc 执行模型推理得到的输出数据形状为[32 10]，即得到 32 个预测结果，就是执行结果中“The predicted classes are:”下面打印的 32 个数字，它们分别是 32 条训练数据的推理结果。

③ inference.cc 并没有数据处理的代码，可见 dataset/batch_of32.dat 中保存的数据已经过必要的数据处理。为了确认输入数据的详情，在本书提供的附赠源代码中，inference.cc 里面在加载数据后增加了如下代码。

```
//打印部分输入数据
  auto data = reinterpret_cast<float *>(input_tensor->MutableData());
  std::cout <<"input_tensor 的部分数据: "<< std::endl;
       std::cout.precision(100);
  for (size_t i = 0; i < 32*32; i++)
  {
    float value = data[i];
    if(i%32==0)
      std::cout <<"index:"<< i/32 <<"value:"<< std::endl;
    std::cout << value <<"";
    if((i+1)%32==0)
      std::cout << std::endl;
  }
```

程序打印了部分输入数据。此文件被替换到 Ubuntu 服务器中后，再次执行端侧训练和推理，打印的部分输入数据如下。

input_tensor 的部分数据如下。

```
index:0, value:
0 0 0 0 0 0 0 0 0 0 0 0 0 0 0 0 0 0 0 0 0 0 0 0 0 0 0 0 0 0 0 0
index:1, value:
0 0 0 0 0 0 0 0 0 0 0 0 0 0 0 0 0 0 0 0 0 0 0 0 0 0 0 0 0 0 0 0
...
index:28, value:
0 0 0 0 0 0 0 0 0 0 0 0 0 0 0 0.0352941192686557769775390625 0 0.4588235318660736083984375 0.3882353007793426513671875 0.56078433990478515625 0.56078433990478515625
0.3882353007793426513671875 0.4588235318660736083984375 0.525490224361419677734375
0.0352941192686557769775390625 0 0 0 0 0 0 0
index:29, value:
0 0 0 0 0 0 0 0 0 0 0 0 0 0 0 0 0 0 0 0 0 0 0 0 0 0 0 0 0 0 0 0
```

```
index:30, value:
0 0 0 0 0 0 0 0 0 0 0 0 0 0 0 0 0 0 0 0 0 0 0 0 0 0 0 0 0 0 0 0
index:31, value:
0 0 0 0 0 0 0 0 0 0 0 0 0 0 0 0 0 0 0 0 0 0 0 0 0 0 0 0 0 0 0 0
```

由于数据量太大，因此省略了部分输出。可以看到数据是经过归一化处理的。由于数据集中的原始图像尺寸不是 32×32，因此在高度和宽度维度上数据都有以 0 填充的情况。

8.5 开发图像分类的 Android App 实例

本节介绍一个基于 MindSpore Lite 实现图像分类功能的 Android App 实例的开发过程。

8.5.1 本实例的运行效果

在 Android 设备上安装并运行本实例后，默认会启用摄像头拍摄一个物品，单击页面底部的圆形按钮，程序会对拍摄的图像中的物品进行分类（默认选中分类功能），如图 8-15 所示。

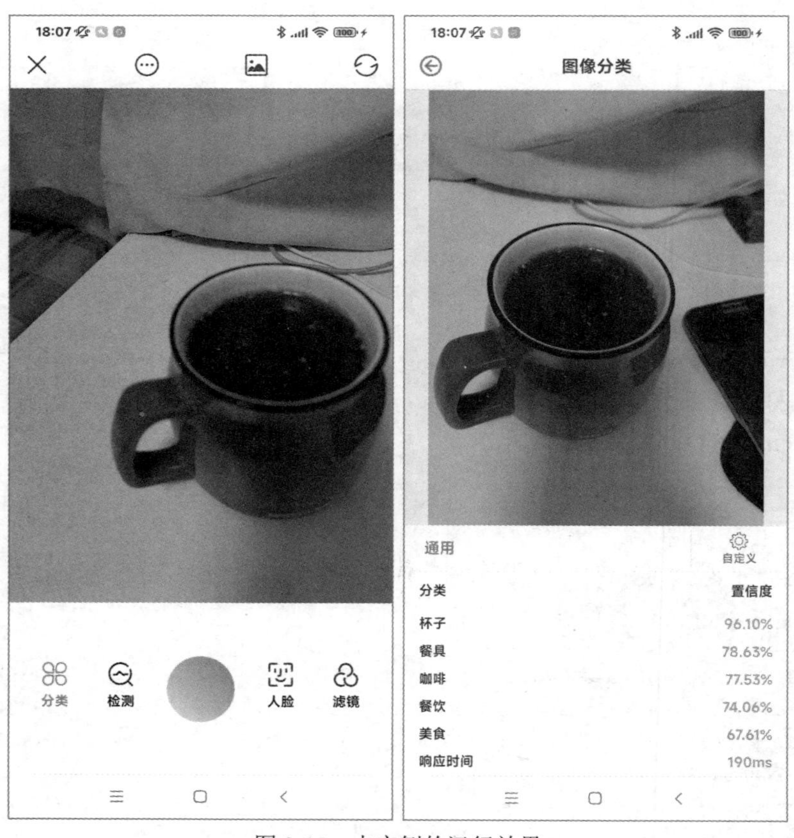

图 8-15 本实例的运行效果

从实例的执行结果可以看出，程序成功识别图片中的物品属于餐具的概率为 78.63%，是杯子的概率为 96.10%，与咖啡有关的概率为 77.53%。响应时间为 190 ms，感觉不到卡顿。

从图 8-15 中可以看到，本实例包含“分类”“检测”“人脸”和“滤镜”4 个功能。本章只介绍其中的图像分类功能。

本实例的图像分类功能支持多种模型。默认使用“通用”模型。在图 8-15 中显示图像分类的结果页中有一个“通用”选项卡。选中此选项卡，即按通用模型对图像进行分类。在本实例默认的通用模型中，内置了放牧、手镯、坐垫、台面、舞会等数百个图像分类标签。用户也可以上传自己训练的模型。单击“自定义”图标，可以选择模型配置文件。模型配置文件是一个 JSON 文件，其中设置了模型文件的位置和支持的自定义图像分类标签。每添加一个自定义模型，“通用”选项卡后面就会增加一个对应的选项卡。可以选择不同选项卡使用不同的模型对图像进行分类。本节重点介绍使用通用模型进行端侧推理的方法。

8.5.2　本实例的开发流程

本实例的开发流程如图 8-16 所示。

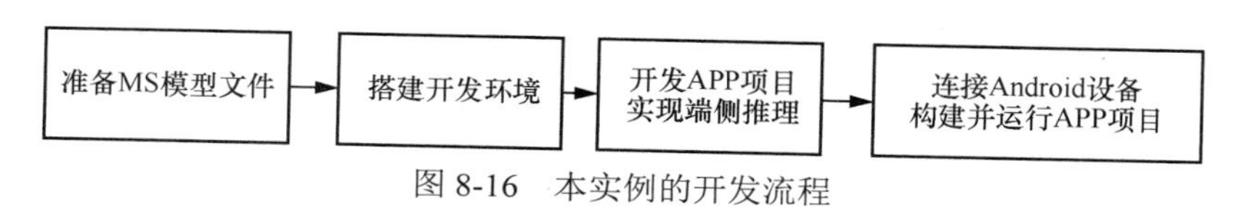

图 8-16　本实例的开发流程

本实例基于 MobileNetV2 模型实现图像分类的功能。模型的基本工作原理和网络结构将在 8.5.3 小节介绍。

本实例是一个 Android App 项目，可以使用 Android Studio 编辑、构建和运行。下载本实例源代码的方法将在 8.5.4 小节介绍，搭建本实例开发环境的方法将在 8.5.5 小节介绍。

本实例基于 MindSpore 提供的预置 MS 模型文件实现端侧推理。在构建实例项目时会自动下载 MobileNetV2 模型的 MS 模型文件，并将其和生成的二进制文件一起打包，安装到 Android 设备上。具体实现方法将在 8.5.6 小节介绍。

本实例项目的程序结构比较复杂，既包括 Java 程序，也包括 C++程序。程序结构如图 8-17 所示。

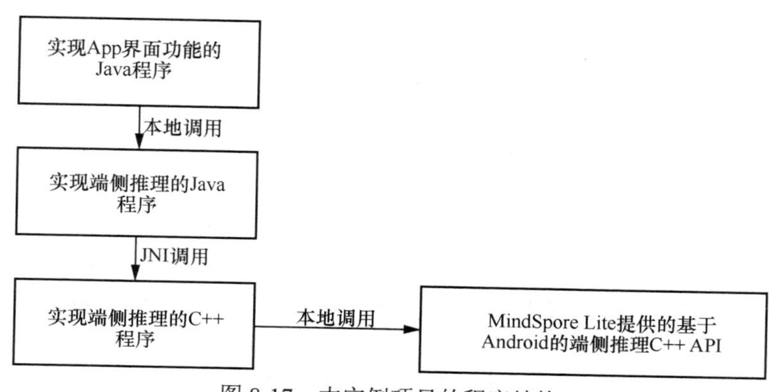

图 8-17　本实例项目的程序结构

虽然同样是 Java 程序，但是实现 App 功能的 Java 程序和实现端侧推理的 Java 程序基于的技术点是不同的。实现 App 界面功能的 Java 程序、实现端侧推理的 Java 程序和 C++程序将以电子资源形式提供。本实例属于单纯的端侧推理场景编程，相关 C++ API 可以参照 8.3.3 小节理解。

8.5.3 本实例使用的图像分类模型

本实例选择使用 MobileNetV2 模型实现图像分类的功能。MobileNet 是一个轻量级的图像分类模型，其中引入了反向残余结构，该结构是专门为移动终端或资源受限的环境所定制的。MobileNetV2 是 MobileNet 模型的第 2 个版本。在目标检测和语义分割等场景中有很出色的表现。

本实例直接使用 MindSpore 官方提供的预置 MobileNetV2 模型，并不通过编码实现 MobileNetV2 的网络结构。但是，为了便于读者理解本实例的工作原理，本节简要地介绍 MobileNetV2 模型的网络结构。

1. MobileNetV2 卷积块

MobileNetV2 模型支持两种卷积块。一种是步长为 1 的残差块，另一种是步长为 2 的卷积块，具体如图 8-18 所示。

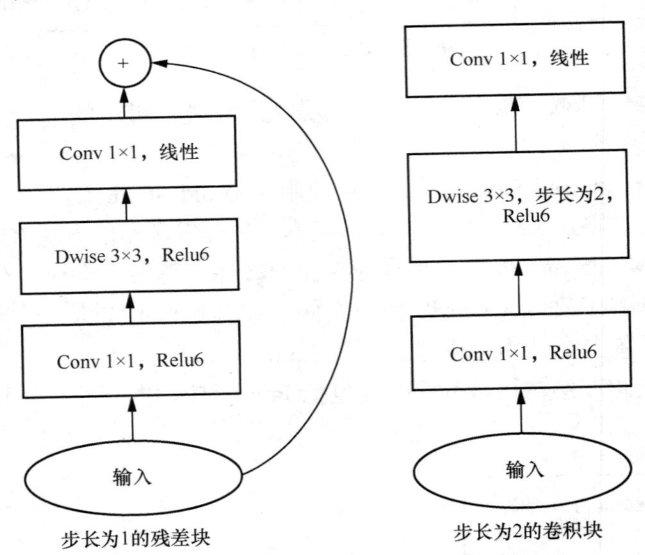

图 8-18 MobileNetV2 模型支持的两种卷积块

这 2 种卷积块中都包含以下 3 个隐藏层。

① 第 1 层被称为扩展层，是一个 1×1 的卷积层+ ReLU6 激活函数，即图 8-18 中的“Conv 1×1, Relu6”层，其作用是扩展输入数据的形状，相当于对数据进行解压缩。

② 第 2 层是深度可分离卷积层，即图 8-18 中的“Dwise 3×3, Relu6”层，相当于过滤器，其作用是筛选比较重要的特征。

③ 第 3 层称为投影层，是另外一个 1×1 的卷积层，但是没有任何非线性处理（也就是没有应用激活函数），即图 8-18 中的“Conv 1×1, 线性”层。这一层相当于压缩器，

其作用是将第 2 层提取的重要特征压缩到低维空间。

MobileNetV2 卷积块中每层的输入张量形状和输出张量形状见表 8-2。其中 h 表示图像的高度，w 表示图像的宽度，k 表示图像的通道数，s 是卷积层的步长，t 是扩展因子，也就是将输入通道数扩展的倍数，MobileNetV2 模型中 t 的取值为 6。

表 8-2　MobileNetV2 卷积块中每层的输入张量形状和输出张量形状

层序号	层名称	输入张量的形状	输出张量的形状
第 1 层	扩展层	$h \times w \times k$	$h \times w \times (tk)$
第 2 层	深度可分离卷积层	$h \times w \times tk$	$\frac{h}{s} \times \frac{w}{s} \times (tk)$
第 3 层	投影层	$h \times w \times tk$	$\frac{h}{s} \times \frac{w}{s} \times k'$

假定输入张量的形状为 56×56×24，经过扩展层后数据的形状变为 56×56×144；经过深度可分离卷积层后，数据的形状依旧为 56×56×144；经过投影层后，数据的形状又变成 56×56×24。此过程如图 8-19 所示。

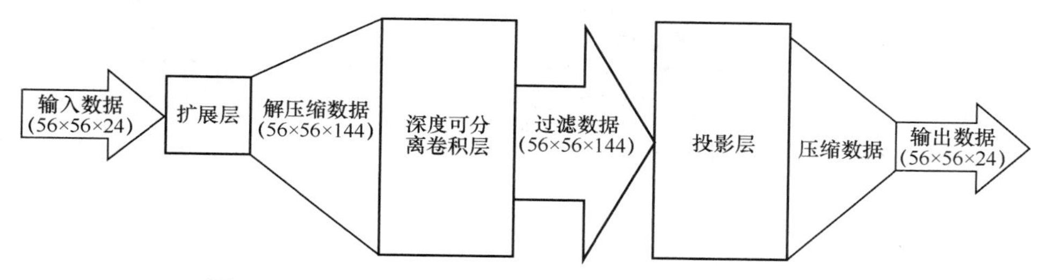

图 8-19　数据经过 MobileNetV2 模型残差块处理的过程

需要说明的是，在 ResNet 中，有一种残差块叫作瓶颈残差块，它的网络结构为中间窄两头胖，因此被称为“瓶颈”。而 MobileNetV2 模型的残差块正好相反。从图 8-19 中可以看到，形状为 56×56×24 的输入数据经过 MobileNetV2 模型残差块处理后形状依然为 56×56×24。它的网络结构为中间胖，两头窄，因此这种结构称为倒残差块。倒残差块的详细网络结构如图 8-20 所示。

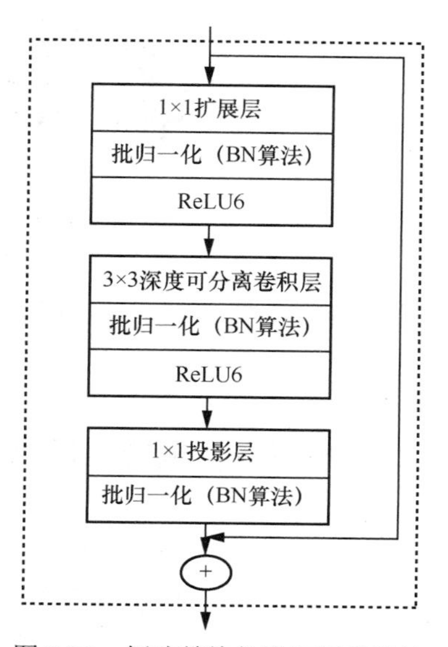

图 8-20　倒残差块的详细网络结构

2．MobileNetV2 模型的网络结构

MobileNetV2 模型的网络结构见表 8-3，其中包含的参数说明如下。

① t：扩展因子。

② c：输出数据的通道数。

③ n：数据重复的次数。

④ s：卷积核移动的步长。

表 8-3　MobileNetV2 模型的网络结构

输入数据的形状	算子	t	c	n	s
224×224×3	conv2d	-	32	1	2
112×112×32	bottleneck	1	16	1	1
112×112×16	bottleneck	6	24	2	2
56×56×24	bottleneck	6	932	3	2
28×28×32	bottleneck	6	64	4	2
14×14×64	bottleneck	6	96	3	1
14×14×96	bottleneck	6	160	3	2
7×7×160	bottleneck	6	320	1	1
7×7×320	conv2d 1×1	-	1280	1	1
7×7×1280	avgpool 7×7	-	-	1	-
1×1×1280	conv2d 1×1	-	k	-	-

MobileNetV2 中的网络结构图如图 8-21 所示。

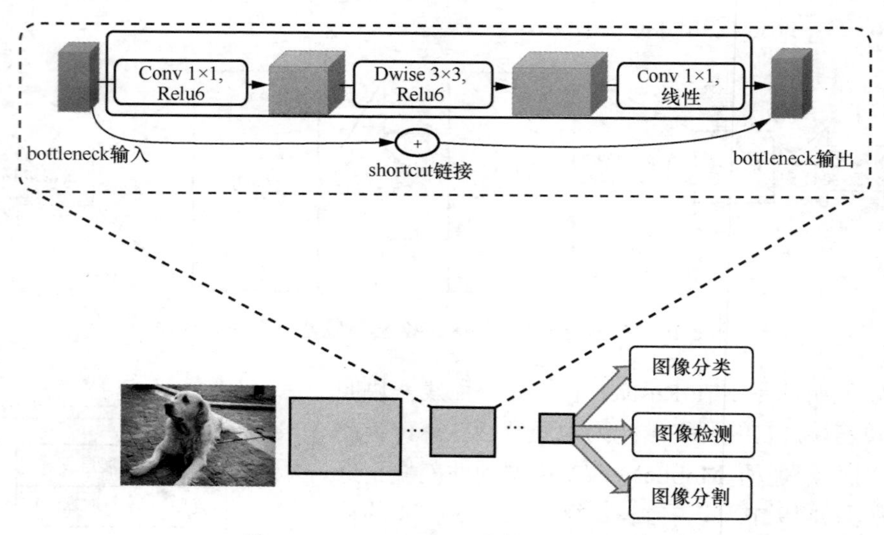

图 8-21　MobileNetV2 中的网络结构图

结合表 8-3 和图 8-21 可以看出，MobileNetV2 模型的输入是宽和高都为 224 的 RGB 图像，模型中包含一个卷积层、若干个 bottleneck 层，然后是一个卷积层和一个池化层，最后一个卷积层实际上是全连接层，参数 k 对应预测分类的数量。

8.5.4　下载本实例的源代码

本实例是 MindSpore Vision 中提供的一个案例，MindSpore Vision 是基于 MindSpore 的开源计算机视觉研究工具箱项目。

在项目目录（例如 d:\workspace）下执行如下命令，可以从 Gitee 拉取本实例的代码。

```
git clone 下载MindSpore Vision源代码的URL
```

下载完成后的源代码保存在 vision 目录下。本书附赠源代码包中也提供了下载好的 vision 目录下的文件。本实例源代码的位置在 vision\android 目录下。其中 vision\android\app 目录下存储 App 主界面的源代码；vision\android\classificationlibrary 目录下存储实例中实现图像分类功能的结果页程序；vision\android\enginelibrary 目录下存储实例中用于图像分类功能的、模型加载和预测的 C++源代码和调用 C++接口的 Java 程序。本实例的图像分类功能是基于 C++源代码进行模型预测的。

8.5.5　搭建本实例的开发环境

可以使用 Android Studio 编辑和调试本实例。除了安装 Android Studio，还需要安装 Android SDK、Android NDK 和 JDK Java 开发工具包等依赖软件。本节介绍在 Windows 环境下搭建端侧推理 App 开发环境的过程。

1．安装 Android Studio

Android Studio 基于 IntelliJ IDEA 的官方 Android 应用开发 IDE（集成开发环境），MindSpore 官方推荐使用 Android Studio 3.2 版本或更高版本，本书使用的是 Android Studio Dolphin 正式版。

安装 Android Studio 的过程比较简单，只需要根据提示操作即可。

2．安装 Android SDK 与 Android NDK

运行 Android Studio，在欢迎窗口中下拉 More Actions 菜单，选择 SDK Manager，如图 8-22 所示。打开 Android_SDK 管理窗口，如图 8-23 所示。在默认选中的 SDK Platforms 选项卡中，根据要连接的 Android 设备中安装的 Android 版本选择 Android SDK Platform Package。例如，笔者使用的手机中安装了 Android 12，因此这里选中 Android 12.0(S)。需要注意的是如果 Android 设备上的 Android 系统版本太低，运行本实例会报错。笔者尝试过 Android 4.3，是不能运行实例的。

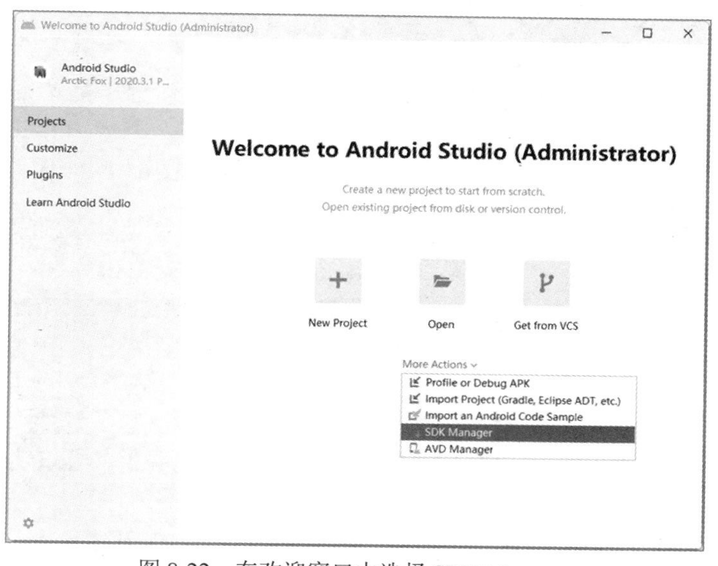

图 8-22　在欢迎窗口中选择 SDK Manager

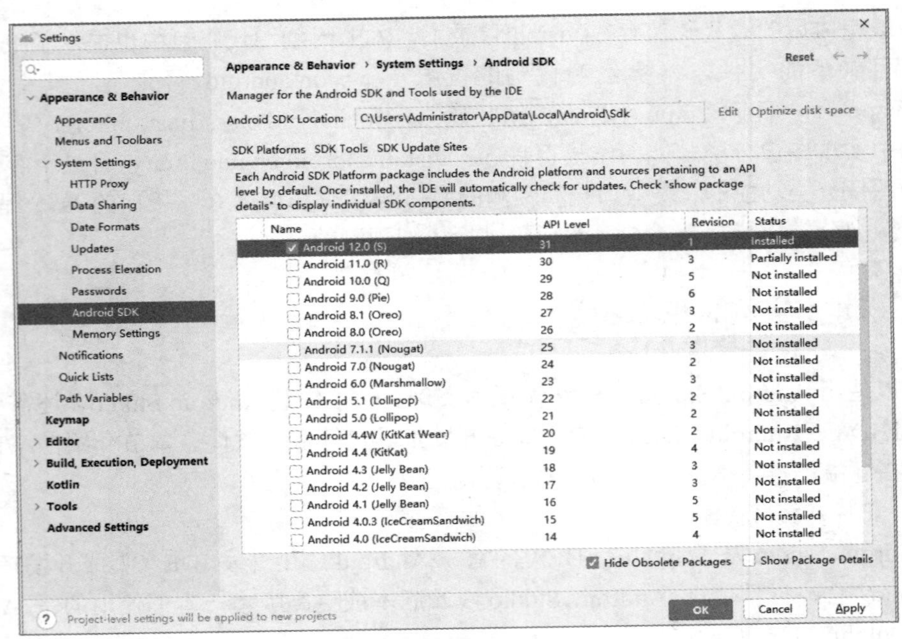

图 8-23　选择 Android SDK Platform Package

选中 SDK Tools 选项卡，取消勾选窗体下部的“Hide Obsolete Packages”复选框，并参照图 8-24 选择安装的 SDK 工具。然后单击“OK”按钮，弹出“Confirm Change”对话框，如图 8-25 所示。确认要安装的组件，然后单击“OK”按钮，打开许可协议窗口，如图 8-26 所示，选中“Accept”单选按钮，然后单击 Next 按钮，开始下载并安装选择的 Android SDK 组件。

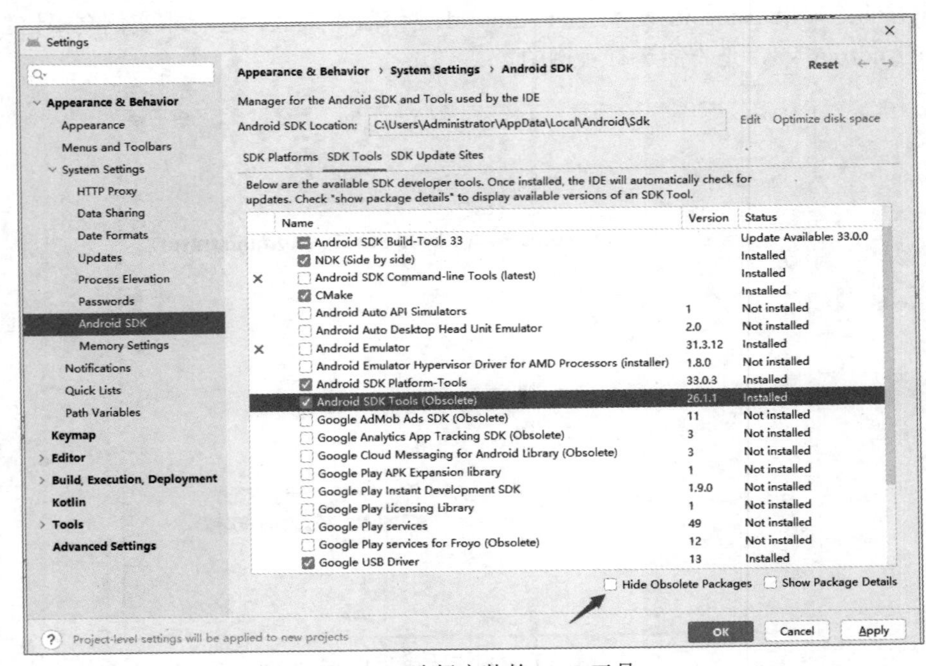

图 8-24　选择安装的 SDK 工具

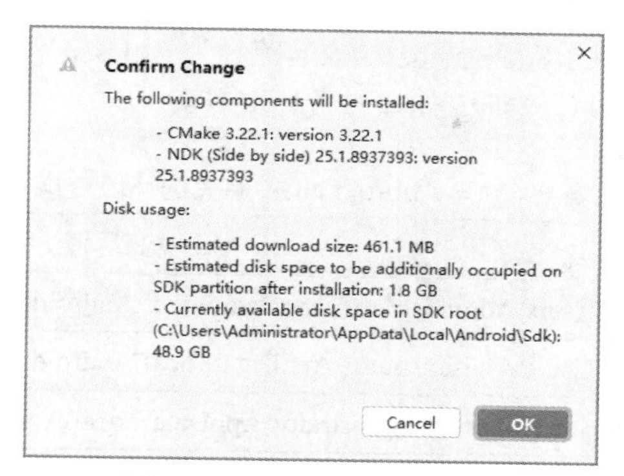

图 8-25　确认要安装的组件

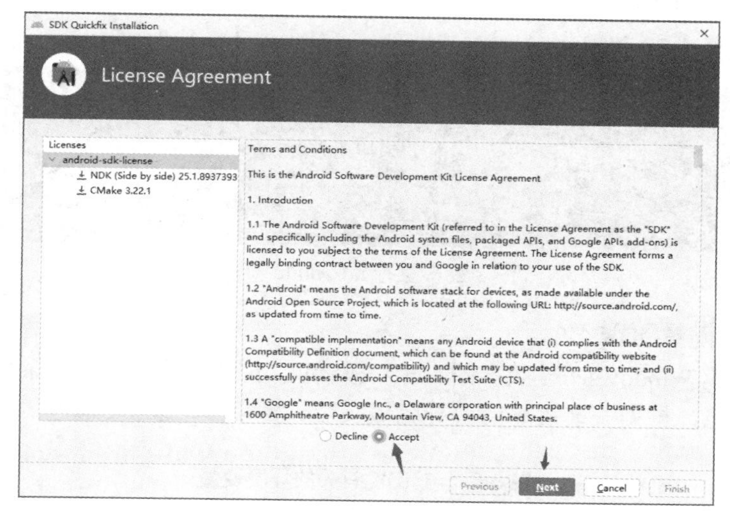

图 8-26　安装 Android SDK 的许可协议窗口

安装结束后，在安装过程日志中找到 NDK (Side by side)的安装路径，如图 8-27 所示。

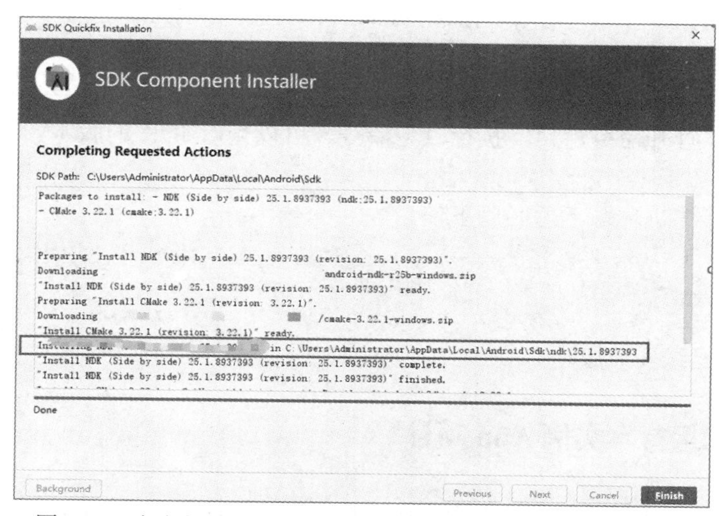

图 8-27　在安装过程日志中找到 NDK (Side by side)的安装路径

假定默认情况下，NDK (Side by side)的安装路径为 C:\Users\Administrator\AppData\Local\Android\Sdk\ndk\25.1.8937393，参照表 8-4 设置环境变量。

表 8-4　与 Android NDK 有关的环境变量

环境变量名	环境变量值
NDK	C:\Users\Administrator\AppData\Local\Android\Sdk\ndk\25.1.8937393
ANDROID_NDK	C:\Users\Administrator\AppData\Local\Android\Sdk\ndk\25.1.8937393
PATH	添加 C:\Users\Administrator\AppData\Local\Android\Sdk\ndk\25.1.8937393

设置完成后，重新启动系统，使环境变量生效。打开命令窗口，执行 ndk-build 命令，如果返回图 8-28 所示的结果，则说明已经成功安装 Android NDK。

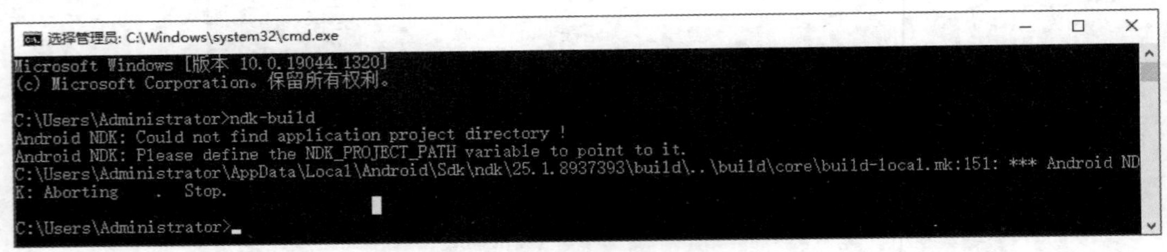

图 8-28　执行 ndk-build 命令

3. 安装和配置 JDK 1.8

找到并下载 Windows x64 版本的 JDK 安装包。下载前需要使用 Oracle 账户登录。

运行安装包，根据安装程序的引导完成安装。然后参照表 8-5 配置环境变量。

表 8-5　与 JDK 有关的环境变量

环境变量名	环境变量值
JAVA_HOME	JDK 的安装目录，例如 C:\Program Files\Java\jdk1.8.0_351
CLASSPATH	.;%JAVA_HOME%\lib;%JAVA_HOME%\lib\tools.jar
Path	添加%JAVA_HOME%\bin;%JAVA_HOME%\jre\bin;

配置好后，打开命令窗口，执行以下命令，可以查看 JDK 的版本。

```
java -version
```

在笔者的计算机环境下返回以下信息。

```
java version "1.8.0_351"
Java(TM) SE Runtime Environment (build 1.8.0_351-b10)
Java HotSpot(TM) 64-Bit Server VM (build 25.351-b10, mixed mode)
```

说明 JDK 已经安装成功。

8.5.6　构建和运行本实例 App 项目

vision\android 目录下保存着本实例的项目代码。在 Android Studio 中打开该目录，待加载完成后，在系统菜单中依次选择 File/Sync Project with Gradle File，按照 Gradle 文件同步引用库。如果不加载完成，就不能正常运行实例。可以在 Android Studio 窗体的右下角查看加载项目的进度。

加载完成后，在系统菜单中依次选择 Build/Make Project，构建本实例 App 项目。

在运行本实例的 Android 设备上开启 USB 调试模式和 USB 安装选项，并连接到主机。在设备下拉框中选中该 Android 设备（首次连接需要在 Android 设备上授权。不同厂商的 Android 设备请求授权的提示框也各不相同），然后单击运行图标▶，如图 8-29 所示，即可在 Android 设备上安装本实例 App。安装好后，在 Android 设备的桌面会出现如图 8-30 所示的图标，并自动启动本实例，授权 App 使用摄像头、访问相册后，会打开图 8-15 所示的界面，启用摄像头进行拍摄。

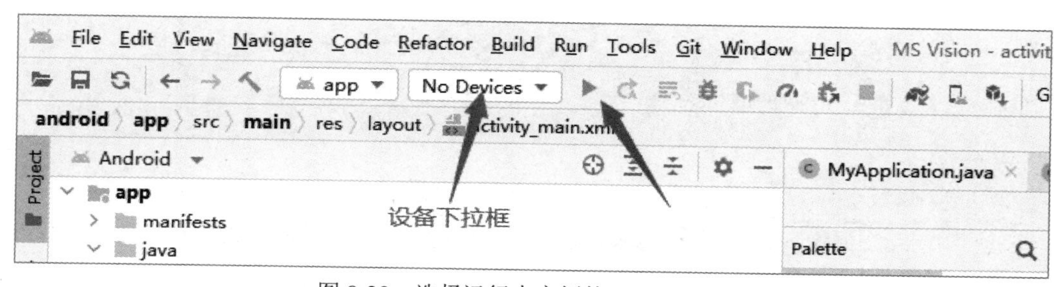

图 8-29　选择运行本实例的 Android 设备

如果设备下拉框中没有找到当前 Android 设备，可以先关闭 Android 设备的 USB 调试选项，然后再将其开启。关闭 AndroidStudio，然后再重新打开项目。

图 8-30　在 Android 设备上安装本实例后出现的图标

8.5.7　本实例执行端侧推理的流程

本实例执行端侧推理的流程如图 8-31 所示。

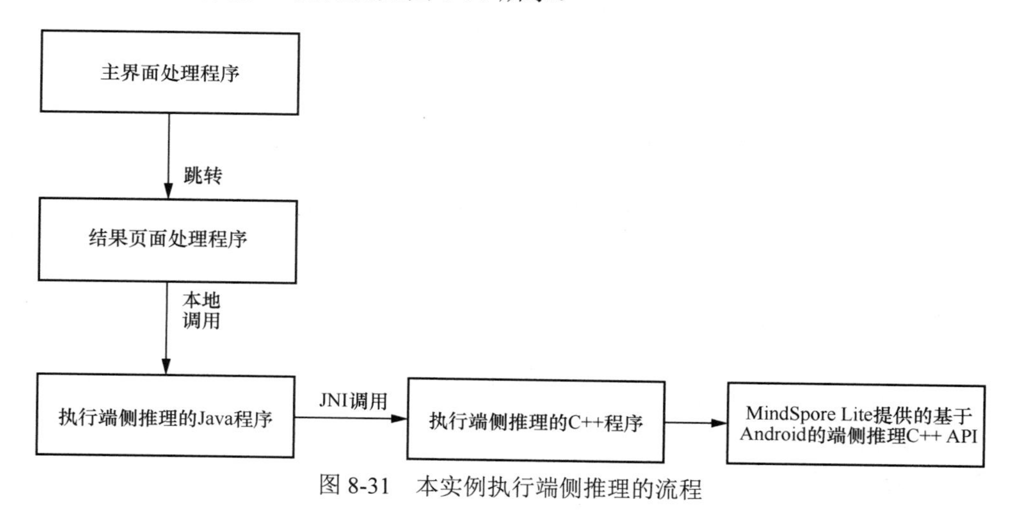

图 8-31　本实例执行端侧推理的流程

可以看到，本实例使用 Java 和 C++两种编程语言开发，而且涉及 App 开发的相关技术。

本节只对端侧推理的 C++程序做详细解析。其他程序的解析内容见电子资源。

8.5.8　端侧推理的 C++程序

在本实例的 enginelibrary 文件夹下执行端侧推理的 C++程序，通过调用 MindSpore Lite 提供的基于 Android 系统的 C++API 实现端侧推理功能。端侧推理的 C++程序在本实例项目中的位置如图 8-32 所示。

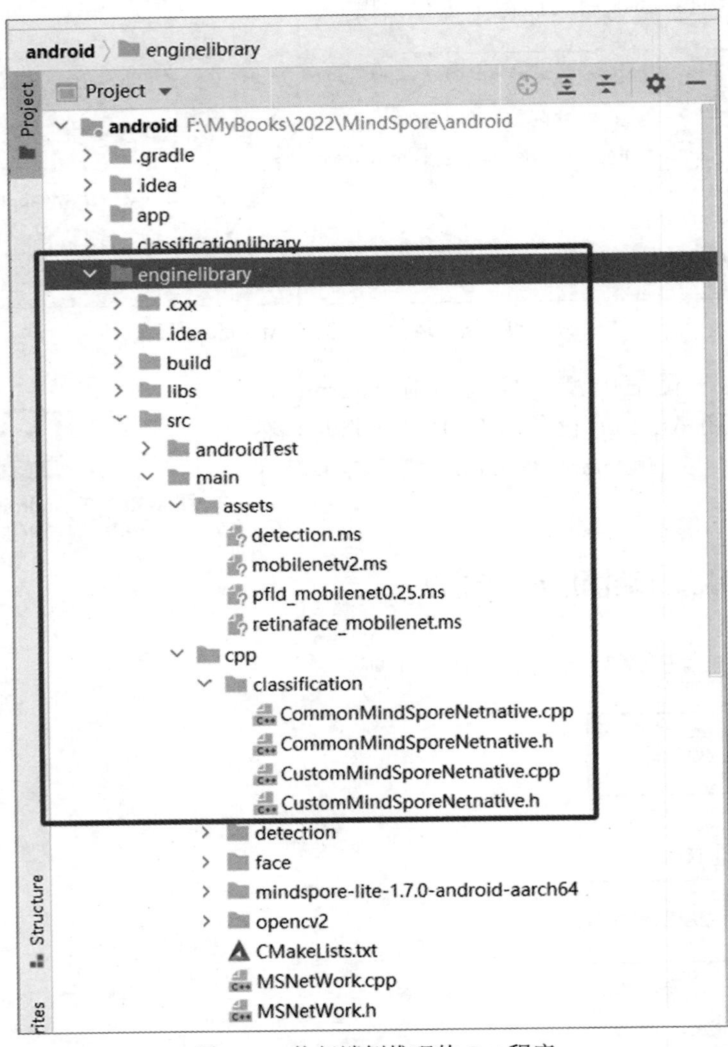

图 8-32　执行端侧推理的 C++程序

1. 目录结构

enginelibrary 下的目录结构如下。

```
enginelibrary
├── src/main
│   ├── assets #资源文件（MS 模型文件）
│   ├── cpp #C++代码
│   │    └── classification #图像分类相关 C++类
│   ├── java  #Java 代码
│   │   └── com.mindspore.enginelibrary
│   │        └── train
│   ├── res #存放 Android 相关的资源文件
```

enginelibrary/src/main/ assets 下存储着本实例中 4 个应用对应的 MS 模型文件。其中与图像分类应用有关的模型文件是 mobilenetv2.ms。在构造本实例项目时，会自动下载 mobilenetv2.ms，具体实现方法将在本小节介绍。

enginelibrary 文件夹下保存着实现本实例的“分类”“检测”“人脸”和“滤镜”4 个功能的端侧训练和推理代码，有 Java 程序，也有 C++程序。本节只介绍与图像分类功能相关的程序。在 enginelibrary/src/main/cpp/classification/下存储着与图像分类有关的主要 C++类，具体介绍如下。

① CommonMindSporeNetnative.cpp：封装与通用模型 MindSpore 调用相关的方法。

② CommonMindSporeNetnative.h：CommonMindSporeNetnative.cpp 的头文件。

③ CustomMindSporeNetnative.cpp：封装与自定义模型 MindSpore 调用相关的方法。

④ CustomMindSporeNetnative.h：CustomMindSporeNetnative.cpp 的头文件。

在 enginelibrary/src/main/cpp/下还有一对 C++文件——MSNetWork.cpp 和 MSNetWork.h，用于封装 MindSpore 接口，与 MindSpore Lite 框架进行交互。

2．CommonMindSporeNetnative.cpp

CommonMindSporeNetnative.cpp 中封装了与通用模型图像分类任务 MindSpore 调用相关的 3 个 JNI 函数，具体见表 8-6。

表 8-6　CommonMindSporeNetnative.cpp 中封装的与通用模型图像分类任务 MindSpore 调用相关的 3 个 JNI 函数

JNI 函数名	对应的 Java 函数	具体说明
Java_com_mindspore_enginelibrary_train_ClassificationTrain_loadCommonModel ( )	com.mindspore.enginelibrary.train.ClassificationTrain.loadCommonModel ( )	在 Java 层调用该函数加载模型到缓冲区，并创建推理环境
Java_com_mindspore_enginelibrary_train_ClassificationTrain_run-CommonNet ( )	com.mindspore.enginelibrary.train.ClassificationTrain.runCommonNet ( )	将图像数据传送至模型进行推理
Java_com_mindspore_enginelibrary_train_ClassificationTrain_unloadCommonModel ( )	com.mindspore.enginelibrary.train ClassificationTrain.unloadCommonModel ( )	卸载模型，释放资源

（1）Java_com_mindspore_enginelibrary_train_ClassificationTrain_loadCommonModel( ) 函数

该函数的代码如下。

```
extern "C"
JNIEXPORT jlong JNICALL
```

```
Java_com_mindspore_enginelibrary_train_ClassificationTrain_loadCommonModel(JNIEnv *
env,jobject thiz,jobject model_buffer,jint num_thread) {
    if (nullptr == model_buffer) {
        MS_PRINT("error, buffer is nullptr!");
        return (jlong) nullptr;
    }
    jlong bufferLen = env->GetDirectBufferCapacity(model_buffer);
    if (0 == bufferLen) {
        MS_PRINT("error, bufferLen is 0!");
        return (jlong) nullptr;
    }

    char *modelBuffer = ImageCreateLocalModelBuffer(env, model_buffer);
    if (modelBuffer == nullptr) {
        MS_PRINT("modelBuffer create failed!");
        return (jlong) nullptr;
    }

    // To create a mindspore network inference environment.
    void **labelEnv = new void *;
    MSNetWork *labelNet = new MSNetWork;
    *labelEnv = labelNet;

    mindspore::lite::Context *context = new mindspore::lite::Context;
    context->thread_num_ = num_thread;

    labelNet->CreateSessionMS(modelBuffer, bufferLen, context);
    delete context;

    if (labelNet->session() == nullptr) {
        MS_PRINT("MindSpore create session failed!.");
        delete labelNet;
        delete labelEnv;
        return (jlong) nullptr;
    }

    env->DeleteLocalRef(model_buffer);

    return (jlong) labelEnv;
}
```

在该函数声明上使用了以下关键字来定义函数的应用规则。

① extern "C"：C++特有的指令，目的在于支持 C++与 C 混合编程，指定 C++编译器用 C 规则编译指定的代码。

② JNIEXPORT 和 JNICALL：JNI 中定义的宏，其作用是保证在本动态库中声明的方法能够在其他项目中被调用。

在 AndroidStudio 中查看该函数，在窗口左侧有一个图标，表明该函数对应的 Java 程序。单击图标可以跳转到其对应的 Java 函数，具体如图 8-33 所示。

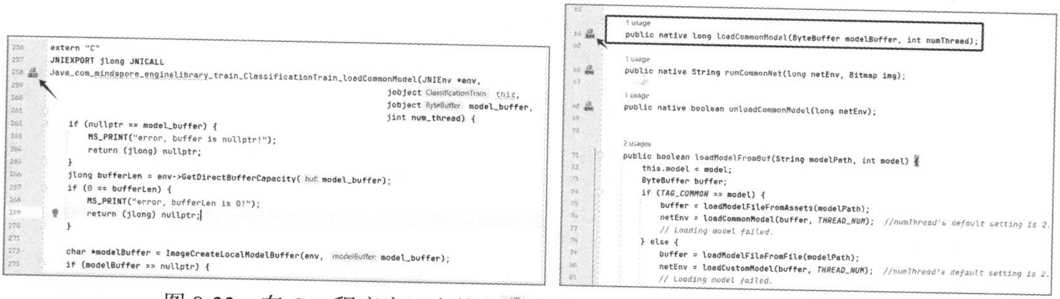

```
extern "C"
JNIEXPORT jlong JNICALL
Java_com_mindspore_enginelibrary_train_ClassificationTrain_loadCommonModel(JNIEnv *env,
                                                                          jobject thiz,
                                                                          jobject model_buffer,
                                                                          jint num_thread) {
    if (nullptr == model_buffer) {
        MS_PRINT("error, buffer is nullptr!");
        return (jlong) nullptr;
    }
    jlong bufferLen = env->GetDirectBufferCapacity(model_buffer);
    if (0 == bufferLen) {
        MS_PRINT("error, bufferLen is 0!");
        return (jlong) nullptr;
    }

    char *modelBuffer = ImageCreateLocalModelBuffer(env, model_buffer);
    if (modelBuffer == nullptr) {
```

```
public native long loadCommonModel(ByteBuffer modelBuffer, int numThread);

public native String runCommonNet(long netEnv, Bitmap img);

public native boolean unloadCommonModel(long netEnv);

public boolean loadModelFromBuf(String modelPath, int model) {
    this.model = model;
    ByteBuffer buffer;
    if (TAG_COMMON == model) {
        buffer = loadModelFileFromAssets(modelPath);
        netEnv = loadCommonModel(buffer, THREAD_NUM);  //numThread's default setting is 2.
        // Loading model failed.
    } else {
        buffer = loadModelFileFromFile(modelPath);
        netEnv = loadCustomModel(buffer, THREAD_NUM);  //numThread's default setting is 2.
        // Loading model failed.
```

图 8-33 在 C++程序窗口中单击图标可以跳转到其对应的 Java 函数

同样，在 Java 程序窗口中，对应的 Java 函数左侧有一个图标，单击该图标会跳转到对应的 C++程序窗口。

与该函数对应的 Java 函数是 ClassificationTrain.loadCommonModel( )，代码如下。

```
public native long loadCommonModel(ByteBuffer modelBuffer, int numThread);
```

结合 Java 程序分析 C++函数 Java_com_mindspore_enginelibrary_train_ClassificationTrain_loadCommonModel( )的参数，可以得到如下的对应关系。

① JNIEnv *env：JNIEnv 是 JNI 编程中最重要的概念，是 Java 程序和 C 程序互相调用的桥梁。在 C 程序中通过 JNIEnv 指针 env 可以访问 Java 虚拟机、操作 Java 对象。

② jobject thiz：jobject 表示 java 传递下来的对象，这里对应 Java 程序中的类 ClassificationTrain，也就是说参数 thiz 是 ClassificationTrain 对象。

③ jobject model_buffer：这里的 jobject 对应 Java 程序中的类 ByteBuffer，也就是说参数 model_buffer 是 Java 程序中的模型数据缓冲区参数，对应 ClassificationTrain.loadCommonModel( )函数的参数 modelBuffer。

④ jint num_thread：jint 对应 Java 程序中的数据类型 int。参数 num_thread 用于定义 MindSpore Lite 运行环境中的并发线程数，对应 ClassificationTrain.loadCommonModel( )函数的参数 numThread。

Java_com_mindspore_enginelibrary_train_ClassificationTrain_loadCommonModel( )函数的执行过程如下。

① 调用 env->GetDirectBufferCapacity( )函数获取缓冲区 model_buffer 的大小。

② 调用自定义函数 ImageCreateLocalModelBuffer( )根据缓冲区 model_buffer 生成模型推理使用的图像数据。实际上就是重新分配内存空间，然后将缓冲区中的数据复制进去。本书不具体介绍自定义函数 ImageCreateLocalModelBuffer( )的代码。

③ 创建 MSNetWork 对象 labelNet，用于构建 MindSpore 网络。类 MSNetWork 在 MSNetWork.cpp 中实现。

④ 创建 MindSpore 运行环境变量 context，并设置并发线程数为 num_thread。

⑤ 以图像数据 modelBuffer 和运行环境变量 context 为参数调用 labelNet->CreateSessionMS( )函数，构建模型并创建与 MindSpore Lite 框架的会话连接（相当于准备好进行推理的环境）。

⑥ 返回 MSNetWork 指针 labelEnv，后面的程序可以通过该指针对象利用创建的环境进行推理。

（2）Java_com_mindspore_enginelibrary_train_ClassificationTrain_runCommonNet( )函数

该函数的代码如下。

```
extern "C" JNIEXPORT jstring JNICALL
Java_com_mindspore_enginelibrary_train_ClassificationTrain_runCommonNet(JNIEnv *env,
jobject type,jlong netEnv,jobject srcBitmap) {
    LiteMat lite_mat_bgr, lite_norm_mat_cut;

    if (!ImageBitmapToLiteMat(env, srcBitmap, &lite_mat_bgr)) {
        MS_PRINT("ImageBitmapToLiteMat error");
        return NULL;
    }
    if (!ImagePreProcessImageData(lite_mat_bgr, &lite_norm_mat_cut)) {
        MS_PRINT("ImagePreProcessImageData error");
        return NULL;
    }

    ImgDims inputDims;
    inputDims.channel = lite_norm_mat_cut.channel_;
    inputDims.width = lite_norm_mat_cut.width_;
    inputDims.height = lite_norm_mat_cut.height_;

    // Get the mindsore inference environment which created in loadModel().
    void **labelEnv = reinterpret_cast<void **>(netEnv);
    if (labelEnv == nullptr) {
        MS_PRINT("MindSpore error, labelEnv is a nullptr.");
        return NULL;
    }
    MSNetWork *labelNet = static_cast<MSNetWork *>(*labelEnv);

    auto mSession = labelNet->session();
    if (mSession == nullptr) {
        MS_PRINT("MindSpore error, Session is a nullptr.");
        return NULL;
    }
    MS_PRINT("MindSpore get session.");

    auto msInputs = mSession->GetInputs();
    if (msInputs.size() == 0) {
        MS_PRINT("MindSpore error, msInputs.size() equals 0.");
        return NULL;
    }
    auto inTensor = msInputs.front();

    float *dataHWC = reinterpret_cast<float *>(lite_norm_mat_cut.data_ptr_);
    // Copy dataHWC to the model input tensor.
    memcpy(inTensor->MutableData(), dataHWC,
           inputDims.channel * inputDims.width * inputDims.height * sizeof(float));

    // After the model and image tensor data is loaded, run inference.
```

```
    auto status = mSession->RunGraph();

    if (status != mindspore::lite::RET_OK) {
        MS_PRINT("MindSpore run net error.");
        return NULL;
    }

    /**
     * Get the mindspore inference results.
     * Return the map of output node name and MindSpore Lite MSTensor.
     */
    auto names = mSession->GetOutputTensorNames();
    std::unordered_map<std::string, mindspore::tensor::MSTensor *> msOutputs;
    for (const auto &name : names) {
        auto temp_dat = mSession->GetOutputByTensorName(name);
        msOutputs.insert(std::pair<std::string, mindspore::tensor::MSTensor *>{name,
temp_dat});
    }

    std::string resultStr = ImageProcessRunnetResult(::RET_CATEGORY_SUM, msOutputs);
    MS_PRINT("resultStr:%s", resultStr.c_str());

    const char *resultCharData = resultStr.c_str();

    return (env)->NewStringUTF(resultCharData);
}
```

与该函数对应的 Java 函数是 ClassificationTrain.runCommonNet( )，代码如下。

```
    public native String runCommonNet(long netEnv, Bitmap img);
```

结合 Java 程序分析 C++函数 Java_com_mindspore_enginelibrary_train_ClassificationTrain_runCommonNet( )的参数，可以得到如下对应关系。

① JNIEnv * env：JNIEnv 指针，用于操作 Java 对象。

② jobject type：对应 Java 程序中的类 ClassificationTrain，即参数 type 是 ClassificationTrain 对象。

③ jlong netEnv：调用 Java_com_mindspore_enginelibrary_train_ClassificationTrain_loadCommonModel( )函数得到的运行环境指针 labelEnv，后面可以通过该指针对象进行推理。

④ jobject srcBitmap：用于推理的图像数据。

Java_com_mindspore_enginelibrary_train_ClassificationTrain_runCommonNet( )函数的执行过程如下。

① 调用自定义函数 ImageBitmapToLiteMat( )将图像数据转换为 MindSpore Lite 的基础图像数据类 LiteMat 对象，以便执行推理。自定义函数 ImageBitmapToLiteMat( )会遍历图像数据中的每个像素，执行格式转换。这里不具体介绍 ImageBitmapToLiteMat( )的代码。

② 调用自定义函数 ImagePreProcessImageData( )对图像数据进行预处理。预处理包括如下操作。

- 调用 mindspore::dataset::ResizeBilinear( )函数使用双线性算法调整图像的尺寸至256×256。
- 调用 mindspore::dataset::ConvertTo( )函数将图像数据的数据类型由 uint8 转换为 float，缩放比例为 1.0 / 255.0。实际上是执行了简单的归一化操作。
- 调用 mindspore::dataset::Crop 函数裁剪图像，从坐标 16×16 开始，裁剪尺寸为 224×224。
- 调用 mindspore::dataset::SubStractMeanNormalize( )函数对图像数据进行归一化处理。在归一化处理时应用了均值{0.485，0.456，0.406}和标准差{0.229，0.224，0.225}。这里使用了 ImageNet 的均值和标准差，是根据数百万张图像计算得出的。图像数据在送入训练前，会减去均值并除以标准差。这样可以消除共性部分、凸显个体的差异和特征。

这里不具体介绍 ImagePreProcessImageData( )的代码。

③ 将运行环境变量 netEnv 转化为指针 labelEnv，并使用 labelNet->session( )获取与 MindSpore Lite 框架进行交互的 LiteSession 对象 mSession。

④ 调用 mSession->GetInputs( )函数获取模型输入数据的格式（此时没有训练数据），将经过图像预处理的数据复制到输入数据中。

⑤ 准备好模型的输入数据后，调用 mSession->RunGraph( )函数进行推理。

⑥ 获取推理的结果到变量 msOutputs 中。

⑦ 调用自定义函数 ImageProcessRunnetResult( )处理推理结果，计算并返回图像属于每个类别的得分。这里不具体介绍 ImageProcessRunnetResult( )函数的代码。

（3）Java_com_mindspore_enginelibrary_train_ClassificationTrain_unloadCommonModel( )函数

该函数的代码如下。

```
extern "C" JNIEXPORT jboolean JNICALL
Java_com_mindspore_enginelibrary_train_ClassificationTrain_unloadCommonModel(JNIEnv *env,jobject type,jlong netEnv) {
    MS_PRINT("MindSpore release net.");
    void **labelEnv = reinterpret_cast<void **>(netEnv);
    if (labelEnv == nullptr) {
        MS_PRINT("MindSpore error, labelEnv is a nullptr.");
    }
    MSNetWork *labelNet = static_cast<MSNetWork *>(*labelEnv);

    labelNet->ReleaseNets();

    return (jboolean) true;
}
```

与该函数对应的 Java 函数是 ClassificationTrain.unloadCommonModel( )，代码如下。

```
public native boolean unloadCommonModel(long netEnv);
```

结合 Java 程序分析 C++函数 Java_com_mindspore_enginelibrary_train_ClassificationTrain_unloadCommonMode( )的参数，可以得到如下的对应关系。

① JNIEnv * env：JNIEnv 指针，用于操作 Java 对象。

② jobject type：对应 Java 程序中的类 ClassificationTrain，即参数 type 是 Classification Train 对象。

③ jlong netEnv：调用 Java_com_mindspore_enginelibrary_train_ClassificationTrain_loadCommonModel( )函数得到的运行环境指针 labelEnv，对应 Java 程序中 Classification Train.unloadCommonModel( )的参数 netEnv。

Java_com_mindspore_enginelibrary_train_ClassificationTrain_unloadCommonMode( )函数的执行过程如下。

① 根据参数 netEnv 得到 MSNetWork 对象指针 labelNet。

② 调用 labelNet->ReleaseNets( )函数释放模型和 Session 会话占用的资源。

3. enginelibrary 的构建

本实例使用 Gradle 工具构建项目，在项目的根目录下，有一个 build.gradle 文件，这是项目构建的主配置文件。cpp、classificationlibrary 和 enginelibrary 目录下各有自己的 build.gradle 配置文件，分别构建各自的应用。enginelibrary 文件夹下的 build.gradle 文件用于配置如何构建本实例的 C++库。

在 enginelibrary 文件夹下的 build.gradle 中使用 externalNativeBuild 配置项指定了编译本实例 C++库的 Make 文件的路径，代码如下。

```
    defaultConfig {
    ...
    externalNativeBuild {
        cmake {
            path file('src/main/cpp/CMakeLists.txt')
            version '3.10.2'
        }
    }
    ...
}
```

CMakeLists.txt 文件的配置很复杂，这里不做详细介绍。其中第 111 行代码指定使用 build 命令构建输出文件 libmlkit-label-MS.so 的路径，如图 8-34 所示。这条命令很复杂，有兴趣的读者可以查看源代码了解。在笔者环境中生成的输出文件路径为 D:/workspace/vision/android/ enginelibrary/src/main/libs/arm64-v8a/libmlkit-label-MS.so。

```
107
108  ################################################
109  # Link the shared library D:\workspace\vision\android\enginelibrary\src\main\libs\arm64-v8a\l:
110
111  build D$:/workspace/vision/android/enginelibrary/src/main/libs/arm64-v8a/libmlkit-label-MS.so
112    LANGUAGE_COMPILE_FLAGS = -g -DANDROID -fdata-sections -ffunction-sections -funwind-tables -
113    LINK_FLAGS = -Wl,--exclude-libs,libgcc.a -Wl,--exclude-libs,libgcc_real.a -Wl,--exclude-lib:
114    LINK_LIBRARIES = D:/workspace/vision/android/enginelibrary/src/main/cpp/../jniLibs/arm64-v8
115    OBJECT_DIR = CMakeFiles\mlkit-label-MS.dir
116    POST_BUILD = cd .
117    PRE_LINK = cd .
118    SONAME = libmlkit-label-MS.so
119    SONAME_FLAG = -Wl,-soname,
```

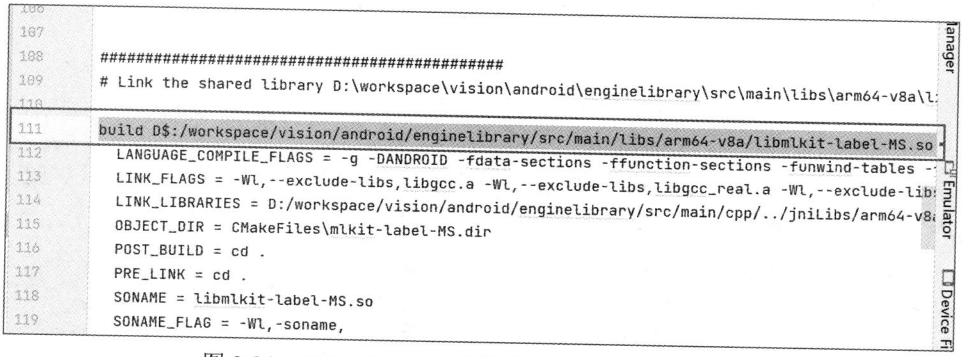

图 8-34 CMakeLists.txt 中生成输出文件的 build 命令

在 enginelibrary 文件夹下有一个 download.gradle 配置文件，用于自动下载本实例需要的资源。在 build.gradle 中使用以下代码引用 download.gradle。

```
apply from: 'download.gradle'
```

在 download.gradle 中定义了自动下载图像分类需要的模型文件的任务（task），代码如下。

```
task downloadClassificationModelFile(type: DownloadUrlTask) {
    doFirst {
        println "Downloading ${modelClassificationCommonDownloadUrl}"
    }
    sourceUrl = "${modelClassificationCommonDownloadUrl}"
    target = file("${targetModelFile}")
}
```

其中变量 modelClassificationCommonDownloadUrl 定义下载的 URL，定义代码如下。

```
def modelClassificationCommonDownloadUrl = 下载 mobilenetv2.ms 的 URL
```

变量 targetModelFile 定义存储模型文件的位置，定义代码如下。

```
def targetModelFile = "src/main/assets/mobilenetv2.ms"
```

在构建项目时会自动下载 mobilenetv2.ms，并将其存储在 enginelibrary/src/main/assets 目录下。构建完成后，可以检查模型文件是否下载成功。如果没有下载成功，则需要手动下载并存储在该位置。

Android JNI 层调用 MindSpore C++ API 时，需要相关库文件支持。可通过 MindSpore Lite 源代码编译生成 mindspore-lite-{version}-minddata-{os}-{device}.tar.gz 库文件包并解压缩（包含 libmindspore-lite.so 库文件和相关头文件）。download.gradle 中还可以自动下载 1.7.0 版本的 MindSpore Lite Android 压缩包文件，并放置在相关目录下，相关代码如下。

```
def targetMindSporeInclude = "src/main/cpp/"
def mindsporeLite_Version = "mindspore-lite-1.7.0-android-aarch64"
def mindSporeLibrary_arm64 = "src/main/cpp/${mindsporeLite_Version}.tar.gz"
def mindsporeLiteDownloadUrl = "下载${mindsporeLite_Version}.tar.gz 的 URL"
def cleantargetMindSporeInclude = "src/main/cpp"
...
task downloadMindSporeLibrary(type: DownloadUrlTask) {
    doFirst {
        println "Downloading ${mindsporeLiteDownloadUrl}"
    }
    sourceUrl = "${mindsporeLiteDownloadUrl}"
    target = file("${mindSporeLibrary_arm64}")
}
```

下载 MindSpore LiteAndroid 压缩包文件后还需要将其解压至指定目录，以便提取其中的库文件，然后将其删除。对应的任务定义代码如下。

```
task unzipMindSporeInclude(type: Copy, dependsOn: 'downloadMindSporeLibrary') {
    doFirst {
        println "Unzipping ${mindSporeLibrary_arm64}"
    }
```

```
    from tarTree(resources.gzip("${mindSporeLibrary_arm64}"))
    into "${targetMindSporeInclude}"
}
task cleanUnusedmindsporeFiles(type: Delete, dependsOn: ['unzipMindSporeInclude'])
{
    delete fileTree("${cleantargetMindSporeInclude}").matching {
        include "*.tar.gz"
    }
    delete fileTree("${cleantargetMindSporeInclude}/${mindsporeLite_Version}").matching
{
        include "*.zip"
    }
    delete fileTree("${cleantargetMindSporeInclude}/${mindsporeLite_Version}").matching
{
        include "*.aar"
    }
}
```

4. CustomMindSporeNetnative.cpp

CustomMindSporeNetnative.cpp 中封装了与自定义模型图像分类任务 MindSpore 调用相关的 3 个 JNI 函数，具体见表 8-7。

表 8-7　CustomMindSporeNetnative.cpp 中封装的与自定义模型图像分类任务 MindSpore 调用相关的 3 个 JNI 函数

JNI 函数名	对应的 Java 函数	具体说明
Java_com_mindspore_enginelibrary_train_ClassificationTrain_loadCustomModel ( )	com.mindspore.enginelibrary.train.ClassificationTrain. loadCustomModel ( )	在 Java 层调用该函数加载模型到缓冲区，并创建推理环境
Java_com_mindspore_enginelibrary_train_ClassificationTrain_runCustomNet ( )	com.mindspore.enginelibrary.train.ClassificationTrain. runCustomNet ( )	将图像数据传送至模型进行推理
Java_com_mindspore_enginelibrary_train_ClassificationTrain_unloadCommonModel ( )	com.mindspore.enginelibrary.train ClassificationTrain.unloadCommonModel ( )	卸载模型，释放资源

表 8-7 中的 3 个函数与表 8-6 中的 3 个函数的功能与代码相似。不同的是在执行推理的函数 Java_com_mindspore_enginelibrary_train_ClassificationTrain_runCustomNet( )中，比 Java_com_mindspore_enginelibrary_train_ClassificationTrain_runCommonNet( ) 函数多了一个参数 ret_detailed_sum，用于指定自定义模型图像分类的类别数量，也就是该模型可以识别的图像分类预测值的标签。Java_com_mindspore_enginelibrary_train_ClassificationTrain_runCommonNet( )函数中没有参数 ret_detailed_sum，是因为本实例的“通用”场景内置了图像类别，不需要用户提供自定义图像分类信息。加载内置图像类别的代码介绍详见本书电子资源。在 CustomMindSporeNetnative.cpp 中，处理推理结果数据时，会使用参数 ret_detailed_sum 统计推理的预测值。

这里不展开介绍 CustomMindSporeNetnative.cpp 的代码。

5. MSNetWork.cpp

MSNetWork.cpp 中实现了类 MSNetWork。在 CommonMindSporeNetnative.cpp 和 CustomMindSporeNetnative.cpp 中通过类 MSNetWork 与 MindSpore Lite 框架进行交互。类 MSNetWork 的功能比较简单，除了构造函数和析构函数，其中只包含 CreateSessionMS( )和 ReleaseNets( )这 2 个成员函数，而且 ReleaseNets( )函数用于释放资源，代码简单。

CreateSessionMS( )用于加载模型、为执行推理准备环境，代码如下。

```
void
MSNetWork::CreateSessionMS(char *modelBuffer, size_t bufferLen, mindspore::lite::
Context *ctx) {
    session_ = mindspore::session::LiteSession::CreateSession(ctx);
    if (session_ == nullptr) {
        MS_PRINT("Create Session failed.");
        return;
    }

    // Compile model.
    model_ = mindspore::lite::Model::Import(modelBuffer, bufferLen);
    if (model_ == nullptr) {
        ReleaseNets();
        MS_PRINT("Import model failed.");
        return;
    }

    int ret = session_->CompileGraph(model_);
    if (ret != mindspore::lite::RET_OK) {
        ReleaseNets();
        MS_PRINT("CompileGraph failed.");
        return;
    }
}
```

程序的执行过程如下。

① 调用 mindspore::session::LiteSession::CreateSession( )函数，根据运行环境上下文参数 ctx 创建与 MindSpore Lite 进行交互的会话对象 session_。

② 调用 mindspore::lite::Model::Import( )函数从模型数据缓冲区中加载模型，得到 model_对象。

③ 调用 mindspore::session::LiteSession:: CompileGraph( )函数对模型中的计算图进行编译。这是执行推理的前提。

在前文介绍的 Java_com_mindspore_enginelibrary_train_ClassificationTrain_run CommonNet()函数中，调用 mindspore::session::LiteSession::RunGraph( )函数执行推理，所使用的会话对象就是 MSNetWork::CreateSessionMS( )函数创建的 session_。在创建会话对象时已经对模型进行了编译，因此可以直接利用会话对象进行模型推理。

本小节简要解析了本实例中实现端侧推理功能的 C++程序，关于调用这些 C++接口实现推理功能的 Java 程序可以参照本书电子资源理解。

第 9 章 基于 DCGAN 的动漫头像生成实例

本章介绍在 ModelArts 云平台通过 MindSpore 框架实现基于 DCGAN（深度卷积生成式对抗网络）模型的动漫头像生成实例。DCGAN 是 GAN（Generative Adversarial Network，生成式对抗网络）的一个变种，它把卷积神经网络和生成式对抗网络结合在一起，可以减少参数数量并且不易过拟合。

通过本实例的实践既可以了解 GAN 和 DCGAN 模型的工作原理，又可以掌握使用 ModelArts JupyterLab 开发环境开发和训练神经网络模型的方法。

9.1 GAN 和 DCGAN 理论基础

为了便于理解本实例的工作原理，首先介绍 GAN 神经网络基础。

9.1.1 生成模型和判别模型

机器学习模型分为生成模型和判别模型 2 种。

要了解这 2 种类型模型的含义和区别，就要先从机器学习的监督学习和无监督学习说起。

训练集由若干个样本构成，每个样本都包含输入变量 x 和输出的分类标签 y。模型训练的过程就是不断地修正模型，使输出更接近期望值。监督学习就是在输入 x 和输出 y 之间建立一个映射，给一组“输入/输出对”赋予标签。在训练的过程中可以根据标签和输出是否匹配来更新模型参数，以得到更准确的预测值。监督学习的训练过程如图 9-1 所示。

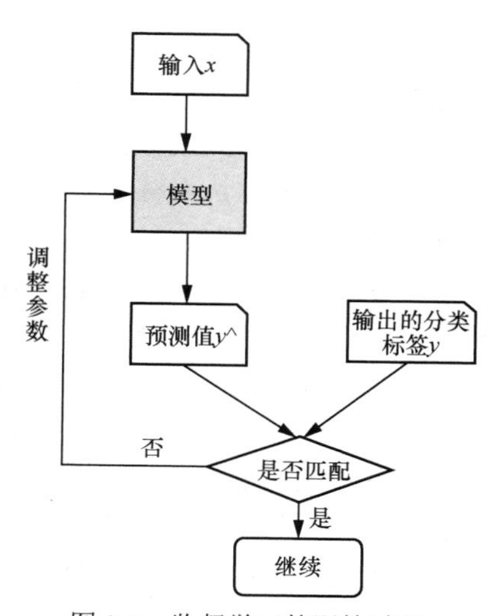

图 9-1　监督学习的训练过程

在无监督学习中，模型只有输入，而没有用作标签的输出。通过对输入数据的模式进行提炼和总结来建模，不需要对模型进行修正，也不需要做任何预测。

无监督学习用于在给定的数据中找到有兴趣的模式。无监督学习的模型不需要使用训练集进行训练，而是直接对数据进行建模。因此，无监督学习的模型结构很简单，具体如图 9-2 所示。

监督学习用来开发一个模型，此模型会根据给定的输入变量样本预测一个分类标签。这种预测模型任务被称为分类任务，也称为判别模型任务。判别模型的结构如图 9-3 所示。

总结输入变量分布的无监督学习模型则可以用来创建或生成满足输入分布的新样例。这种类型的模型被称为生成模型。生成模型的结构如图 9-4 所示。

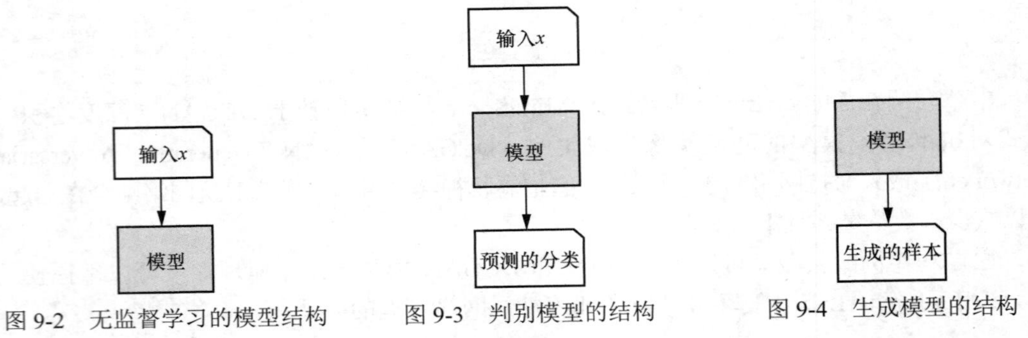

图 9-2 无监督学习的模型结构　图 9-3 判别模型的结构　图 9-4 生成模型的结构

每个变量都有一个已知的数据分布，例如正态分布。生成模型可以充分总结这个数据分布，然后利用它生成符合此分布的新变量。

9.1.2 什么是 GAN

GAN 是基于深度学习的生成模型。GAN 模型的网络结构中包含以下 2 个子模型。

① 生成器模型：用于根据给定的真实样本生成新的实例。

② 判别器模型：用于判别真实例和假实例。“假实例”就是生成器生成的实例。

生成器模型和判别器模型之间互相对抗、此消彼长，目的是使生成器生成的实例越来越接近真实样本，最终达到足以乱真的目的。

1. 生成器模型

生成器模型的职责是生成接近真实样本的新实例。因为新实例是生成的实例，所以称为假实例。生成器模型使用固定长度的随机向量作为输入。此向量根据正态分布随机绘制，在生成新实例的过程中被用作种子。

这个随机向量被称为随机噪声向量，也可以称为隐向量。经过训练，不断调整权重参数，生成器模型生成的假实例会越来越接近真实样本。生成器模型的结构如图 9-5 所示。

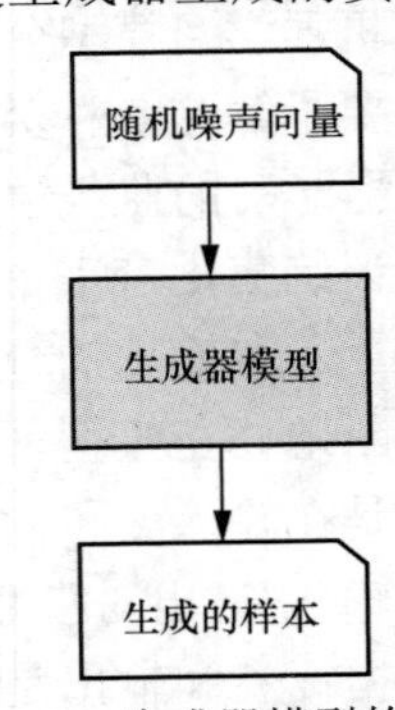

图 9-5 生成器模型的结构

2. 判别器模型

判别器模型可以从域中取出一个实例作为输入。取出的实例可以是真实的，也可以是生成的。真实实例来自训练集，生成的实例是生成器的输出。判别器模型会预测取出实例是真是假。

从上面的描述可知，判别器模型是一个标准的二分类模型。

通过训练后，通常判别器模型会被废弃。因为使用 GAN 的人通常只对生成器模型生成的新实例有兴趣。有时，生成器会被再利用，因为它已经学习从域中高效地提取特征，其中的一些或所有特征提取层可以在迁移学习应用中用于处理相同或相近的输入数据。判别器模型的结构如图 9-6 所示。

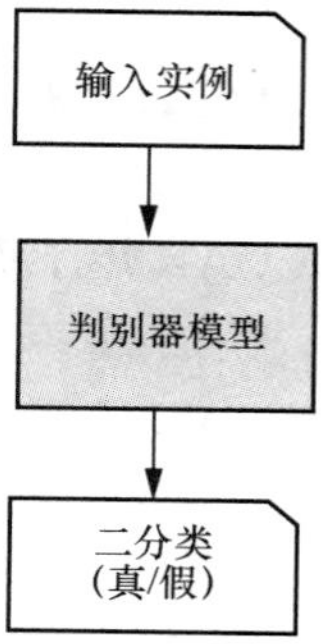

图 9-6　判别器模型的结构

3．生成器和判别器之间的对抗

生成器和判别器就像一个游戏中的 2 个对手，它们一起训练。生成器生成一批样本，然后把这些样本和来自训练集中的真实样本一起提供给判别器进行分类，判别是真是假。

如果判断错误，则会更新判别器的参数，以便在下一轮中能够更好地判别真假；生成器的参数也会根据情况进行更新，以便下一轮可以生成更好的样本来欺骗判别器。就这样，生成器和判别器之间互相对抗，进行一场零和博弈游戏。

如果判别器成功标识了真假样本，它会得到奖励，无须更新模型的参数；而此时生成器将被惩罚，会大幅更新模型的参数。相反，如果生成器成功欺骗了判别器，它也会得到奖励，无须更新模型的参数；而此时判别器将被惩罚，会更新它的模型参数。

在极限情况下，生成器每次都能生成一个完美的仿制品，令判别器无法区分真假（这只是理想状态）。

GAN 的工作原理如图 9-7 所示。

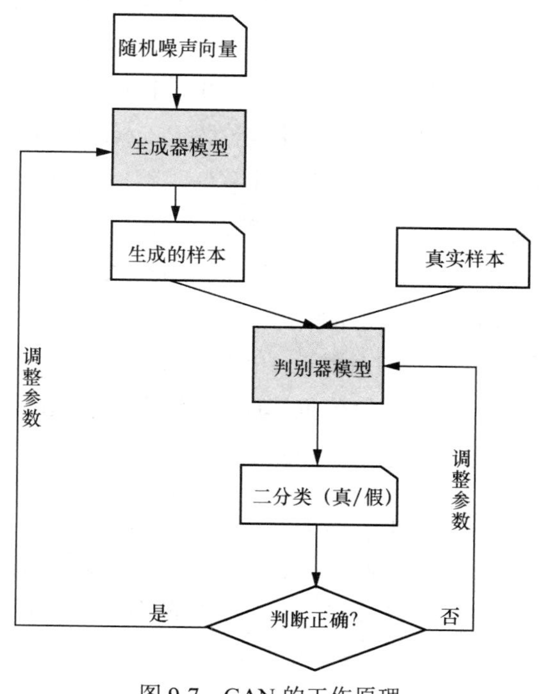

图 9-7　GAN 的工作原理

9.1.3 DCGAN 的原理

DCGAN 用于训练深度生成对抗网络。

1. 生成器

DCGAN 生成器的网络结构如图 9-8 所示。

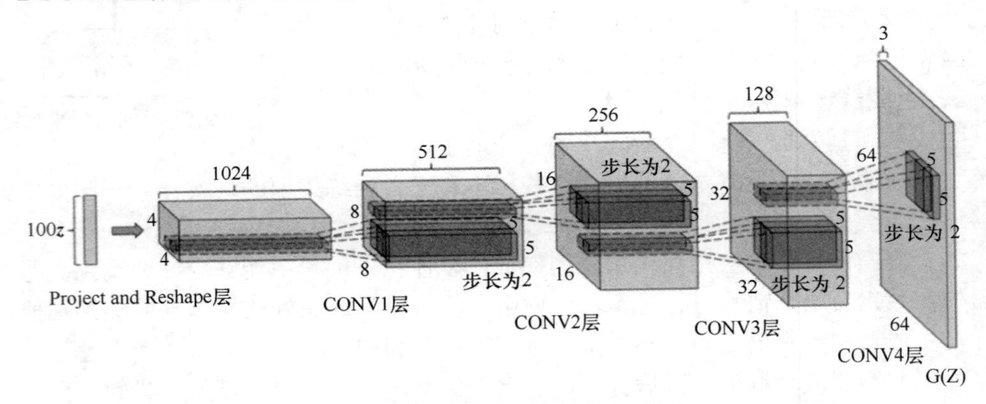

图 9-8　DCGAN 生成器的网络结构

DCGAN 生成器由转置卷积层、归一化层（使用 4.1.4 小节中介绍的 BN 算法）和激活函数层组成。具体说明如下。

- 首先，长度为 100 的隐向量（随机噪声向量）z 会被重塑为形状为 100×1×1 的 Tensor 对象，然后将其传送至转置卷积层。隐向量的通道数（本例中使用参数 nz 指定）为 100。
- 转置 CNN 层会对输入的 Tensor 对象执行上采样操作，即扩大特征图，以适配本层操作的要求。在 DCGAN 中这一层被称为 Project and Reshape 层。
- 在每一层后面都对特征图应用批归一化算法，然后应用激活函数。对最后一层应用 Tanh 激活函数，其他层应用 ReLU 激活函数。
- 在生成器中，输出特征图的尺寸（本例中使用参数 ngf 指定）为 64×64，可以通过这个参数来控制生成器模型的结构。
- 第 1 个转置卷积层的输入通道数是 1024（ngf×16），然后逐层递减，直至生成器的输出通道数（本实例使用参数 nc 指定）减至 3，以适配 3 通道的 RGB 图像。从图 9-8 中可以看到，通道数变化的过程如下。

```
100 (nz) =>1024 (ngf×16) => 512 (ngf×8)  => 256 (ngf×4)  => 128 (ngf×16)  => 3 (nc)
```

如果考虑特征图的尺寸，则生成器各层的张量形状变化如下。

```
100×1×1=>1024×4×4=> 512×8×8 => 256×16×16 => 128×32×32 => 3×64×64
```

DCGAN 的生成器使用主要适用于二分类任务的 BCE 损失函数。当其生成的图片被判别器判定为假时，损失值会变高。注意，生成器并不知道真实图片的具体数据。

2. 判别器

判别器的模型结构与普通的图像分类模型一样，包含卷积层、激活函数层、归一化层。与生成器一样，判别器中没有池化层，由卷积层取代。

判别器对所有层都使用 LeakyReLu 激活函数。

3. DCGAN 中的训练细节

DCGAN 中还有一些关于训练的细节，具体如下。

① 图像数据被调整到 Tanh 激活函数的处理范围内，即[−1,1]。

② 使用小批量梯度下降算法进行训练，超参 batchsize 为 128。

③ 使用 Adam 优化器，学习率为 0.0002。

④ 所有的权重随机从均值为 0、标准偏差为 0.02 的正态分布中取值初始化。

9.2 为在线运行实例准备环境

本章实例是 MindSpore 提供的在线案例，可以在 ModelArts 平台在线运行。本章实例在线实操的步骤如图 9-9 所示。

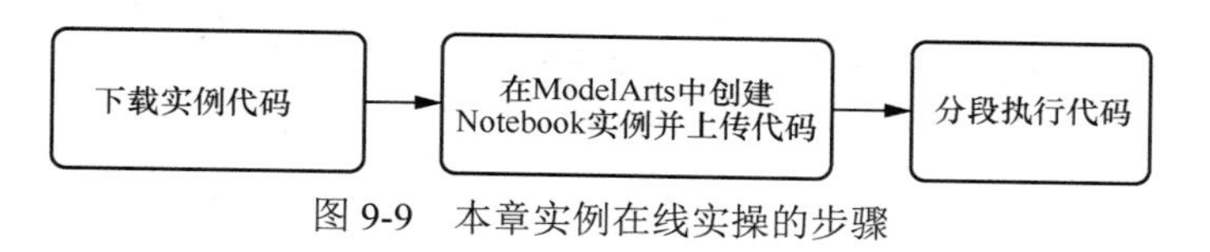

图 9-9 本章实例在线实操的步骤

本节介绍为在线运行实例准备环境的方法。

9.2.1 下载实例代码

参照本书配套的电子资源，单击“下载 Notebook”图标可以下载本实例的 ipynb 文件，得到 mindspore_dcgan.ipynb。为防止在线资源发生变化，本书附赠源代码中 09 目录下包含 mindspore_dcgan.ipynb。

.ipynb 文件是使用 Jupyter Notebook 编写 Python 程序时保存的文件。Jupyter Notebook 是一个交互式软件开发程序，支持运行 40 多种编程语言。1.4.3 小节介绍了 Jupyter Notebook 的基本情况，可以参照理解。

下载 mindspore_dcgan.ipynb 是为了将其上传至 ModelArts 云平台的开发环境执行。

单击“下载样例代码”图标可以下载本实例的 Python 程序文件 mindspore_dcgan.py。可以利用该文件在其他环境下训练模型。

9.2.2 在 ModelArts 中创建 Notebook 实例并上传代码

之所以选择在 ModelArts 云平台上运行本章实例，是基于以下考虑。

① 体验 ModelArts JupyterLab 开发环境。JupyterLab 是 Jupyter Notebook 的下一代产品。

② 为了提高训练的效率，本章实例采用 GPU 平台进行训练，不方便自己搭建环境，因此借用 ModelArts 云平台的硬件环境进行模型训练。

在华为云网站登录后，打开 ModelArts 主页，选择“开发环境”/“Notebook”，打开 Notebook 管理页面，如图 9-10 所示。

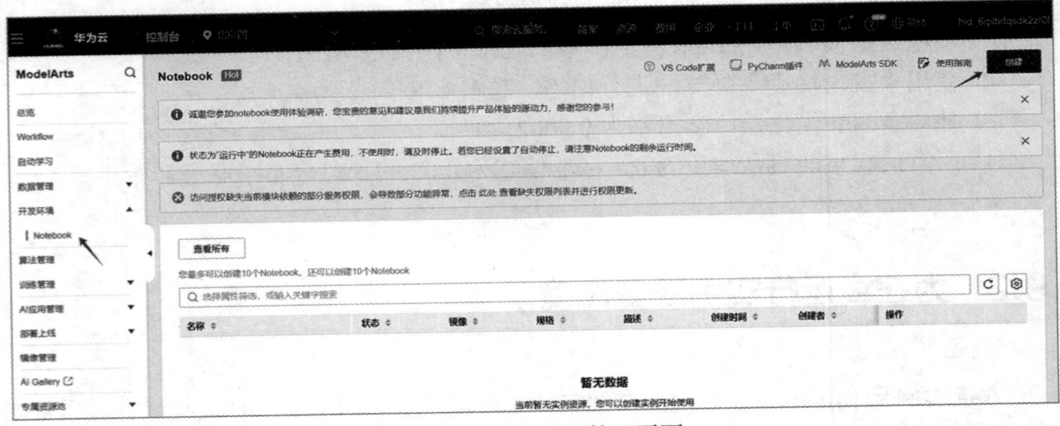

图 9-10　Notebook 管理页面

单击“创建”按钮，打开“创建 Notebook”页面，如图 9-11 所示。

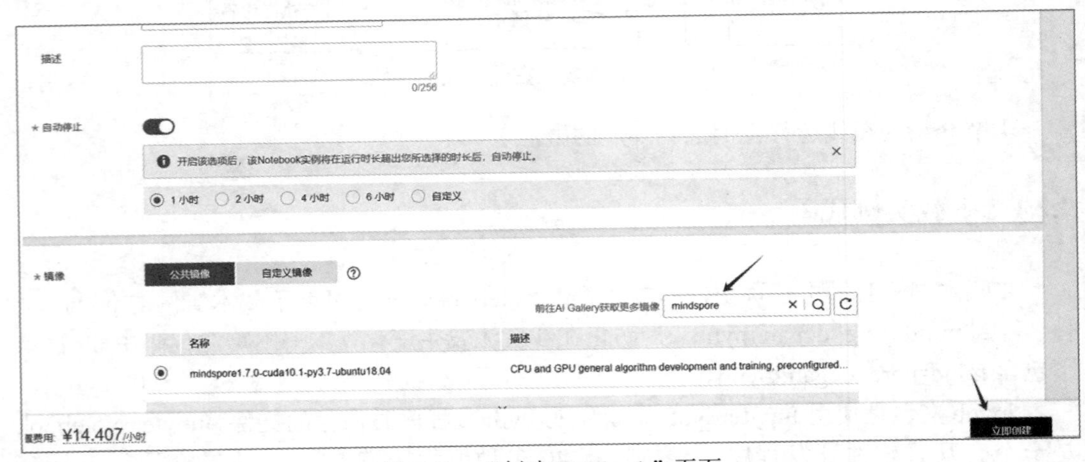

图 9-11　“创建 Notebook”页面

在镜像列表中搜索 mindspore，然后选择 mindspore1.7.0-cuda10.1-py3.7-ubuntu18.04 或者根据实际情况选择支持 GPU 平台的 MindSpore 版本。

资源类型选择“公共资源池”，公共资源池的类型选择 GPU，根据情况选择规格。注意，使用 ModelArts 平台是需要付费的，不同的资源类型和规格收费标准也不一样。

配置完成后单击“立即创建”按钮，会打开确认提交页面，单击“提交”按钮开始创建并启动 Notebook 实例。创建完成后，新建的 Notebook 实例会出现在 Notebook 管理页面中，如图 9-12 所示。

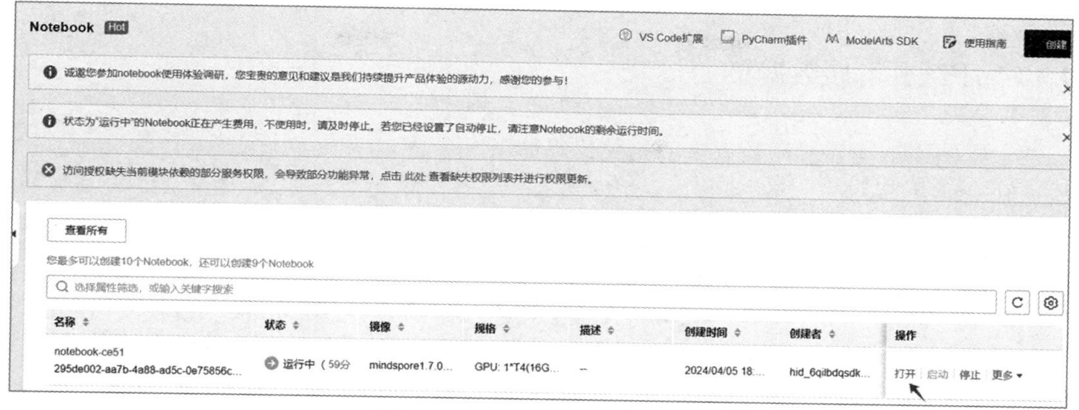

图 9-12　新建的 Notebook 实例

单击 Notebook 实例后面的“打开”超链接，进入 JupyterLab 页面。单击左上方工具栏中的⬆图标，将前面下载的 mindspore_dcgan.ipynb 上传至 JupyterLab。上传成功后，mindspore_dcgan.ipynb 会出现在左侧窗格中，双击 mindspore_dcgan.ipynb，可以在右侧窗格中将其打开，如图 9-13 所示。

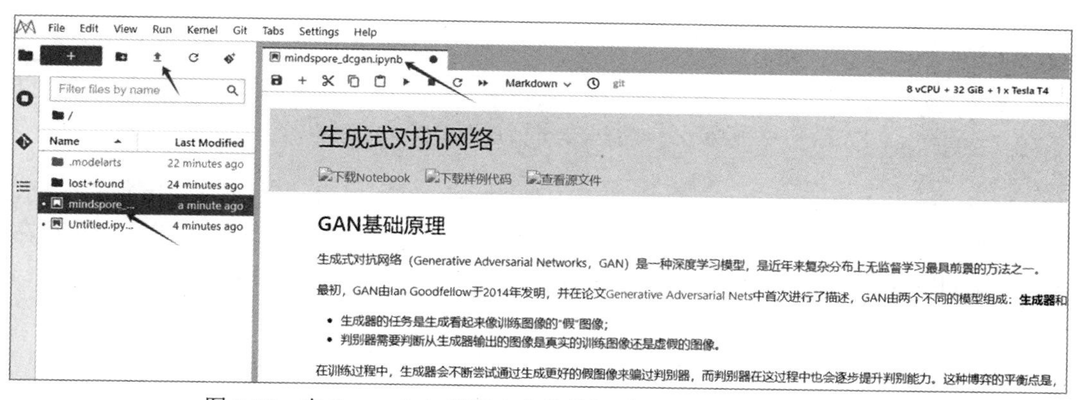

图 9-13　在 JupyterLab 页面中上传并打开 mindspore_dcgan.ipynb

9.3　实例的在线运行与代码解析

JupyterLab 可将内容分成单元格。JupyterLab 支持如下 3 种类型的单元格。

① Code：用于编辑代码，可以在 JupyterLab 中以单元格为单位运行代码，运行结果会在单元格的下面显示。

② Markdown：用于编辑 Markdown 文档。Markdown 是一种轻量级标记语言，许多网站都使用 Markdown 来撰写帮助文档或是在论坛上发表消息。

③ Raw：用于编辑普通文本。

本节将介绍实例的代码，并按顺序逐一执行单元格中的代码，查看本实例的运行效果。

9.3.1 下载并解压数据集

本实例中下载并解压数据集的相关代码如下。

```
from mindvision import dataset
dl_path = "./datasets"
dl_url = "下载 faces.zip 的 URL"
dl = dataset.DownLoad()  # 下载数据集
dl.download_and_extract_archive(url=dl_url, download_path=dl_path)
```

程序调用 mindvision.dataset.DownLoad.download_and_extract_archive( )方法从 MindSpore 官网下载卡通头像数据集的压缩包 faces.zip，然后将其解压到./datasets 目录下。

在窗口中找到这个单元格，然后单击左侧的◉图标，运行单元格中的代码。开始执行后，在单元格下面会显示下载进度，如图 9-14 所示。

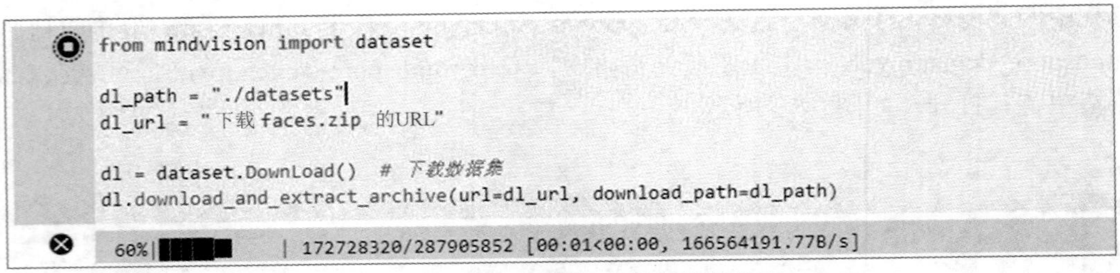

```
from mindvision import dataset

dl_path = "./datasets"
dl_url = "下载 faces.zip 的URL"

dl = dataset.DownLoad()  # 下载数据集
dl.download_and_extract_archive(url=dl_url, download_path=dl_path)

60%|█████     | 172728320/287905852 [00:01<00:00, 166564191.77B/s]
```

图 9-14　执行下载并解压数据集的代码

faces.zip 的大小为 274MB，共有 70171 张动漫头像图片，下载和解压需要很长时间，笔者用时 6 分钟。一定要等到单元格的左侧显示执行时间，才说明此段代码已经执行完成，具体如图 9-15 所示。如果没有执行完成就执行后面的代码，会影响实例的执行效果。

```
6 min  [1]  from mindvision import dataset

dl_path = "./datasets"
dl_url = "下载faces.zip 的URL"

dl = dataset.DownLoad()  # 下载数据集
dl.download_and_extract_archive(url=dl_url, download_path=dl_path)

287906816B [00:04, 58353118.38B/s]
下载后的数据集目录结构如下。
```

图 9-15　等待下载并解压数据集的代码运行完成

9.3.2 设置 MindSpore 运行属性及训练参数

本实例中设置 MindSpore 运行属性及训练参数的代码如下。

```
from mindspore import context
#指定训练使用的平台为 GPU，如需使用昇腾硬件可将其替换为 Ascend
context.set_context(mode=context.GRAPH_MODE, device_target="GPU")

data_root = "./datasets"  #数据集根目录
```

```
workers = 4  #载入数据线程数
batch_size = 128  #批量大小
image_size = 64  #训练图像尺寸，所有图像都将调整为该尺寸
nc = 3  #图像彩色通道数，对于彩色图像（RGB）为 3
nz = 100  #隐向量的长度
ngf = 64  #特征图在生成器中的大小
ndf = 64  #特征图在判别器中的大小
num_epochs = 10  #训练周期数
lr = 0.0002  #学习率
beta1 = 0.5  #Adam 优化器的 Beta1 超参数
```

程序设置使用 GPU 硬件平台训练模型，然后设置了一系列与数据集和模型训练相关的参数的初始值。请参照注释理解。

在窗口中找到这个单元格，然后单击左侧的▶图标运行单元格中的代码。这段代码没有输出信息，运行完成后，在单元格的左侧会显示执行时间。

9.3.3 图像数据处理与增强

本实例中图像数据处理与增强的代码如下。

```
import numpy as np
import mindspore.dataset as ds
import mindspore.dataset.vision.c_transforms as vision

from mindspore import nn, ops, Tensor
from mindspore import dtype as mstype

def create_dataset_imagenet(dataset_path, num_parallel_workers=None):
    """数据加载"""
    data_set = ds.ImageFolderDataset(dataset_path, num_parallel_workers=
                                    num_parallel_workers, shuffle=True,decode=True)

    #数据增强操作
    transform_img = [
        vision.Resize(image_size),
        vision.CenterCrop(image_size),
        vision.HWC2CHW(),
        lambda x: ((x / 255).astype("float32"), np.random.normal(size=(nz, 1, 1)).
astype("float32"))
    ]

    #数据映射操作
    data_set = data_set.map(input_columns="image", num_parallel_workers=
                            num_parallel_workers, operations=transform_img,output_
columns=["image", "latent_code"],
                            column_order=["image", "latent_code"])

    #批量操作
    data_set = data_set.batch(batch_size)
    return data_set
```

```
#获取处理后的数据集
data = create_dataset_imagenet(data_root, num_parallel_workers=workers)

#获取数据集大小
size = data.get_dataset_size()
```

程序定义了 create_dataset_imagenet( )函数，用于加载数据集并对数据进行增强操作。在 create_dataset_imagenet( )函数中，首先调用 mindspore.dataset.ImageFolderDataset( )方法从指定路径加载图像数据集到 data_set 对象中。生成的数据集中包含 image 和 label 两列，然后对图像数据进行如下增强操作。

① 调用 mindspore.dataset.vision.c_transforms.Resize 算子将图片大小调整为 64×64。

② 调用 mindspore.dataset.vision.c_transforms.CenterCrop 算子将图片按 64×64 的尺寸从中心裁剪。

③ 调用 mindspore.dataset.vision.c_transforms.HWC2CHW 算子将图片格式从 HWC（高×宽×通道）转换为 CHW（通道×高×宽），这样更方便进行数据的训练。

④ 调用 lambda 函数对输入 x 做了如下操作：一是对每个图像值除以 255，即进行归一化操作；二是使用 np.random.normal( )函数以正态分布初始化图像对应的隐向量。因此，得到 image 和 latent_code 这 2 列输出。

⑤ 设置数据集的训练批量大小，本实例中为 128。经过分批处理，训练数据的格式从 CHW 变成了 NCHW。

np.random.normal( )是 NumPy 包中的正态分布（又名高斯分布）函数，用于生成正态分布的概率密度随机数。正态分布是具有下面 2 个参数的、连续型随机变量的分布。

① μ：遵从正态分布的随机变量的均值，用于定义正态分布的位置。当 $\mu=0$ 时表示这是一个以 Y 轴为对称轴的正态分布。

② σ：遵从正态分布的随机变量的方差，用于描述正态分布的离散程度，即正态分布曲线的宽度。σ 越大，正态分布曲线越矮胖；σ 越小，正态分布曲线越高瘦。遵从正态分布的随机变量的概率规律为取 μ 邻近的值的概率大，取离 μ 越远的值的概率越小。

正态分布曲线反映了遵从正态分布的随机变量的分布规律。理论上正态分布曲线是一条中间高、两端逐渐下降且完全对称的钟形曲线。参数 σ 相同但参数 μ 不同的正态分布曲线的形状相同但位置不同。例如，图 9-16 所示为 3 条 $\sigma=0.5$ 的正态分布曲线，它们的参数 μ 分别为−1、0 和 1；参数 μ 相同但参数 σ 不同的正态分布曲线位置相同但形状不同。例如，图 9-17 所示为 3 条 $\mu=0$ 的正态分布曲线，它们的参数 σ 分别为 0.5、1 和 2。

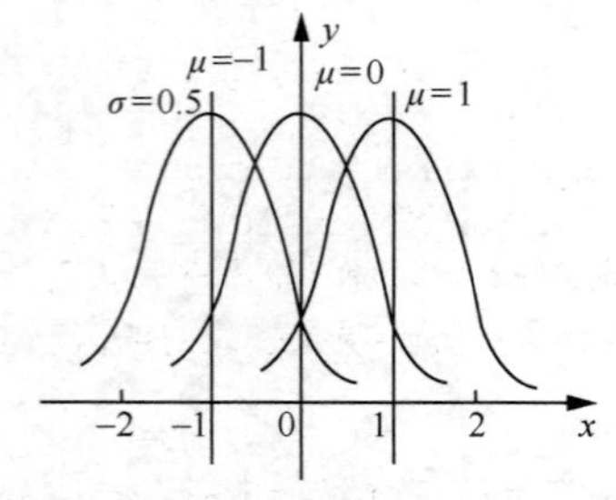

图 9-16　3 条参数 $\sigma=0.5$ 的正态分布曲线

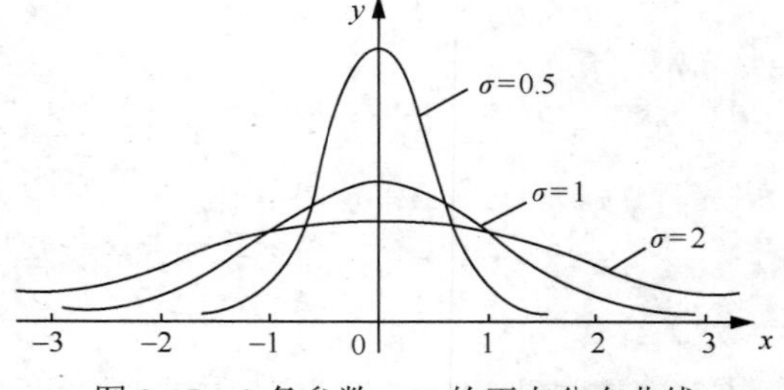

图 9-17　3 条参数 $\mu=0$ 的正态分布曲线

np.random.normal( )函数的使用方法如下。

```
noise = np.random.normal(loc=0,scale=0.02,size=shape)
```

参数说明如下。

① loc：指定正态分布参数 μ 的值。

② scale：指定正态分布参数 σ 的值。

③ size：指定输出数据的形状。如果希望输出数据是一个向量（即一维张量），则可以将 size 设置为一个整数，用于指定输出向量的元素数。本例中，隐向量的形状为(nz, 1, 1)，即(100, 1, 1)。

create_dataset_imagenet( )函数的返回值是一个 dataset 对象，其中包含 2 列。一列的列名为 image，用于存储训练集中经过图像数据处理与增强的数据；另一列的列名为 latent_code，用于存储图像对应的隐向量。

在窗口中找到这个单元格，然后单击左侧的▶图标运行单元格中的代码。这段代码也没有输出信息。

9.3.4　可视化部分训练数据

为了能够直观地将训练集中的图像与生成的图像进行对比，本实例中包含可视化部分训练数据的代码，具体如下。

```
import matplotlib.pyplot as plt
%matplotlib inline

data_iter = next(data.create_dict_iterator(output_numpy=True))

#可视化部分训练数据
plt.figure(figsize=(8, 3), dpi=140)
for i, image in enumerate(data_iter['image'][:30], 1):
    plt.subplot(3, 10, i)
    plt.axis("off")
    plt.imshow(image.transpose(1, 2, 0))
plt.show()
```

程序中的 data 是 9.3.3 小节中调用 create_dataset_imagenet( )函数返回的数据集。程序对其中的前 30 个图像进行遍历，并使用 Matplotlib 库绘制图像。Matplotlib 库在绘制图像时可以兼容经过归一化的数据。

plt.figure( )方法用于设置窗口尺寸。参数 figsize 指定窗口的宽和高，单位为英寸；参数 dpi 指定绘图对象的分辨率，即每英寸包含多少个像素。

在显示图像数据之前，程序以 1, 2, 0 为参数调用 transpose 算子对图像数据进行转置，其定义的转置规则如下。

① 图像数据中第 0 个维度的元素转置到第 1 个维度。

② 图像数据中第 1 个维度的元素转置到第 2 个维度。

③ 图像数据中第 2 个维度的元素转置到第 0 个维度。

经过转置处理后，图像数据的格式由 CHW 转换为 WCH，以便使用 Matplotlib 库显示图像。

在窗口中找到这个单元格，然后单击左侧的▶图标运行单元格中的代码。运行完成后，会在代码的下面出现一个子窗口，其中显示数据集的前 30 个图像，如图 9-18 所示。

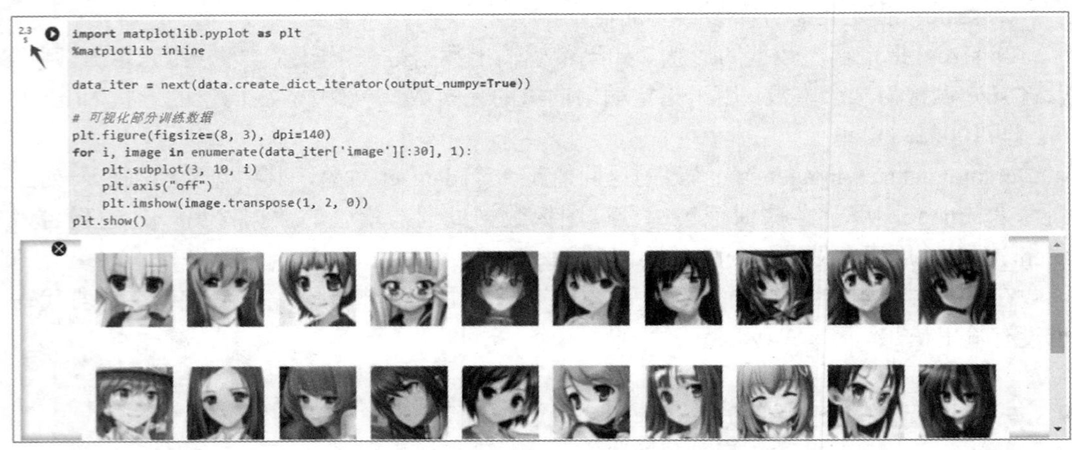

图 9-18　可视化部分训练数据

9.3.5　初始化权重参数

本实例使用均值为 0、标准差为 0.02 的正态分布随机取值初始化权重参数，代码如下。

```
from mindspore.common.initializer import Initializer

def _assignment(arr, num):
    if arr.shape == ():
        arr = arr.reshape(1)
        arr[:] = num
        arr = arr.reshape(())
    else:
        if isinstance(num, np.ndarray):
            arr[:] = num[:]
        else:
            arr[:] = num
    return arr

class Normal(Initializer):
"""模型权重从均值为 0、标准差为 0.02 的正态分布中随机取值初始化"""

    def _init_(self, mean=0.0, sigma=0.02):
        super(Normal, self)._init_()
        self.sigma = sigma
        self.mean = mean
```

```
    def _initialize(self, arr):
        np.random.seed(999)
        arr_normal = np.random.normal(self.mean, self.sigma, arr.shape)
        _assignment(arr, arr_normal)
```

建议 DCGAN 所有模型权重都应从 mean（即正态分布函数中的参数 μ）=0、sigma（即正态分布函数中的参数 σ）=0.02 的正态分布随机取值初始化。

在生成器模型和判别器模型的定义中会调用类 Normal 初始化权重参数。具体情况将在 9.3.6 小节和 9.3.7 小节介绍。

在窗口中找到这个单元格，然后单击左侧的▶图标运行单元格中的代码。这段代码也没有输出信息。

9.3.6　定义生成器模型

本实例中定义生成器模型的代码如下。

```
1: def conv_t(in_channels, out_channels, kernel_size, stride=1, padding=0,
            pad_mode="pad"):
2: """定义转置卷积层"""
3:     weight_init = Normal(mean=0, sigma=0.02)
4:         return nn.Conv2dTranspose(in_channels, out_channels,
5:            kernel_size=kernel_size, stride=stride, padding=padding,
6:            weight_init=weight_init, has_bias=False, pad_mode=pad_mode)
7:
8:     def bn(num_features):
9: """定义 BatchNorm2d 层"""
10:        gamma_init = Normal(mean=1, sigma=0.02)
11:        return nn.BatchNorm2d(num_features=num_features, gamma_init=gamma_init)
12:
13:     class Generator(nn.单元格):
14: """DCGAN 网络生成器"""
15:
16:         def _init_(self):
17:             super(Generator, self)._init_()
18:             self.generator = nn.SequentialCell()
19:             self.generator.append(conv_t(nz, ngf * 8, 4, 1, 0))
20:             self.generator.append(bn(ngf * 8))
21:             self.generator.append(nn.ReLU())
22:             self.generator.append(conv_t(ngf * 8, ngf * 4, 4, 2, 1))
23:             self.generator.append(bn(ngf * 4))
24:             self.generator.append(nn.ReLU())
25:             self.generator.append(conv_t(ngf * 4, ngf * 2, 4, 2, 1))
26:             self.generator.append(bn(ngf * 2))
27:             self.generator.append(nn.ReLU())
28:             self.generator.append(conv_t(ngf * 2, ngf, 4, 2, 1))
29:             self.generator.append(bn(ngf))
30:             self.generator.append(nn.ReLU())
31:             self.generator.append(conv_t(ngf, nc, 4, 2, 1))
32:             self.generator.append(nn.Tanh())
```

```
33:
34:         def construct(self, x):
35:             return self.generator(x)
36:
37:     #实例化生成器
38:     netG = Generator()
```

程序中生成器对象 generator 是使用类 nn.SequentialCell 定义的顺序神经网络单元列表，其中包含的隐藏层见表 9-1。conv_t( )函数用于定义转置卷积层，bn( )函数用于定义归一化层。

表 9-1　DCGAN 生成器模型中包含的隐藏层

行号	隐藏层类型	对应的语句	具体说明
19	转置卷积层	self.generator.append(conv_t(nz, ngf * 8, 4, 1, 0))	输入通道数为 100，即隐向量的长度为 nz；输出通道数为 64×8，即 512；卷积核大小为 4；步长为 1；不进行填充
20	批归一化层	self.generator.append(bn(ngf * 8))	归一化的维度为 512，即对前一个转置卷积层的输出数据的每一个通道都做归一化处理
21	激活函数层	self.generator.append(nn.ReLU( ))	使用 ReLU 激活函数
22	转置卷积层	self.generator.append(conv_t(ngf * 8, ngf * 4, 4, 2, 1))	输入通道数为 64×8，即 512；输出通道数为 64×4，即 256；卷积核大小为 4；步长为 2；进行填充
23	批归一化层	self.generator.append(bn(ngf * 4))	归一化的维度为 256，即对前一个转置卷积层的输出数据的每一个通道都做归一化处理
24	激活函数层	self.generator.append(nn.ReLU( ))	使用 ReLU 激活函数
25	转置卷积层	self.generator.append(conv_t(ngf * 4, ngf * 2, 4, 2, 1))	输入通道数为 64×4，即 256；输出通道数为 64×2，即 128；卷积核大小为 4；步长为 2；进行填充
26	批归一化层	self.generator.append(bn(ngf * 2))	归一化的维度为 128，即对前一个转置卷积层的输出数据的每一个通道都做归一化处理
27	激活函数层	self.generator.append(nn.ReLU( ))	使用 ReLU 激活函数
28	转置卷积层	self.generator.append(conv_t(ngf * 2, ngf, 4, 2, 1))	输入通道数为 64×2，即 128；输出通道数为 64；卷积核大小为 4；步长为 2；进行填充
29	批归一化层	self.generator.append(bn(ngf))	归一化的维度为 64，即对前一个转置卷积层的输出数据的每一个通道都做归一化处理
30	激活函数层	self.generator.append(nn.ReLU( ))	使用 ReLU 激活函数
31	转置卷积层	self.generator.append(conv_t(ngf, nc, 4, 2, 1))	输入通道数为 64；输出通道数为 3；卷积核大小为 4；步长为 2；进行填充
32	激活函数层	self.generator.append(nn.Tanh( ))	使用 Tanh 激活函数

从表 9-1 中可以看出，本实例中的 DCGAN 生成器网络结构如图 9-19 所示。

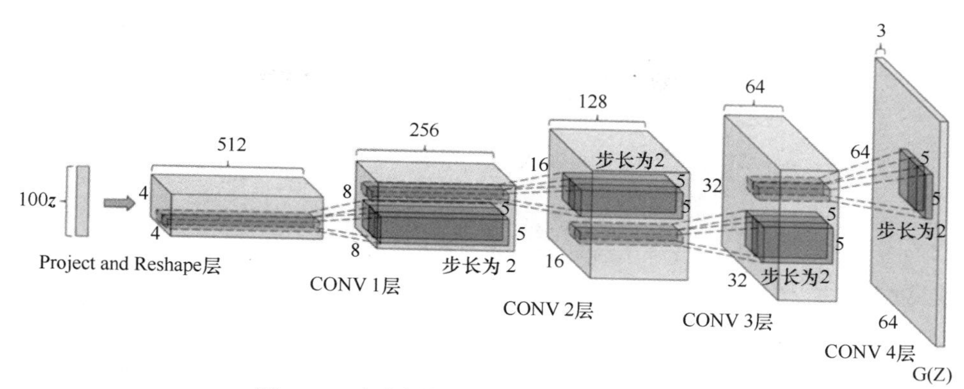

图 9-19　本实例的 DCGAN 生成器网络结构

程序的最后实例化生成器对象为 netG。

在 conv_t( ) 函数中使用 mindspore.nn.Conv2dTranspose 算子定义转置卷积层。mindspore.nn.Conv2dTranspose 算子的基本使用方法如下。

```
from mindspore import nn
net = nn.Conv2dTranspose (in_channels, out_channels, kernel_size, stride=1,
                          pad_mode="same", padding=0, dilation=1, group=1, has_bias
=False,
                          weight_init="normal", bias_init="zeros")
```

参数的含义和使用方法与 mindspore.nn.Conv2d 算子的参数一样，请参照 5.2.3 小节理解。

关于转置卷积的概念已在 5.1.2 小节中简单介绍。转置卷积是一种上采样（Upsample）的方法。本例中使用转置卷积使特征图的尺寸逐层递增，具体如下。

```
1×1=>4×4=>8×8 =>16×16=>32×32=>64×64
```

在窗口中找到这个单元格，然后单击左侧的●图标运行单元格中的代码。这段代码没有输出信息。

9.3.7　定义判别器模型

本实例中定义判别器模型的代码如下。

```
1:     def conv(in_channels, out_channels, kernel_size, stride=1, padding=0,
                pad_mode="pad"):
2:         """定义卷积层"""
3:         weight_init = Normal(mean=0, sigma=0.02)
4:         return nn.Conv2d(in_channels, out_channels,
5:                          kernel_size=kernel_size, stride=stride, padding=padding,
6:                          weight_init=weight_init, has_bias=False, pad_mode=pad_mode)
7:
8:     class Discriminator(nn.Cell):
9:         """DCGAN 网络判别器"""
10:
11:        def _init_(self):
12:            super(Discriminator, self)._init_()
```

```
13:             self.discriminator = nn.SequentialCell()
14:             self.discriminator.append(conv(nc, ndf, 4, 2, 1))
15:             self.discriminator.append(nn.LeakyReLU(0.2))
16:             self.discriminator.append(conv(ndf, ndf * 2, 4, 2, 1))
17:             self.discriminator.append(bn(ndf * 2))
18:             self.discriminator.append(nn.LeakyReLU(0.2))
19:             self.discriminator.append(conv(ndf * 2, ndf * 4, 4, 2, 1))
20:             self.discriminator.append(bn(ndf * 4))
21:             self.discriminator.append(nn.LeakyReLU(0.2))
22:             self.discriminator.append(conv(ndf * 4, ndf * 8, 4, 2, 1))
23:             self.discriminator.append(bn(ndf * 8))
24:             self.discriminator.append(nn.LeakyReLU(0.2))
25:             self.discriminator.append(conv(ndf * 8, 1, 4, 1))
26:             self.discriminator.append(nn.Sigmoid())
27:
28:         def construct(self, x):
29:             return self.discriminator(x)
30:
31:     #实例化判别器
32:     netD = Discriminator()
```

与生成器对象 generator 一样，程序中判别器对象 discriminator 也是使用类 nn.SequentialCell 定义的顺序神经网络单元列表，其中包含的隐藏层见表 9-2。conv( )函数用于定义卷积层。

在判别器中，输入特征图的尺寸（本例中使用参数 ndf 指定）为 64×64。可以通过这个参数来控制判别器模型的结构，使通道数由 3 逐层增长至 512。具体控制方式可以参照表 9-2 理解。

表 9-2　判别器中包含的隐藏层

行号	隐藏层类型	对应的语句	具体说明
14	卷积层	self.discriminator.append(conv(nc, ndf, 4, 2, 1))	输入通道数为 3（nc）；输出通道数为 64（ndf）；卷积核大小为 4；步长为 2；进行填充
15	激活函数层	self.discriminator.append(nn.LeakyReLU(0.2))	使用 LeakyReLU 激活函数，当输入数据小于 0 时，激活函数的斜度为 0.2
16	卷积层	self.discriminator.append(conv(ndf, ndf * 2, 4, 2, 1))	输入通道数为 64（ndf）；输出通道数为 128（ndf×2）；卷积核大小为 4；步长为 2；进行填充
17	归一化层	self.discriminator.append(bn(ndf * 2))	归一化的维度为 128（ndf×2），即对前一个卷积层的输出数据的每一个通道都做归一化处理
18	激活函数层	self.discriminator.append(nn.LeakyReLU(0.2))	使用 LeakyReLU 激活函数，当输入数据小于 0 时，激活函数的斜度为 0.2
19	卷积层	self.discriminator.append(conv(ndf * 2, ndf * 4, 4, 2, 1))	输入通道数为 128（ndf×2）；输出通道数为 256（ndf×4）；卷积核大小为 4；步长为 2；进行填充

续表

行号	隐藏层类型	对应的语句	具体说明
20	归一化层	self.discriminator.append(bn(ndf * 4))	归一化的维度为 256（ndf×4），即对前一个卷积层的输出数据的每一个通道都进行归一化处理
21	激活函数层	self.discriminator.append(nn.LeakyReLU(0.2))	使用 LeakyReLU 激活函数，当输入数据小于 0 时，激活函数的斜度为 0.2
22	卷积层	self.discriminator.append(conv(ndf * 4, ndf * 8, 4, 2, 1))	输入通道数为 256（ndf×4）；输出通道数为 512（ndf×8）；卷积核大小为 4；步长为 2；进行填充
23	归一化层	self.discriminator.append(bn(ndf * 8))	归一化的维度为 512（ndf×8），即对前一个卷积层的输出数据的每一个通道都进行归一化处理
24	激活函数层	self.discriminator.append(nn.LeakyReLU(0.2))	使用 LeakyReLU 激活函数，当输入数据小于 0 时，激活函数的斜度为 0.2
25	卷积层	self.discriminator.append(conv(ndf * 8, 1, 4, 1))	输入通道数为 512（ndf×8）；输出通道数为 1；卷积核大小为 4；步长为 1；不进行填充
26	激活函数层	self.discriminator.append(nn.Sigmoid( ))	使用 Sigmoid 激活函数

判别器的输入数据是形状为 3×64×64 的图像，通过一系列卷积层、归一化层和激活函数层的处理，最后一个卷积层的输出通道数为 1，因为判别器的输出只有 True 和 False。最终通过 Sigmoid 激活函数输出最终的概率。

程序在最后实例化判别器对象 netD。

在窗口中找到这个单元格，然后单击左侧的▶图标运行单元格中的代码。这段代码没有输出信息。

9.3.8 连接生成器和损失函数

MindSpore 将损失函数、优化器等操作都封装到 Cell 中，而 GAN 网络分为生成器和判别器，生成器和判别器共用一个损失函数，但是它们根据损失函数计算损失值的方法不同。对于生成器而言，它生成的图片如果被判别器判定为假，则生成器的损失值会比较大（因为没有成功欺骗判别器）；它生成的图片如果被判别器判定为真，则生成器的损失值会比较小。判别器的情况正好相反，因为它们是相互对抗的。

本小节介绍根据损失函数计算生成器损失值的方法。如前文所述，生成器的损失值是需要生成器和判别器互相配合计算和应用的。

为了适应 GAN 的特殊网络结构，本实例定义类 WithLossCellG，其中计算生成器的损失值。类 WithLossCellG 的定义代码如下。

```
class WithLossCellG(nn.Cell):
    """连接生成器和损失函数"""

    def _init_(self, netD, netG, loss_fn):
```

```
        super(WithLossCellG, self)._init_(auto_prefix=True)
        self.netD = netD
        self.netG = netG
        self.loss_fn = loss_fn

    def construct(self, latent_code):
        """构建生成器损失计算结构"""
        ones = ops.Ones()
        fake_data = self.netG(latent_code)
        out = self.netD(fake_data)
        label = ones(out.shape, mstype.float32)
        loss = self.loss_fn(out, label)
        return loss
```

为了计算损失函数，需要在构造函数中传入判别器对象 netD、生成器对象 netG 和损失函数 loss_fn。计算损失函数值的过程如下。

① 调用生成器，根据隐向量 latent_code 生成假数据 fake_data。

② 调用判别器，根据假数据 fake_data 得到判别结果 out。

③ 生成器的目标是欺骗判别器。因此它希望 out 会是 True。于是，程序调用 ops.Ones 算子生成一个与 out 形状一致的、所有元素都是 1 的 Tensor 对象作为假数据的标签(label)。

④ 以 out 和 label 为参数调用损失函数 self.loss_fn，得到损失值 loss。

⑤ 返回 loss。

在窗口中找到这个单元格，然后单击左侧的▶图标运行单元格中的代码。这段代码没有输出信息。

9.3.9 连接判别器和损失函数

为了适应 GAN 的特殊网络结构，本实例定义类 WithLossCellD，其中计算判别器的损失值。类 WithLossCellD 的定义代码如下。

```
class WithLossCellD(nn.Cell):
    """连接判别器和损失函数"""

    def _init_(self, netD, netG, loss_fn):
        super(WithLossCellD, self)._init_(auto_prefix=True)
        self.netD = netD
        self.netG = netG
        self.loss_fn = loss_fn

    def construct(self, real_data, latent_code):
        """构建判别器损失计算结构"""
        ones = ops.Ones()
        zeros = ops.Zeros()

        out1 = self.netD(real_data)
        label1 = ones(out1.shape, mstype.float32)
        loss1 = self.loss_fn(out1, label1)
```

```
        fake_data = self.netG(latent_code)
        fake_data = ops.stop_gradient(fake_data)
        out2 = self.netD(fake_data)
        label2 = zeros(out2.shape, mstype.float32)
        loss2 = self.loss_fn(out2, label2)
        return loss1 + loss2
```

为了计算损失值，需要在构造函数中传入生成器对象 netG、判别器对象 netD 和损失函数 loss_fn。判别器的损失函数需要分别使用真实数据和生成器所生成的假数据计算损失值，然后将 2 个损失值加在一起作为判别器的损失值。具体过程如下。

① 调用判别器，根据真实数据 real_data 得到判别结果 out1。

② 调用 ops.Ones 生成一个与 out1 维度一致的、所有元素都是 1 的 Tensor 对象作为真实数据的标签 label1。

③ 以 out1 和 label1 为参数调用损失函数 self.loss_fn，得到损失值 loss1。

④ 调用生成器，根据隐向量 latent_code 生成假数据 fake_data。

⑤ 以假数据 fake_data 为参数调用 ops.stop_gradient 算子，指定在反向传播中不使用该数据更新参数，这么做是因为不使用该数据直接计算判别器的损失值。

⑥ 调用判别器，根据假数据 fake_data 得到判别结果 out2。

⑦ 调用 ops.Zeros 生成一个与 out2 维度一致的、所有元素都是 0 的 Tensor 对象作为假数据的标签 label2。因为判别器期望将假数据判断为 0。

⑧ 以 out2 和 label2 为参数调用损失函数 self.loss_fn，得到损失值 loss2。

⑨ 返回 loss1+loss2，作为判别器的损失值。

在窗口中找到这个单元格，然后单击左侧的▶图标运行单元格中的代码。这段代码没有输出信息。

9.3.10 定义损失函数和优化器

在 9.3.8 小节和 9.3.9 小节中分别将损失函数作为参数传递给类 WithLossCellG 和类 WithLossCellD。本小节中给出损失函数和优化器的定义，代码如下：

```
#定义损失函数
criterion = nn.BCELoss(reduction='mean')
#创建一批隐向量用来观察 G
np.random.seed(1)
fixed_noise = Tensor(np.random.randn(64, nz, 1, 1), dtype=mstype.float32)
#为生成器和判别器设置优化器
optimizerD = nn.Adam(netD.trainable_params(), learning_rate=lr, beta1=beta1)
optimizerG = nn.Adam(netG.trainable_params(), learning_rate=lr, beta1=beta1)
```

具体说明如下。

① 使用主要适用于二分类任务的 BCE 损失函数。

② 使用 np.random.randn( )随机创建一批隐向量（随机噪声向量 fixed_noise）。fixed_noise 是四维 Tensor 对象，由 64 个隐向量组成。在模型训练的过程中，会定期将 fixed_noise 传送给生成器，用于生成图像。具体代码将在本节稍后介绍。

③ 使用 mindspore.nn.Adam 作为优化器。

在窗口中找到这个单元格，然后单击左侧的▶图标运行单元格中的代码。这段代码没有输出信息。

9.3.11 定义 DCGAN 网络

本实例通过类 DCGAN 定义 DCGAN 网络，代码如下。

```
class DCGAN(nn.Cell):
    """定义 DCGAN 网络"""

    def _init_(self, myTrainOneStepCellForD, myTrainOneStepCellForG):
        super(DCGAN, self)._init_(auto_prefix=True)
        self.myTrainOneStepCellForD = myTrainOneStepCellForD
        self.myTrainOneStepCellForG = myTrainOneStepCellForG

    def construct(self, real_data, latent_code):
        output_D = self.myTrainOneStepCellForD(real_data, latent_code).view(-1)
        netD_loss = output_D.mean()
        output_G = self.myTrainOneStepCellForG(latent_code).view(-1)
        netG_loss = output_G.mean()
        return netD_loss, netG_loss
```

类 DCGAN 的构造函数包含以下 2 个参数。

① myTrainOneStepCellForD：用于定义训练判别器模型的一个步骤所做的操作。

② myTrainOneStepCellForG：用于定义训练生成器模型的一个步骤所做的操作。

这 2 个参数都使用 mindspore.nn.TrainOneStepCell 算子进行实例化。实例化的代码将在 9.3.12 小节介绍。

mindspore.nn.TrainOneStepCell 算子用于定义训练网络，语法规则如下。

```
import mindspore.nn as nn
<损失值 Tensor 对象>= nn.TrainOneStepCell(network, optimizer, sens=1.0)
```

参数说明如下。

① network：用于指定训练的网络，该网络只能支持单输出。

② optimizer：指定用于更新网络参数的优化器。

③ sens：指定反向传播缩放比例，通常保持默认值为 1.0 即可，即不缩放。

construct( )函数包含如下 2 个参数。

① real_data：真实数据。

② latent_code：隐向量。

程序分别计算 myTrainOneStepCellForD 和 myTrainOneStepCellForG 的损失值。然后使用 mindspore.Tensor.view 算子对损失值 Tensor 对象进行操作。

mindspore.Tensor.view 算子的作用是重新创建一个 Tensor 对象，新 Tensor 对象与原 Tensor 对象的数据相同，但是维度会根据参数进行调整。mindspore.Tensor.view 算子的使用方法如下。

```
<新 Tensor 对象> = <原 Tensor 对象>.view(<新 Tensor 对象的形状>)
```

本例中<新 Tensor 对象的形状>设置为−1，即自动调整形状。因为只有一个维度，所以相当于将<原 Tensor 对象>转换为一维 Tensor 对象。这样方便计算均值。程序中使用 mindspore.Tensor.mean 算子对 Tensor 对象计算均值。默认情况下，mindspore.Tensor.mean 算子返回一个 0 维 Tensor 对象，即一个数值。

综上所述，类 DCGAN 的 construct( )函数可以实现 DCGAN 模型的生成器和判别器的一轮训练，并计算和返回损失值。9.3.12 小节将介绍如何利用类 DCGAN 来训练 DCGAN 模型。

在窗口中找到这个单元格，然后单击左侧的◉图标运行单元格中的代码。这段代码没有输出信息。

9.3.12 完成生成器和判别器的实例化工作

在前面的代码中，完成了生成器和判别器的定义，但是还有一些遗留工作没有做，具体如下。

① 9.3.8 小节中介绍了类 WithLossCellG，其中封装了计算生成器损失值的方法。但是还没有使用它。本小节中会使用类 WithLossCellG 实例化 netG_with_criterion。

② 9.3.9 小节中定义了类 WithLossCellD，其中封装了计算判别器损失值的方法。但是还没有使用它。在本小节中会使用类 WithLossCellD 实例化 netD_with_criterion。

③ 9.3.11 小节中介绍了类 DCGAN 的构造函数，指定需要传递 myTrainOneStepCellForD 和 myTrainOneStepCellForG 2 个参数。但还没有准备好要传递的对象。

上述工作在如下代码中实现。

```
#实例化 WithLossCell
netD_with_criterion = WithLossCellD(netD, netG, criterion)
netG_with_criterion = WithLossCellG(netD, netG, criterion)
#实例化 TrainOneStepCell
myTrainOneStepCellForD = nn.TrainOneStepCell(netD_with_criterion, optimizerD)
myTrainOneStepCellForG = nn.TrainOneStepCell(netG_with_criterion, optimizerG)
```

criterion 对象是 3.9.10 小节中实例化的损失函数对象。

在 3.9.13 小节中会使用 myTrainOneStepCellForD 对象和 myTrainOneStepCellForG 对象来实例化 DCGAN 对象。

在窗口中找到这个单元格，然后单击左侧的◉图标运行单元格中的代码。这段代码没有输出信息。

9.3.13 训练模型

本实例中训练模型的代码如下。

```
from mindspore import save_checkpoint

#实例化 DCGAN 网络
dcgan = DCGAN(myTrainOneStepCellForD, myTrainOneStepCellForG)
dcgan.set_train()

#创建迭代器
```

```
data_loader = data.create_dict_iterator(output_numpy=True, num_epochs=num_epochs)
G_losses = []
D_losses = []
image_list = []

#开始循环训练
print("Starting Training Loop...")

for epoch in range(num_epochs):
    #为每轮训练读入数据
    for i, d in enumerate(data_loader):
        real_data = Tensor(d['image'])
        latent_code = Tensor(d["latent_code"])
        netD_loss, netG_loss = dcgan(real_data, latent_code)
        if i % 50 == 0 or i == size - 1:
            #输出训练记录
            print('[%2d/%d][%3d/%d]   Loss_D:%7.4f  Loss_G:%7.4f' % (
                epoch + 1, num_epochs, i + 1, size, netD_loss.asnumpy(), netG_loss.
asnumpy()))
        D_losses.append(netD_loss.asnumpy())
        G_losses.append(netG_loss.asnumpy())

    #每个 epoch 结束后，使用生成器生成一组图片
    img = netG(fixed_noise)
    image_list.append(img.transpose(0, 2, 3, 1).asnumpy())

    #保存网络模型参数为 ckpt 文件
    save_checkpoint(netG, "Generator.ckpt")
    save_checkpoint(netD, "Discriminator.ckpt")
```

程序使用 9.3.12 小节中实例化的单步训练对象 myTrainOneStepCellForD 和 myTrainOneStepCellForG 作为参数创建 DCGAN 模型。然后调用 set_train( )方法启动模型训练。

变量 num_epochs 指定训练的轮数，默认为 10。程序以 num_epochs 为参数调用 data.create_dict_iterator 将训练集按训练轮数进行分组，得到 data_loader 对象。这里 data 就是 9.3.3 小节中经过图像数据处理与增强的训练集。

程序使用 for 语句依次处理每轮训练。每轮训练都会遍历 data_loader 中的训练数据，得到 i 和 d 这 2 个迭代器。i 是训练数据的索引号，d 是训练数据。每一条训练数据都执行以下操作。

① 从训练数据中取出真实图像数据（real_data）和隐向量（latent_code）。

② 以 real_data 和 latent_code 为参数调用类 DCGAN 的 construct( )方法，得到生成器的损失值 netG_loss 和判别器的损失值 netD_loss。

③ 每处理 50 个数据打印一次日志，日志信息中包括训练的轮次、步骤序号和损失值等。

④ 将每个步骤中判别器的损失值添加到数组 D_losses 中，生成器的损失值添加到数组 G_losses 中，以备在 9.3.14 小节绘制训练过程中生成器和判别器损失值的变化趋势图。

每轮训练结束后，程序会做如下 2 件事。

① 使用生成器生成一组图片，并将生成的图片添加到 image_list 中，以备训练结束

后展示训练的效果。注意，生成器生成的数据 img 的格式为 NCHW，其维形状为(128, 3, 64, 64)，因此其中包含 128 张图像。

② 保存网络模型参数为 CKPT 格式文件。生成器对应的文件为 Generator.ckpt，判别器对应的文件为 Discriminator.ckpt。

训练结束后，程序会使用生成器生成 128（批量大小为 128）张图像，并通过下面的代码将生成的图片添加到 image_list 中。

```
image_list.append(img.transpose(0, 2, 3, 1).asnumpy())
```

这里的 transpose 是 mindspore.Tensor.transpose 算子，其以 0, 2, 3, 1 为参数的作用如下。

① 原来第 0 维上的数据还在第 0 维。

② 原来第 1 维上的数据变换到第 2 维。

③ 原来第 2 维上的数据变换到第 3 维。

④ 原来第 3 维上的数据变换到第 1 维。

经过这样的转置处理后，图像数据的格式从 NCHW 变换为 NWCH，这是为了在 9.3.15 小节中使用 Matplotlib 库以动画形式展示每轮训练的结果。

在窗口中找到这个单元格，然后单击左侧的图标运行单元格中的代码。程序开始打印训练日志，如图 9-20 所示。本实例的训练过程比较长，输出信息也很多，训练结束的信息如图 9-21 所示。可以看到，判别器的损失值从 2.5273 逐渐收敛到 0.5981、生成器的损失值从 4.5256 逐渐收敛到 4.0786。整个过程用时 12.2 分钟。

12.2 min

```
from mindspore import save_checkpoint

# 实例化DCGAN网络
dcgan = DCGAN(myTrainOneStepCellForD, myTrainOneStepCellForG)
dcgan.set_train()

# 创建迭代器
data_loader = data.create_dict_iterator(output_numpy=True, num_epochs=num_epochs)
G_losses = []
D_losses = []
image_list = []

# 开始循环训练
print("Starting Training Loop...")

for epoch in range(num_epochs):
    # 为每轮训练读入数据
    for i, d in enumerate(data_loader):
        real_data = Tensor(d['image'])
        latent_code = Tensor(d["latent_code"])
        netD_loss, netG_loss = dcgan(real_data, latent_code)
        if i % 50 == 0 or i == size - 1:
            # 输出训练记录
            print('[%2d/%d][%3d/%d]   Loss_D:%7.4f  Loss_G:%7.4f' % (
                epoch + 1, num_epochs, i + 1, size, netD_loss.asnumpy(), netG_loss.asnumpy()))
        D_losses.append(netD_loss.asnumpy())
        G_losses.append(netG_loss.asnumpy())

    # 每个epoch结束后，使用生成器生成一组图片
    img = netG(fixed_noise)
    image_list.append(img.transpose(0, 2, 3, 1).asnumpy())

    # 保存网络模型参数为ckpt文件
    save_checkpoint(netG, "Generator.ckpt")
    save_checkpoint(netD, "Discriminator.ckpt")
```

```
Starting Training Loop...
[ 1/10][  1/549]   Loss_D: 2.5273  Loss_G: 4.5256
[ 1/10][ 51/549]   Loss_D: 2.3467  Loss_G:19.5643
[ 1/10][101/549]   Loss_D: 0.4963  Loss_G: 3.3109
[ 1/10][151/549]   Loss_D: 0.3870  Loss_G: 3.0653
[ 1/10][201/549]   Loss_D: 0.6863  Loss_G: 3.3216
[ 1/10][251/549]   Loss_D: 1.1062  Loss_G: 7.3377
[ 1/10][301/549]   Loss_D: 0.4434  Loss_G: 4.1146
[ 1/10][351/549]   Loss_D: 0.2637  Loss_G: 3.7056
[ 1/10][401/549]   Loss_D: 0.4362  Loss_G: 4.9400
[ 1/10][451/549]   Loss_D: 0.4786  Loss_G: 3.6117
[ 1/10][501/549]   Loss_D: 0.5083  Loss_G: 3.1100
[ 1/10][549/549]   Loss_D: 0.7551  Loss_G: 4.7334
[ 2/10][  1/549]   Loss_D: 0.5252  Loss_G: 3.6536
[ 2/10][ 51/549]   Loss_D: 0.6890  Loss_G: 5.4813
[ 2/10][101/549]   Loss_D: 1.1036  Loss_G: 3.5862
[ 2/10][151/549]   Loss_D: 0.8373  Loss_G: 2.4011
[ 2/10][201/549]   Loss_D: 0.8561  Loss_G: 5.1616
[ 2/10][251/549]   Loss_D: 0.3579  Loss_G: 2.8505
```

图 9-20　执行训练模型的代码

```
[ 7/10][451/549]   Loss_D: 0.5729  Loss_G: 2.0120
[ 7/10][501/549]   Loss_D: 0.8673  Loss_G: 4.1261
[ 7/10][549/549]   Loss_D: 0.5733  Loss_G: 4.8643
[ 8/10][  1/549]   Loss_D: 0.4992  Loss_G: 2.2255
[ 8/10][ 51/549]   Loss_D: 0.4897  Loss_G: 2.3826
[ 8/10][101/549]   Loss_D: 1.0618  Loss_G: 2.2322
[ 8/10][151/549]   Loss_D: 0.5929  Loss_G: 1.6262
[ 8/10][201/549]   Loss_D: 0.3333  Loss_G: 2.7701
[ 8/10][251/549]   Loss_D: 0.6767  Loss_G: 4.0961
[ 8/10][301/549]   Loss_D: 0.8668  Loss_G: 1.9078
[ 8/10][351/549]   Loss_D: 0.6416  Loss_G: 3.9967
[ 8/10][401/549]   Loss_D: 0.8698  Loss_G: 5.1225
[ 8/10][451/549]   Loss_D: 0.7452  Loss_G: 4.0862
[ 8/10][501/549]   Loss_D: 1.2521  Loss_G: 6.6387
[ 8/10][549/549]   Loss_D: 0.2877  Loss_G: 3.5481
[ 9/10][  1/549]   Loss_D: 0.4721  Loss_G: 2.4251
[ 9/10][ 51/549]   Loss_D: 0.5022  Loss_G: 3.3062
[ 9/10][101/549]   Loss_D: 0.3880  Loss_G: 2.3731
[ 9/10][151/549]   Loss_D: 0.6496  Loss_G: 3.9782
[ 9/10][201/549]   Loss_D: 0.5700  Loss_G: 1.8060
[ 9/10][251/549]   Loss_D: 0.8390  Loss_G: 3.3928
[ 9/10][301/549]   Loss_D: 0.4615  Loss_G: 2.2329
[ 9/10][351/549]   Loss_D: 0.5526  Loss_G: 2.0535
[ 9/10][401/549]   Loss_D: 1.2426  Loss_G: 4.7942
[ 9/10][451/549]   Loss_D: 0.9544  Loss_G: 4.8971
[ 9/10][501/549]   Loss_D: 1.2877  Loss_G: 1.1890
[ 9/10][549/549]   Loss_D: 0.6416  Loss_G: 2.7089
[10/10][  1/549]   Loss_D: 0.6822  Loss_G: 3.4103
[10/10][ 51/549]   Loss_D: 0.7403  Loss_G: 5.3105
[10/10][101/549]   Loss_D: 0.4589  Loss_G: 2.5268
[10/10][151/549]   Loss_D: 2.9960  Loss_G: 4.8177
[10/10][201/549]   Loss_D: 0.5099  Loss_G: 1.8374
[10/10][251/549]   Loss_D: 0.5911  Loss_G: 2.1599
[10/10][301/549]   Loss_D: 0.4997  Loss_G: 4.7315
[10/10][351/549]   Loss_D: 0.5135  Loss_G: 3.8697
[10/10][401/549]   Loss_D: 0.4757  Loss_G: 1.7269
[10/10][451/549]   Loss_D: 0.9457  Loss_G: 4.9094
[10/10][501/549]   Loss_D: 0.4336  Loss_G: 1.8061
[10/10][549/549]   Loss_D: 0.5981  Loss_G: 4.0786
```

图 9-21　训练模型最后的输出信息

9.3.14　绘制训练过程中生成器和判别器的损失值的变化趋势图

在 9.3.13 小节中，程序将每个步骤判别器的损失值添加到数组 D_losses 中，生成器的损失值添加到数组 G_losses 中，使用数组 D_losses 和 G_losses 中的数据可以绘制训练过程中生成器和判别器的损失值的变化趋势图，代码如下。

```
plt.figure(figsize=(10, 5))
plt.title("Generator and Discriminator Loss During Training")
plt.plot(G_losses, label="G", color='blue')
plt.plot(D_losses, label="D", color='orange')
plt.xlabel("Iterations")
plt.ylabel("Loss")
plt.legend()
plt.show()
```

程序使用 Matplotlib 库绘制数组 D_losses 和 G_losses 中的数据。G_losses 中的数据以 G 为标签，蓝色曲线绘制；D_losses 中的数据以 D 为标签，橙色曲线绘制（本书为黑白印刷，彩色图片见本书电子资源）。

在窗口中找到这个单元格，然后单击左侧的▶图标运行单元格中的代码。损失值的变化趋势曲线，如图 9-22 所示。

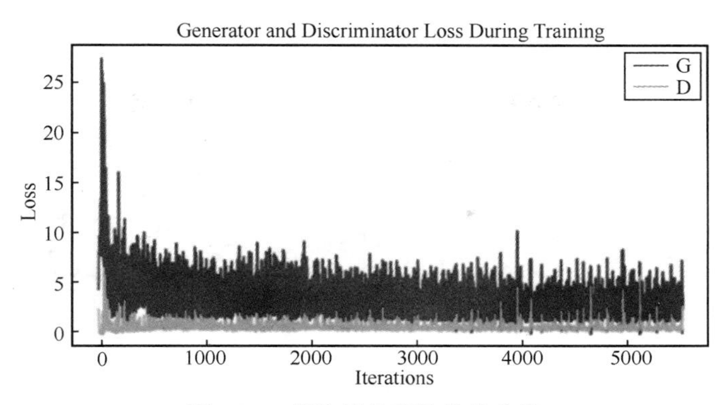

图 9-22　损失值的变化趋势曲线

9.3.15　展示生成的卡通头像

在本实例的最后，需要展示生成的卡通头像。展示的卡通头像分为如下两种情况。

① 以动画形式展示每轮训练生成的头像。

② 展示预训练 50 轮后生成的头像。

1．以动画形式展示每轮训练生成的头像

在 9.3.13 小节介绍的模型训练中，每轮训练结束后程序都会生成一组卡通头像图像，并存储在 image_list 数组中。本实例的最后会展示生成的卡通头像，代码如下。

```
import matplotlib.pyplot as plt
import matplotlib.animation as animation

def showGif(image_list):
    show_list = []
    fig = plt.figure(figsize=(8, 3), dpi=120)
    for epoch in range(len(image_list)):
        images = []
        for i in range(3):
            row = np.concatenate((image_list[epoch][i * 8:(i + 1) * 8]), axis=1)
            images.append(row)
        img = np.clip(np.concatenate((images[:]), axis=0), 0, 1)
        plt.axis("off")
        show_list.append([plt.imshow(img)])

    ani = animation.ArtistAnimation(fig, show_list, interval=1000, repeat_delay=1000,
blit=True)
    ani.save('./dcgan.gif', writer='pillow', fps=1)

showGif(image_list)
```

程序定义了 showGif( )函数，并在其中使用 matplotlib.animation 模块以动画形式显示参数 image_list 中的图像。通过 9.3.13 小节的代码解析可以了解 image_list 中包含 1280 张图像（每轮训练生成 128 张图像，共 10 轮训练）。这里只选择其中的 240 张图像，每轮训练选择 24 张图像，分 3 行显示，每行显示 8 张图像。

在窗口中找到这个单元格，然后单击左侧的◉图标运行单元格中的代码。程序在单元格下面绘制图像，如图 9-23 所示（这里仅显示 2 行）。

图 9-23　以动画形式展示每轮训练生成的头像

观察动画展示的头像不难发现，随着训练的推进，卡通头像越来越接近真实的训练集。但是由于训练轮数还比较少，图像还略显粗糙。

2．展示预训练 50 轮后生成的头像

要达到比较好的效果，需要经过很多轮的训练，用时非常长。因此本实例最后使用一个预训练 50 轮后的模型（下载 Generator.ckpt，并从中加载模型），用该模型生成一组头像，并将其展示，代码如下。

```
from mindvision import dataset

dl_path = "./netG"
dl_url = "下载 Generator.ckpt 的 URL"

dl = dataset.DownLoad()   #下载 Generator.ckpt 文件
dl.download_url(url=dl_url, path=dl_path)

#从文件中获取模型参数并加载到网络中
param_dict = ms.load_checkpoint("./netG/Generator.ckpt", netG)

img64 = netG(fixed_noise).transpose(0, 2, 3, 1).asnumpy()

fig = plt.figure(figsize=(8, 3), dpi=120)
images = []
for i in range(3):
    images.append(np.concatenate((img64[i * 8:(i + 1) * 8]), axis=1))
img = np.clip(np.concatenate((images[:]), axis=0), 0, 1)
plt.axis("off")
plt.imshow(img)
```

在窗口中找到这个单元格，然后单击左侧的◉图标运行单元格中的代码。程序在单元格下面绘制图像，如图 9-24 所示。可以看到，图 9-24 中生成的卡通头像比图 9-23 中生成的卡通图像要精致很多。

图 9-24　展示预训练 50 轮后生成的头像